오! 마이 하와이

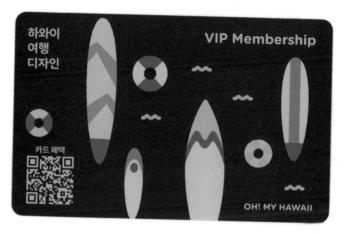

오! 마이 하와이 이용법

하와이 섬별 큐알 코드를 찍으면 드론 영상을 감상할 수 있습니다.

오아후 P.155 | 빅아일랜드 P.277 | 마우이 P.361 | 카우아이 P.435

 하와이 덕후 박성혜 작가가 알려주는
여행 노하우

유튜브 '하와이지'

오! 마이 하와이

개정2판 발행일 2024년 10월 30일
지은이 박성혜·전동준 | **펴낸이** 김민희·김준영
편집 김준영 | **교정교열** 김반희 | **디자인** 이유진 | **표지 일러스트** 양지우
영업 김영란 | **제작** I Can

펴낸곳 두사람
등록 2016년 2월 1일 제 2016-000031호
팩스 02-6442-1718 | **메일** twopeople1718@gmail.com

ISBN 979-11-90061-37-7 14980

두사람은 여행서 전문가가 만드는 여행 출판사, 여행 콘텐츠 그룹입니다.
독자들을 위한 쉽고 친절한 여행서, 클라이언트를 위한 맞춤 여행 콘텐츠와 서비스를 제공합니다.
Published by TWOPEOPLE, Inc. Printed in Korea
© 2024 박성혜·전동준 & TWOPEOPLE,Inc.

오! 마이 하와이

박성혜 · 전동준 지음

두사람

No.1 하와이 전문 여행커뮤니티
하여디(하와이여행디자인)와 함께 합니다!

하와이 자유여행 준비 힘드시죠?
<오! 마이 하와이>와 하여디가 함께 합니다.
하와이 섬별 공항 안내, 렌터카 이용법,
오프라인 라운지, 무료 투어, 회원들의 생생한 후기,
현지 특파원의 실시간 소식, 여행 전문가 답하는 Q&A,
최저가 여행 액티비티, 투어, 상품 예약까지!
하와이 여행이 더욱 쉽고 즐거워집니다.

하여디 카페

"쉬운 하와이 여행"

네이버 카페 하여디
hawaiitravel.kr

하와이 여행 준비 원스톱으로!
하여디만의 특별한 혜택

1. 현지 오프라인 라운지
카시트, 유모차, 파라솔 무료 대여 및 짐보관, 해외 배송 대행지 제공, 튜브 공기 주입 등 무료 서비스. P498

2. 무료 투어 제공
무료로 제공하는 선셋 하이킹, 별밤투어, 백만불 야경 투어, 실루엣 인생샷 투어! 오아후와 빅아일랜드 섬일주 무료 투어까지. P499

3. 제휴업체의 최저가 혜택
리조트, 액티비티, 투어, 공항셔틀, 스냅, 민박 등 하여디 현지 제휴업체가 제공하는 최저가 혜택.

박성혜

우연한 기회에 찾게 된 하와이 여행이 인생 전반전을 바꿨다. 하와이로 삶의 영역이 넓고 깊어진 것. 지금
도 틈만 나면 하와이를 누빈다. 여행, 출장, 다시 여행. 그렇게 만난 열여덟 번의 하와이를 브런치와 블로그
를 통해 글로 담으며 하와이 여행을 준비하는 이들에게 정보를 나누고 보람을 느낀다. 하와이 여행 가이드
북 『오! 마이 하와이』(공저), 『알로하 파라다이스』, 『제주는 숲과 바다』 등을 출간했다. 여행작가, 프리랜
서 에디터로 활동 중이다.
블로그 @gallerysh 브런치 brunch.co.kr/@gallerysh 인스타그램 @aloha_shp

전동준

운명에 이끌린 듯 하와이로 떠나온 지 13년이 되었지만 아직까지도 하와이의 친절함과 여유로운 삶을 너
무나 사랑한다. 와이키키스튜디오 대표로 매일매일 하와이를 여행하며, 여행자들의 소중하고 행복한 순
간을 사진으로 담는 기쁨으로 살고 있다. JTBC <톡파원 25시> 하와이 톡파원으로 하와이의 생생하고 다
양한 모습을 전하고 있다.
인스타그램 @waikikistudiohawaii 홈페이지 waikikistudiohawaii.com

김준영

여행 크리에이티브 디렉터. 온오프라인 여행 콘텐츠 기획자로 『오! 마이 괌』, 『여행자의 방』 등 여행서 시
리즈 개발, 여행작가 클래스 등 다양한 여행 상품과 서비스를 기획하고 있다.

이유진

여행 콘텐츠 디자인 디렉터. 전 '론리플래닛' 가이드북 한국어판 디자이너로 다수의 여행 콘텐츠 디자인
및 아트 디렉팅, 여행복합문화공간 '언제라도 여행' 기획 및 운영을 맡고 있다.

김반희

여행 콘텐츠 디렉터. 전 '론리플래닛' 가이드북 한국어판 편집장으로 다수의 여행 콘텐츠 개발 및 교정·
교열을 맡고 있다.

두사람 출판사

여행서 전문가가 운영하는 여행 출판사, 여행 콘텐츠 그룹. 독자들을 위한 쉽고 친절한 여행서, 클라이언
트를 위한 여행 콘텐츠와 서비스를 제공한다.
인스타그램 @travel__withyou

CONTENTS

PART 3.
CLOSE UP HAWAII

하와이
제대로 즐기기

PART 4.
INSIDE OAHU

오아후
여행하기

CONTENTS

PART 5.
INSIDE BIG ISLAND

빅 아일랜드
여행하기

CONTENTS

**PART 7.
INSIDE KAUAI

카우아이
여행하기**

하와이는 어떤 곳일까?

FAQ

1 출발하자!
날씨는 어떨까?

하와이는 연평균 기온이 24℃로 일 년 내내 쾌적한 날씨를 자랑한다. 크게 5-10월 여름(건기), 11-4월 겨울(우기)로 나눌 수 있는데, 낮 평균 기온은 건기 29.4℃, 우기 25.6℃이며 밤에는 낮보다 12℃가량 떨어진다(최고/최저 기온 건기 31/21℃, 우기 29/19℃). 평균 습도는 66%로, 계속 불어오는 무역풍 덕분에 체감 습도가 낮아 사람이 살기에 최적의 조건을 갖추고 있다. 우기에는 건기에 비해 자주 날씨가 흐리거나 비가 오는 편이다.

2 계획하자!
여행 시기는 언제가 좋을까?

우리나라에서는 여름과 겨울이 하와이 성수기로 꼽힌다. 바다에서 즐기는 액티비티가 주목적이라면 여름, 혹등고래 관찰을 원한다면 겨울이 좋다. 다만 건기 때 섬의 북쪽(노스쇼어) 지역은 파도가 높아 물놀이에 적합하지 않다. 비치와 물놀이가 목적이라면 건기, 적당한 물놀이, 혹등고래, 따뜻한 피한지를 원한다면 우기가 좋다. 한국인 방문자 통계를 살펴보면 12월이 136만 명으로 가장 많으며 8월 92만 명, 7월 91만 명 순이다(2022년).

3 준비하자!
일정은 어떻게 계획할까?

하와이 여행 일정은 짧게는 3박 5일부터 시작해 5박 7일, 6박 8일을 기본으로 한다(2022년 기준 한국인 여행자의 하와이 평균 체류 기간은 8일이다). 인천-하와이(호놀룰루) 비행 시간은 8-9시간이며, 우리나라와 하와이의 시차는 -19시간이다. 여행을 계획하다 보면 이웃섬 방문도 고민하게 되는데, 전체 일정이 6박 이상일 경우에만 이웃섬 여행을 추천한다. 여러 섬을 방문하고 싶은 마음만 앞세워 무리하기보다는 하나의 섬을 선택해 최대한 즐기는 것이 좋다.

4 선택하자!
복장은 어떻게 챙겨갈까?

일 년 내내 화창한 날씨이지만 여름옷만 챙기기엔 아쉬움이 든다. 물론 야외 활동 시에는 반소매, 반바지, 원피스가 좋다. 그러나 아침·저녁으로는 쌀쌀하다 느낄 수 있고, 대부분의 실내 공간에서 에어컨을 작동하기 때문에 카디건이나 바람막이 하나쯤은 챙기는 것이 좋다. 물놀이 시에는 수영복 위에 입고 벗을 수 있는 커버업이나 사롱, 타월 소재로 된 테리 의류를 이용하면 편리하다. 특히 피부가 약한 사람이라면 긴소매 옷을 챙기는 것을 잊지 말자. 하와이는 자외선이 강하기 때문에 광선 알레르기, 일광 두드러기, 홍반, 수포, 화상을 입기 쉽다.

또한 일정에 마우이, 빅 아일랜드가 포함된다면 따뜻한 재킷을 준비하자. 마우이 할레아칼라, 빅 아일랜드 마우나케아는 고도가 높아 온도가 10-15도 이상 급격히 떨어진다. 트레일, 짚라인, 헬기 탑승을 생각한다면 운동화를, 파인 다이닝 레스토랑을 예약해둔 경우라면 깔끔한 차림의 원피스, 구두(혹은 샌들), 알로하 셔츠+면바지, 구두(혹은 캐주얼 로퍼)를 준비해야 한다.

5 결정하자!
숙소는 어떤 곳에 정할까?

오아후 내 호텔 및 리조트 밀집 지역은 와이키키, 알라모아나 일대로, 오아후 내 숙소의 90%가 모여 있다. 와이키키의 경우 저녁 시간을 보내기 좋고 액티비티 예약 시 대부분 호텔에서 픽업 서비스가 제공된다. 조용한 곳에서 힐링을 원한다면 코올리나, 노스쇼어 쪽 호텔을 눈여겨보자. 코올리나 지역은 인공 라군과 골프장이 함께 조성되어 있어 가족 여행객이 찾기 좋다.

6 알아두자!
호텔 투숙 시 리조트피, 주차요금이 필수?

하와이의 호텔 및 리조트에는 숙박비 외에 리조

트피와 주차요금이 존재한다. 우선 리조트피는 선택이 아니라 필수로 부과되는 요금으로, 투숙 인원과 관계없이 객실 수x투숙일에 따라 부과된다. 리조트피에 포함되는 내역은 호텔마다 다르다. 체크인 시 나눠주는 안내문 혹은 호텔 공식 홈페이지를 참고해 제공되는 서비스를 확인하고 활용하는 것이 좋다. 주차요금은 이용할 경우에만 요금이 부과된다. 투숙 기간 중 일부만 주차시설을 이용하는 경우 체크아웃 시 정산 내역을 꼼꼼하게 확인해야 한다.

7 도전하자!
렌터카, 꼭 이용해야 할까?

오아후는 다른 섬보다 대중교통이 잘 갖추어져 있다. 더 버스(The Bus)와 와이키키 트롤리(Waikiki Trolley)를 이용하면 주요 여행지 가운데 일부를 돌아볼 수 있다. 다만 더 버스의 경우 배차 간격과 이동 시간이 길어 시간을 허비할 수 있고, 와이키키 트롤리도 와이키키 인근 여행은 가능하지만 섬 전체를 돌아보는 건 불가하다. 최소 2-3일 정도는 렌터카를 이용해 드라이브하며 여행하는 것이 효율적이다.

8 안심하자!
첫 여행인데 자유 여행이 가능할까요?

하와이는 자유 여행으로도 안전하게 여행이 가능하다. 실제 관광청 통계를 보아도 자유 여행 비중이 압도적으로 높다. 그룹 투어가 아닌(Non-Group) 경우가 97.8%, 패키지 상품이 아닌(No Package) 경우가 84.9%이며, 한국인 여행객으로 한정했을 때에도 패키지 투어 25%, 노 패키지 75%로 개별 여행 비중이 높다. 커플, 가족 단위는 물론 나 홀로 여행자라도 충분히 여행할 수 있는 곳이 바로 하와이다.

9 기억하자!
예산 계획은 어떻게 세울까요?

하와이는 미국 본토와 타국에서 들여오는 수입품이 많고 대부분 관광 산업에 종사하고 있어 물가가 비싼 편이지만 하와이 주세는 4.712%로 본토에 비해 저렴한 편이다. 무스비는 $2-3, 커피는 $5-6, 테이크아웃 음식은 $15-20 전후이며 저녁식사의 경우 어떤 레스토랑을 방문하느냐에 따라 천차만별이다. 2인 기준 브런치는 $40 이상, 스테이크 전문점에서의 식사는 $250 이상으로 생각하면 된다. 장기 여행자라면 주방이 마련된 숙소를 구해 마트, 파머스 마켓에서 장을 봐서 요리해 먹는 것을 추천한다. 인천-호놀룰루 왕복 항공권의 가격은 평균 120-130만 원가량이며, 성수기에는 이보다 더 가격이 올라간다. 숙소(호텔 기준)는 $150-200대부터 금액이 형성되어 있으며, 호텔은 숙박료 외 리조트피, 세금, 주차료가 부과된다. 액티비티의 경우 종류마다 차이는 있지만 성인 기준 인당 최소 $80(선셋 세일링)부터 시작된다.

10 주의하자!
선크림 마음대로 발라도 되나요?

하와이는 2018년 세계 최초로 선크림 금지법을 제정, 2021년부터 시행하고 있다. 이는 하와이 바다의 산호를 보호하기 위함으로, 산호의 내부 환경을 교란해 백화현상을 일으키는 유해 성분(옥시벤존, 옥티노세이트)이 포함된 자외선 차단제의 사용을 금지하는 것을 골자로 한다. 우리나라에서 선크림을 구입하는 경우, 유해 성분이 포함되지 않은 무기자차 선크림(비건 화장품, 리프 프렌들리, 리프 세이프 표기 제품)이어야 하며, 구하지 못했다면 하와이 현지에서 구입하면 된다. 단 마우이와 빅 아일랜드에서는 미네랄 선크림을 사용해야 하니 참고하자.

11 잊지말자!
꼭 챙겨야 할 준비물이 있나요?

신분증(여권), 항공 E-티켓, 숙소 바우처는 기본이다. 항공 E-티켓과 숙소 바우처는 출력해서 소지하는 것을 추천한다(입국 심사 시 확인할 수 있음). 렌터카를 이용할 예정이라면 국내면허증과 국제면허증을 모두 챙겨야 한다. 하와이는 영문운전면허증 사용이 허용되지 않는 곳이기 때문에 꼭 국제면허증을 준비해야 한다. 또한 충전식 체크 카드(트레블월렛, 트레블로그 등)는 호텔과 렌터카 디파짓 카드로 사용할 수 없으니 예약자 명의의 신용카드도 빠트리지 말자.

미국의 전압은 110V이기 때문에 돼지코라고 불리는 어댑터가 필수이며 선크림은 현지에서 자외선차단 지수가 높은 것으로 구매하는 것이 좋다. 피부가 예민한 경우라면 화장품 전문 브랜드(뉴트로지나, 아비노, 세타필) 제품을 이용하자. 하와이에서 멀미약, 렌즈, 피임약은 의사 처방전이 있어야 구매할 수 있으니 필요한 경우라면 미리 챙기자.

12 신청하자!
ESTA 신청, 어떻게 하나요?

미국의 50번째 주인 하와이 방문을 위해서는 ESTA(전자여행허가제) 신청이 필수다. 비자 면제 프로그램이 시행되면서 관광 또는 출장을 목적으로 90일 미만으로 미국을 방문할 경우 별도의 비자 없이 ESTA만으로 미국에 체류할 수 있다. 단 사전에 ESTA 공식 홈페이지를 통해 신청 후 허가를 받아야 한다. 홈페이지에서는 다양한 언어를 제공해 누구라도 쉽게 신청서를 작성할 수 있다.

신청서 작성 후 수수료 결제는 마지막 단계에 진행된다. 인당 수수료는 $21이며 신용카드 결제 후 특별한 문제가 없다면 빠르면 2-3시간 내, 늦어도 72시간 내 승인된다. ESTA의 유효기간은 2년이다. 이미 발급받은 관광 비자가 있다면 ESTA 신청을 생략해도 되지만, 다른 목적으로 받은 비자라면 ESTA를 신청해야 한다. 첫 방문 후 2년 이내 미국이나 하와이를 재방문할 계획이라면 투숙지 정보만 변경하면 된다. 여권번호, 주민등록번호, 영문명 오타의 경우 결제 완료 후 수정이 불가하기 때문에 재신청해야 한다. 또한 유효 기간 내 여권을 재발급 했다면 ESTA도 신규로 신청해야 한다.

ESTA 공식 홈페이지 esta.cbp.dhs.gov/esta

Q&A

1 출발하자!

오아후에서 이웃섬으로 이동은 어떻게 하나요?

한국에서 출발한다면, 호놀룰루에서 한 번 환승이 필요하다. 호놀룰루 공항 도착 후 최소 2시간 이상 간격을 두고 이웃섬 항공권을 예약하기를 추천한다. 이웃섬 항공편은 '하와이안 항공'에서 가장 많은 편수를 운행한다. '사우스웨스트 항공'의 경우 가격은 조금 저렴하나 운행 편수가 적고 좌석 지정 불가능 등 약간의 불편함이 따른다. 오아후에서 이웃섬 간 비행 시간은 40분가량이다.

한국 출발, 일본을 경유하는 비행편 중 일부는 일본-빅 아일랜드 코나 공항 직항편이 운행되기도 한다.

하와이안 항공 SITE www.hawaiianairlines.co.kr
사우스웨스트 항공 SITE www.southwest.com

2 집중하자!

이웃섬 여행은 몇 박이 적당한가요?

섬마다 차이가 있다. 마우이, 카우아이의 경우 최소 3박, 빅 아일랜드는 최소 4박을 권장한다. 짧은 기간에 섬을 모두 여행하고 싶을 수도 있지만, 비행 시간 및 시차를 고려한다면 쉽지 않다. 이웃섬 여행을 고려한다면, 여행 첫날과 섬으로 이동하는 날에는 특별히 할 수 있는 활동이 없다. 전체 여행 기간이 6-7박 정도라면 아쉬워도 한 섬에 집중할 것을 추천한다.

3 관리하자!

이웃섬 일일 투어 어때요?

섬마다 한인 여행사가 있어 일일 투어에 나서는 여행객이 많다. 일일 투어를 고려한다면 컨디션 관리에 신경 쓰자. 대부분 호놀룰루에서 오전 6시 픽업을 시작으로 오전 7-8시에 비행기를 타고 출발해 이웃섬 여행 후, 오후 6-7시에 다시 비행기를 타고 호놀룰루로 복귀한다. 이처럼 당일로 이웃섬에 다녀올 수 있지만 고단할 수 있으므로, 전날 밤 스케줄과 이튿날 오전 스케줄은 여유 있게 배분하는 것이 좋다.

4 신중하자!

숙박은 어떻게 선택해야 하나요?

섬마다 호텔 및 리조트 밀집 지역이 정해져 있다. 빅아일랜드는 코나, 와이콜로아, 힐로 / 마우이는 와일레아, 키헤이, 카아나팔리 / 카우아이는 포이푸, 와일루아, 프린스빌이 숙박업소 밀집 지역이다. 에어비앤비도 여러 지역에 산재해 있지만, 숙소 밀집 지역 내에서 찾아보는 것을 추천한다. 예산을 바탕으로 편의성, 접근성을 고려해 숙소를 선택하자.

6 예약하자!

이웃섬은 반드시 렌터카 필수인가요?

이웃섬에도 대중 버스가 운행되고 있지만 배차 간격이 길고 차편이 많지 않아 렌터카가 필수다. 렌터카 이용이 어려울 경우 섬마다 있는 한인 투어나 현지 투어 업체를 이용하는 것이 좋다.

마우이: 윤스 택시 808-298-2429(카카오톡 ID_duseb85)

5 걱정 말자!

마우이 산불, 빅 아일랜드 화산 위험하지 않나요?

2023년 8월 마우이 산불, 2023년 9월 빅 아일랜드 화산활동으로 하와이 여행이 위험하지 않을까 걱정하는 여행자가 많다. 다만 오아후, 빅 아일랜드, 마우이, 카우아이는 각각의 섬으로 떨어져 위치한 데다, 마우이의 경우 불이 난 라하이나 지역 외에는 여행하는 데 무리가 없다. 빅 아일랜드는 365일 미 지질국에서 화산 관찰과 연구를 진행하고 있어 여행객 방문이 위험한 정도가 되면 하와이 주 당국과 관광청에서 방문 자제 요청 등을 안내한다.

7 준비하자!

이웃섬 복장은 어떻게 준비해야 하나요?

빅 아일랜드의 화산국립공원과 마우나케아, 마우이의 할레아칼라, 카우아이의 푸우 오 킬라 전망대는 짧은 반소매나 반바지 차림이라면 춥다고 느낄 수 있는 곳들이다. 특히 마우나케아와 할레아칼라는 다른 명소에 비해 15-20℃ 이상 기온이 낮다. 위 장소를 방문할 계획이라면 시기에 따라 경량 패딩이나 기모 점퍼, 긴바지, 운동화, 스카프, 장갑을 챙겨 가자. 화산국립공원은 얇은 바람막이, 카디건, 우비를 챙기면 좋다.

HAWAII
MAP

카우아이 Kauai

울창한 원시림이 오감을 흔들어 깨우는 곳이다. 하와이 섬 중 가장 오래된 섬이지만 개발은 20% 밖에 이뤄지지 않아 자연과 가장 가까운, 때 묻지 않은 모습 그대로 만끽할 수 있다. 웅장하고 신비로운 카우아이의 매력에 빠져보자.

필수 여행지: 나팔리 코스트, 와이메아 캐니언, 포이푸 비치, 프린스빌, 올드 콜로아 타운, 하날레이 등

오아후 Oahu

많은 이들이 꿈꾸는 하와이 여행의 관문 같은 곳이다. 메인 섬답게 주요 공공시설, 대학교 및 어학원 등 교육시설을 비롯해 회사, 병원, 호텔 등 수많은 시설이 모여 있다. 휴식, 쇼핑, 관광, 자연 감상 등 모든 여행이 가능한, 누구라도 만족할 만한 섬이다.

필수 여행지: 와이키키 비치, 노스쇼어, 다이아몬드 헤드, 진주만, 폴리네시안 문화센터, 쿠알로아 랜치 등

라나이 Lanai

가장 작은 섬이지만, 가장 럭셔리한 궁극의 휴가를 누릴 수 있는 곳이다. 세계 최대 파인애플 생산지라는 명예와 더불어 여행자들에게는 하와이에서 가장 보석 같은 섬으로 자리 잡았다. 프라이빗하면서도 고급스러운 분위기는 기본이다. 한적한 휴식과 더불어 골프, 승마를 즐기기에 최적의 환경이다.

필수 여행지: 라나이 시티, 홀로포에 비치, 먼로 트레일 등

몰로카이 Molokai

다미안 신부의 성스러운 정신과 함께 자연 그대로의 하와이를 자랑하고 있는 곳이다. 하와이안 본래의 뿌리를 간직해온 라스트 몰로카이언과 현지인들의 일상은 물론 고대 폴리네시아인들의 삶을 엿볼 수 있다.

필수 여행지: 칼라우파파 전망대, 칼라우파파 국립역사공원, 카우나카카이 타운 등

마우이 Maui

'하와이 속 작은 유럽'으로 불리는 곳이다. 휴양을 즐길 수 있고, 아름다운 태양 아래 펼쳐진 신비로운 자연을 만날 수 있으며 옛 하와이 왕국의 정취까지 느낄 수 있다. 어디에서 무엇을 하든 마우이를 찾는 누구나 특유의 낭만에 흠뻑 빠지게 될 것이다.

필수 여행지: 할레아칼라, 로드 투 하나, 카아나팔리 등

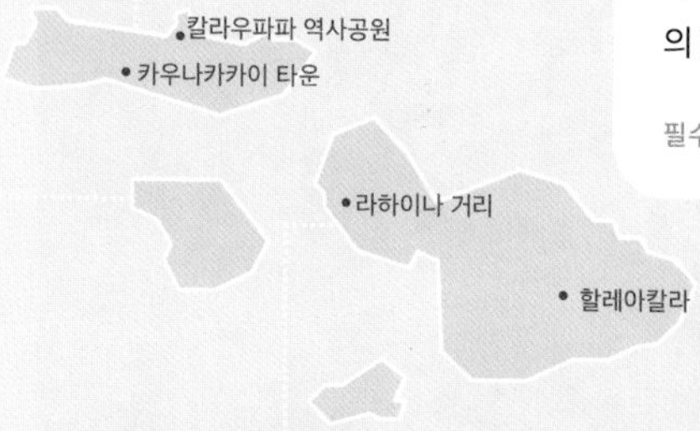

• 칼라우파파 역사공원
• 카우나카카이 타운

• 라하이나 거리

• 할레아칼라

빅 아일랜드 Big Island

하늘, 땅, 바다까지 대자연의 신비함을 느껴볼 수 있는 곳이다. 살아 숨 쉬는 활화산과 쏟아지는 별빛 아래에서 다른 섬에서는 경험할 수 없는 특별한 감동을 만끽해보자. 화산과 천문에 관심이 많다면 놓치지 말아야 할 섬이다. 코나와 힐로 두 곳을 통해 들어갈 수 있다.

필수 여행지: 화산국립공원, 마우나케아, 와이피오밸리, 코나 커피 벨트, 푸우호누아 오 호나우나우 국립역사공원, 사우스 포인트 등

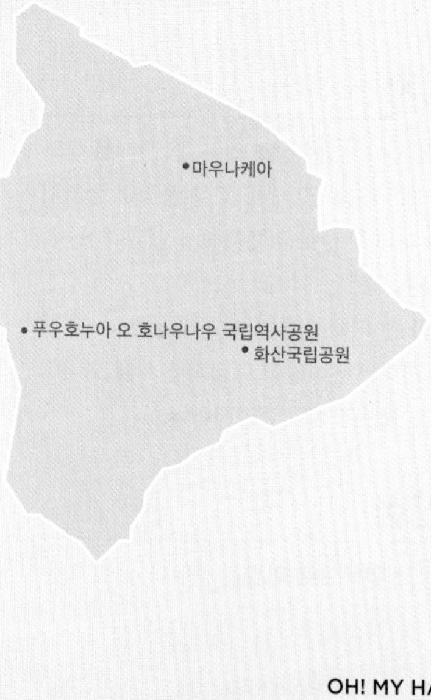

• 마우나케아

• 푸우호누아 오 호나우나우 국립역사공원
• 화산국립공원

KEYWORD

1 휴양지

'작은 고향', '신이 있는 장소'라는 뜻 그대로 하와이는 따뜻하고 다정하며 평화로운 풍경이 펼쳐지는 곳이다. 허니문 선호 여행지에서 언제나 1순위인 것은 물론 저스틴 팀버레이크, 마크 저커버그, 버락 오바마 전 미국 대통령, 오프라 윈프리, 빌 게이츠 등 세계적인 인사들이 애정과 찬사를 보내며 별장을 두고 있는 천혜의 휴양지이다.

2 화산섬

하와이는 화산활동으로 이뤄진 섬이다. 크고 작은 137개의 섬 중 문명의 발걸음을 허락한 곳은 단 6개 섬, 곧 오아후, 빅 아일랜드, 마우이, 카우아이, 라나이, 몰로카이뿐이다. 이 섬들은 시차를 두고 태어났지만 '하와이'라는 이름 속에 각자의 개성과 특징을 드러내고 있다.

3 서핑

3천여 년 전 폴리네시아인들이 시작한 스포츠로 20세기 초 와이키키에서 근대 스포츠로 재개되었으며 2020년 도쿄올림픽부터 정식 종목으로 채택됐다. 하와이는 해변에서 수백 미터 떨어진 곳까지 수심 1m 안팎의 해저 평면이 이어져 있어 위험하지 않고, 아시아 대륙에서 만들어진 파도가 섬에서 만나 거대하고 높은 물결을 만드는 덕분에 서핑 천국으로 불린다.

도착하면서 폴리네시아인들이 살던 곳에 서양 문물이 유입된 것을 시작으로, 1820년 기독교가 수용되면서 선교사들에 의해 본격적으로 서양 문화가 섬 내에 급속도로 퍼졌다. 20세기 사탕수수 농장의 급성장으로 한국, 중국, 일본은 물론 포르투갈, 필리핀 등 수많은 나라에서 이민을 오게 되면서 현재의 다문화를 형성했다. 1902년 처음 고국을 떠나 하와이로 이민 온 우리나라 선조들의 흔적은 카우아이, 오아후 등지에서 찾아볼 수 있다.

4 기후 공존

하와이에는 열대 및 건조로 나뉘는 다양한 기후가 공존한다. 열대우림, 화산으로 생긴 사막, 협곡, 산맥, 계곡, 초원, 고산 등 다채로운 자연환경을 만날 수 있다. 열대 휴양지답게 모든 섬에는 키 큰 야자수가 그림처럼 펼쳐진다.

5 듀크 카하나모쿠

와이키키 비치에서 한번은 꼭 만나는 동상의 주인공이다. 전설적인 수영 선수로 올림픽에서 다섯 개의 메달을 땄으며, 하와이에 처음으로 서핑 클럽의 문을 연 근대 서핑의 창시자이기도 하다. 매년 여름 그의 이름을 딴 스포츠 대회가 열릴 만큼 하와이의 영웅으로 꼽힌다.

6 동서양의 콜라보

1778년 영국인 탐험가 제임스 쿡 선장이 하와이에

7 쇼핑 천국

명품 부티크부터 캐주얼 브랜드 숍까지, 또한 최고급 백화점부터 아웃렛까지 다양한 가격대의 쇼핑을 즐길 수 있다.

8 알로하

세상에서 가장 따뜻하고 긍정의 기운이 가득한 인사말로, 아카히(Akahi: 배려), 로카히(Lokahi: 조화), 오루오루(Oluolu: 기쁨), 하아하아(Ha'aha'a: 겸손), 아호누이(Ahonui: 인내)라는 다섯 가지 정신을 담고 있다. 미국 대통령에 버락 오바마가 당선되었을 당시 다양한 문화와 인종을 적극적으로 포용하는 알로하 정신이 재조명되기도 했다. 굳이 표현하지 않아도 절로 느껴지는 우리나라의 '정'처럼, 만나고 헤어질 때 쓰는 단순한 인사말에 담긴 깊은 의미가 마음을 울린다.

9 진주만

하와이 최대의 자연 항구로, '진주조개 수확지'라는 반짝이는 이름과는 달리 제2차 세계대전의 아픔을 간직한 곳이다. 미국 해군기지 가운데 유일하게 국립 사적지로 지정되어 있으며, 전쟁의 시작과 끝이 고스란히 담긴 역사의 한 페이지를 만나기 위해 많은 관광객들이 몰려든다.

10 카메하메하 1세

여행 중 가장 많이 듣게 되는 하와이 인물로, 1810년 부족사회이던 하와이 제도를 하나의 왕국으로 통일시킨 장본인이다. 빅 아일랜드 출신으로 통치자로서의 현명함과 전사로서의 용맹함을 겸비해 많은 하와이 사람들로부터 추앙받았다. 카메하메하 1세의 동상은 모두 4개로 오아후, 빅 아일랜드, 마우이에 있으며, 이올라니 궁전 맞은편에 위치한 동상이 가장 유명하다.

11 스팸

미국 전 지역 중 스팸 소비 1위를 차지하는 곳이 바로 하와이이다. 연간 스팸 소비량이 700만 캔에 달하는데, 하와이의 모든 사람이 연평균 5캔을 먹는 셈이다. 통조림 햄인 스팸은 제2차 세계대전 당시 군용 식품으로 유명해졌다. 조리하기 쉽고 간편하게 먹을 수 있다는 점 때문에 오늘날에도 많은 요리에 사용되는데, 하와이 스타일 김밥인 '스팸 무스비'가 대표적이다. 하와이에서는 무려 20여 가지의 스팸을 맛볼 수 있다.

12 훌라

몸으로 전하는 언어, 다시 말해 하와이의 구전문학이자 종교의식이 반영된 전통 춤이다. 불의 여신 펠레(Pele)를 위해 자매인 히이아카(Hi'iaka)가 춘 춤에서 기원했다고 알려져 있으며 하와이 역사, 신화, 계보, 문화를 이어온 하나의 콘텐츠로 일컬어진다. 훌라의 모든 손 동작은 자연을 지칭한다. 크게 전통 방식을 따르는 '훌라 카히코'와 현대적으로 재해석된 '훌라 아우아나'로 나뉜다.

13 폴리네시아

폴리네시아(Polynesia)는 뉴질랜드, 하와이, 이스터섬을 연결하는 삼각형 안에 속하는 태평양 지역을 가리킨다. 6,000-8,000여 년 전, 이 지역에 살던 폴리네시아인들이 항해 중 하와이를 발견해 정착했고, 이들은 하와이 고유의 문화와 정체성을 발전시킨 하와이 원주민이 되었다.

14 한국인 최초 이민

20세기에 들어 사탕수수와 파인애플에 대한 수요 급증으로 임금이 저렴한 아시아 노동자들이 일자리를 찾아 하와이에 정착하기 시작했다. 우리나라에서는 고종이 하와이 이민을 허용하면서 1902년 12월부터 1905년까지 7,500여 명이 사탕수수 농장 노동자로 하와이에 왔으며, 이것이 바로 최초의 한국인 이민 기록으로 남아 있다. 한인 동포들은 이민 1세대를 형성하며 대한제국 몰락 후 일제에 빼앗긴 조국을 되찾기 위해 적디 적은 월급을 모아 독립운동 자금을 후원하기도 했다.

15 무지개 주

1959년 하와이 왕국은 왕족 시대를 끝내고 미국의 50번째 주로 편입되며 성조기의 마지막 별이 되었다. 하와이는 흔히 무지개 주(Rainbow State)라고도 불리는데, 그 덕분에 무지개는 자동차 번호판(2022년까지)을 비롯한 각종 기념품 디자인에 하와이의 마스코트처럼 쓰이고 있다. 잠시 스친 비가 멈추고 나면 청명한 햇살과 함께 찾아오는 무지개가 여행객의 마음을 설레게 한다.

16 우쿨렐레

포르투갈 악기에서 유래한 하와이의 전통 현악기로 4현을 가진 미니 기타이다. 포르투갈 사람들이 사탕수수 농장으로 이주하며 가져온 전통악기 카바키뉴의 연주를 지켜본 하와이 원주민이 '손가락이 마치 벼룩(Uku)처럼 톡톡 튀는(Lele) 듯하다'라고 하면서 이 같은 이름이 붙여졌다고.

17 샤카

안부, 감사 등을 표현할 때 사용하는 손인사로 엄지손가락과 새끼손가락을 편 채 손을 흔들면 된다. 뜻을 강조하고 싶다면, 손가락 관절이 바깥쪽으로 보이게 해서 흔들면 된다. 2024년 하와이 주의 공식 제스처로 샤카를 인정하는 법안이 통과되면서 그 의미가 한층 더해졌다.

FOOD

포이 Poi

폴리네시아인들의 주식인 타로(Taro)는 토란과의 작물이다. 먹는 방법은 여러 가지인데, 그중 익힌 타로를 으깨 반죽처럼 만들고 물을 넣어 점도를 높인 후 걸쭉한 죽처럼 먹는 것이 바로 포이이다. 칼루아 피그, 로미로미 살몬(토마토, 연어 등으로 만든 음식)을 곁들이거나 설탕, 간장 등의 소스를 넣어 먹는다.

라우라우 LauLau

돼지고기 또는 생선을 타로 잎, 티(Ti) 잎 등에 싸서 쪄낸 음식이다. 전형적인 플레이트 런치 음식으로 밥, 샐러드와 제공된다. '티'는 하와이 식물로 음식뿐만 아니라 꽃목걸이인 레이와 옷감을 만들 때도 사용된다.

칼루아 피그 Kalua Pig

하와이 전통 통돼지구이로 루아우 쇼 연회의 주메뉴다. 이무(Imu)라는 전통 오븐을 사용하는데, 땅에 구덩이를 파고 달궈진 화산석을 넣어 만든 화덕이다. 바나나 줄기 위에 돼지를 올리고 다시 바나나 줄기로 덮은 후 이무에서 6시간가량 쪄낸다. 이후 손으로 쉽게 뜯을 수 있을 정도로 부드럽게 익은 고기를 채소, 소스와 함께 먹는다. 칼루아 피그는 하와이어로 '구덩이에서 구운 돼지'라는 뜻이다.

포케 Poke

하와이식 참치 요리로 여행객들이 가장 많이 찾는 전통음식이다. 고대 하와이안으로부터 시작된 건강식으로 오늘날의 모습을 갖춘 것은 1970년대부터라고 한다. 참치를 깍둑 모양으로 썰어 다양한 채소 토핑, 드레싱과 비벼 먹는데 회덮밥과 비슷하다. 참치뿐만 아니라 문어, 연어 등 여러 해산물이 사용되기도 한다.

로코모코 Loco Moco

실패 없이 먹을 수 있는 하와이 전통음식이다. 쌀밥 위에 햄버거 패티, 달걀프라이, 그레이비 소스(육즙에 수분과 밑간을 더해 졸인 소스)가 더해진다. 전통음식이라고는 하지만 1949년 하와이로 이민 온 일본 여성이 만들었다. 시간과 장소에 구애받지 않고 쉽게 맛볼 수 있는 메뉴이다.

사이민 Saimin

1900년대 초 하와이에 이민 온 아시아계 노동자들로부터 시작된 음식으로 한국, 중국, 일본, 필리핀의 면 요리에서 영향을 받았다. 맥도날드에서도 찾아볼 수 있을 정도로 흔한 음식이지만 음식점마다 만드는 방식이 모두 달라 육수부터 고명까지 다양한 맛을 즐길 수 있다. 면을 밀가루와 달걀로 만드는 것이 특징이다.

ITEM

마카다미아 너트 Macadamia Nut

하와이 기념품 중 대표 아이템으로 꼽힌다. 전 세계 생산량의 90%를 차지하는 덕분에 솔트, 어니언 갈릭, 허니 맛은 물론 로스팅 너트까지 다양한 제품을 만나볼 수 있다. 주고받기 부담 없는 선물이라 놓치기 아쉽다.

코나 커피 Kona Coffee

 희소성 높은 코나 커피를 가장 저렴하게 구매할 수 있는 방법은 바로 하와이에서 구매하는 것이다. 커피 농장, 마트, 카페 등에서 쉽게 구할 수 있지만, 가치는 높은 기념품이 될 것이다.

하와이안 초콜릿
Hawaiian Chocolates

마카다미아와 초콜릿이 만나 가성비 좋은 기념품으로 탄생했다. 달달한 초콜릿을 한 입 베어 물면 마카다미아의 고소한 풍미가 입 안에 퍼진다.

하와이 꿀 Hawaii Honey

유기농 꿀만 판매하는 하와이에서도 단연 으뜸으로 꼽히는 것은 레후아 꿀이다. 빅 아일랜드에서만 피는 '레후아' 꽃에서 추출하는 하얀 꿀은 그야말로 희귀템이다. 이외에도 마카다미아 꿀, 퓨어 꿀 등 여러 종류가 있다.

호놀룰루 쿠키 Honolulu Cookie

릴리코이, 망고, 코나 커피 등 천연 재료를 사용해 하와이의 맛을 담은 프리미엄 쇼트브레드로 파인애플 모양이 귀엽다. 매장 내 시식이 가능하고, 선물용 패키지도 좋아 여행객들에게 인기 만점이다.

하와이 바다 소금
Hawaiian Sea Salt

개성 있는 선물을 고민 중이라면 반드시 기억해야 할 아이템. 하와이 소금은 붉거나 검은 것이 특징인데, 만들 때 알레아(alaea)라는 점토를 섞으면 산화철 성분으로 인해 붉은색이 되며, 숯가루를 섞으면 검은색을 띠게 된다.

영양제 Nutritional Supplements

미국 영양제 브랜드인 센트룸, GNC 제품은 물론 우주·미래 식품으로 떠오르는 슈퍼 푸드인 스피루리나, 노니도 인기 아이템이다.

스팸 SPAM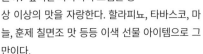

'스팸이 어떻게 기념품이 될 수 있을까?' 싶지만 하와이의 스팸은 상상 이상의 맛을 자랑한다. 할라피뇨, 타바스코, 마늘, 훈제 칠면조 맛 등등 이색 선물 아이템으로 그만이다.

팬케이크 믹스
Pancake Mix

가루에 물만 섞으면 팬케이크 한 장을 뚝딱 만들 수 있다. 초콜릿 마카다미아 견과류, 릴리코이, 스트로베리 구아바, 타로 등 맛 또한 다양하다. 간단하게 만들어 먹기 좋고 가격도 저렴해 간식 선물용으로도 좋다.

하와이안 셔츠 Aloha Shirts

하와이 배경에 어울리는 밝은 분위기의 셔츠로 알로하 셔츠라고도 한다. 큼지막한 꽃, 식물 등 화려한 문양이 셔츠 전체에 프린팅되어 있는 것이 포인트이다. 실제 사이즈보다 넉넉하게 입는다. 하와이 원주민들은 공식적인 자리에서 입을 수 있는 정장으로도 이용한다.

마틴 & 맥아더
코아 나무 제품
Martin & MacArthur

하와이에서만 자라는 코아 나무는 강하고 단단한 것이 특징이다. 고대 하와이안은 코아 나무로 전쟁에 사용할 무기, 카누 등을 만들 때 사용했다.
휴대폰 케이스, 북마크, 가구, 펜, 면도기, 코스터, 시계 등 다양한 종류의 코아 나무 아이템들을 놓치지 말자.

파인애플 텀블러
Pineapple Tumbler

파인애플 모양의 텀블러는 하와이 내 스타벅스에서 구매할 수 있다. 다만 최근 출시된 파인애플 텀블러 경우 보온 및 보냉 기능이 없다.

파인애플 젤리
Pineapple Jelly

한입에 쏙 들어가는 쁘띠 사이즈 젤리로 월마트, 롱스 드럭스 등에서 구매할 수 있다.

헬로 키티 인형
Hello Kitty

하와이에서만 구매 가능한 아이템으로 까맣게 태닝한 키티 인형을 만날 수 있다. ABC 스토어 익스클루시브 제품이다.

소스 및 드레싱
Sauce & Dressing

동서양의 문화가 잘 접목되어 있는 하와이에서는 특별한 소스와 드레싱도 만나볼 수 있다. 로컬 맛집의 음식 맛을 재현해볼 수 있는 제품으로 하와이 새우 요리를 위한 갈릭 소스, 화산처럼 강렬한 '파이어 핫 소스'가 대표적이다.

알로하 셔츠를 사고 싶다면

88 티스 88 Tees

1988년에 오픈한 티셔츠 전문점. 성인 남녀, 키즈를 비롯해 반려견 티셔츠까지 디자인이 헤아릴 수 없이 다양해, 원하는 것을 찾으려면 약간의 시간이 필요할 수 있다. 자체 피규어도 판매한다.

ADD 2168 Kalakaua Ave Honolulu, HI 96815
OPEN 월-일 12:00-18:00 SITE 88tees.com
SNS 인스타그램 @88teesofficial

크레이지 셔츠 Crazy Shirts

1964년 오픈한 브랜드로 하와이에서 인기가 높다. 티셔츠와 에코백 위주의 제품을 판매한다.

ADD 99-969 Iwaena St, Aiea, HI 96701
OPEN 월-금 06:00-17:00 SITE crazyshirts.com
SNS 인스타그램 @CrazyShirts

카할라 Kahala

알로하 셔츠를 제조한 최초의 브랜드로 1936년 오픈했다. 하와이의 활기와 알로하 정신을 담아내는 셔츠 브랜드로 잘 알려져 있다.

SALT 앳 아워 카카아코 ADD 85 Auahi St.Honolulu HI 96813 OPEN 월-일 10:00-17:00(지점별 상이)
SITE kahala.com SNS 인스타그램 @kahala

이외에도 ABC 스토어, 로드숍, 로스 드레스 포 레스(Ross Dress for Less)에서 저렴하게 알로하 셔츠, 원피스 등을 구매할 수 있다. 수영복을 구입하고 싶다면 산 로렌조 비키니(San Lorenzo Bikinis), 빌라봉(Billabong), 얼루어(Allure) 등의 매장을 방문해보자.

SPECIAL 코나 커피를 사고 싶다면

코나 커피 어디서 살까?

각 섬에 있는 마트나 커피 매장에서 코나 커피를 판매하지만 커피 농장에서 직접 구입할 수도 있다. 그런데 가격을 보면 마트보다 농장에서 판매하는 원두가 비싸게 느껴진다. 농장에서 판매하는 것과 마트에 진열되는 제품은 원두 등급이 다르기 때문이다. 각 농장에서 판매되는 제품 중 '이스테이트 그론(Estate Grown)', '프라이빗 리저브(Private Reserve)'라고 표기된 것은 높은 등급의 원두로 보면 된다.

호놀룰루 커피 컴퍼니, 라이언 커피, 아일랜드 빈티지 커피 등의 숍에서 쉽게 구매할 수 있다.

코나 커피 등급 알아두기

'코나'라는 이름이 붙어 있다면 코나 커피가 10% 이상 함유되어 있다는 뜻이다. 코나 원두 함량(10·25·100%)에 따라 원두의 등급은 물론 크기도 다르니 구입 시 잘 확인하자.

프라임(Prime): 가장 작은 크기의 원두로 가장 대중적이다.

피베리(Peaberry): 한 열매 안에 2개의 원두가 들어 있는 것으로 진한 맛이 특징이다.

넘버 원(No.1): 중간 크기의 원두로 맛이 무난하다.

팬시(Fancy): 엑스트라 팬시 다음 등급의 최상급 원두다.

엑스트라 팬시(Extra Fancy): 원두 중 크기가 가장 크고, 맛과 향이 모두 뛰어난 최상급 커피다.

HASHTAG

#하와이 행 비행기

인천 발 하와이 행 항공기는 대부분 밤 9시 전후에 출발한다. 8시간 비행 후 호놀룰루에 도착하는 시간은 오전 10시 전후이다. 호놀룰루 국제공항에 도착하면 청명한 바람과 깨끗한 공기가 눈앞에 펼쳐진다.

#여행 시기

아열대기후로 연평균 24-25°C인 하와이는 일 년 내내 따뜻하고 쾌적하다. 시즌에 우위를 따진다면 건기에 날씨가 좋은 편이며 우기라면 약간의 비는 감수해야 한다. 스노클링, 서핑, 수영 등 물놀이가 목적이라면 건기, 혹등고래 관찰이 목적이라면 우기가 낫다.

#이웃섬 여행

전체 여행 일정이 7박 이상이라면 이웃섬 여행을 계획해보자. 카우아이는 최소 2박, 빅 아일랜드와 마우이는 3-4박을 고려하는 것이 좋다. 당일 투어를 생각한다면 투어 전날 저녁과 투어 다음날 오전은 여유를 두자. 당일 투어는 오전 7시경 출발해 오후 7시경 오아후로 복귀한다.

#OOTD

야외 활동이 많다면 반소매, 반바지, 원피스가 좋다. 다만 에어컨 바람이 강한 실내를 고려해 얇은 카디건을 챙기는 것이 좋다. 사롱이 있다면 수영복 위 커버업이나 비치타월로 활용할 수 있다. 우기에 여행한다면 후드 셔츠나 스웨트셔츠를 챙기자. 마우나케아, 할레아칼라 방문을 앞두고 있다면 긴바지와 재킷, 화산국립공원이라면 방수 재킷이 효과적이다. 파인 다이닝에서 근사한 식사가 예정되어 있다면 깔끔한 복장이 필수이다. 원피스, 알로하 셔츠와 바지, 구두나 샌들 착용을 권한다. 일정 중 하이킹, 짚라인, 헬기 투어가 있다면 샌들이나 운동화를 착용하는 것이 좋다.

#숙소 위치

오아후는 와이키키, 알라모아나에 호텔이 밀집되어 휴양과 밤 문화, 쇼핑을 즐기기 좋다. 한적한 휴식을 원한다면 코올리나, 노스쇼어 쪽을 눈여겨보자. 두 곳 모두 골프장이 많고 코올리나에는 인공 라군이 있어 아이와 함께하기 좋다.

빅 아일랜드의 호텔 밀집 지역은 카일루아 코나, 와이콜로아, 힐로 세 곳이다. 코나 및 와이콜로아의 날씨가 힐로보다 화창해 찾는 이들이 많다. 힐로 지역의 호텔은 선택의 폭이 좁지만 마우나케아, 화산국립공원으로의 접근성이 좋다. 마우이는 럭셔리 호텔이 모인 와일레아, 중저가의 콘도가 밀집된 키헤이, 중고가 호텔 및 리조트가 밀집된 라하이나, 카아나팔리로 나뉜다.

#숙박시설

대부분의 섬이 호텔, 리조트, 콘도, 에어비앤비 시설을 갖추고 있다. 에어비앤비의 경우 주 당국에 신고하는 합법적인 곳인지 확인해야 한다. 또한 객실 요금, 리조트피, 주차요금과 함께 하와이 주 숙박세를 내양 한다는 것도 잊지 말자.

#대중교통

이웃섬에 비해 오아후는 대중교통이 잘 갖춰진 편이다. 와이키키 인근 관광지 위주로 다니는 트롤리와 더 버스가 대표적이다. 트롤리는 노선이 정해져 있고, 더 버스는 현지인이 많이 이용한다.

이웃섬에는 빅 아일랜드의 헬레온, 마우이의 마우이 버스, 카우아이의 카우아이 버스 가 있다. 단 배차 간격이 길고 시간이 오래 걸린다. 또한 버스에는 캐리어 같은 큰 짐은 들고 탈 수 없다.

#렌터카

이웃섬의 대중교통은 추천하기 어렵다. 택시나 우버는 이동에 제한적이고 관광지까지 거리가 있어 비싸다. 호텔에서 느긋하게 쉬는 게 목적이 아니라면 이웃섬 여행에 렌터카는 선택이 아닌 필수이다! 국내·국제면허증을 꼭 챙기자.

#ESTA

미국 50번째 주인 하와이에 방문하기 위해서는 ESTA 공식 사이트에서 입국 허가를 받아야 한다. 신청서 작성 후 수수료 $21를 결제해야 하며 (2024년 7월 기준) 특별한 사유가 없다면 2-3일 내에 승인을 받게 된다. 유효기간은 2년이며, 기간 내 갱신 시 재발급이 가능하다. 공식 사이트에서 한국어 서비스를 제공하는 만큼 어렵지 않게 신청서를 작성할 수 있다.

#현금과 카드

대부분 비자(VISA), 마스터(MASTER) 등의 신용카드 사용이 가능하다. 단 현금 결제만 가능한 곳이나 호텔 도어맨, 메이드에게 팁을 줄 때를 위해 약간의 현금도 준비하자.

#여행 준비물

여권, 항공 E-티켓, 숙소 바우처, ESTA 사본은 꼭 챙기자. 하와이는 110V 전압을 사용하니 어댑터도 필수. 선크림은 현지 마트에서 쉽게 구할 수 있으며 피임약, 일회용 렌즈는 처방전이 없으면 구입할 수 없으니 필요한 약은 한국에서 준비하자(두통, 감기, 멀미, 알러지 약은 구입 가능).

#공유 서비스

하와이에서도 공유 서비스를 만날 수 있다. 대표적인 것이 '우버'로, 근거리 이동 시 편리하다. '투로(Turo)'는 앱 내 검색을 통한 개인 간 거래로 차량을 이용할 수 있다. 공유 자전거 '비키(biki)'는 와이키키 및 다운타운, 카카아코에서 쉽게 만날 수 있다.

#팁 문화

카페, 레스토랑 등 음식점에서 팁이 발생한다. 보통 15%·18%·20%·노 팁(No tip)으로 나눠지며, 디너의 경우 18%·20%·22% 중 선택하면 된다. 영수증 하단에 결제 금액 대비 %가 인쇄되어 있으니 서비스 만족도에 따라 선택하면 된다.

#오픈테이블

하와이의 유명 레스토랑의 긴 대기줄을 피하고 싶다면, '오픈테이블' 앱을 이용해보자. 하와이 대부분의 레스토랑을 예약할 수 있으며, 취소 과정도 간편하다.

WEATHER

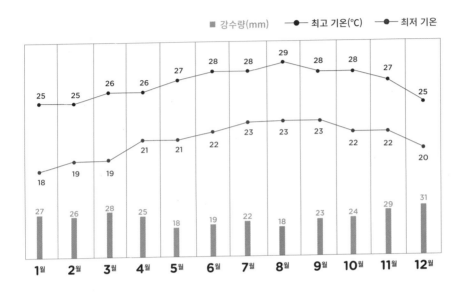

■ 강수량(mm)　━●━ 최고 기온(°C)　━●━ 최저 기온

건기 VS 우기

하와이의 계절은 크게 건기(5-10월, 여름)와 우기(11-4월, 겨울)로 나뉜다. 평균 기온은 건기 29.4°C, 우기 25.6°C이며, 연 평균 기온은 24-25°C이다. 우기에는 밤이 낮보다 5-6°C 낮긴 하지만, 전체적으로 연중 기온 변화와 일교차가 적고 온난하다.

기후대

하와이는 섬마다 서로 다른 기후를 보인다. 화산, 열대우림, 고원, 사막 등의 여러 기후가 공존하나, 위치상 북태평양 동쪽 북위 20도 근처에 있어 아열대 기후에 속한다. 또한 북태평양 고기압대의 영향을 받아 강수량이 풍부한 열대기후를 띤다.

자외선 지수

아침부터 오후까지 자외선 지수가 10 이상으로 우리나라보다 높은 만큼, 자외선 차단 의류를 입거나 자외선 차단제를 자주 바르는 것이 좋다. 하와이에서 판매하는 선크림의 SPF 지수는 15-70까지 다양하며, 산호초 보호를 위해 옥시벤존, 옥시노세이트 성분이 들어 있는 자외선 차단제 사용이 금지되어 있다.

강우량

우기에는 비가 잦고 건기에는 드물다. 연평균 강우량은 635-762mm이나 섬마다 차이가 크다. 빅 아일랜드 코나의 연 강우량은 100mm인데 반해 힐로는 3,000mm가 넘어 미국에서 가장 비가 많이

내리는 곳으로 꼽힌다. 카우아이의 연 강우량은 6,000mm로 세계에서 두 번째로 많은 비를 자랑한다. 가장 큰 비는 우기 시즌 겨울 폭풍 때 내린다.

바람

무역풍의 영향을 받는 하와이는 통상적으로 10-20mph 속도의 부드러운 바람이 북동쪽에서 남서쪽으로 불어온다.

습도

하와이 평균 습도는 63-68%이다. 단 고도와 무역풍의 영향으로 체감 습도가 낮아 일 년 내내 쾌적한 환경을 누릴 수 있다.

해수 환경 및 파고

하와이의 해수 온도는 평균 건기 28-29℃, 우기 22-25℃이다. 여름철 파도는 잔잔한 편으로 해수욕 및 해양 스포츠를 즐기기 좋지만, 겨울철은 태풍의 영향으로 해류가 강할 수 있으니 주의가 필요하다. 비치에 설치된 깃발과 안내판을 확인하자. 특히 겨울철 오아후 노스쇼어 지역은 계절풍의 영향으로 6m 이상 높이의 빅 웨이브가 발생하니 안전에 유의해야 한다.

화산

하와이의 지형은 화산활동으로 만들어졌다. 빅 아일랜드에는 현재도 활발히 활동하고 있는 화산이 자리한다. 화산 지역은 고도에 따라 기온 차이가 심하며, 차폐 효과로 인해 근거리 지역이라면 온도차가 발생한다. 빅 아일랜드 화산국립공원, 마우이 할레아칼라, 카우아이 코케에 주립공원에 방문할 예정이라면 외투를 챙기는 것이 효과적이다 (해발 1,000ft 당 기온이 1.9℃씩 하강한다).

TRADITIONAL CULTURE

하와이안 퀼트 Hawaiian Quilt

1820년 선교활동을 위해 하와이에 온 서양인 선교사들이 들여온 전통 수공예이다. 알몸의 원주민들을 위해 만들어진 의상 '무무(Muumuu)'가 바로 그 시작이다. 밑천 위에 다른 천 조각을 덧대 바느질하며, 아플리케 퀼트로 서로 대비되는 색을 사용한다. 꽃, 과일 등 하와이의 자연을 표현한 것이 많다.

로미로미 Lomi Lomi

하와이 전통 마사지로 세계 5대 마사지 중 하나로 꼽힌다. 머리부터 발끝까지 한번에 이어지는 것이 특징. 부드러운 오일을 사용해 테라피 효능이 높고, 팔목부터 팔꿈치까지를 주로 활용하기 때문에 몸과 몸 사이 밀착감이 강하다. 부드럽고 섬세한 힐링 테라피로 인기가 많다.

카파 Kapa

하와이 전통 복식으로, 하와이어로 '두들겨 펴다'라는 뜻이다. 어크(Wauke)라는 꾸지나무와 마마키(Mamaki)라는 야생 식물의 나무줄기를 잘라 껍질을 벗기고 방망이로 두들겨 옷감 재료로 사용한다. 현지 식물을 이용해 색을 내고 여러 문양을 새기거나 스탬프를 찍는다.

레이 Lei

하와이 꽃, 조개 등으로 만드는 목걸이로 환영의 의미를 갖는다. 호텔 체크인 시 환영의 의미로 목에 걸어준다. 생일, 결혼식 등에서 축하의 뜻으로도 사용된다. 단 임신한 여성에게 꽃 목걸이를 선물할 경우, 매듭을 짓지 말아야 한다. 마트, ABC 스토어 등에서도 쉽게 찾아볼 수 있다.

플루메리아 Plumeria

하와이에서는 플루메리아 꽃을 귀 옆에 꽂은 것을 쉽게 볼 수 있다. 이때 왼쪽 귀에 꽃을 꽂았다면 연애중 혹은 기혼을 뜻하고 오른쪽 귀는 미혼이라는 뜻이다.

카푸 Kapu

1890년대까지 지속된 전통 풍습이다. 당시 여성은 남성과 함께 식사를 할 수 없었으며 바나나, 코코넛, 포이, 돼지고기를 먹지 못했다. 이는 '신'과 연관이 있는데 남성 신으로 불리는 '로노(Lono, 풍요의 신)', '쿠(Ku, 전쟁의 신)', '카날로아(kanaloa, 바다의 신이자 죽음의 신)'가 남성을 위한 특별한 힘을 갖고 있다고 믿었기 때문이다. 카푸는 하와이어로 금지를 뜻한다.

카누 & 카약 Kanoe & Kayak

고대 폴리네시아 사람들은 카누를 타고 바다를 항해하며 하와이를 발견했다. 이동이나 낚시할 때 주로 사용했으며 현재는 레포츠의 한 종목으로 자리 잡았다. 카약과 카누는 유사하지만, 패들에서 가장 큰 차이를 보인다. 카약은 물살을 가르는 패들의 블레이드가 양쪽에 두 개이지만 카누는 하나만 있다. 넓은 의미에서 카누 안에 카약이 포함되는 것. 카약은 여행자들이 좀 더 쉽게 접근할 수 있는 액티비티이다.

FESTIVAL

알로하 페스티벌 Aloha Festival

하와이를 대표하는 축제이자 가장 큰 축제로 매년 9월 오아후에서 열린다. 1946년 하와이 공동체의 정체성과 전통문화 보존을 위해 시작된 '알로하 위크'라는 행사가 축제로 확대되어 오늘에 이른다. 3주 동안 다양한 프로그램으로 구성된 100여 개의 행사가 열린다. 왕실 대관식인 '하와이 알리이'를 시작으로 '플로럴 퍼레이드'가 하이라이트를 장식한다.

SITE alohafestivals.com

푸나후 카니발 Punahou Carnival

매년 2월 첫째 주 금·토요일, 하와이의 유명 사립학교인 푸나후 고등학교에서 여는 놀이공원으로, 놀이공원이 없는 오아후에서 일 년에 딱 한 번 놀이공원을 체험할 기회이다. 1932년 졸업 앨범 제작비 마련을 위해 시작되었지만, 현재는 장학금 지원 목적의 모금 기부 행사로 개최된다. 입장은 무료이며, 놀이기구를 탑승하려면 축제 전용 화폐를 구입해야 한다. 행사는 졸업생, 재학생, 교직원, 학부모 등의 자원봉사로 진행된다.

SITE punahou.edu/news-and-events/carnival

코나 브루어스 페스티벌
Kona Brewers Festival

1996년 코나 브루잉 설립을 축하하기 위해 시작한 행사로, 함께 일하고(Pualu) 땅을 존중하는(Mala-ma Pono) 정신을 추구한다. 매년 3월 코나 다운타운 내 코트야드 킹 카메하메하 호텔 비치 옆 잔디에서 열린다. 유료 입장으로 입장 시 7잔까지 샘플러 시음이 가능하며 3시간 동안 크래프트 비어, 하와이 음식 등을 맛볼 수 있다. 티켓 판매 금액은 지역 사회 지원에 사용된다.

SITE konabrewersfestival.com

OH! MY TIP

호놀룰루 비어웍스(Honolulu Beerworks), 와이키키 브루잉(Waikiki Brewing Company), 알로하 비어(Aloha Beer Company), 올라 브루(Ola Brew), 라니카이 브루잉(Lanikai Brewing Company) 등 다양한 맥주를 마트에서 쉽게 만날 수 있다. 마트에서 알코올 제품 구매 시 신분증을 확인하니 여권 소지는 필수다. 이외에도 펍 분위기를 느끼며 하와이 주에서 생산하는 맥주를 즐기고 싶다면 와이키키의 야드 하우스(Yard house, P214)를 방문해보자. 150여 가지의 생맥주를 구비하고 있는 탭 하우스이다.

와이키키 스팸 잼 페스티벌
Waikiki SPAM Jam Festival

스팸 하나만으로 열리는 길거리 축제로 4월 마지막 토요일 단 하루, 오아후 와이키키 칼라카우아 에비뉴에서 진행된다. 유명 레스토랑과 음식점에서 스팸으로 만든 각양각색의 요리를 선보인다. 부대 행사와 다양한 모양의 스팸 인형 덕분에 눈까지 즐겁다. 비영리 행사로, 행사 수익금은 하와이 푸드뱅크 및 지역 내 기관으로 전달된다.

SITE spamjamhawaii.com

레이 데이 Lei Day

하와이의 자생 꽃과 식물을 활용해 만드는 목걸이 레이를 테마로 하는 축제다. 1928년부터 시작된 행사로 매년 5월 1일 모든 섬에서 개최되며 레이 퀸 선발대회, 레이 콘테스트, 레이 만들기 등의 이벤트가 열린다. 레이는 단순히 환영 인사 때 건네받는 목걸이가 아니라, 하와이 사람들의 삶이 담긴 상징물로 감사함을 전할 때 마음을 담아 준비하는 선물이다. 'May Day is Lei Day in Hawaii'라는 슬로건이 꽤 인상적이다(메이데이는 미국 노동절을 뜻함).

SITE leiday.org

킹 카메하메하 데이
King Kamehameha Day

하와이 최초의 통일 왕조를 이룩한 카메하메하 1세를 기리기 위한 날. 증손자인 카메하메하 5세가 1871년 주 기념일이자 공휴일로 지정했다. 카메하메하가 태어난 6월 11일 전 섬에서 큰 행사가 열린다. 훌라 공연, 플로럴 퍼레이드 등 다양한 행사 가운데 하이라이트는 이올라니 궁전 건너에 있는 5.5m 높이의 카메하메하 왕 동상에 대형 레이를 거는 것이다.

메리 모나크 페스티벌
Merrie Monarch Festival

세계 최대 규모의 훌라 축제로 빅 아일랜드 힐로에서 3-4월 부활절 일요일 직후부터 열린다. 1963년 소규모로 시작된 이래 오늘날 일주일간 이어지는 대형 축제로 성장했다. 한때 서양 선교사들에 의해 금지되었던 훌라를 공식적으로 부활시킨 데이비드

칼라카우아(David Kalakaua) 왕에게 하와이 사람들은 메리 모나크('유쾌한 군주')라는 별칭을 헌사했다. 티켓 예매가 하늘에 별 따기지만, 무료 공연도 많다. 훌라의 예술성은 물론 훌라로 전하는 깊은 울림까지 느낄 수 있는 자리이다.

SITE merriemonarch.com

호놀룰루 마라톤
Honolulu Marathon

미국 4대 마라톤으로 1973년 시작되어 매년 12월 개최된다. 코스는 다운타운-와이키키-다이아몬드 헤드-카할라-하와이 카이-카피올라니 공원으로 이어진다. 우리나라를 대표하는 마라토너 이봉주가 1993년 국제 무대 데뷔전을 치른 경기로 당시 우승한 바 있다. 대회 하루 전날에는 어린이가 참여하는 1마일 레이스가 열리며 누구나 사전 등록할 수 있다. 하프 코스 대회는 4월에 열린다.

SITE honolulumarathon.org

아이언맨 월드 챔피언십
Ironman World Championship

SITE konacoffeefest.com

세계 최고 권위의 철인 3종 경기로 1977년 시작된
이래 매년 10월 빅 아일랜드 코나에서 열린다. 축제
기간 전후에는 코나 지역의 호텔 예약이 힘들 정도
로 수많은 인파가 몰려든다. 대회 날은 주요 도로
가 통제되고 코나 주민 대부부분이 자원봉사자로
나선다. 2026년까지는 프랑스 니스에서 공동 개최
되며, 남녀별로 도시가 나뉜다(2024년 코나-남자,
니스-여자 / 2025년 코나-여자, 니스-남자).

SITE ironman.com/im-world-championship

코나 커피 페스티벌
Kona Coffee Cultural Festival

1970년 시작된 축제로 커피 수확기인 11월 초에
코나 다운타운과 홀루알로아 빌리지(Holualoa
village) 등지에서 열흘가량 열린다. 하와이에서 가
장 오래된 음식 축제로 하와이 커피 유산을 보존하
기 위한 목적으로 개최되고 있다. 코나 커피 공동체
가 주최하고 농부, 로컬, 지역 기업, 여행자들이 참
여한다. 코나 커피와 관련한 다양한 이벤트가 열리
는데, 하이라이트는 최고의 코나 커피 농장을 선발
하는 '코나 커피 품평회'이다. 다양한 볼거리와 체
험 행사가 진행되며 일부는 유료이다.

OH! MY TIP
하와이 월별 축제
1월 소니 오픈 인 하와이(오), 마우이 오션 프런트
마라톤(오)
2월 파우와우 축제(오), 마우이 혹등고래 축제(마)
3월 호놀룰루 페스티벌(오), 프린스 쿠히오 데이(
오), 코나 브루어스 페스티벌(빅), 카우아이 스틸 기
타 페스티벌(카)
4월 메리 모나크(빅), 빅 아일랜드 초콜릿 페스티벌
(빅), 카우 커피 페스티벌(빅), 롯데 챔피언십(오), 와
이키키 스팸 잼(오)
5월 레이 데이(전 섬), 랜턴 플로팅 하와이(오)
6월 킹 카메하메하 데이(전 섬), 팬-퍼시픽 페스티벌
(오), 마우이 필름 페스티벌(마)
7월 프린스 랏 훌라 대회(오), 우쿨렐레 페스티벌(오)
8월 듀크스 오션 페스트(오), 코리안 페스티벌 하와
이(오), 퀸 릴리우오칼라니 카누 레이스(빅)
9월 알로하 페스티벌(전 섬), 카우아이 마라톤(카)
10월 하와이 푸드&와인 페스티벌(오,마), 하와이 국
제 영화제(오), 호놀룰루 성소수자(LGBT) 페스티벌
(오), 마우이 플랜테이션 데이 페스티벌(마), 카우아
이 초콜릿&커피 페스티벌(카), 할로윈(전 섬)
11월 코나 커피 페스티벌(빅)
12월 호놀룰루 시티 라이트(오), 트리플 크라운 오
브 서핑(오), 호놀룰루 마라톤(오)

밤을 수놓는 불꽃놀이

오아후 프라이데이 불꽃놀이
Oahu Friday Fireworks

매일 금요일 저녁 힐튼 빌리지 앞 비치에서 열리는 불꽃놀이다. 4분가량 진행되며 무료이다. 여름철(6 -9월) 오후 8시, 그 외(10-5월)에는 오후 7시 45분에 시작된다. 힐튼 라군, 카하나모쿠 비치, 와이키키 비치, 알라모아나 비치 또는 트로픽스 바, 마리포사, 53 바이 더 씨 등에서 식사를 하며 불꽃놀이 조망을 할 수 있다.

ADD 2005 Kalia Rd Honolulu, HI 96815

미국 독립기념일 불꽃놀이
Independence Day Fireworks

미국에서 가장 중요한 기념일로 꼽히는 독립기념일(7월 4일)에 열리는 불꽃놀이로 1777년부터 시작되었다. 오아후 카일루아 비치 파크 및 할레이바 비치 파크, 빅 아일랜드 카일루아 코나 피어, 와이콜로아, 마우이 라하이나 타운 등 모든 섬에서 열리며, 개최 시간은 섬마다 다르다(20:00-20:30). 불꽃놀이가 열리는 곳은 일찍부터 차량이 통제되니 관람을 원한다면 미리 이동해 있는 것이 좋다. 오전 및 낮시간에는 퍼레이드를 비롯한 부대행사가 열리니 공지사항을 확인하자.

나가오카 불꽃놀이
Nagaoka Fireworks

매년 3월 호놀룰루 페스티벌의 피날레를 장식하는 불꽃놀이다. 일본 니가타 현의 도시인 나가오카에서는 1946년부터 제2차 세계대전의 희생자를 기리는 불꽃 축제를 개최하고 있으며, 2012년 호놀룰루와 나가오카가 자매 결연을 맺으면서 호놀룰루에서도 평화를 염원하는 메시지를 담은 불꽃놀이를 개최하고 있다. 호놀룰루 페스티벌 마지막 날 저녁 8시 30분에 와이키키 비치에서 15분간 열린다.

OH! MY TIP

하와이 블루 크리스마스
블루 크리스마스를 만날 수 있는 하와이. 오아후에서는 '호놀룰루 시티 라이트 축제'를 시작으로 크리스마스 시즌에 본격 돌입한다. 1985년부터 시작된 행사로, 12월 첫째 주 토요일 오후 5시 30분에 열린다. 개막을 알리는 호놀룰루 시청 주변 트리 점등식에는 수많은 사람들이 모여 화려한 불빛으로 물드는 오아후를 즐긴다.

SITE honolulucitylights.org

SPECIAL

하와이 여행 준비 노하우

1 걱정 말자! 입국 심사

미국 이민국은 입국 심사가 까다롭기로 유명하다. 하와이도 예외가 아니다. 하지만 준비를 잘 해놓는다면 걱정하지 않아도 된다. 어떤 형태의 여행이든 항공권 E-티켓, 숙박 예약 바우처는 출력해서 챙겨두자.

허니문 혹은 커플, 가족 여행의 경우 어디서 투숙하는지, 며칠 머무는지, 돈은 얼마 가지고 왔는지, 대추 같은 음식물을 가지고 온 건 아닌지 등 제한된 질문만으로 심사가 끝나는 경우가 대부분이다. 다만 나 홀로 여행자라면 조금 더 세심하게 질문을 받을 수 있다. 이럴 때는 거짓말하지 않는 것이 중요하다는 것만 기억하자. 심사관이 질문을 반복하는 경우가 있는데 이때도 당황하지 말고 사실대로 답하면 된다. 만약 영어 소통이 원활하지 않아 자신이 없다면 처음부터 '한국어 통역사'를 요청하자.

또한 부모님만 입국하는 경우라면 미리 영어 편지를 작성·출력해서 부모님이 입국 심사 시 심사관에게 전달할 수 있도록 하는 것이 편리하다. 편지에는 방문 목적, 여행 기간, 투숙할 장소, 보호자 연락처를 기재하면 된다.

2 고민이 너무 많아요! 숙소 선택

하와이는 관광 산업이 주를 이루는 만큼 호텔 수도 많고 등급도 다양하다. 호텔 외에도 에어비앤비, 콘도, 호스텔 등 다양한 형태의 숙소가 있다. 또한 호텔 중에는 주방이 마련된 곳도 있고 아닌 곳도 있다. 그러므로 여행 기간과 목적에 따라 적합한 호텔을 고르는 것이 중요하다.

오아후의 경우 와이키키 내에 90%의 숙박시설이 밀집되어 있다. 와이키키 비치 앞의 호텔만 원할 수도 있지만 힐튼 하와이안 빌리지, 아웃리거 리프 와이키키 비치 리조트, 할레쿨라니, 쉐라톤 와이키키,

더 로열 하와이안, 모아나 서프라이더가 전부이다. 이외 호텔은 와이키키 비치까지 횡단보도 1-2개를 건너면 되는 거리에 자리한다. 꼭 와이키키 비치 프런트를 고집하지 않아도 된다는 뜻.

외부 일정이 많은 날은 저렴하거나 가성비 위주의 숙소로 접근하고, 숙소에 머무는 비중이 많은 날은 조금 더 고급스러운 숙소로 선택하는 방법도 있다. 숙소비를 액티비티에 투자하는 것이다. 또한 우리나라식의 호캉스를 생각한다면 오아후보다 이웃섬 호텔 환경이 더 좋다.

섬마다 에어비앤비(airbnb)로 운영되는 곳도 많다. 공유 숙박 사이트에 등록된 대부분의 에어비앤비는 하와이 주 숙박업체 등록번호와 텍스 ID를 가지고 있다(세부 내용에 대부분 번호가 기재됨). ESTA 신청 시에도 머물 곳 기재란에 주소를 명확히 기재하면 미국 입국에도 전혀 문제가 없다.

간혹 에어비앤비 사이트에서 숙소 예약 후 호스트가 일방적으로 예약을 취소하는 경우가 있다. 이는 취소·환불 정책에 따라 호스트가 한국인 손님을 받지 않겠다는 것이지 인종차별에 따른 문제는 아니다. 현지 호스트가 엄격한 취소·환불 정책을 적용하더라도 예약한 게스트가 한국인일 경우 한국 법에 의해 한 달 전이라도 특별한 사유 없이 취소할 경우 전액 환불을 해야 하기 때문이다. 호스트 입장에서는 게스트가 갑자기 취소할 경우 숙소 운영에 어려움을 겪을 수 있기 때문에 예약을 거절하는 것이다.

베케이션 렌탈(vacation rental)로 운영되는 숙소도 있다. 리조트, 호텔의 객실을 개인적으로 구매한 주인이 여행객에게 대여하는 형태이다. 대부분 집을 그대로 옮긴 듯한 구조라 편리하게 이용할 수 있다. 호텔 브랜드 중 힐튼 빌리지와 메리어트에 베케이션 렌탈이 있으며 콘도 중에서는 일리카이, 와이키키 반얀 등이 대표적이다.

호스텔도 몇 곳 있기는 하지만 다른 여행지에 비해 선택의 폭이 좁다. 인기 있는 곳은 일찍 예약이 마감되며 개인 소지품 관리에도 신경 써야 한다.

3 무엇을 탈까? 렌터카 vs 택시(우버) vs 대중교통

하와이는 대중교통이 잘 발달되어 있지만 미국 본토만큼은 아니다. 오아후는 대중교통을 이용하기 나쁘지 않지만 그 외 이웃섬은 렌터카가 정답이다.

• 렌터카: 무거운 짐을 들고 버스를 오르락내리락하지 않아도 되고 언제든 어디로든 바로 이동할 수 있다. 대중교통으로 돌아보기 힘든 하와이 구석구석까지 돌아볼 수 있고, 드라이브의 즐거움도 느낄 수 있다. 단 와이키키에서 이동할 때에는 주차요금이 저렴한 주차장을 찾아야 해 다소 불편할 수 있다.

• 택시: 주차장이나 주차요금을 고민할 필요가 없고, 운전의 피로감을 걱정하지 않아도 된다. 한인 택시를 이용하면 여행 정보도 편하게 얻을 수 있다. 하지만 요금이 비싸고 짐이 있다면 팁 비용이 추가된다.

• 대중교통: 오아후의 경우 와이키키에서 출발하는 트롤리를 이용하면 주요 관광지나 쇼핑몰로 편리하게 이동할 수 있다. 핑크·레드·그린·블루 4개의 노선을 운행하고 있으며 원하는 곳에서 내리고 다시 탑승이 가능하다. 창문에 유리창이 없어 시원한 바람을 맞으며 와이키키를 누빌 수 있고, 저렴하다. 단 일부 노선의 경우 좌석이 불편하고, 와이키키 주변과 시내로만 다니기 때문에 섬 전체를 즐길 수는 없다. 배차 시간도 길고 노선도 한정적이라 짧은 여행이라면 버리는 시간이 많아진다.

4 무엇을 할까? 낮에는 관광과 액티비티, 저녁에는 쇼핑!

하와이에 왔으니 해변에 누워 베짱이 놀이도 해보고 싶고, 한 마리 새처럼 하늘을 누비거나 바닷속을 거니는 액티비티도 해보고 싶다. 맛집 탐방도 하고 쇼핑 찬스도 누려야 하는데, 어떻게 시간을 배분해야 할까. 먼저 오전과 오후에는 관광과 액티비티를 계획해보자! 아침부터 밤까지 너무 빡빡하게 일정을 세우면 여행이 아니라 노동이 될 수 있으니 항

상 여유 시간을 함께 고려하는 것이 좋다. 액티비티를 마친 후 해당 장소에서 가까운 곳으로 관광을 떠나보는 것은 어떨까. 예를 들어 오전에는 스카이다이빙을 하고 오후에는 노스쇼어와 할레이바 마을을 돌아보는 것이다. 이후 밤이 되면 쇼핑을 즐기며 머리를 식혀보자. 위와 같은 일정이라면 와이키키로 돌아오기 전 와이켈레 아웃렛에 들르면 된다.

5 언제 살까? 마음 편한 쇼핑

여행 전 선물 등 쇼핑 목록을 꼼꼼히 작성해놓자. 그리고 여행 일정 앞부분에 쇼핑 일정을 넣도록 하자. 쇼핑 목록을 작성하면 불필요한 체력 소모를 줄일 수 있고, 여행 첫날과 둘쨋날에 쇼핑을 해두면 이후 관광과 액티비티에 더욱 집중할 수 있다.

국내 코스트코 카드가 있다면 하와이 여행 시에도 코스트코가 가장 저렴한 기념품 쇼핑 장소가 되지만, 카드가 없다고 해도 걱정하지 말자. 월마트, 돈키호테 같은 마트에서도 해결할 수 있다.

6 무엇을 볼까? 온라인 지도 서비스

구글 맵은 목적지 정보와 이동 경로, 소요 시간을 한국어로 제공해, 길 찾기에서부터 나만의 지도 만들기, 방문지의 영업시간 및 상세 설명까지 미리 확인할 수 있다. 데이터 로밍을 원하지 않거나 인터넷 사용이 불가능한 경우에는 오프라인 지도를 적극 활용하자. 원하는 지역을 오프라인 지도로 저장해놓으면 어떤 상황에서도 길을 파악할 수 있을 것이다.

7 어떤 걸 준비할까? 물놀이 장비

일반적인 스노클링 장비는 현지 마트에서도 쉽게 구입할 수 있다. 스노클링 장비 중 '풀 페이스 마스크'로 된 제품의 이용은 추천하지 않는다. 이산화탄소 배출이 원활하지 않을 경우 정신을 잃거나 질식하는 불상사가 생길 수 있다. 대신 마스크와 스노클로 구성된 제품을 이용하자. 물속에 머리를 넣거나 입으로 숨 쉬는 것을 어려워하는 경우에는 좀 더 특별한 용품을 준비해야 한다. 예를 들어 수중 관찰 어항은 물에 직접 얼굴을 넣지 않아도 바닷속을 구경할 수 있는 도구로, 공기를 불어넣는 튜브이다. 온라인 몰에서 2만 원 이하로 쉽게 구입할 수 있다. 다양한 형태의 튜브 또한 현지에서 구매할 수 있다. 튜브 공기 주입은 ABC 스토어에서 유료로 가능하다.

INFORMATION

하와이 인종 및 인구 비율 (2020년 미 인구조사국 기준)

534,479명
아시아계

345,652명
백인

144,971명
태평양 원주민

185,474명
하와이 원주민

52,410명 (혼혈 포함)
한인

한인 인구 섬별 분포도 (2020년 순수 한인 인구 기준)

958명
마우이

1,317명
빅 아일랜드

187명
카우아이

22,196명
오아후

2022년 하와이 여행객 수
(Hawaii tourism authority)

923만 명
2022년

한국 여행객의 평균 체류 일수
(Hawaii tourism authority)

8.6 일
2022년

한국인 여행객 수 (Hawaii tourism authority)

2021년 1,0652명 → 2022년 111,863명

950% 증가

하와이 섬별 여행객 수 (2023년 기준, Hawaii tourism authority)

485만 명
오아후

166만 명
빅 아일랜드

296만 명
마우이

43만 명
몰로카이

7만 명
라나이

134만 명
카우아이

하와이 호텔 객실 점유율 (Hawaii tourism authority)

2021년 57.5% → 2022년 74.9%

17.4% 증가

평균 객실 요금 (하와이 섬별 평균 객실 요금, 2023)

$321
오아후

$612
마우이

$560
빅 아일랜드

$489
카우아이

2022년 $365 → 2023년 $380

3.9% 증가

베스트 하와이

OAHU BEST
ATTRACTION

오아후 필수 여행지

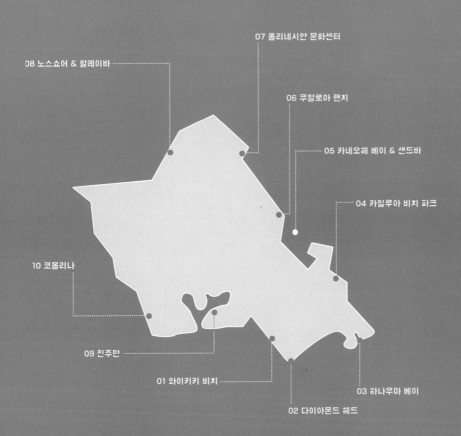

07 폴리네시안 문화센터

08 노스쇼어 & 할레이바

06 쿠알로아 랜치

05 카네오헤 베이 & 샌드바

04 카일루아 비치 파크

10 코올리나

09 진주만

01 와이키키 비치

03 하나우마 베이

02 다이아몬드 헤드

01

와이키키 비치 Waikiki Beach
3.2km에 걸쳐 쿠히오 비치, 퀸스 비치, 카피올라니 파크 비치, 샌스 수시 비치, 카이마나 비치를 품고 있는 하와이의 대표 명소이다. 끝없이 펼쳐지는 바다를 배경으로 서퍼, 여행객, 비치 체어, 파라솔, 야자수가 그림처럼 펼쳐진다. 와이키키는 하와이어로 '솟구치는 물'이란 뜻이다. P175

다이아몬드 헤드
Diamond Head
높이 232m의 화산으로 와이키키를 한눈에 담을 수 있는 전망대가 자리한다. 과거 군사 요충지였지만, 현재는 현지인과 여행객 모두에게 사랑받는 트레킹 코스가 되었다. 다이아몬드 헤드라는 이름은 분화구 둘레가 수성이 반짝거리는 것처럼 보여붙여진 것이다. P180

02

하나우마 베이 Hanauma Bay

오아후 스노클링 성지. 분화구가 만든 천혜의 비치와 수중 환경을 가진 곳으로 오아후에서 유일하게 비용을 내고 입장한다. 1967년 해양생물 보호구역으로 지정되었으며 1990년대부터 방문객 수를 제한하고 사전 교육을 통해 자연 보호에 힘쓰고 있다. 방문 전 예약 필수이다. 하나우마 베이는 하와이어로 '굴곡져(uma) 있는 만(Hana)'이란 뜻이다. P227

03

04

카일루아 비치 파크 Kailua Beach Park

오아후 비치 중 접근성과 편의성 면에서 압도적인 위치를 차지한다. 청량한 빛깔의 바다, 고운 모래사장, 완만한 수심, 잔잔한 물살을 자랑하며 윈드서핑, 카약 등 액티비티도 가능해 로컬, 여행객 할 것 없이 인기가 많다. 카일루아는 하와이어로 '두 개의 해류'라는 뜻이다. P235

카네오헤 베이 & 샌드바
Kaneohe bay & Sandbar
하와이 최대 산호초 지역. 1930-1970년대에는 각종 산업화로 오염이 심한 곳이었으나, 필사적으로 살아남은 산호초들이 어디에서도 만날 수 없는 환상적인 풍경을 만들어내면서 오늘에 이른다. 해양자원 보호를 위해 개별 투어가 금지된 곳으로 주 당국의 승인을 받은 여행사 투어 프로그램을 통해서만 방문할 수 있다. 썰물 때 만들어지는 샌드바가 장관이다! P238

05

06

쿠알로아 랜치 Kualoa Ranch
오아후 최대 목장. 고대부터 신성한 지역으로 섬겨진 곳으로 대지 면적만 약 500만 평에 달한다. 열대우림, 계곡, 해변, 산맥 등의 대자연이 공존하며 <쥬라기 공원>, <고질라> 등 수많은 영화 및 드라마의 배경으로 등장했다. ATV, 승마, 영화 촬영지 투어, E-바이크 등 대자연을 활용한 액티비티 프로그램을 운영한다. P243

07

폴리네시안 문화센터 Polynesian Cultural Center
오아후 최대 테마파크. 하와이, 피지, 타히티, 아오테로아, 통가, 사모아 등 폴리네
시안 내 6개 섬의 문화와 역사를 만날 수 있다. 훌라 춤 배우기, 창 던지기 등의 체
험은 물론 '카누 쇼', '하 쇼' 등의 공연도 펼쳐진다. 입장권 구매 후 셀프 투어도 가
능하지만, 하와이 브리검 영 대학교에 재학 중인 한국인 가이드가 인솔하는 프로
그램 및 프라이빗 투어에 참여해보는 것도 좋다. 투어 시간이 기본 3-4시간인 만큼
물, 모자, 선글라스를 준비하고 이브닝 쇼인 '하 쇼'까지 포함된 티켓을 구매했다면
카디건, 바람막이도 챙겨 가자. P246

08

노스쇼어 & 할레이바 North Shore & Haleiwa
겨울철 높은 파도로 유명한 노스쇼어는 오아후 최대의 서핑
스폿이자 전 세계 서퍼들의 성지로 불린다. 여름철에는 깨끗
하고 투명한 바다를 즐기기 위해 현지인들이 즐겨 찾는다. 하
와이의 마지막 여왕 릴리우오칼라니의 여름 휴가지로 유명한
할레이바는 마치 1980년대에서 시간이 멈춘 듯한 작은 마을
이다. 이 두 곳에서 놓치지 말아야 할 먹거리는 새우 요리와 셰
이브 아이스이다. P248

OH! MY TIP
노스쇼어와 새우
노스쇼어 내 카후쿠 지역에서 새우 양식을
시작하면서, 파도 타기 바쁜 서퍼들은 간단
하게 먹을 수 있는 새우 플레이트 요리를 즐
겨 찾게 된다. 이후 마늘과 칠리 소스가 어우
러진 하와이식 새우 요리 트럭은 노스쇼어의
명물이 되었다.

09

진주만 Pearl Harbor
하와이 최대 역사 유적지, 세계 최고의 천연 만, 태평양 전쟁의 서막, 제2차 세계대전의 격전지까지 진주만을 가리키는 수많은 수식어만 보아도 방문할 가치는 충분하다. 전쟁의 처절한 폐해를 확인할 수 있는 'USS 애리조나호 메모리얼'은 진주만에서 가장 많은 이들이 찾는 곳이다. P269

10

코올리나 Ko Olina
오아후 서쪽 해변으로 6km에 걸쳐 4개의 인공 라군이 자리한 지역이다. 포시즌스 리조트, 디즈니 아울라니, 메리어트 코올리나 등 고급 리조트 및 골프장을 품고 있다. 코올리나는 하와이어로 '행복이 가득한'이라는 뜻이다. P259

BIG ISLAND·
MAUI·KAUAI
BEST ATTRACTION

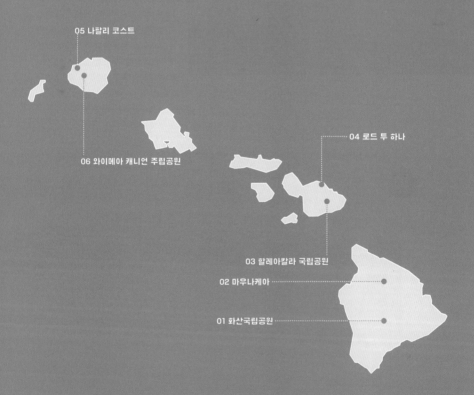

05 나팔리 코스트

06 와이메아 캐니언 주립공원

04 로드 투 하나

03 할레아칼라 국립공원

02 마우나케아

01 화산국립공원

01

화산국립공원
Hawaii Volcanoes
National Park
빅 아일랜드

살아 있는 지구의 모습을 살펴볼 수 있는, 이른바 하와이에서 가장 뜨거운 곳이다. 1987년 유네스코 세계자연유산으로 지정되었으며, 지구에서 가장 활발한 화산 킬라우에아와 세계에서 가장 크고 넓은 화산 마우나로아를 품고 있다. 수천 년에서 수만 년의 자연이 압축되어 있는 특별한 현장이다. P312

02

마우나케아
Mauna Kea
빅 아일랜드

'흰 산'이라는 이름처럼 하와이에서 가장 깨끗한, 그리고 가장 높은 산이다. 5천 년 전 폭발한 것으로 추정되며, 북반구에서 유일하게 구름보다 더 높이 솟아 있는 덕분에 하와이에서 눈을 볼 수 있는 단 한 곳이 되었다. 천문학자들의 성지라 불리는데, 대기 중 산소가 40%에 불과해 공기 저항을 덜 받아 깨끗한 하늘을 관찰할 수 있기 때문이다. 정상부에서는 11개국에서 설치한 13대의 대형 망원경을 통해 연중 325일간 관측 활동이 벌어진다. 일몰과 일몰 후 밤하늘을 수놓는 별빛이 하이라이트로 꼽힌다. P332

03

할레아칼라 국립공원
Haleakala National Park 마우이

세계 최대의 휴화산이자 마우이 최고봉(해발 3,055m)으로 인생 최고의 일출, 일몰을 감상할 수 있는 뷰 포인트이다. 할레아칼라 일대는 1980년부터 유네스코 생태계 보존 지역으로 지정되어 있으며, 빅 아일랜드 화산국립공원과 더불어 하와이 2대 국립공원으로 꼽힌다. 할레아칼라는 하와이어로 '태양의 집'이란 뜻이다. P413

04

로드 투 하나(하나 로드)
Road to Hana 마우이

천혜의 자연환경을 가진 마우이 최고의 드라이브 코스. 하나 타운으로 가는 길목으로 84km에 걸쳐 600개의 커브와 54개의 다리가 열대우림과 함께 펼쳐진다. 커브가 많지만 곳곳이 라바 동굴, 폭포, 식물원, 뷰 포인트 및 절경으로 이어져 있으며 때묻지 않은 옛 하와이 마을이 그대로 간직되어 있다. 하나 타운이 종착지로 오프라 윈프리, 스티븐 타일러 등 유명 인사의 휴양지라는 프라이빗한 매력까지 갖췄다. P421

05

나팔리 코스트 Na Pali Coast　　카우아이

아찔한 절벽과 아름다운 협곡이 만들어낸 비범한 걸작. <아바타>, <킹콩>, <캐리비안의 해적> 등 할리우드 영화의 촬영지로도 유명하다. 500년이라는 시간 동안 비·바람·파도가 빚어낸 절벽 해안선에서 하와이의 깊은 속살을 접해보자. 나팔리는 하와이어로 '절벽'이란 뜻이다. P484

와이메아 캐니언 주립공원 Waimea Canyon State Park　　카우아이

카우아이 남서쪽에 있는 주립공원으로 와이메아는 하와이어로 '붉은 물'을 뜻한다. 태평양에서 가장 큰 협곡으로 '태평양의 그랜드 캐니언'으로 불리기도 한다. 화산의 일부였다가 용암이 빠져나간 자리에 땅이 내려앉아 생긴 협곡으로 오랜 침식작용으로 인해 여러 색을 띤 용암층을 볼 수 있다. 영화 <쥬라기 공원>의 주요 배경지이기도 하다. P452

06

BEACH

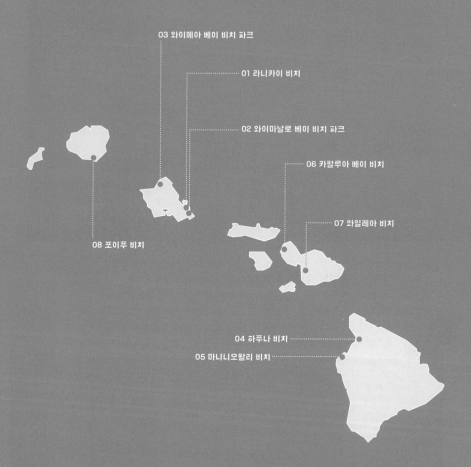

03 와이메아 베이 비치 파크

01 라니카이 비치

02 와이마날로 베이 비치 파크

06 카할루아 베이 비치

07 와일레아 비치

08 포이푸 비치

04 하푸나 비치

05 마니니오왈리 비치

01

라니카이 비치 Lanikai Beach   `오아후`

하와이어로 '천국(Lani)의 바다(kai)'라는 뜻이다. 파도가 잔잔하고 물이 얕으며 모래가 고와 어린이들도 놀기 좋지만 그늘이 없다는 것이 단점이다. 해변으로 향하는 1-11번 진입로가 주택가에 위치하며, 4-7번으로 입장하면 메인 비치가 등장한다. 주차장, 화장실 같은 편의시설도 없지만 많은 이들이 즐겨 찾는다. P236

02

와이마날로 베이 비치 파크
Waimanalo Bay
Beach Park   `오아후`

모래사장과 아이언 우드가 그림같이 펼쳐져 있는 총 길이 9km의 해변이다. 2015년 전미 비치 랭킹 1위에 오른, 오아후에서 손꼽히는 비치. 적당한 파도와 모래사장, 편의시설, 피크닉 테이블, 산책로도 잘 정비되어 있어 잠시 쉬어가거나 식사를 하기도 좋다. P234

03

와이메아 베이 비치 파크
Waimea Bay Beach Park   오아후

6~9m 절벽에서 다이빙이 가능한 비치로 여름철에는 청량한 바다를, 겨울철에는 높은 파도에 춤추는 서퍼를 감상할 수 있다. 빅 웨이브 서핑이 탄생한 전설의 서핑 스폿이며 여름철 주차 전쟁만으로도 이곳의 인기를 실감할 수 있다. P250

04

하푸나 비치 Hapuna Beach   빅 아일랜드

빅 아일랜드에서 가장 긴 비치로 널찍한 모래사장과 고운 모래를 자랑한다. 적당한 높이의 파도가 더해져 부기보드를 타기에도 좋고, 비치 왼쪽 바위 부근에서 스노클링도 할 수 있다. 편의시설까지 잘 갖추고 있어 가족 단위 여행객을 비롯한 많은 이들이 방문한다. P349

마니니오왈리 비치 Manini'owali Beach `빅 아일랜드`

빅 아일랜드 코나에서 가장 아늑하고 따사로운 비치로 쿠아 베이 (kua bay)로도 불린다. 물이 잔잔할 때는 부기보드, 스노클링, 일광욕을 즐기기 좋고 파도가 높은 가을, 겨울철에는 쏟아지는 일몰을 만끽할 수 있다. 케카하 카이 주립공원(Kekaha Kai State Park) 내에 자리하며 저녁 7시에 출입문이 닫히니 참고하자. P352

05

06

카팔루아 베이 비치 Kapalua Bay Beach `마우이`

마우이 최고의 스노클링 스폿으로 물놀이를 즐기기에도 제격이다. 가족 친화적 비치 중 하나로 접근성과 편의시설이 좋으며 리조트 단지가 조성되어 있어 시설 또한 깨끗하다. 비치와 더불어 카팔루아 해안 트레일도 즐겨보자. P378

07

와일레아 비치 Wailea Beach

마우이

5개의 초승달 모양의 비치가 연결되어 있는 곳. 와일레아 비치 리조트-메리어트, 그랑 와일레아, 어 월도프 아스토리아 리조트 등 와일레아 지역 투숙객이라면 편리하게 즐길 수 있으며,별도의 주차장과 편의시설이 갖춰져 있어 투숙객이 아니더라도 방문 가능하다. 오후의 활기보다 일몰의 낭만이 더 잘 어울리는 곳이다. P390

08

포이푸 비치 Poipu Beach

카우아이

미국 여행 방송 채널에서 미국 최고의 해변으로 선정된 곳이다. 모래사장에서 해변 쪽으로 80m 떨어진 곳에 작은 섬이 있는데, 육계사주(tombolo: 육지와 섬을 연결하는 사주) 현상 덕분에 파도를 즐기며 섬까지 걸어가볼 수 있다. 산호가 방파제 역할을 해 안전하게 물놀이, 스노클링, 부기보드, 서핑을 즐길 수 있다. P461

똑똑하게 즐기는 하와이 비치

비치 vs 비치 파크

하와이 비치는 ○○ 비치 또는 ○○ 비치 파크로 나뉜다. ○○ 비치는 자연 그대로 편의시설을 갖추지 않은 곳이다. ○○ 비치 파크는 주 당국에서 관리하는 곳으로 구조대, 주차장, 화장실, 간이 샤워기 등의 편의시설을 갖추고 있다.

시크릿 비치?

하와이의 자연은 누군가 독점해 사용할 수 없다. 시크릿 비치는 프라이빗한 비밀 해변이 아닌, 말 그대로 외부에 잘 알려지거나 노출되지 않은 곳일 뿐이다. 군사시설 내 위치한 비치가 아니고서는 여행객 대부분이 이용할 수 있다.

호텔에서 관리하는 비치!

호텔 앞에 있는 비치라고 해서 투숙객만 즐길 수 있는 건 아니다. 호텔 내 위치한 비치도 공용 공간으로 누구나 이용 가능하다. 대부분은 호텔에서 관리하고 있어 좀 더 쾌적한 환경을 자랑한다. 단 호텔 비치 앞에 마련된 비치 체어는 투숙객을 위한 편의시설이다.

커버업 하나면 복장 고민 끝

와이키키에서는 수영복이나 수영복에 짧은 바지를 덧입고 다니는 이들을 쉽게 만날 수 있다. 물놀이 전후 쉽게 입고 벗을 수 있는 커버업(Cover-up)을 준비한다면 해변에서의 복장에 대해 더 이상 고민하지 않아도 된다.

OH! MY TIP

Dr. Beach 선정 하와이 비치
1989년부터 플로리다 국제대학에서 해안 조사를 연구하는 스티븐 레더먼 교수(Dr. Stephen P. Leatherman)는 미국 전역에서 가장 아름다운 비치 Top 10을 뽑아 그 리스트를 홈페이지(www.drbeach.org)에 공유한다.

2018년 1위 마우이 카팔루아 비치, 8위 빅 아일랜드 하푸나 비치 주립공원
2019년 1위 카일루아 비치, 5위 오아후 듀크 카하나모쿠 비치, 8위 빅 아일랜드 하푸나 비치 주립공원
2020년 7위 빅 아일랜드 하푸나 비치 주립공원, 4위 오아후 듀크 카하나모쿠 비치
2021년 1위 빅 아일랜드 하푸나 비치 주립공원, 6위 오아후 듀크 카하나모쿠 비치
2022년 5위 오아후 듀크 카하나모쿠 비치, 8위 마우이 와일레아 비치
2023년 2위 오아후 듀크 카하나모쿠 비치, 7위 마우이 와일레아 비치, 9위 카우아이 포이푸 비치
2024년 1위 오아후 듀크 카하나모쿠 비치, 3위 마우이 와일레아 비치, 7위 카우아이 포이푸 비치

SPECIAL
BEACH

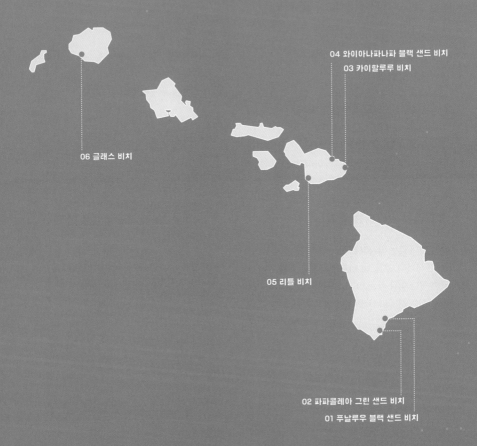

04 와이아나파나파 블랙 샌드 비치

03 카이할루루 비치

06 글래스 비치

05 리틀 비치

02 파파콜레아 그린 샌드 비치

01 푸날루우 블랙 샌드 비치

푸날루우 블랙 샌드 비치 Punalu'u Black Sand Beach 빅 아일랜드

파도가 흑요석에 부딪히며 부서져내린 검은 모래가 눈길을 사로잡는 곳으로 푸날루우 카운티 비치 파크(Punalu'u County Beach Park)에 위치한다. 이곳이 특별한 이유는 사실 검은 모래보다 일광욕을 위해 검은 모래 위로 올라오는 거북이다. 하와이, 멕시코, 호주에서만 관찰되는 바다거북의 일광욕을 놓치지 말자. P310

01

02

파파콜레아 그린 샌드 비치
Papakolea Green
Sand Beach 빅 아일랜드

세계에서 단 4곳뿐인 초록빛 비치 중 하나. 트레킹, 4륜 차량, 투어 차량을 이용할 수 있는데 주차장 입구에 있는 로컬 투어 차량을 이용하는 것을 추천한다. 모래가 초록빛을 띠게 된 것은 1868년 마우나로아 화산 폭발 때 형성된 감람석이 식으면서 푸른 빛을 내기 때문이다. P310

03

카이할루루 비치 Kaihalulu Beach 마우이

작은 초승달 모양의 붉은 모래 비치이다. 마우이에서 가장 은밀한 곳으로 주차도, 비치를 찾기도 쉽지 않지만 여행객의 발걸음이 이어진다. 붉은 모래를 가지게 된 이유는 화산 쇄설물인 스코리아 때문이다. 붉게 산화된 스코리아가 풍화되어 오늘날의 모습을 갖게 된 것. 비치 앞 암석이 파도를 막아주는 풍경이 더없이 생경하다. P429

04

와이아나파나파 블랙 샌드 비치 Waianapanapa Black Sand Beach 마우이

검은 모래를 가진 비치로 와이아나파나파 주립공원 내에 위치한다. 기암절벽과 모래사장 모두 검은빛을 띠며 바다와 엄청난 컬러 대비를 선사한다. 파도가 높아 물놀이는 적합하지 않지만, 트레일, 블로홀, 라바 튜브 등 볼거리와 캠핑장이 있어 연중 내내 방문객들이 몰려든다. P429

05

리틀 비치 Little Beach `마우이`
넓고 긴 마케나 비치의 일부로, 암석 하나를 사이에 두고 빅 비치, 리틀 비치로 나뉘어 있다. 과거 누드 비치였던 탓에 마우이에서 가장 핫한 비치로 꼽히도 했다. 누드를 금지하고 있지만, 여전히 히피족으로부터 물려받은 명성만큼은 이어지는 중이다. 특히, 금요일 오후부터 주말까지 자유로운 분위기가 형성된다. P390

06

글래스 비치 Glass Beach `카우아이`
유리가 모래가 된 이색 비치이다. 사람들이 쓰레기로 버린 유리가 자연에 의해 동그랗고 예쁜 조약돌이 되었고 그렇게 명소가 되었다. 멀리서 보면 일반 모래사장처럼 보이지만 가까이 가면 반짝이는 유리 보석을 만날 수 있다. 물놀이 장소로는 적합하지 않다. P449

VIEW POINT

가슴까지 시원해지는 풍경

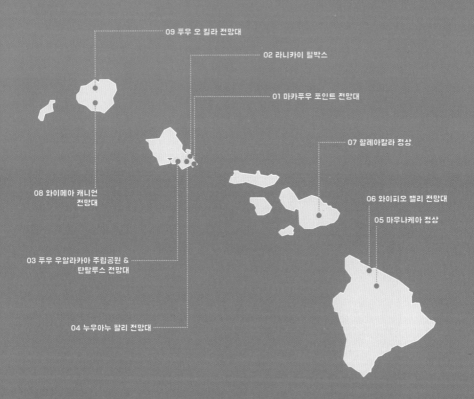

09 푸우 오 킬라 전망대

02 라니카이 필박스

01 마카푸우 포인트 전망대

07 할레아칼라 정상

08 와이메아 캐니언
전망대

06 와이피오 밸리 전망대

05 마우나케아 정상

03 푸우 우알라카아 주립공원 &
탄탈루스 전망대

04 누우아누 팔리 전망대

01

마카푸우 포인트 전망대 Makapuʻu Point Lookout 오아후

오아후 최고의 보디서핑 비치, 테마파크인 씨 라이프 파크와 토끼섬이 탁 트인 바다와 함께 펼쳐진다. 전망을 조망하는 것만으로도 가슴이 시원해지지만, 마카푸우 등대 트레일, 마카푸우 톰톰 트레일(Makapuʻu Tom Tom Trail) 같은 하이킹 코스도 함께 체험해볼 만하다. 마카푸우는 하와이어로 '튀어나온 눈'이란 뜻이다. P233

02

라니카이 필박스 Lanika Pillbox 오아후

라니카이 비치 경관이 펼쳐진 하이킹 코스로, 필박스는 현지인들이 부르는 이름이며 정식 명칭은 '라니카이 벙커 트레일(Lanikai Bunkers Trail)' 혹은 '카이와 리지 트레일(Kaʻiwa Ridge Trail)'이다. 별도의 주차장이 없고, 입구가 주택가에 있는 만큼 매너를 지키는 것이 좋다. 경사가 있는 초입 부분만 지나면 어렵지 않게 오를 수 있다. P237

푸우 우알라카아 주립공원 & 탄탈루스 전망대
Puu Ualakaa State Wayside & Tantalus Lookout 오아후
호놀룰루 도심 풍경과 일몰을 동시에 즐길 수 있는 곳으로 야외 피크닉을 즐기기에도 좋다. 단 렌터카 도난이 잦은 곳인 만큼 차량 관리에 주의해야 하며, 공원 입구에 공지된 폐장 시간을 반드시 지켜야 한다. 탄탈루스 전망대는 푸우 우알라카아 주립공원에서 차량으로 2분 거리에 있는 작은 공터이다. 야경을 즐길 수 있는 뷰 포인트이지만 우범지역으로 분류되므로 밤 10시 이후에는 방문을 삼가자. P182

03

누우아누 팔리 전망대 Nuʻuanu Pali Lookout 오아후
하와이어로 '절벽'이라는 뜻의 전망대이다. 1795년 카메하메하 1세가 오아후 섬을 통치하기 위해 전투를 일으킨 곳으로 당시 많은 병사가 이 절벽에서 떨어져 유명을 달리했다. 전투 이후 카메하메하 1세는 하와이 제도를 통일하기에 이른다. 모자와 치마 착용 시 강한 바람에 날리지 않도록 주의하자. P235

04

마우나케아 정상 Maunakea Summit 빅 아일랜드

1967년 천문학 특구로 지정된 이래 연중 325일간 천문 관측이 이루어지는 곳이다. 방문자센터부터 정상부까지는 비포장도로이므로 정상에 오르려면 반드시 4륜구동 차량을 이용해야 한다. 단 12-5월 중 눈이 많이 내리면 정상부 통행이 통제될 수 있으며, 대기 중 산소가 40%에 불과하고 기압도 40% 낮아 고산병 증세를 느낄 수 있다. 하와이 섬에 있는 5개의 산을 성지로 여겨온 원주민들에게 마우나케아는 주저없이 첫 번째로 꼽히는 신성한 장소다. P333

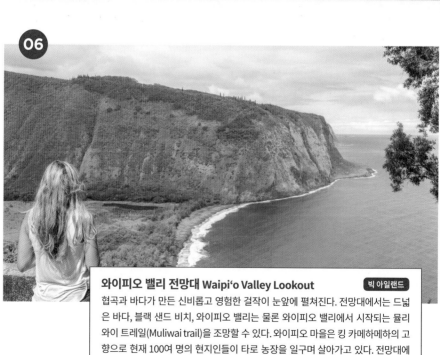

와이피오 밸리 전망대 Waipi'o Valley Lookout 빅 아일랜드

협곡과 바다가 만든 신비롭고 영험한 걸작이 눈앞에 펼쳐진다. 전망대에서는 드넓은 바다, 블랙 샌드 비치, 와이피오 밸리는 물론 와이피오 밸리에서 시작되는 뮬리와이 트레일(Muliwai trail)을 조망할 수 있다. 와이피오 마을은 킹 카메하메하의 고향으로 현재 100여 명의 현지인들이 타로 농장을 일구며 살아가고 있다. 전망대에서 마을로 내려가는 길은 통제되어 투어가 불가하다. P341

할레아칼라 정상 Haleakalā summit 마우이

'마우이 최고의 장관'이라는 말로도 부족한 장소다. 큰 분화구 안에 형성되어 있는 작은 분화구는 그야말로 비현실적인 장면을 연출한다. 달 표면과 비슷한 신비로운 풍경 덕분에 영화 <혹성탈출>, <스타워즈>, <오블리비언>의 촬영지로도 사용되었다. 일출·일몰 시간이 아니더라도 언제든 방문해 밀려오는 무한 감동에 젖어보자. 차량으로 정상까지 올라갈 수 있어 접근성마저 좋다. P413

07

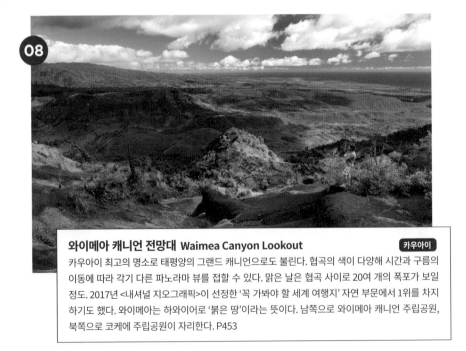

08

와이메아 캐니언 전망대 Waimea Canyon Lookout 카우아이

카우아이 최고의 명소로 태평양의 그랜드 캐니언으로도 불린다. 협곡의 색이 다양해 시간과 구름의 이동에 따라 각기 다른 파노라마 뷰를 접할 수 있다. 맑은 날은 협곡 사이로 20여 개의 폭포가 보일 정도. 2017년 <내셔널 지오그래픽>이 선정한 '꼭 가봐야 할 세계 여행지' 자연 부문에서 1위를 차지하기도 했다. 와이메아는 하와이어로 '붉은 땅'이라는 뜻이다. 남쪽으로 와이메아 캐니언 주립공원, 북쪽으로 코케에 주립공원이 자리한다. P453

09

푸우 오 킬라 전망대 Pu'u O Kila Lookout `카우아이`

카우아이 최고의 절경으로 꼽히는 나팔리 코스트를 조망할 수 있는 뷰 포인트다. 와이메아 캐니언 전망대를 지나 도로 끝까지 달리면 마지막 전망대로 시시각각 변하는 모습이 CG처럼 펼쳐진다. 전망대에서 담는 녹음과 바다로 연결되는 칼랄라우 밸리, 나팔리 코스트의 경이로움은 돈으로 환산할 수 없는 가치를 뽐낸다. P455

OH! MY TIP

하와이 뷰 포인트 즐기기

취향에 따라 정하자!

언제 어디서나 하와이는 더할 나위 없이 아름답고 환상적인 풍광을 자랑한다. 쉽고 편하게 누릴 수 있는 뷰 포인트도 있지만, 약간의 수고스러움을 더한다면 기대 이상의 풍경을 눈에 담을 수 있다. 다만 이는 도전과 선택의 문제이니 각자의 취향에 맞게 결정하는 것이 좋다.

시간대를 선택하자!

하와이는 지형적 특성상 매시간 다른 풍경을 볼 수 있는 만큼 장소에 따라 방문 시간대를 잘 선택해야 한다. 뷰 포인트에 반드시 일몰이 아니더라도 오전 오후 시간에 올라 햇살 가득한 풍경을 만끽하는 것도 좋다. 갑자기 날씨가 변하더라도 걱정하지 말자. 워낙 구름이 빨리 지나가기 때문에 잠시 기다리면 깨끗한 시야와 무지개가 우리를 반길지도 모른다.

섬별 대표 뷰 포인트

각 섬마다 쉽게 접근할 수 있는 뷰 포인트들은 도착 첫날 가벼운 마음으로 찾아보는 것이 좋다. 오아후 와이키키 비치, 빅 아일랜드 화이트 샌드 비치, 쿠아 베이 비치(마니니오왈리 비치), 마우이 블랙 록, 카우아이 포이푸 비치가 대표적인 선셋 포인트다.

TRAIL

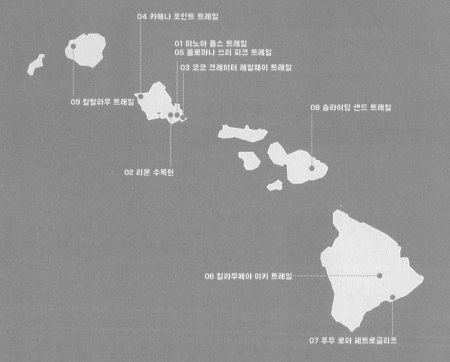

04 카에나 포인트 트레일

01 마노아 폴스 트레일
05 올로마나 쓰리 피크 트레일

03 코코 크레이터 레일웨이 트레일

09 칼랄라우 트레일

08 슬라이딩 샌드 트레일

02 리온 수목원

06 킬라우에아 이키 트레일

07 푸우 로아 페트로글리프

01

마노아 폴스 트레일 Manoa Falls Trail 오아후

와이키키에서 차량으로 15분 거리에 위치해 접근성이 좋다. 특히 와이키키에서는 전혀 상상할 수 없는, 압도적인 밀림 풍광이 인상적이다. 트레일 종착지는 마노아 폭포로 높이가 45m에 달한다. 왕복 2.7km로 성인 기준 왕복 1시간 코스이다. P183

02

리온 수목원
Lyon Arboretum 오아후

하와이 대학교 마노아 캠퍼스에서 관리 및 보호를 맡고 있는 시설로, 오아후의 숨은 보석 같은 장소이다. 야자수, 고사리, 타로 등 하와이 자생식물 1,400종을 포함해 6천 종 이상의 열대 및 아열대식물이 있다. 수목원 내 야자수 컬렉션은 세계에서 가장 큰 규모를 자랑한다고. 트레일 코스는 총 5개로 전체 10km 길이이다. 코스에 따라 다르지만 성인 기준 왕복 1-3시간이 소요된다. 예약 필수. P183

코코 크레이터 레일웨이 트레일
Koko Crater Railway Trail 오아후

제2차 세계대전 때 산 정상에 만든 초소에 물품을 보급하고자 설치한 철로를 따라 오르는 트레일 코스이다. 총 1,048개의 계단으로 그늘 하나 없는 오르막길이지만, 360m 정상에서 만나는 풍경은 오를 때의 고생을 잊게 한다. 한낮은 피하고, 생수 및 자외선 차단제를 반드시 챙기자! 성인 기준 왕복 1시간 30분 정도 소요된다. P229

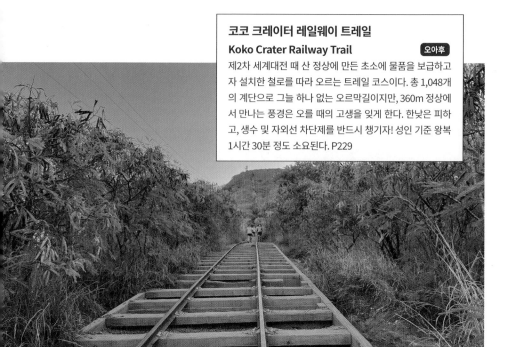

03

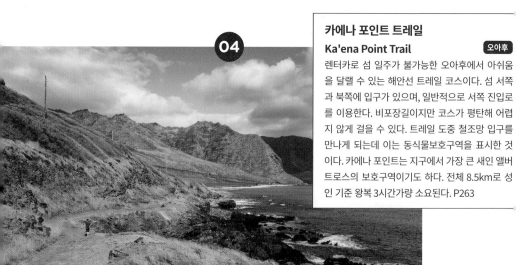

04

카에나 포인트 트레일
Ka'ena Point Trail 오아후

렌터카로 섬 일주가 불가능한 오아후에서 아쉬움을 달랠 수 있는 해안선 트레일 코스이다. 섬 서쪽과 북쪽에 입구가 있으며, 일반적으로 서쪽 진입로를 이용한다. 비포장길이지만 코스가 평탄해 어렵지 않게 걸을 수 있다. 트레일 도중 철조망 입구를 만나게 되는데 이는 동식물보호구역을 표시한 것이다. 카에나 포인트는 지구에서 가장 큰 새인 앨버트로스의 보호구역이기도 하다. 전체 8.5km로 성인 기준 왕복 3시간가량 소요된다. P263

05

올로마나 쓰리 피크 트레일 Olomana Three Peaks Trail　`오아후`

가장 거칠지만, 최고의 원시 풍경을 만날 수 있는 트레일 코스이다. 위험한 코스로 꼽히는
만큼 각별한 주의가 필요하다. 올로마나, 파쿠이, 아히키로 불리는 가파르고 뾰족한 봉우
리 세 개가 시선을 압도한다. 초입에서 올로마나까지는 수월하게 올라갈 수 있지만, 이후
로는 칼날 같은 능선을 걸어야 하므로 이후 코스는 대개 개인의 선택에 따라 진행된다. 초
입부터 밧줄을 잡고 오르는 구간이 있으니 장갑을 꼭 챙겨 갈 것. P238

06

킬라우에아 이키 트레일 Kilauea Iki Trail　`빅 아일랜드`

화산 분화구 속을 걷는 트레일 코스이다. 1959년 분화 후 휴화 상태인 새끼 화산
에서 분화의 마지막 순간을 확인해보자. 울퉁불퉁한 구간이 일부 있지만 대부분
완만해 힘들지 않게 돌아볼 수 있다. 황량한 사막처럼 보이지만 중간중간 피어
난 오헬로 베리(Ohelo berry)와 오히아 레후아(Ohia Lehua)가 생명의 신비를
전해준다. 성인 기준 2시간가량 소요된다. P315

07

푸우 로아 페트로글리프 Pu'u Loa Petroglyphs　빅 아일랜드

원시 암각화를 감상할 수 있는 트레일 코스로 화산국립공원 내에 위치한다. 초기 하와이안들이 아이의 탄생, 장수, 무사 안녕을 바라는 마음을 담아 새겨놓은 암면 조각 2만 3천여 개가 모여 있어 역사적 가치가 높다. 초입부는 용암 지대 위를 걸어야 하지만, 암각화가 모여 있는 곳은 나무 데크가 설치되어 있다. 왕복 2.4km 코스로 성인 기준 1시간 소요된다. P317

08

슬라이딩 샌드 트레일 Sliding Sands Trail　마우이

할레아칼라 내 트레일 코스 중 하나로 정식 명칭은 '케오네헤에헤에 트레일'이다. 할레아칼레 분화구를 걸으며 9개의 크고 작은 분화구 모습을 감상할 수 있다. 마치 화성에 와 있는 듯한 느낌이 드는데, 그래서인지 영화 <혹성탈출>, <스페이스 오디세이> 등의 촬영지로도 사용되었다. '슬라이딩 샌드'라는 이름처럼 시작할 때는 모래 흙길을 내려가고 돌아올 때는 길을 올라와야 한다. 트레일 완주가 목표가 아니라면, 15-30분 정도 머무는 것을 추천한다. 전체 구간은 16km이며 성인 기준 8시간가량 소요된다. P418

칼랄라우 트레일 Kalalau Trail `카우아이`

코스 완주가 미국인들의 버킷리스트에서 상위 목록을 차지할 정도로 아찔하면서도 아름다운 원시림을 만날 수 있는 코스이다. 진흙 산길이라 험하고 고되지만, 고혹적인 원시림의 자태를 만나기 위해 많은 이들이 도전한다. 전체 구간을 돌아보는 데에 1박 2일이 소요되기 때문에 방문 전에 캠핑 허가증을 신청해야 한다. 시간이 많지 않다면 왕복 6.4km 코스에 도전해보자. 하나카피아이 비치까지 다녀오는 코스이며 성인 기준 왕복 3시간 소요된다. P482

OH! MY TIP

하와이 트레킹 제대로 즐기기

컨디션에 맞는 트레일 코스를 고르자
하와이에는 다양한 난이도의 트레일 코스가 있다. 남들이 간다고 무턱대고 도전할 것이 아니라 자기 컨디션에 맞는 코스를 선택해 즐겨야 한다. 또한 정해진 루트를 따라 이동해야 한다. 트레일 코스까지 차량으로 이동했다면 주차할 때에는 차량 내부 상태를 깨끗하게 해두는 것이 좋다.

트레일 복장은 선택 아닌 기본!
트레일에 적합한 복장을 갖추자. 운동화 혹은 아쿠아 샌들을 착용하고 숲, 산림으로 연결된 곳이 많으니 모기, 벌레 퇴치제를 준비하자. 물, 초콜릿 등의 비상식량을 챙기고 쓰레기는 반드시 챙겨서 돌아와야 한다. 폭우 등으로 길이 미끄러울 수 있으니 항상 주의하자. 일부 코스에는 폭포나 비치가 포함돼 있기도 하다. 복장 안에 수영복을 챙겨 입고 가면 트레일과 비치를 동시에 즐길 수 있다.

MUSEUM

05 카우아이 박물관

01 비숍 뮤지엄
02 이올라니 궁전
03 호놀룰루 미술관
04캐피톨 모던 뮤지엄

06 이밀로아 천문 센터

비숍 뮤지엄 Bishop Museum

오아후

태평양 지역의 역사, 문화, 예술을 한눈에 살펴볼 수 있는 태평양 자연사 및 문화사 박물관이다. 하와이 박물관으로는 최대 규모이며 미국 내에서는 세 번째 규모이다. 박물관 건물 역시 미국 역사 유적으로 등록되어 있다. 하와이 역사를 비롯해 폴리네시아 나라의 문화가 총망라되어 있으며 과학관도 운영 중이다. 참여 프로그램 역시 다양하며 한국어 오디오 가이드도 제공된다. P184

이올라니 궁전
Iolani Palace 오아후

하와이 로열 패밀리의 역사를 간직한, 미국 유일의 궁전이다. 1882년 하와이 7대 왕조 칼라카우아 왕이 미국식 피렌체 스타일 양식으로 건설했으며 마지막 여왕 릴리우오칼라니가 퇴위 때까지 생활했다. 각국에서 온 선물, 초상화 및 예술품을 비롯해 여왕의 침실, 욕실 등이 그대로 보존되어 있다. 한국어 오디오 가이드를 통해 셀프 투어도 해볼 수 있다. P185

호놀룰루 미술관 Honolulu Museum of Art 오아후

하와이에서 가장 큰 규모의 미술관으로, 1927년 앤 쿡 여사가 평생 모은 작품을 기증하며 문을 열었다. 55,000개 이상의 예술 작품 가운데 아시아 미술 컬렉션은 미국 내에서도 손꼽힐 정도이며 일본 우키요에 목판화의 경우 미국에서 세 번째로 많은 작품 수를 자랑한다. P186

Honolulu Museum of Art

03

04

캐피톨 모던 뮤지엄 Capitol Modern Museum 오아후

하와이에서 활동하는 예술가들의 작품을 최대로 보유하고 있는 미술관이다. 다양한 현대 미술 작품은 물론 전시실 외부 전경도 훌륭한데, 오래전 호텔로 사용된 공간을 미술관으로 리노베이션하면서 외부 공간을 그대로 살린 덕분이다. P186

05

카우아이 박물관 Kauai Museum

카우아이

1960년에 개관한 카우아이를 대표하는 박물관이다. 하와이 원주민의 생활, 캡틴 쿡 선장의 하와이 상륙, 하와이 왕국, 사탕수수 산업, 하와이 이민자의 역사까지 상세히 들여다볼 수 있다. 카우아이 배경의 한 영화 포스터 등 과거부터 현재에 이르는 다양하고 풍성한 전시물을 볼 수 있다. P469

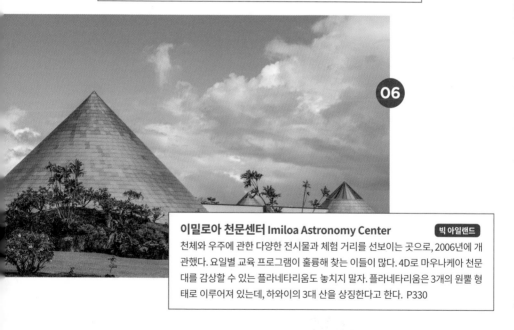

06

이밀로아 천문센터 Imiloa Astronomy Center

빅 아일랜드

천체와 우주에 관한 다양한 전시물과 체험 거리를 선보이는 곳으로, 2006년에 개관했다. 요일별 교육 프로그램이 훌륭해 찾는 이들이 많다. 4D로 마우나케아 천문대를 감상할 수 있는 플라네타리움도 놓치지 말자. 플라네타리움은 3개의 원뿔 형태로 이루어져 있는데, 하와이의 3대 산을 상징한다고 한다. P330

맛있게 즐기는 하와이

SHRIMP

새우 요리

01 지오반니 쉬림프 Giovanni's Shrimp

오아후

새우 트럭의 원조. 1993년 오픈 당시에는 노스쇼어
내 여러 장소를 돌아다니며 런치 플레이트를 판매했
다. 대표 메뉴인 쉬림프 스캠피(Shrimp Scampi)는
올리브 오일, 마늘, 버터로 요리한 새우와 마늘 플레
이크를 올린 밥 2스쿱이 제공된다. 주문과 픽업 라인
이 별도이며 세면대가 있다. 현금 결제만 가능하다.
할레이바, 카카아코 H마트에 매장을 운영한다.

ADD 56-505 Kamehameha Hwy,
Kahuku, HI 96731 OPEN 10:30-
18:00 MENU 쉬림프 스캠피, 레몬
버터 쉬림프 각 $15, 음료 $1.50
SITE giovannisshrimptruck.
com

02 제스트 쉬림프 트럭 Geste Shrimp Truck

마우이

마우이 원조이자 대표 새우 트럭. 트럭
에 그려진 커다란 새우가 눈에 띈다. 쉬
림프 플레이트는 새우와 밥, 게살 샐러
드로 구성되며 양념(매운 맛, 파인애플
맛 등)을 골라야 한다. 쉬림프 플레이트
+핫도그 콤보 메뉴도 마련돼 있으며 새
우, 밥, 샐러드를 따로 추가할 수 있다.
주문과 픽업 라인이 별도이며 현금 결
제만 가능하다.

ADD 591 Haleakala Hwy, Kahului, HI 96732 OPEN 10:30-19:30 MENU 쉬림프 플레이트 $18, 점보 핫도그 플레이트
$9 SITE gesteshrimp.com

03 키나올레 그릴 푸드 트럭 Kinaole Grill Food Truck 마우이

마우이 새우 트럭 맛집이지만, 다양한 메뉴(치킨 카츠, 오징어 튀김 등)를 갖추고 있다. 단 요리에 땅콩 오일을 사용하니 참고할 것. 결제는 주문 시가 아니라 음식 픽업 시 하며, 카드 계산 시 2.75% 수수료가 붙는다. 도로에 있는 트럭이라 식사할 수 있는 테이블이 없다.

ADD 77 Alanui Ke'ali'i, Kihei, HI 96753
OPEN 12:00-20:30 MENU 코코넛 쉬림프 플레이트 $18, 아히(마히마히) 플레이트 $19.50, 치킨 카츠 $18 SNS facebook.com/KinaoleGrillFoodTruck

04 쉬림프 스테이션 Shrimp Station 카우아이

카우아이 대표 새우 맛집이다. 하와이 내 새우 음식점 중 가장 많은 메뉴(갈릭, 스위트 칠리, 케이준, 타이)를 자랑한다. 튀김옷으로 코코넛 가루를 입혀 바삭함과 고소함을 배로 느낄 수 있다. 사이드로 밥과 감자 중 선택할 수 있다. 주문과 픽업 라인이 별도이며, 픽업 시 이름을 불러준다.

ADD 9652 Kaumualii Hwy, Waimea, HI 96796
OPEN 목-화 11:00-17:00 MENU 코코넛 쉬림프 $16.95, 스위트 칠리 갈릭 쉬림프 $19.95
SITE theshrimpstation.net

BURGER

01 쿠아아이나 버거 Kua'aina Burger

오아후

1975년 오픈한 곳으로 오아후 3대 버거 중 하나로 꼽힌다. 노스쇼어에 본점이 있는데 사실상 하와이에서 유일한 매장이며 런던, 일본, 대만에서도 매장을 운영 중이다. 대표 메뉴는 아보카도 버거이며, 매콤한 그린 칠리 맛을 느낄 수 있는 오르테가 버거(Ortega berger)도 추천한다.

ADD 66-160 Kamehameha Hwy, Haleiwa, HI 96712 OPEN 11:00-20:00 MENU 아보카도 버거 $12.10, 오르테가 버거 $11.20 SITE kua-ainahawaii.com

02 테디스 비거 버거스 Teddy's bigger Burgers

오아후·마우이

1998년 오픈한 곳으로 오아후와 마우이에서 매장을 쉽게 찾아볼 수 있다. 다른 버거 브랜드에 비해 주문 후 빠르게 픽업할 수 있으며, 패티의 굽기도 선택할 수 있다. 데리야키 소스가 이곳만의 특별한 맛으로 꼽힌다. '테디스'라는 이름은 미국 26대 대통령 시어도어 루즈벨드의 애칭인 '테디'에서 비롯된 것이라고.

ADD 98-150 Kaonohi St. C-115 Aiea, HI 96701 OPEN 10:00-21:00 MENU 싱글 패티 콤보 $13.99, 테리 버거 콤보 $14.99 SITE teddysbb.com

03 호놀룰루 버거 컴퍼니 Honolulu Burger Company 오아후

100% 빅 아일랜드 방목 소고기와 채소로 만든 버거를 선보인다. 블루 치즈가 들어간 '블루 하와이 버거'가 베스트셀러. 25센트를 추가하면 햄버거 빵을 타로 롤로 업그레이드할 수 있다. 애플 바나나, 치미추리 소스 등 이색적인 맛의 버거를 다양하게 맛볼 수 있다. 1시간 내 패티 8개가 들어간 버거, 프렌치 프라이 900g, 밀크 셰이크로 구성된 '킹 카메하메하 챌린지'에 성공하면 $70와 기념품을 받을 수 있다. 오아후 내 일부 파머스 마켓에서도 만날 수 있다.

ADD 1295 S Beretania St. Honolulu, HI. 96814
OPEN 수-토 11:00-20:00, 월 11:00-15:00, 화 11:00-18:00, 일 11:00-16:00 MENU XL햄버거 $10.24,
블루 하와이 버거 $13.75 SITE honoluluburgerco.com

04 더 카운터 The Counter 오아후

2003년 산타모니카에서 문을 연 버거 브랜드이다. '시그니처 버거' 등 기본 메뉴가 있지만, 7가지 단백질, 12가지 치즈, 31가지 토핑, 20가지 소스, 6개의 번, 4개의 채소로 원하는 햄버거 조합을 만들 수 있다. 이른바 햄버거 커스터마이징이 가능한 것. 햄버거는 무게로 가격을 측정하며 패티는 굽기 전이 아닌 굽고 난 후 무게로 계산된다.

ADD 4211 Waialae Ave E-1, Honolulu, HI 96816 OPEN 11:00-21:00 MENU 커스텀 버거 $13부터, 더 카운터 버거 $16, SITE thecounter.com

05 처비스 버거
Chubbies burgers   오아후

오아후 햄버거의 지각변동을 이끈 신상 버거 브랜드이다. 현지인들에게 큰 사랑을 받는 곳으로 푸드트럭으로 시작해 매장을 오픈했다. 현지 재료로 만드는 버거 종류는 4가지가 전부이다. 피프티스 버거(50's bugger)가 오리지널. 콤보 메뉴가 없어 버거, 프렌치 프라이, 음료를 각각 주문해야 한다. 일반적인 소다 음료가 없어 아쉽지만 대신 홈메이드 소다인 '처비스 콜라'가 마련돼 있다.

ADD 1145C 12th Ave, Honolulu, HI 96816
OPEN 10:30-21:00 MENU 피프티스 버거 $10.75,
스파이시 치킨 버거 $12, 프렌치 프라이 스몰/레귤러
$2.90/5.80 SITE chubbiesburgers.com

---

06 얼티밋 버거 Ultimate Burger   빅 아일랜드

빅 아일랜드 대표 버거 브랜드로, 빅 아일랜드에서 재배한 채소와 소고기를 이용해 버거를 만든다. 신선한 재료뿐만 아니라 빵 맛도 유명한데 비결은 바로 구운 번을 사용하는 것이라고. 촉촉한 빵이 식감을 부드럽게 해 맛을 더욱 업그레이드한다. 직접 만든 스파이시 라바 소스와 갈릭 아이올리(garlic aioli) 맛이 일품이다. 콤보 메뉴가 없어 각각 별도로 주문해야 한다.

ADD 74-5450 Makala Blvd E112, Kailua-Kona, HI 96740
OPEN 월-목10:30-20:00, 금-일10:30-20:30
MENU 얼티밋 햄버거 $9.99, 얼티밋 치즈 버거 $10.99 SITE
ultimateburger.net

07 치즈 버거 인 파라다이스 Cheeseburger in Paradise 오아후

하와이 내 치즈 버거의 시초격인 브랜드이다. 다른 버거 브랜드에 비해 가격이 조금 높은 편이지만 맛만큼은 어디에도 뒤지지 않는다. 조식 메뉴, 키즈 메뉴 등 편안한 분위기에서 다양한 메뉴를 맛볼 수 있다.

ADD 2500 Kalākaua Ave, Honolulu, HI 96815 OPEN 07:00-22:00 MENU 치즈 버거 인 파라다이스 $18.50, 스테이크 하우스 버거 &19.50 SITE cheeseburgernation.com

08 부바스 버거 Bubbas Burgers 카우아이

1936년 오픈한 카우아이 버거의 원조집으로, 카우아이에서 자란 소고기로 패티를 만든다. 버거는 크기별로 선택이 가능하며 아이들은 싱글, 성인은 더블을 추천한다. 인기 메뉴는 카우아이 버거이다(메뉴판에 없다고 당황하지 말 것. 카운터 옆에 따로 안내되어 있다).

ADD 4-1421 Kuhio Hwy, Kapa'a, HI 96746 OPEN 10:30-20:00 MENU 부바 버거 $5, 더블 부바 $7.50 SITE bubbaburger.com

MUSUBI

01 이야스메 무스비 Musubi Cafe IYASUME

오아후

무스비 전문 체인점으로 다양한 종류의 무스비와
도시락 메뉴를 선보인다. 무스비는 사각형 모양
의 주먹밥으로 조식 메뉴로도 좋고 아이들 간식
으로도 만점이다. 데리야키 소스로 간을 한 기본
무스비부터 스팸, 달걀, 오이, 아보카도, 명란, 베
이컨 등 메뉴가 다양하다. 알라모아나 센터, 카할
라 몰 등 와이키키에서 쉽게 만나볼 수 있다.

ADD 227 Lewers St. Honolulu, HI 96815
OPEN 07:00-21:00 MENU 플레인 스팸 $2.18,
에그 스팸 $2.48, 아보카도 베이컨 스팸 $2.88
SITE iyasumehawaii.com

02 마나 부스 무스비 Mana Bu's Musubi

오아후

현지인들에게 인기 있는 무스비 전문점
으로 일본식 주먹밥 스타일의 삼각형
무스비를 선보인다. 무스비 메뉴가 다
양한데, 메뉴마다 사용하는 쌀과 재료,
원산지를 자세히 설명해놓아 고르는 재
미가 있다.

ADD 1618 S King St, Honolulu, HI 96826
OPEN 월-토 06:30-12:30(재료 소진 시 마감)
MENU 흰밥 $1.80부터, 현미 및 잡곡 $2부터
SITE hawaiimusubi.com

STEAK

스테이크

---

① 하이스 스테이크 하우스 Hy's Steak House ⟨오아후⟩

1960년대에 캐나다에서 오픈한 스테이크 파인 다이닝이다. 하와이에서는 1976년에 문을 열었으며, 차분하고 고풍스러운 분위기에서 스테이크를 즐길 수 있다. 고기는 키아베 나무로 구워 부드러움은 물론 향까지 극대화시켰다. 일부 샐러드, 디저트 메뉴를 주문하면 직접 테이블 앞에서 만들거나 작은 퍼포먼스를 보여준다. 기념일에 방문하면 무료 디저트와 사진 인화 서비스도 제공한다. 단 비즈니스 캐주얼 이상의 복장을 착용해야 한다는 것을 유념하자.

ADD 2440 Kūhiō Ave., Honolulu, HI 96815 **OPEN** 17:00-21:00 **MENU** 필레 미뇽 $85, 갈릭 스테이크 $89
SITE hyswaikiki.com

---

② 울프강 스테이크 하우스 Wolfgang's Steakhouse ⟨오아후⟩

뉴욕 3대 스테이크 하우스 중 하나로 뉴욕에 본점을 두고 있으며 우리나라에서도 매장을 운영 중이다. 스테이크가 특히 부드럽고 육즙이 풍부하기로 유명한데, 4-6주간 감칠맛을 올린 최상급 드라이 에이징 고기만 사용하기 때문이라고. 와이키키 매장은 밝고 캐주얼한 분위기 속에서 식사를 즐길 수 있다. 블랙 앵거스 품종만 사용하며 대표 메뉴로는 포터하우스가 꼽힌다.

ADD 2301 Kalākaua Ave, Honolulu, HI 96815 **OPEN** 일-목 07:00-22:30, 금-토 07:00-23:00 **MENU** 디너 스테이크 2/3인 $208/314 **SITE** 예약 opentable.com

03 루스 크리스 스테이크 하우스
Ruth's Chris Steak House

오아후·마우이

1965년 오픈한 유명 스테이크 하우스로 하와이 섬에는 3개 지점을 운영 중이다. 육질이 부드러워질 때까지 숙성시키는 것이 비법 중 하나로, 자체 개발한 오븐에서 구워내 최고의 맛을 이끌어낸다. 립 아이, 필레 미뇽이 대표 메뉴이다.

ADD 226 Lewers Street, Waikiki, HI 96815 OPEN 월-목 16:00-22:00, 금-토 16:00-22:30, 일 16:00-21:00 MENU 립 아이 $72, 필레 미뇽 $68 SITE ruthschris.com

04 몰튼스 더 스테이크 하우스
Morton's The Steakhouse

오아후

1978년 시카고에서 시작된 스테이크 하우스로 미국 전역에서 50여 곳의 지점을 운영하고 있다. 정장까지는 아니지만 셔츠나 샌들 정도의 드레스 코드가 있으니 참고하자. 립 아이 스테이크와 뉴욕 스트립 스테이크가 인기 메뉴로 꼽힌다. 와이키키 내 다른 스테이크 하우스에 비해 차분하고 조용한 분위기다.

ADD 1450 Ala Moana Blvd, Honolulu, HI 96814 OPEN 16:00-21:00, 금토 16:00-22:00 MENU 와규 립 아이 $129, 토마호크 립아이 $159.50, 뉴욕 스트립 $66 SITE www.mortons.com

HAWAII REGIONAL CUISINE

01 로이 야마구치 Roy Yamaguchi

하와이 퓨전 요리의 선구자로 꼽히는 로이 야마구치 셰프는 전통음식 포케를 다이닝 주류로 이끌어내면서 '호놀룰루 동서양 식당의 왕관 보석'이라는 평가를 받기도 했다. 그는 양식, 해산물, 하와이안, 아시아 퓨전 등 다양한 메뉴를 갖춘 파인 다이닝 레스토랑인 로이스(ROY's) 외에도 이팅 하우스 1849(EATING HOUSE 1849), 고엔 다이닝(GOEN DINING+BAR), 비치 하우스(BEACH HOUSE) 등의 브랜드 레스토랑을 운영하고 있다.

ADD 226 Lewers St, Honolulu, HI 96815
OPEN 16:30-21:30 MENU 크랩 케이크 $30, 카누 샘플러 $40
SITE royyamaguchi.com

02 피터 메리맨 Peter Merriman

셰프 피터 메리맨은 오래전 사탕수수와 파인애플 농장을 보며 '왜 다른 작물은 생산하지 못할까?'를 고민하고 연구한 끝에 다양한 식재료의 재배와 섬의 농업 발전을 이끌었다. 빅 아일랜드 최고의 레스토랑에 11년 연속으로 꼽힌 메리맨즈(Merriman's)는 이러한 그만의 철학을 담아 운영하는 곳으로 전 섬에서 만나볼 수 있다.

ADD 65-1227 Opelo Rd B, Waimea, HI 96743
OPEN 월-토 11:30-14:00, 17:00-20:30, 일 10:30-13:00,
17:00-20:30 MENU 메리맨즈 부처스 컷 $55, 프라임 본 인
뉴욕 $69 SITE merrimanshawaii.com

스테이크 제대로 즐기기

굽기 종류

레어(Rare): 중앙 75%가 붉은색을 띠고 겉 부분 위주로 익어서 육즙이 풍부하며, 식감은 부드럽고 쫄깃하다.

미디엄 레어(Medium Rare): 겉은 회갈색으로 중앙 50%가 붉은색을 띤다. 겉면의 탄력이 뛰어나며 육즙이 가장 풍부하다.

미디엄(Medium): 겉은 완전히 익었지만 중앙 25%가 분홍빛을 띤다. 특유의 고소함과 씹는 맛을 동시에 느낄 수 있다.

미디엄 웰던(Medium Well-Done): 속이 분홍색과 회색의 중간색을 띤다. 우리나라 사람들이 가장 선호하는 굽기다.

웰던(Well-Done): 속까지 100% 익은 단계로 먹음직스런 그릴링이 특징이다.

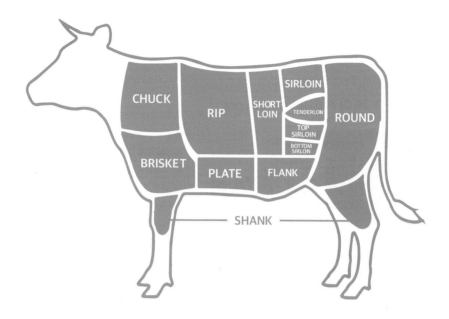

부위별 스테이크 종류

척(Chuck): 소의 목과 어깻살 부분. 목과 가까운 순서대로 척롤(윗목심), 척아이롤(알목심), 척 언더 블레이드(아랫목심)로 구분된다. 척아이롤은 척롤보다 부드럽고 마블링이 좋아 스테이크로 많이 사용된다.

립(Rib): 목심과 안심의 중간 부분으로 갈비를 가리킨다. 뼈가 있는 부위는 찜이나 탕으로, 뼈가 없는 부위는 양념하거나 생고기로 구워 먹는다. 우리가 흔히 부르는 '꽃등심'은 립의 뼈를 제거한 것으로 지방 함량이 높아 미디엄 레어나 미디엄 굽기에서 최상의 맛을 낸다.

쇼트로인(Short Loin): 허릿살 등심에 해당하는 부위. T자 모양의 뼈를 경계로 한쪽은 안심, 반대쪽은 등심이 붙어 있다. 안심 부위가 크면 '포터하우스 스테이크(Porterhouse Steak)', 등심 부위가 크면 '티본 스테이크(T-bone Steak)'라고 한다.

텐더로인(Tenderloin): 주로 스테이크로 쓰이는 안심 부위로 육질이 가장 부드럽다. 지방이 적어 오래 익히면 조직이 질겨지기 때문에 미디엄 레어일 때 최고의 맛을 느낄 수 있다.

서로인(Sirloin): 등심으로 육질이 연하다. 서로인 중에서도 톱서로인(Top sirloin)이 육질이 부드러워 스테이크로 사용된다. 우리나라에서 '채끝'이라고 불리는 스트립 스테이크(strip steak)는 등심 부위 중 지방이 적어 맛이 담백하다.

BAKERY

베이커리

① 릴리하 베이커리 Liliha Bakery

오아후

1950년 오픈한 하와이 베이커리의 지존으로 로컬들에게 오랜 시간 사랑받아온 곳이다. 식사 메뉴도 다양해 조식부터 디너까지 한 끼 편하게 해결하기 좋다. 인기 메뉴는 슈크림 같은 달콤한 디저트인 퍼프(Puffs)이다. 크림, 녹차, 코코, 초콜릿 네 가지 맛이 마련돼 있으며 진득하지만 부담스럽지 않은 크림이 달콤하고 고소한 맛을 낸다. 포이 모찌 도넛과 말라사다도 인기가 많다. 5곳의 매장을 운영 중이다.

ADD 515 N. Kuakini St. Honolulu, HI 96817 OPEN 06:00-22:00 MENU 퍼프 $2.19, 데일리 스페셜 콤보 $17.50부터 SITE lilihabakery.com

② 레오나즈 베이커리 Leonard's bakery

오아후

1952년 문을 연 베이커리로 이스트를 넣어 만든 구멍 없는 도넛, 말라사다의 원조집이다. 포르투갈 이민자들이 특별한 날 만들어 먹던 음식이 하와이를 대표하는 디저트가 된 것. 크림을 넣지 않은 도넛에 설탕만 묻힌 기본을 비롯해 코코넛, 구아바 등 커스터드 크림으로 속을 채운 메뉴까지 전부 인기가 많은데 겉은 바삭하고 속은 촉촉함 그 자체이다. 컵케이크, 파이 등의 제품도 판매한다. 본점 외 네 곳의 푸드 트럭을 운영 중이다. 말라사다는 포르투갈어로 '살짝 구운'이라는 뜻이다.

ADD 933 Kapahulu Ave, Honolulu, HI 96816 OPEN 05:30-19:00 MENU 말라사다 $1.85, 말라사다 퍼프 $2.25
SITE leonardshawaii.com

03 테드 베이커리 Ted's bakery

오아후

1956년 스토어 내 작은 빵집으로 시작해 오아후 노스쇼어를 책임지는 베이커리 겸 식당으로 거듭났다. 특별한 레스토랑이 없는 노스쇼어 비치에서 여행객들과 서퍼의 배를 채워준 유일한 곳으로, 식사와 디저트를 한번에 해결할 수 있다. 로코모코, 샌드위치 등의 플레이트 메뉴가 있으며 시그니처 메뉴는 크림 파이이다. 치즈, 구아바, 딸기 등 여러 맛 가운데 초콜릿 하우피아 크림 파이가 단연 인기이다. 다크 초콜릿 커스터드 크림과 코코넛 푸딩을 층층이 쌓아올린 후 크림으로 마무리 한 모습이 구미를 당긴다.

ADD 59-024 Kamehameha Hwy, Haleiwa, HI 96712 OPEN 08:00-18:30 MENU 로코모코 $13.99, 치즈 오믈렛 $11.45, 초콜릿 하우피아 크림 파이 $25.51 SITE tedsbakery.com

---

04 파알라아 카이 베이커리 Paalaa Kai Bakery

오아후

1970년 문을 연 오아후 할레이바의 베이커리이다. 이 작은 빵집을 유명하게 만든 것은 바로 스노 퍼피(Snow Puffy)라는 시그니처 메뉴이다. 슈거 파우더와 초콜릿으로 장식한 얇은 페이스트리가 더없이 바삭하고 속은 커스터드 크림으로 가득 차 촉촉하다. 차갑게 먹는 디저트라 구매 후 빠른 시간 내에 먹는 게 좋다. 페이스트리, 케이크, 파이 등의 메뉴도 마련돼 있다.

ADD 66-945 Kaukonahua Rd, Waialua, HI 96791 OPEN 06:00-18:00 MENU 스노 퍼피 $2 SITE pkbsweets.com

---

05 투 레이디스 키친 Two Ladies Kitchen

빅 아일랜드

손으로 직접 빚어 만드는 찹쌀떡과 만주를 선보이는 베이커리로 1995년 오픈했다. 찹쌀떡은 코코넛, 릴리코이 같은 하와이 제철 열대 과일로 속이 채워져 있으며, 가장 인기 있는 제품은 딸기 찹쌀떡이다. 매장은 빅 아일랜드 힐로에 있으며 KTA 슈퍼마켓에서도 구입 가능하다.

ADD 274 Kilauea Ave, Hilo, HI 96720 OPEN 화-토 10:00-16:00 MENU 딸기 찹쌀떡 $2.75, 모찌 & 만쥬 8피스 $6.80 SITE facebook.com/twoladieskitchenorginal

SHAVE ICE

세이브 아이스

---

01 마츠모토 세이브 아이스 Matsumoto Shave Ice 오아후

1951년 오픈한 세이브 아이스의 원조. 매장은 노스쇼어 단 한 곳이지만, 언제나 긴 줄이 늘어서 있다. 잡화점으로 시작해 세이브 아이스의 메인이 되기까지 오랜 명성만큼이나 대단한 인기를 자랑한다. 오리지널 세이브 아이스 가격이 일대 매장 가운데 가장 저렴하며 얼음이 부드럽다. 다양한 굿즈 상품도 판매한다.

ADD 66-111 Kamehameha Hwy #605, Haleiwa, HI 96712 OPEN 10:00-18:00
MENU Small/large $3.75/4.25
SITE matsumotoshaveice.com

---

02 와이올라 세이브 아이스 Waiola Shave Ice 오아후

1940년 식료품점으로 오픈한 후 1970년대부터 세이브 아이스를 판매하기 시작했다. 눈꽃 빙수처럼 부드럽고 보드라운 식감이 일품이며, 팥빙수 같은 볼(bowl) 디저트도 다양하게 맛볼 수 있다. 오바마 전 미국 대통령이 가족들과 방문해서 유명세를 치렀지만, 사실 오래전부터 현지인들의 사랑을 받아온 곳이다. 오아후에 두 곳의 매장을 운영 중이며 두 곳 다 와이키키에서 렌터카로 10분 거리이다.

ADD 2135 Waiola St. Honolulu, HI 96826 OPEN 11:00-18:00 MENU 컵 키즈/스몰 $3/4 볼 라지/점보 $5/8 SITE waiolashaveice.co

03 아오키 세이브 아이스 Aoki's Shave Ice 오아후

셰이브 아이스 전문점으로 1981년 오픈했다. 아기자
기한 분위기와 테이블이 눈길을 사로잡는 가운데 직접
만든 과일 시럽의 달콤한 풍미가 입맛을 당긴다. 선택
할 수 있는 맛과 콤보 종류가 가장 많은 곳으로 다른 매
장에는 없는 용과, 초콜릿 등의 천연 시럽을 맛볼 수 있
다. 컵 스탠드는 물론 먹기 좋은 크기로 잘린 찹쌀떡까
지 세심한 서비스가 돋보인다.

ADD 66-082 Kamehameha Hwy, Haleiwa, HI 96712 OPEN 금-월, 수 11:00-18:30 MENU 스몰 $4 라지 $5
SITE instagram.com/aokishaveice

---

04 스칸디네이비언 세이브 아이스 빅 아일랜드
Scandinavian Shave Ice

1991년 문을 연 코나의 대표 디저트 매장이다. 양이 다른 섬의 셰이
브 아이스보다 많고, 셰이브 아이스에 원하는 아이스크림을 추가
할 수 있어 인기가 많다. 눈처럼 독특한 식감의 얼음도 이곳의 인기
요인으로 꼽힌다. 65가지의 맛 가운데 인기 메뉴는 레인보우, 하와
이안 선셋, 스윗 타로가 꼽힌다.

ADD 75-5699 Ali'i Dr, Kailua-Kona, HI 96740 OPEN 월-토 11:00-21:00,
일 11:00-20:00 MENU 스몰/미디엄/라지 $5/7/10 SITE scandinavian-
shaveice.com

---

05 울룰라니 하와이안 세이브 아이스 오아후·마우이·빅 아일랜드
Ululani's Hawaiian Shave Ice

'세계 최고의 쉐이빙'이라는 찬사를 얻은 곳으로 50여 가
지의 맛을 즐길 수 있다. 토핑 메뉴인 아이스크림의 경우
고급 브랜드인 로즈라니(Roselani)의 제품을 사용한다. 마
우이를 비롯해 오아후, 빅 아일랜드 코나와 캘리포니아에
매장이 있다.

ADD 61 S Kihei Rd, Kihei, HI 96753 OPEN 10:30-18:00
MENU 키즈/일반 $6.25/7.50
SITE ululanishawaiianshaveice.com

ACAI BOWL

아사이볼

01 아일랜드 빈티지 커피 와이키키
Island Vintage Coffee Waikiki

오아후

아사이볼 맛집으로 유명한 카페로, 조식에는 항상 긴 줄을 염두에 두고 움직여야 할 만큼 인기가 대단하다. 신선한 아사이와 직접 만든 그래놀라로 정성스레 만든 아사이볼을 선보이는데, 글루텐 프리 그래놀라도 선택할 수 있어 더욱 좋다. 오아후, 빅아일랜드, 마우이에 매장이 있다. 매장 바로 옆 '아일랜드 빈티지 바'에서도 아사이볼과 함께 식사를 즐길 수 있다.

ADD 2301 Kalākaua Ave #C215, Honolulu, HI 96815 OPEN 06:00-22:00 MENU 오리지널 아사이볼 $14.95, 에그 베네딕트 $21.95 SITE islandvintagecoffee.com

02 다 코브 헬스 바 앤드 카페
da Cove Health Bar and Cafe

오아후

2003년 오픈했으며, 아사이볼의 원조라고 불릴 만큼 하와이 내에 아사이볼이 정착하는 데 영향을 미친 곳이다. 타로와 벌화분(bee pollen)을 토핑으로 선택할 수 있다는 점이 눈에 띈다. 주메뉴는 아사이볼이지만 가벼운 식사 메뉴도 갖추고 있다. 다이아몬드 헤드 지척에 있어 방문 후 시원하게 갈증을 해결하고 영양을 보충하기에도 좋다. 단 매장에서는 음식을 먹을 수 없고 야외 테이블 2개가 전부이다. 현금 결제만 할 수 있다.

ADD 3045 Monsarrat Ave #5, Honolulu, HI 96815 OPEN 09:00-19:00 MENU 다 코브(스몰) $9.5, 마나(라지) $12, 하와이안(디럭스) $15.25 SITE dacove.com

03 더 선라이즈 쉑 the sunrise shack

오아후

오아후 노스쇼어 비치에 문을 연 아사이볼 전문점
으로, 노란색 외관이 상큼한 매력을 더한다. 유명 서
핑 선수이자 인플루언서인 오너 덕분에 포토 스폿
으로도 유명해졌다. 코코넛 토핑과 아사이가 풍성
하게 들어가 맛이 진한 클래식 아사이볼뿐만 아니
라 녹차, 스피루리나 등 여러 재료와 블렌딩한 메
뉴도 마련돼 있다. 방탄 커피로 불리는 불릿 커피
(Bullet coffee)도 대표 메뉴로 꼽힌다. 와이키키,
카일루아 등에서 5개의 매장을 운영 중이다.

ADD 2335 Kalākaua Ave, Honolulu, HI 96815
OPEN 06:00-19:00 MENU 아사이볼 $11.95,
정글 마차 볼 $13.95, 클래식 불릿 커피 $5.75
SITE sunriseshackhawaii.com

04 아사이 코 하와이 Acai co Hawaii

빅 아일랜드

빅 아일랜드 코나에 위치한
다. 아사이를 기본으로 스피
루리나, 카카오 파우더, 망고
주스 등과 블렌딩한 여러 종
류의 아사이볼을 판매한다.
하와이 아사이볼 매장 가운
데 양이 가장 많다.

ADD 75-5831 Kahakai Rd,
Kailua-Kona, HI 96740
OPEN 월-토 08:00-14:00
MENU 브라질리언 스몰/라지
$11/15, 킬라우에아 $14/18

SPECIAL 하와이 속 K-FOOD

오아후

서라벌 Sorabol

오아후 내 한식당 가운데에서 규모가 가장 큰 곳으로 우리나라 여행객에게 가장 많이 알려진 한식당이다. 파고다 호텔 1층에 위치해 호텔 투숙객이라면 더욱 편리하게 한식을 즐길 수 있다.

ADD 1525 Rycroft St, Honolulu, HI 96814
OPEN 10:00-22:00 MENU 불고기 정식(2인) $49.99,
육회비빔밥 $22.99 SITE sorabolhawaii.com

밀리언 레스토랑
Million Restaurant

플레이트 메뉴를 비롯해 BBQ, 탕, 전골, 찌개, 냉면 등 어지간한 한식 메뉴는 전부 갖춰져 있다고 생각하면 된다. 여행객은 물론 현지인들에게 많은 사랑을 받고 있는 곳이다. 기본 밑반찬도 맛있고, 리필 및 포장도 가능하다.

ADD 626 Sheridan St, Honolulu, HI 96814
OPEN 일-목11:00-22:00, 금-토 11:00-23:00
MENU 감자탕 $22.95, 김치찌개 $15.95, 물냉면 $14.95

이레 분식 Ireh Restaurant

오아후에서 귀한 분식 전문점이다. 떡볶이, 쫄면 등 분식들을 마음껏 즐길 수 있으며, 뚝배기 불고기 같은 기본 한식 메뉴와 죽도 마련돼 있다. 원래 죽 가게로 시작한 곳이라 '죽' 메뉴가 다양한 편이다. 분식이 생각난다면 주저 없이 방문해보자.

ADD 629 Ke'eaumoku St, Honolulu, HI 96814
OPEN 10:00-22:00 MENU 떡볶이, 쫄면 각 $15.95,
채소 죽 $14.95, 전복죽 $18.95

고려원 Yakiniku Korea House

전골, 찜, 구이 메뉴에 게장까지 맛볼 수 있는 곳이다. 생갈비가 인기 메뉴로, 비싸지만 양이 많다.

ADD 2494 S Beretania St., Honolulu, HI 96826
OPEN 10:00-22:00 MENU 생갈비 $42.95, 갈비찜
$39.95

코리안 가든 Korean Garden

오아후에서 40년 경력의 한식당을 운영한 사장님의 솜씨가 빛을 발하는 곳으로 찜, 볶음, 생선, 찌개 등 다양한 한식 메뉴를 선보인다. 분위기와 맛 모

두 훌륭하다. 건물 앞에 주차장이 있어 편리하다.

ADD 1683 Kalakaua Ave, Honolulu, HI 96826
OPEN 월-토 10:30-22:30 MENU 런치 스페셜 $24.99
부터

한강 코리안 BBQ
Hangang Korean BBQ

여행자들에게는 깔끔한 정식 코스로, 로컬들에게는 고기 맛집으로 입소문이 난 곳이다. 열 가지 정갈한 기본 찬과 영양밥이 제공되는 스페셜 메뉴와 코스가 대표 메뉴이다. 분위기와 맛 모두 깔끔해 인기가 많다.

ADD 1236 Waimanu St #1F, Honolulu, HI 96814
OPEN 11:00-16:00·17:00-23:00 MENU 갈비탕
$26.95, LA갈비 $31.95, 한강 모듬구이 $89.95부터
SITE hangangbbq.com

OH! MY TIP
이 밖에도 와이키키의 미가원, 칡냉면 전문점인 유천칡냉면, 로컬들에 인기 있는 강남 스타일, 와이켈레 아웃렛 내에 자리한 무지개 식당(Rainbow Stream), 노랑 키친(Yellow Kitchen) 등이 있어 선택의 폭이 넓다.

여미 코리안 바비큐
Yummy Korean BBQ

1987년 오픈 이래 하와이 패스트푸드 한식당으로

자리매김했다. 간편하고 저렴하게 한식을 즐길 수 있고, 포장이 쉬운 메뉴가 많아 피크닉 갈 때에도 유용하다.

ADD 1450 Ala Moana Blvd, Honolulu, HI 96814
OPEN 월-토 10:30-20:00, 일 10:30- 19:00
MENU 갈비 $23.99, 만둣국 $14.99, 갈릭 치킨 $17.49
SITE yummyhawaii.com

빅 아일랜드

용스 갈비 Yong's Kal-Bi

30년의 업력을 자랑하는 빅 아일랜드 유일의 한식당이다. 현지인들에게도 사랑받는 음식점으로 김치찌개, 된장찌개 등 메뉴가 다양하며 비건 메뉴도 마련되어 있다. 포장도 가능하고 김밥도 판매해 마우나케아에 갈 때 도시락으로 준비해 가기 좋다.

ADD 65-1158 Mamalahoa Hwy # 4, Waimea, HI
96743 OPEN 화-토 11:00-14:30, 일 17:00-20:00
MENU 불고기 $16.75, 갈비$25.99, 김밥 $9
SITE yongskalbi.business.site

OH! MY TIP
빅 아일랜드 코나 지역에는 한식당이 없다. 힐로에는 참참 코리안 바비큐(Cham Cham Korean BBQ), 플레이트로 즐길 수 있는 갈비 익스프레스(Kalbi Express)가 영업 중이다.

마우이

카페 문 Cafe Moon

2020년 새롭게 문을 연 한식당으로, 깨끗하고 정갈한 솜씨를 자랑하는 곳. 찌개 메뉴부터 김밥, 떡볶이, 비빔밥 등까지 다양하게 맛볼 수 있다. 김치도 구입할 수 있다.

ADD 41 E Lipoa St #8, Kihei, HI 96753 OPEN 화-토
10:30-18:30 MENU 돼지고기 비빔밥 $20, 갈비 $38
SITE cafemoonmaui.square.site

BAR & ROOFTOP

바 & 루프톱

---

01 하우스 위드아웃 어 키 House Without A Key ⬚오아후

수평선을 배경으로 라이브 음악과 훌라를 즐길 수 있는 곳으로 할레쿨라니 호텔 1층에 있다. 태풍에 쓰러진 100년이 넘은 키아베 나무는 또 하나의 무대가 되어주고, 미스 하와이 출신의 댄서들이 최고의 공연을 선보인다. 칵테일은 물론 식사도 가능하다. 우아하고 로맨틱한 일몰 명소로도 손색없다. 예약 필수.

ADD 2199 Kālia Rd, Honolulu, HI 96815
OPEN 07:00-10:30, 11:30-21:00 **MENU** 포케 $26, 콥 샐러드 $25, 립 아이 스테이크 $56 **SITE** halekulani.com

---

02 럼 파이어 Rum Fire ⬚오아후 · 카우아이

와이키키 베스트 바로 꼽히는 곳으로 오션 프런트를 자랑한다. 와이키키에서 가장 많은, 101가지 종류의 럼을 갖추고 있다. 낮과 밤의 분위기가 사뭇 다른데 캐주얼하게 즐기고 싶다면 낮에, 좀 더 흥겨운 분위기를 원한다면 밤에 방문하자. 식사보다는 칵테일을 추천한다.

ADD 2440 Hoonani Rd, Koloa, HI 96756 **OPEN** 목-일 17:00-21:00

03 마이 타이 바 Mai Tai Bar 오아후

할리우드 스타들이나 전 세계 유명 명사들이 즐겨 찾는 바로 로열 하와이안 호텔에 자리한다. 인기 칵테일은 바로 하와이 칵테일을 대표하는 마이 타이이다. 1944년 빅터 줄스 베르게론이라는 바텐더가 만든 오리지널 마이 타이를 맛보고 싶다면 빅스 44(Vic's 44)를, 조금 더 달콤한 맛을 즐기고 싶다면 로열 하와이안 마이 타이를 추천한다. 이곳에서만 맛볼 수 있는 핑크 맥주도 놓치지 말자.

ADD 2259 Kalākaua Ave, Honolulu, HI 96815
OPEN 11:00-23:00 MENU 로열 하와이안 마이 타이
$21, 로열 마가리타 $18 SITE maitaibarwaikiki.com

04 스카이 와이키키 SKY Waikiki Raw & Bar 오아후

건물 꼭대기 19층에 위치한 루프톱 바 겸 레스토랑이다. 칼라카우아 애비뉴를 비롯해 와이키키 도심을 시원하게 조망할 수 있다. 클래식한 칵테일에서부터 새로운 맛의 신 메뉴 칵테일까지 다양한 칵테일 페어링을 즐길 수 있다. 금, 토요일 밤(오후 9시-12시)은 클럽으로 변신한다!

ADD 2270 Kalākaua Ave, Honolulu, HI 96815 OPEN 월-목 16:00-22:00, 금 16:00-24:00, 토 10:00-14:00, 16:00-24:00, 일 10:00-14:00, 16:00-22:00 MENU 마이 타이 $16, 사쿠라 하이볼 $16 SITE skywaikiki.com

KONA COFFEE

코나 커피

01 호놀룰루 커피 체험 센터
Honolulu Coffee & Experience Center

오아후

커피 마니아라면 꼭 한번 방문해보아야 하는 곳으로, 빅 아일랜드 코나 마우나로아 지역에서 재배된 원두가 커피로 만들어지는 과정을 체험할 수 있다. 카페 겸 베이커리는 물론 기념품점, 커핑 랩까지 한자리에 있다. 매일 오전 11시와 오후 3시에 30분가량 진행되는 커피 투어(유료)도 놓치기 아쉽다. 10월 24일 이후 하와이대학 마노아 캠퍼스 부근으로 이전 예정이다..

ADD 1800 Kalākaua Ave, Honolulu, HI 96815 OPEN 06:30 -16:30 MENU 에스프레소 $4.15, 드립 커피 $4.15부터
SITE honolulucoffee.com

02 라이언 커피 Lion Coffee

오아후

미국에서 가장 오랜 역사를 자랑하는 로스팅 기업으로 1864년 설립되었다. 와이키키 인근에 커피 공장 및 매장이 있으며 투어 프로그램도 운영 중이다. 2014년부터 8년 연속 No.1 하와이 베스트 커피로 선정된 바 있다. 하와이안 항공을 이용한다면 기내에서 라이언 커피를 맛볼 수 있으며, 우리나라에서도 홈페이지를 통해 커피와 굿즈를 구입할 수 있다.

ADD 1555 Kalani St, Honolulu, HI 96817 OPEN
월-토 6:30-15:00 MENU 아메리카노 $3.45, 콜드 브루
$3.95 SITE lioncoffee.com

코나 커피 제대로 알기

용암의 열정, 여심을 녹이는 향, 코나 커피 즐기기

코나에는 '커피 벨트'로 일컬어지는 곳이 있다. 바로 세계 3대 커피 중 하나로 전체 커피 수확량의 2%도 채 되지 않는 코나 커피가 재배되는 현장이다. 용암으로 굳어진 토양에서 생산되는 코나 커피의 재배 환경을 보면 한 잔에 담긴 커피가 어떤 과정으로 만들어지는지 확인할 수 있다. 코나의 '커피 벨트'는 미국에서 유일하게 커피 재배가 이루어지는 곳으로 250여 개의 크고 작은 농장에서 연간 3,000-4,000톤이 생산되고 있다.

왜 코나 커피인가?

배수가 잘되는 화산암, 오전의 태양, 오후의 비와 구름까지 코나 지역의 자연 조건은 최고의 커피를 만들어내는 일등공신이다. 다시 말해 적당하고 일정한 강수량, 충분한 일조량, 비옥한 화산토가 어우러져 최상의 원두를 탄생시키는 것이다. 대부분의 농장이 비탈에 위치한 데다(지형 자체가 경사져 있다) 화산암으로 이루어져 있어 커피 열매는 기계 대신 직접 손으로 하나하나 수확되며, 이후 농장의 철저한 품질관리를 받는다. 이를 통해 선별된 원두가 최소 10% 이상 함유된 것에만 '코나 커피'라는 이름이 붙여진다.

하와이 섬별 커피

오아후: 호놀룰루 커피에서 1800년 중반부터 빅 아일랜드 화산 지역인 마우나로아와 후알랄라이 주변에서 자연 그대로의 방식으로 재배한 원두를 사용한 커피를 선보인다. 호놀룰루 커피 체험 센터에서는 직접 로스트하는 모습은 물론 커피 품질을 확인하고 관리하는 커핑 랩(Cupping Lab)에도 참여해볼 수 있다. 오아후도 1990년대부터 커피 재배를 시작했다. 노스쇼어 와이알루아 지역 농장에서 '코나 티피카' 품종을 심었다.

빅 아일랜드: 코나 커피의 주 생산지로 수많은 커피 농장은 물론 자체 브랜드를 가진 곳도 많다. 커피 재배, 유통뿐만 아니라 투어 프로그램도 운영한다. 매년 11월에는 1970년부터 시작된 코나 커피 페스티벌이 열리는 데 미국에서 가장 오래된 음식 축제로 꼽힌다. 1892년 과테말라에서 들어온 '티피카' 품종으로 초기에는 '과테말란 커피'라고 불렸다. 1990년대에 '코나 티피카 커피'로 명칭이 변경됐다.

마우이: 자메이카 블루 마운틴의 개량 품종을 주로 선보이는데 단맛과 쓴맛이 적은 대신 부드러운 신맛과 우아한 향이 일품이다. 예멘 모카의 개량 품종인 마우이 모카도 있는데 꽃 향, 단맛, 신맛이 조화를 이룬다. 마우이 커피는 습한 기후에서 재배되어 습식법(물에 담가 불순물을 제거하고 기계로 과육과 외피를 벗긴 후, 다시 물에 넣고 발효시켜 점액질을 제거하고 세척한 후 건조하는 방법)으로 가공하는 것이 특징이다.

카우아이: 인도네시아 블루 마운틴 커피를 카우아이에서 자체 재배해 선보이는데 전량 미국 내에서 소비한다. 1년 내내 강한 햇빛과 많은 강우량 덕분에 독특한 향, 산뜻한 산미, 특유의 달콤함을 느낄 수 있다.

BEER

맥주

01 코나 브루잉 컴퍼니 Kona Brewing Co. [오아후·빅 아일랜드]

1994년 빅 아일랜드 코나에서 시작된 브랜드로 하와이에서 행운의 동물로 불리는 게코(도마뱀)가 모델이다. 하와이의 아름다운 자연과 액티비티를 모티브로 하며 알로하 정신을 전파한다. 하와이를 연상시키는 키워드인 '빅웨이브', '롱 보드', 하와이 내 지역명인 '하날레이', '와일루아' 등에서 착안한 제품명을 사용한다. 각기 개성 넘치는 맛만큼이나 발랄한 라벨 디자인을 보는 것도 하나의 재미다. 코나 맥주는 기본적으로 미국 본토 공장에서 만들어지지만, 현지 펍에서 직접 제조한 생맥주를 만날 수 있으니 놓치지 말자. 빅 아일랜드 코나, 오아후 카이 지역에 펍이 있다. 코나 본점에서는 브루어리 투어도 가능하다.

오아후 **ADD** 7192 Kalanianole Highway, Honolulu, HI 96825 **OPEN** 11:00-21:00 **MENU** 맥주 글래스/파인트/샘플러 4종 $6/7/15 **SITE** konabrewinghawaii.com
빅 아일랜드 **ADD** 74-5612 Pawai Pl, Kailua-Kona, HI 96740 **OPEN** 10:00-21:00 **MENU** 맥주 글래스/파인트/샘플러 4종 $5.25/6.75/16, 더 캡틴 피자 $24부터 **SITE** konabrewinghawaii.com

02 와이키키 브루잉 컴퍼니 Waikiki Brewing Company [오아후·마우이]

2015년 문을 연 양조장으로 하와이에서 세 번째로 큰 수제 맥주 브랜드이다. '블랙 스트랩 멜레시 포터'와 매콤한 맥주인 '할라피뇨 마우스'는 국제 유수의 맥주 대회에서 상을 받았을 정도. 와이키키와 카카아코에서 펍을 운영한다.

ADD 1945 Kalākaua Ave, Honolulu, HI 96815 **OPEN** 월-목 10:30-23:00, 금-토 09:00-24:00, 일 09:00-23:00 **MENU** 크래프트 비어 샘플/드래프트/그롤러 $2.50/7.50/16 **SITE** waikikibrewing.com

03 마우이 브루잉 컴퍼니 Maui Brewing Co. 오아후·마우이

2005년 마우이 라하이나에서 시작된 브랜드로, 하와이의 브루어리 중 제조 규모가 가장 크다. 파인애플 맥주, 코코넛 맥주 등 특유의 향과 맛을 자랑하며 캔 맥주만 생산한다. 마우이 본점에서는 브루어리 투어를 운영하며 오아후 와이키키, 카일루아에 펍이 있다. '빅스웰', '비키니 블론드'가 대중적이며 '코코넛 포터'는 전 세계 맥주 시장에 출시된 상업 맥주 중 최초의 트로피컬 맥주로 '월드 비어 컵(World beer cup) 2006'에서 금메달을 수상한 바 있다.

ADD 2300 Kalākaua Ave, Honolulu, HI 96815 OPEN 일-목 11:30-22:00, 금-토 11:30-23:00 MENU 비키니 블론드 라거 $8.75, 코코넛 하이와 포터 $9 SITE mbcrestaurants.com/waikiki

---

04 알로하 비어 컴퍼니 Aloha Beer Co. 오아후

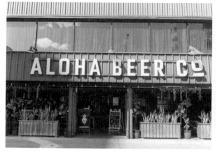

하와이 맥주 산업을 주도하는 스티브 솜브레로와 데이브 캠벨이 운영하는 곳으로, 하와이 특유의 맥주 스타일을 창조하기 위해 오랜 시간 노력을 기울여왔다. 해산물, 초밥, 포케, 스테이크와 잘 어울린다는 레드 에일을 비롯해 12가지의 맥주가 준비되어 있다. 와이키키와 카카아코에서 펍을 운영한다.

ADD 2155 Kalākaua Ave, Honolulu, HI 96815 OPEN 11:00-22:00 MENU 플라이트/하프 파인트/파인트 $2.75/5.50/8 SITE alohabeer.com

하와이에서 만나는 특별한 맥주

하와이의 푸른 날씨와 바람은 절로 맥주 한 잔을 떠올리게 한다. 하와이 맥주 제조는 1854년 시작되었지만, 당시 하와이에 거주한 백인의 절반이 선교사였다는 점에서 2-3년 사이 폐업을 하게 된다. 전문 인력 부족, 종교 관련 이슈 등으로 실패로 끝날 뻔한 하와이 맥주가 힘을 되찾게 된 건 20세기 중후반에 이르러서다. 제조 역사는 짧지만, 하와이 맥주는 하와이에서 재배되는 열대 과일을 비롯한 여러 재료를 활용하며 프리미엄 맥주로 거듭나게 되었고 마니아들로부터 큰 사랑을 받게 되었다. 하와이에서는 현재 10여 개의 브루어리가 맥주를 생산, 판매하고 있다.

롱 보드 Long Board

1998년 코나 브루잉에서 만든 라거 스타일 맥주다. 하와이 현지에서는 서퍼들이 서핑 후에 마시는 맥주로 알려져 있다. 깔끔하고 시원한 청량감 덕분에 가벼운 안주와 잘 어울린다.

파이어 록 Fire Rock

코나 브루잉에서 1995년 선보인 하와이 스타일 페일 에일이다. 향과 쓴맛이 강한 미국식 페일 에일답게 시트러스 플로럴 계열의 홉 향 뒤로 쌉싸래한 맛이 묵직하게 느껴진다.

빅 웨이브 Big Wave

코나 브루잉에서 파이어 록과 함께 1995년에 선보인 맥주로 코나 브루어리를 대표하는 맥주다. 캐러멜 맥아를 사용해 황금빛이 돌며 열대 과일의 향과 맛이 두드러진다.

캐스트 어웨이 IPA
Cast Away IPA

IPA(인디안 페일 에일)를 미국산 홉으로 완성한 것으로 캐러멜 맥아와 감귤 홉의 조화가 일품이다. 약간의 시트러스 향과 폭신한 거품이 특징이다.

코코 브라운 Koko Brown

코나 브루잉 시리즈 중 하나로 코코넛이 들어간 것이 특징이다. 브라운 에일로 콜라와 비슷하지만 탄산이 적고 코코넛 향이 은은해 가볍게 마시기 좋다. 겨울용 맥주로 개발되었지만 사계절 내내 마셔도 질리지 않는다.

알로하 라거 Aloha Lager

알로하 비어 컴퍼니의 대표 맥주로 고전적인 빛깔의 병이 인상적이다. 라거 특유의 가볍고 깔끔한 맛을 느낄 수 있으며 해산물과 스테이크에 두루 잘 어울린다.

화이트 마운틴 포터
White Mountain Porter

빅 아일랜드 브루 하우스에서 만든 맥주로 볶은 커피와 초콜릿, 구운 코코넛 맛을 느낄 수 있다. 검은 빛깔의 맥주와 짙은 갈색의 거품의 조화가 눈을 즐겁게 하며 목 넘김이 깔끔하다. 탄산이 적당한 편으로 무게감이 있어 식후에 입가심으로 즐기기 좋다.

파인애플 마나 윗
Pineapple Mana Wheat

마우이 브루잉에서 만든 에일로 마우이의 특산품인 파인애플이 들어간 것이 특징이다. 파인애플 주스 같은 새콤달콤한 맛이 나지만 홉이 풍부해 무게감도 느껴진다. 탄산이 적으며 밀 특유의 향도 느낄 수 있다.

빅 스웰 IPA Big Swell IPA

마우이 브루잉에서 만든 IPA로 진한 호박색을 띤다. 강한 홉의 향기와 감귤의 상쾌함, 밀의 고소함이 조화를 이룬다. 끝 맛이 살짝 쓰지만 탄산이 많지 않아 음식과 함께 즐기기에 좋다.

비키니 블론드 라거
Bikini Blonde Lager

마우이 브루잉의 대표 맥주로 독일식 라거에 가까운 프리미엄 라거다. 목 넘김이 부드러우며 맥아 향과 열대 과일 향이 함께 느껴져 가볍게 즐기기 좋다.

코코넛 포터 Coconut Porter

마우이 브루잉에서 만든 영국식 포터 흑맥주로 부드럽고 바디감이 뛰어나며 탄산이 적은 편이다. 구운 코코넛과 흑설탕 향이 오랜 여운을 남긴다.

케왈로스 크림 에일
Kewalo's Cream Ale

호놀룰루 비어웍스에서 만든 크림 에일. 로컬 재료로 만든 로컬 맥주이다. 가벼운 맛과 향으로 청량감을 가득 느낄 수 있다. 부드러운 아로마와 풍미까지 더해져 하와이와 가장 잘 어울리는 맛으로 인기다.

OH! MY TIP

수제 맥주 브루잉 투어

하와이 수제 맥주 산업은 2010년 즈음 시작되었다. 2017년 와이키키와 카카아코 지역 주변으로 양조장과 수제 맥주 전문점이 등장하기 시작하며 하와이 로컬 맥주는 새로운 분위기를 맞게 된다. 아름다운 바다, 연중 평균 기온 25-26도, 깨끗한 하와이 산 농작물로 만들어지는 수제 맥주는 전 세계에서 하와이를 찾는 주류 애호가들의 마음을 설레게 하고 있다. 현지 마트나 편의점에서 쉽게 만날 수 있지만, 펍에서 바로 마시는 생맥주는 미식 여정에 또 다른 즐거움을 더할 것이다.

RUM & WINE

01 콜로아 럼 Koloa Rum Company Store & Tasting Room 〔카우아이〕

카우아이 최초이자 유일의 양조장이다. 화산에서 자란 사탕수수와 세계 3대 다우 지역 중 하나인 카우아이 와이알레알레 산에서 나는 맑은 물로 만드는 럼은 그야말로 하와이의 자연이 빚는 술이라 해도 과언이 아니다. 마우이에 유일하게 남아 있는 사탕수수 회사에서 재료를 공수해 사용한다. 21세 이상 확인 후 30분간 무료 투어 및 시음이 가능하다.

ADD] 3-2087 Kaumualii Hwy, Lihue, HI 96766 OPEN 월-토 10:00-17:00 PRICE 럼 $14부터 SITE koloarum.com

02 볼케이노 와이너리 Volcano Winery 빅 아일랜드

빅 아일랜드 유일의 와이너리로 화산활동이 이뤄지는 킬라우에아, 마우나로아 산이 겹쳐진 자리에 위치한다. 수의사였던 린 맥키니가 1986년 스무 그루의 포도나무를 심으면서 첫발을 내디뎠으며, 하와이에서 생산되는 열대 과일을 혼합한 독특한 와인은 물론 화산지대에서 자란 포도로 만든 희귀 와인까지 생산해 선보이고 있다. 마카다미아와 열대 과일을 블렌딩한 '마카다미아 너트 허니 와인'과 '하와이안 구아바 그레이프'가 대표 메뉴로 꼽힌다. 21세 이상 확인 후 무료 시음이 가능하다.

ADD 35 Piimauna Dr, Volcano, HI 96785 OPEN 10:00-17:30 PRICE 마카다미아 너트 허니 와인 $25, 하와이안 구아바 그레이프 $25 SITE volcanowinery.com

03 마우이 와인 Maui Wine 마우이

마우이 유일의 와이너리 겸 마우이 대표 관광 스폿으로 파인애플 와인을 만날 수 있는 곳이다. 1974년 할레아칼라 서쪽 지류에 있는 울루팔라쿠아 농장의 포도나무가 열매도 맺기 전 시험 삼아 생산한 제품이 이곳의 대표 와인이 되었다. 포도로 만든 와인은 파인애플 와인보다 10년 뒤 시판되었다고. 오늘날 테이스팅 룸 공간은 과거 데이비드 칼라카우아 왕이 가족들과 머물렀던 곳이다. 파인애플, 라즈베리 와인부터 현지에서 재배한 여섯 가지 품종의 포도로 만든 와인꺼지 선보인다. 와인뿐만 아니라 기념품도 구매할 수 있으며, 파인애플 초콜릿이 인기 아이템으로 꼽힌다.

ADD 14815 Piilani Hwy, Kula, HI 96790 OPEN 화-일 11:00-17:00 PRICE 마우이 블랑 파인애플 $16, 레후아 라즈베리 와인 $36 SITE mauiwine.com

SHOPPING MALL & OUTLET

쇼핑몰 & 아웃렛

01 로열 하와이안 센터 Royal Hawaiian Center ⟨오아후⟩

와이키키를 도보로 이동하면 꼭 한번은 지나게 되는 곳으로 최고의 입지를 자랑한다. 로열 하와이안 호텔, 쉐라톤 와이키키와 연결되어 있으며 명품에서부터 로컬 브랜드, 편집숍까지 다양하게 만날 수 있다. 울프강 스테이크 하우스, 치즈 케익 팩토리, 팀 호 완 등 유명 맛집까지 100여 개의 매장이 4개 층에 걸쳐 입점해 있다. 매일 오전에는 훌라, 레이 만들기 등의 무료 수업이 열리며 오후에는 훌라, 라이브 음악 등의 공연이 펼쳐진다. 홈페이지나 한국어 브로슈어를 확인할 것.

ADD 2201 Kalākaua Ave, Honolulu, HI 96815 OPEN 10:00-21:00 SITE royalhawaiiancenter.com

02 인터내셔널 마켓 플레이스 International Market Place ⟨오아후⟩

오랜 시간 리뉴얼을 통해 2016년 재오픈한 쇼핑 단지로, 로열 하와이안 센터와 함께 와이키키의 랜드마크로 불린다. 전체 규모가 9,600평에 달하는데 명품에서부터 로컬 브랜드, 편집숍, 자동차 전시장이 입점해 있으며 맛집, 푸드 코트, 휴게 공간까지 갖춰져 있어 편리하면서도 쾌적하게 쇼핑을 즐길 수 있다. 170년 된 반얀 트리에서 공간이 품은 역사도 확인해보자.

ADD 2330 Kalākaua Ave, Honolulu, HI 96815
OPEN 11:00-21:00 SITE shopinternationalmarketplace.com

03 알라모아나 센터 Ala Moana Center

오아후

세계 최대 야외 쇼핑몰이자 미국에서 8번째로 큰 쇼핑몰이다. 340
개 매장에 니만 마커스, 메이시스 등 백화점 4개가 함께 자리한 하
와이 최대 쇼핑몰로 가장 많은 명품 숍, 부티크 숍, 로컬 브랜드를 만
날 수 있다. 크게 1층 잡화, 2층 명품 및 여성의류, 3층 명품 및 영 캐
주얼로 나뉘어 있으며 할인 시즌 아니라면 가격은 대부분 정가이다.
매일 오후 1시에는 쇼핑센터 중앙 무대에서 무료 공연이 열린다. 프
리미어 패스포트 쿠폰북도 놓치지 말자.

ADD 1450 Ala Moana Blvd, Honolulu, HI 96814 OPEN 10:00-20:00
SITE alamoanacenter.com

04 와이콜로아 쇼핑센터 Waikoloa Shopping Center

빅 아일랜드

빅 아일랜드 와이콜로아의 쇼핑 스폿으로 퀸스
마켓 플레이스(Queens Marketplace)와 킹스
숍스(Kings' Shops)이라는 두 개의 쇼핑몰이 서
로 마주 보고 있다. 부티크 숍, 로컬 브랜드, 레스
토랑 및 카페, 극장, 마트(아일랜드 고멧 마켓)가
입점해 있다. 와이콜로아 리조트 단지에서 투숙
한다면 즐겨 찾게 되는 곳.

ADD 69-201(또는 250) Waikōloa Beach Dr, Waiko-
loa Village, HI 96738 OPEN 10:00-20:00
SITE queensmarketplace.com, kingsshops.com

05 더 숍스 앳 와일레아 The Shops at Wailea

마우이

마우이 와일레아 리조트 단지 내 위치한 쇼핑몰이다.
규모가 크지는 않지만, 루이 비통, 프라다, 구찌, 보테가
베네타, 티파니 같은 명품 매장과 로컬 브랜드, 레스토
랑 등 70여 개의 매장이 입점해 있다. 다양한 체험 프로
그램과 훌라 쇼 등이 열리는 만큼 홈페이지에서 이벤
트 정보를 참고하자.

ADD 3750 Wailea Alanui Dr, Wailea, HI 96753
OPEN 10:00-21:00 SITE theshopsatwailea.com

06 더 숍스 앳 쿠쿠이울라
The Shops at Kukui'ula
카우아이

07 와이켈레 프리미엄 아웃렛
Waikele Premium Outlets
오아후

카우아이 대표 쇼핑몰이다. 과거 농장 건물을 개조해 쇼핑몰로 재탄생한 곳인 만큼 명품보다는 중저가 브랜드와 로컬 브랜드 숍으로 구성되어 있다. 매주 수요일에는 마켓, 금요일에는 라이브 음악, 일요일에는 요가 클래스가 열린다.

ADD 2829 Ala Kalanikaumaka St, Koloa, HI 96756
OPEN 9:00-21:00 SITE theshopsatkukuiula.com

와이키키에서 차량으로 30분 거리에 위치한 아웃렛이다. 코치, 폴로 랄프 로렌, 토리버치 등 50개 이상의 디자이너 브랜드 아웃렛 매장이 입점해 있다. 아이템별로 25-60%가량 할인을 받을 수 있으며 VIP 클럽에 가입하면 쿠폰북을 받을 수 있으니 놓치지 말 것.

ADD 94-790 Lumiaina St, Waipahu, HI 96797
OPEN 월-목 10:00-19:00, 금-토 10:00-20:00, 일 11:00-18:00 SITE premiumoutlets.com/outlet/waikele

---

OH! MY TIP

와이켈레 프리미엄 아웃렛 똑똑하게 이용하기!

쿠폰
아웃렛 홈페이지에서 VIP 클럽에 가입하거나 각 브랜드 홈페이지에서 회원 가입을 하면 추가 할인 쿠폰을 받을 수 있다. 브랜드 쿠폰 발행은 랜덤하게 발송되니 하와이 방문 전에 미리 가입하는 것을 추천한다. 미국 최대 쇼핑 브랜드로 아웃렛을 운영하는 사이먼 밀즈 홈페이지(premiumoutlets.com) 혹은 앱(SIMON)을 통해서도 할인 쿠폰을 받을 수 있다. 블랙 프라이스, 독립기념일 등 시즌별로 추가 세일 프로모션을 진행한다.

교통
① 렌터카
② 우버: 와이키키에서 편도 $40-50, 왕복 이용 시 $80-100
③ 셔틀: 홈페이지를 통해 예약
와이켈레 아웃렛 셔틀 SITE waikeleoutletsshuttle.com FARE 왕복$24.95
와이켈레 익스프레스 셔틀 SITE waikelexpressshuttle.com FARE 왕복 $20
로버츠 하와이 셔틀 SITE robertshawaii.com/transportation/waikele-outlet-shuttle FARE 왕복 12세 이상/4-11세 $38.5/35

FARMERS MARKET

01 KCC 파머스 마켓
KCC Farmers Market

오아후에서 열리는 파머스 마켓 중 최대 규모로, 규모만큼이나 많은 셀러가 참여한다. 여행자에게 초점이 더 맞춰진 마켓으로 유명 식당들도 많이 참여한다. 다이아몬드 헤드와 함께 들르기 좋다.

ADD Parking Lot C, 4303 Diamond Head Rd, Honolu-lu, HI 96816 OPEN 토 7:30-11:00 SITE kapiolani.ha-waii.edu/support-and-campus-life/farmers-market

02 카카아코 파머스 마켓
Kaka'ako Farmers Market

현지인들이 즐겨 찾는 파머스 마켓이다. 과일, 채소, 꽃뿐만 아니라 다양한 먹거리와 간식도 판매한다. 횡단보도를 사이에 두고 두 개의 섹션에서 열리니 놓치지 말고 모두 들러보자. 벽화로 유명한 카카아코 지역과 함께 돌아보기에도 좋다.

ADD 919 Ala Moana Blvd, Honolulu, HI 96814 OPEN 토 08:00-12:00 SITE farmloversmarkets.com

03 와이키키 파머스 마켓 Waikiki Farmers Market

와이키키에서 가장 쉽게 접근할 수 있는 파머스 마켓으로 과일, 베이커리, 기념품 위주라 가볍게 둘러보기 좋다.

ADD 2424 Kalākaua Ave, Honolulu, HI 96815 (하얏트 리젠시 와이키키 호텔 1층) OPEN 월, 수 16:00-20:00

SPECIAL 요일마다 만나는 파머스 마켓

로컬 마켓도 좋지만, 흥겨움과 흥정이 넘치는 파머스 마켓을 놓치지 말자. 요일마다 다양한 마켓이 열리니 한 번쯤 찾아가보는 것도 좋다. 특히 장기 일정으로 여행 중이라면 신선한 채소와 과일은 파머스 마켓에서 구매하는 것도 효과적인 방법이다.

호놀룰루 파머스 마켓 〔오아후〕
Honolulu Farmers Market

호놀룰루 도심에서 열리는 파머스 마켓이다. 30여 개의 셀러가 참여한다. 퇴근길 마켓에 방문해 장을 보거나 식사를 하는 현지인들이 대부분이다. 주차는 하와이 닐 블레이즈델 센터(Neal S. Blaisdell Center)에 무료로 가능하다.

ADD Neal S. Blaisdell Arena, 777 Ward Ave, Honolulu, HI 96814 OPEN 수 16:00-19:00 SITE hfbf.org/farmers-markets/honolulu

카일루아 파머스 마켓 〔오아후〕
Kailua Farmers Market

카일루아 타운에서 열리는 파머스 마켓은 두 곳이다. 목요일에 열리는 카일루아 파머스 마켓은 로컬 위주의 마켓이며, 일요일에 열리는 카일루아 타운 파머스 마켓은 여행객들도 많이 찾는다. 신선한 채소를 판매하는 셀러가 많다.

ADD Kailua Town Center, 609 Kailua Rd, Kailua, HI 96734 OPEN 목 16:00-19:00 SITE hfbf.org/farmers-markets/kailua

케아우호우 파머스 마켓 〔빅 아일랜드〕
Keauhou Farmers Market

규모가 크지는 않지만 현지인들이 즐겨 찾는 마켓 중 하나로 과일, 채소, 꽃, 빵 등을 판매한다. 릴리코이로 만든 버터가 있다면 구입해보자. 케아우호우 쇼핑센터 주차장에서 열린다.

ADD 78-6831 Ali'i Dr, Kailua-Kona, HI 96740

OPEN 토 08:00-12:00 SITE keauhoufarmersmarket.com

힐로 파머스 마켓 [빅 아일랜드]
Hilo Farmers Market

과일, 채소, 꽃, 식물 등의 농작물을 비롯해 하와이 스타일의 예술품과 기념품을 쇼핑할 수 있다. 주차장이 없어 도로변의 무료 주차구역을 이용해야 한다. 마켓은 매일 열리지만, 200개 이상의 셀러가 참여하는 수요일과 토요일에 방문하면 더 많은 아이템을 확인할 수 있다.

ADD Corner of Kamehameha Avenue and, Mamo St, Hilo, HI 96720 OPEN 07:00-15:00 SITE hilofarmersmarket.com

마쿠우 파머스 마켓 [빅 아일랜드]
Maku'u Farmers Market

150여 명의 셀러가 참여하는 마켓으로 빅 아일랜드의 파머스 마켓 중 가장 규모가 크다. 다국적의 셀러는 물론 농산물, 수공예품, 특산품을 비롯해 먹거리까지 다양한 아이템을 접할 수 있다. 차량당 $2의 입장료가 있지만, 입장료가 아깝지 않을 만큼 구경하는 재미가 쏠쏠하다. 힐로 다운타운에서 차량으로 20여 분 거리로, 힐로-화산국립공원 방문 시 함께 들르기 좋다.

ADD 15-2131 Keaau-Pahoa Rd, Pāhoa, HI 96778 OPEN 일 07:00-12:00 SITE makuu.org/market

업컨트리 파머스 마켓 [마우이]
Upcountry Farmers Market

하와이에서 가장 오래된 파머스 마켓으로 40여 년의 역사를 자랑한다. 마우이에서 재배한 신선한 음식을 만날 수 있는 마켓으로 현지인들의 참여가 활발하다.

ADD 55 Kiopaa St, Makawao, HI 96768 OPEN 토 07:00-11:00 SITE upcountryfarmersmarket.com

하와이에서 만나는 슈퍼마켓

ABC 스토어 ABC STORE

하와이 주에 본사를 둔 편의점 체인이다. 하와이 주 전체 73개 매장 중 57개가 오아후에 위치한다. 여행에 필요한 생수, 맥주, 간단한 도시락 및 과일은 물론 기념품도 판매한다. 튜브, 돗자리 등 비치용품도 판매하며 $1면 튜브에 공기도 넣을 수 있다. 영수증 합산 시 일정 금액 이상($100, $300부터) 구매하면 기념품을 받을 수 있다.

SITE abcstores.com

롱스 드럭스 Longs Drugs

하와이 최대의 드럭 스토어. 전문 약사와 상담 후 약을 구매할 수 있으며 각종 상비약도 쉽게 찾을 수 있다. 약국으로 분류되어 있지만 화장품과 생필품도 구비되어 있으며 24시간 운영한다는 장점이 있다.

SITE longs.staradvertiser.com

월마트 Walmart

'언제, 어디서든 최저가'를 모토로 운영하는 대형 마트이다. 간식부터 생필품, 물놀이 장비부터 전자제품까지 쇼핑할 수 있지만 채소나 정육은 갖추고 있지 않다. 기념품 코너를 별도로 운영하고 있어 한눈에 살펴보기 좋다. 기념품의 경우 코스트코를 제외하면 가격적인 메리트가 가장 좋다.

SITE walmart.com

세이프웨이 & 푸드랜드
Safeway & Foodland

두 곳 모두 현지인들이 주로 이용하는 마켓이다. 식료품, 공산품 등 다양한 제품을 모두 갖추고 있는 대형마트다. 푸드랜드의 경우 유기농 위주의 제품을 판매하기 때문에 가격대가 비싼 편이다.

SITE safeway.com / foodland.com

코스트코 Costco

특별한 설명이 필요 없는 마트 쇼핑의 성지이다. 회원 카드가 있다면 기념품을 가장 저렴하게 구매할 수 있으며, 국내에서 사용하는 회원 카드를 그대로 사용할 수 있어 더욱 좋다. 그러나 카드가 없다고 해서 멤버십에 가입하지는 말자. 가입비가 우리나라보다 훨씬 비싸다. 주유 비용 역시 가장 저렴하지만 길고 긴 행렬이라는 난관이 기다린다. 또한 주유할 때 한국 카드를 이용하려면 직원을 호출해 도움을 받아야 한다.

SITE costco.com

홀푸드 마켓 Whole Foods Market

유기농 식품, 자연 화장품에 충실한 미국 슈퍼 체인이다. 원하는 음식을 담아 이용할 수 있는 푸드 바, 샐러드 바도 훌륭하다. 하와이에서 생산, 제조된 특산품이 많으며 퀄리티 좋은 기념품도 구입할 수 있다. 하와이에서는 쇼핑 스폿이라기보다 관광 코스로 굳어진 느낌이 있다.

SITE wholefoodsmarket.com

H마트, 팔라마 & 오리엔탈 마켓
Hmart, Palama & Oriental Market

미국 최대 아시안 마켓인 H 마트는 오아후에서 가장 큰 한인 마트이다. 식료품, 조미료, 간편식, 과자, 술, 음료, 건강식품까지 우리나라의 마트를 그대로 옮긴 듯하다.

팔라마는 오아후에서 가장 오래된 한인 마트이다. 규모가 크지 않지만 우리나라 상품을 다양하게 갖추고 있다. 오리엔탈 마켓은 마우이 유일의 한인 마켓이다. 작은 매장으로 종류가 다양하지 않지만, 있을 건 다 있는 귀한 마트이다.

H마트 SITE hmart.com
팔라마 ADD 1070 N. King St. Honolulu, HI 96817
OPEN 08:00-20:00 SITE palamamarket.com
오리엔탈 마켓 ADD 60 E Wakea Ave, Kahului, HI 96732 OPEN 월-토 09:00-19:00

OH! MY TIP

스왑 미트(Swap Meet)
일종의 벼룩시장이나 중고품 시장으로 다양한 하와이 기념품을 저렴하게 구매할 수 있는 자리다. 다양한 나라에서 온 여행객들이 착한 가격의 기념품을 구매하기 위해 약간의 입장료(50센트)를 내고 방문한다. 실제로 와이키키에서 만날 수 있는 기념품도 스왑 미트에서 좀 더 저렴하다. 오아후와 마우이에서 열린다.

마우이 ADD 310 W Kaahumanu Ave, Kahului, HI 96732 OPEN 토 07:00-13:00

하와이 한정 쇼핑 아이템

스타벅스
Starbucks

스타벅스 MD 제품이야 두말하면 잔소리. 파인애플 모양의 텀블러, 시티 컵 및 텀블러 시리즈 등이 시선을 이끈다.

모니
Moni

태닝한 스누피가 반갑게 맞아주는 곳이다. 문구류, 의류, 에코백 등의 제품이 있으며 하와이 한정판은 인기가 많다. 쉐라톤 와이키키와 모아나 서프라이더 호텔에 매장이 있다.

파타고니아
Patagonia

환경을 생각하는 아웃도어 브랜드로 하와이에서 영감을 받은 프린트와 디자인을 담은 제품을 선보이고 있다. 파타고니아 마니아라면 놓치지 말자.

무민 숍 하와이
Moomin Shop Hawaii

핀란드 작가 토베 얀손의 캐릭터 무민이 야자수와 만났다. 머그, 파우치, 타월, 휴대폰 케이스 등의 소품을 만날 수 있다.

토미 바하마
Tommy Bahama

미국 리조트룩 브랜드로 하와이 에디션 제품을 선보인다. 하와이를 연상시키는 시원한 문양과 패턴의 의류, 소품에서 하와이 바람을 담은 여유가 느껴지는 듯하다.

루피시아
Lupicia

일본 홍차 브랜드로 전 세계 200여 종의 차를 판매한다. 오아후 매장의 하와이 블렌드를 눈여겨보자. 하와이의 청명한 바람과 푸른 바다, 붉은 용암의 기운을 담은 차는 오직 하와이에서만 구매할 수 있다.

예티
YETI

유명 미국 캠핑 브랜드로, 호놀룰루 매장에서 텀블러 커스터마이징 서비스를 제공한다. 단 커스터마이징은 별도 품목에서만 가능하며, 신청 후 최대 5일까지 소요된다.

룰루레몬
lululemon

룰루레몬 와이키키와 마우이 매장에서만 하와이 리미티드 에디션을 판매한다. 알로하, 샤카, 섬 모양 등 다양한 디자인의 제품이 있다.

딘 & 델루카
Dean & DeLuca

그로서란트(식재료와 요리를 동시에 즐길 수 있는 복합 공간)의 원조격인 카페 겸 베이커리이다. 하와이 에디션인 에코백, 도트백, 보냉백이 인기다.

미나토
Minato

하와이에서 탄생한 소스 브랜드. 오일에 마늘과 페퍼론치노가 들어간 하와이안 쉬림프 마리네이드가 대표 아이템으로 꼽힌다. 콩기름 아래로 마늘과 후추가 분리되어 있어 사용 전 흔들어야 한다. 새우 플레이트 요리를 할 때 아주 유용하다.

레스포삭
Lesportsac

캐주얼 가방 브랜드이다. 하와이 로컬 디자이너와 협업한 디자인의 제품을 판매한다. 하와이의 자연을 담은 그림이 파우치를 비롯한 다양한 사이즈의 가방에 프린팅되어 있어 눈길을 끈다.

호놀룰루 쿠키
Honolulu Cookie

파인애플 모양의 쿠키로 패키지가 깔끔하고 다양해 선물하기 좋다. 하와이 선물 필수템으로 손꼽히는데 와이키키 내 매장이 많은 편이라 쉽게 구매할 수 있다. 시즌별로 다양한 맛의 쿠키를 선보인다.

스투시 호놀룰루
Stussy Stock Honolulu

스트릿 브랜드의 대표격인 스투시에서도 호놀룰루 티셔츠를 선보인다. 워낙 인기가 많아 오픈런이 당연할 정도라고. 반팔, 긴팔, 스웻셔츠, 집업 후드 제품이 있으며 1인당 세 장까지 구매 가능하다.

하와이 차
Hawaii Tea

망고, 패션 프루트 등 열대 과일을 티백에 담아 차로도 즐겨보자. 향이 은은해 선물용으로 그만이다. 티백 형태의 열대 과일 차는 하와이에서만 구입 가능하다.

하와이 제대로 즐기기

ACTIVITY

01 서핑 & 부기보드 Surfing & Boogie board

파도 위에서 벌어지는 한바탕 서커스, 서핑. 서핑의 성지에서 누리는 파도의 즐거움은 상상을 초월한다. 어느 섬에서든 서핑 클래스가 열리며, 클래스를 통하지 않더라도 서핑을 즐길 수 있다. 보드에 몸을 싣고 파도의 흐름에 몸을 맡기며 물살을 넘나들어보자. 보드는 별도 대여가 가능하며, 서핑 레슨 시에는 보드가 함께 제공된다.

부기보드는 서핑의 미니 버전이라 생각하면 된다. 상반신을 보드 위에 올린 채 파도를 즐기는 스포츠로 파도가 잔잔한 얕은 비치에서도 쉽게 접할 수 있다. 부기보드는 마트에서 쉽게 구입 가능하다. 로컬들이 즐기는 부기보드 비치가 별도로 있을 정도 인기 액티비티이다.

02 고래 관찰 Whale Watching

고래 관찰은 11-3월에만 즐길 수 있는 한정판 액티비티이다. 전 섬에서 체험 가능하나 마우이가 가장 뛰어난 스폿으로 알려져 있다. 긴수염고랫과인 혹등고래는 여름에는 추운 알래스카에서 서식하다 겨울이 되면 짝짓기를 하거나 새끼를 낳기 위해 따뜻한 하와이 앞바다까지 이동한다. 1-3월이 하이라이트로 혹등고래의 유연한 자맥질이 황홀한 감동을 선사한다. 알래스카로 돌아가는 3-4월까지 투어를 즐길 수 있다.

03 스노클링 & 스누바 & 스킨스쿠버
Snorkeling & Snuba & Skin scuba

스노클링은 천혜의 수족관, 아름다운 해양 생태계를 직접 눈으로 경험할 수 있는 액티비티다. 장비만 있다면 어느 비치에서든 셀프 스노클링을 즐길 수 있다. 투어를 이용하면 스노클링 기어, 워터 슈즈, 구명조끼를 빌릴 수 있어 편리하다. 스노클링 기어는 마트에서 쉽게 구입 가능하다.

스누바는 스킨스쿠버의 업그레이드 버전으로 누구나 쉽게 도전 가능한 수중 액티비티다. 무거운 산소통이 아닌 보트에 연결된 에어라인 호스를 장착하고 가뿐하게 바닷속을 런웨이할 수 있다. 단 물속 중력을 견디기 위해 허리에 모래주머니를 찬다.

스킨스쿠버는 장비 무게만 20kg이 넘지만, 마니아층이 있을 만큼 매력이 큰 액티비티다. 초보자일 경우 안전과 관련한 사전 교육을 받아야 한다. 심해의 세계를 제대로 체험할 수 있지만 전문 투어 업체를 이용해야 한다.

04 선셋 세일링 & 패러세일링
Sunset sailing & Parasailing

바다 한가운데서 여유와 낭만을 누리고 싶다면 선셋 세일링을 즐겨보자. 모든 섬에서 선셋 세일링 투어 프로그램을 만나볼 수 있다. 푸른 바다에서 만나는 일몰은 육지와는 또 다른 그림을 보여주며 마음을 사로잡는다. 일부 프로그램에서는 칵테일(음료), 뷔페를 제공하기도 한다.

패러세일링은 바다 한가운데를 공중 비행하는 액티비티로 모든 섬에서 체험할 수 있다. 보트에 달린 낙하산을 타고 바다 위를 새처럼 비행하며 바다와 섬의 풍광은 물론 고요한 정적의 순간을 오롯이 즐길 수 있다. 상공에 올라가는 높이에 따라 비용과 세일링 시간이 달라진다.

05 크루즈 Cruise

크루즈는 종류가 다양한데 그중 돌핀 크루즈, 선셋 디너 크루즈, 불꽃놀이 크루즈가 대표적이다. 돌핀 크루즈는 돌고래 출현 스폿에서 스노클링을 하며 돌고래를 만날 수 있고, 디너 크루즈는 하와이 전통 공연과 근사한 식사를 즐기며 와이키키의 일몰을 감상하는 프로그램으로 운영된다. 2-3시간 소요되며 음식 코스에 따라 비용이 상이하다. 선셋 크루즈도 운영되는데 와이키키에서 주로 진행되며, 요트를 타고 바다에 나가 일몰을 즐기고 복귀하는 일정으로 1시간 30분-2시간 소요된다. 불꽃놀이 크루즈는 와이키키에서 불꽃놀이가 열리는 매주 금요일 저녁에 운행한다. 와이키키 앞바다에서 일몰과 불꽃놀이를 한번에 즐길 수 있다. 단 각자 음료와 알코올을 준비해야 한다.

06 카약 & 스탠드업 패들 & 패들보드 요가
Kayak & Stand-up paddle & Paddle yoga

바람을 가로지르며 바다 위에서 유유자적 여유로운 시간을 보낼 수 있는 카약은 남녀노소 할 것 없이 안전하게 즐길 수 있는 액티비티이다. 주로 물살이 약한 곳에서 진행된다.

스탠드업 패들은 서핑 보드 위에 서서 노를 젓는 액티비티로 최근 인기몰이 중이다. 서핑과 달리 파도가 꼭 필요한 것이 아니라서 어디서든 즐길 수 있다.

패들보드 요가는 SUP 요가, 아쿠아 요가라고도 불린다. 물살이 잔잔한 바다 위에 패들보드를 띄우고 그 위에서 요가를 하는 액티비티이다. 세 가지 모두 업체를 이용하면 장비 걱정 없이 참여 가능하다. 바다 위에서 호젓한 힐링이 필요하다면 위 액티비티에 관심을 기울여보자.

07 ATV & 짚라인 ATV & Zipline

ATV는 오프로드 주행이 가능한 사륜차를 타고 대자연에서 스릴을 만끽하는 액티비티이다. 1인승과 다인 승이 있으며, 1인승 프로그램은 사전 테스트 후 주행이 힘들다고 판단되면 참석이 불가능할 수 있다. 쿠알 로아 랜치 ATV 프로그램이 가장 인기가 많다. 안전을 위해 지나친 라이딩은 삼가자.

짚라인은 하와이 열대우림 또는 계곡 사이를 날아볼 수 있는 액티비티이다. 케이블 와이어에 몸을 맡기 고 정신없이 바람을 가로지르다 보면 함성이 절로 나온다. 두 액티비티 모두 스트레스 타파에 제격이다!

08 헬리콥터 투어 Helicopter tour

헬리콥터 투어는 고가의 비용 이 들어가긴 하지만, 깊은 추억 을 남길 수 있는 프로그램이다. 광활한 대자연의 웅장함을 가장 잘 느낄 수 있는 투어로 모든 섬 에서 체험 가능하다. 가장 인기 가 높은 프로그램은 붉은 용암 을 볼 수 있는 시즌에 빅 아일랜 드에서 이뤄지는 '라바 헬기 투 어'이다. 헬기는 창문이 있는 것 과 없는 것 두 가지(운영회사가 다름)이다. 창문이 있는 헬기에

탑승 시 무늬가 있거나 화려한 색의 옷은 피하는 것이 좋고, 창문이 없는 헬기에 탑승 시 헤어스타일이 중 단발 이상이라면 머리끈을 꼭 챙겨야 한다.

09 스카이다이빙 & 무동력 글라이더 Skydiving & Glider

스카이다이빙은 태평양 바다 위를 한 마리 새처럼 자유롭게 비행할 수 있는 액티비티이다. 사전 교육 후 베테랑 인스트럭터와 함께 상공으로 올라가는데, 다이빙 높이를 선택할 수 있다(3,700/4,300m).
무동력 글라이더는 비행기에 매달린 글라이더에 몸을 싣고 하늘을 날다가 매달린 줄이 끊어지는 동시에 바람의 힘만으로 자유 비행을 만끽하는 액티비티이다. 파일럿과 함께 1-2인이 탑승하는 투어와 글라이더가 뒤집히거나 스핀하는 등 여러 모션이 이뤄지는 투어가 있다.
두 가지 모두 오아후에서만 이루어지는 투어로 와이에메아 산맥, 노스쇼어, 카에나 포인트 등 북쪽 절경을 상공에서 눈에 담을 수 있다. 색다른 관점에서 오아후를 즐기고 싶다면 놓치지 말자. 스카이다이빙은 빅 아일랜드에서 즐길 수 있다.

10 모페드 & 스쿠트 쿠페 Moped & Scoot Coupes

스쿠트 쿠페, 스포츠 스쿠터라고 불리는 미니 오토바이, 모페드로 섬을 둘러보는 액티비티이다. 섬 전체를 돌아보기는 어렵지만 와이키키나 다운타운 정도를 즐기기에는 손색이 없다. 시원한 바람을 즐기며 오아후를 만끽해보자. 국제 및 국내 운전면허증을 반드시 챙겨야 하며, 차량은 당일 16:30까지 반납해야 한다.

DRIVE

드라이브

---

01 72번 도로 Route 72

오아후

오아후 남동쪽을 연결하는 도로로 칼라니아나올레 하이웨이(Kalani-ana'ole Highway)라고도 불린다. 오아후 대표 드라이브 코스로 전체 길이는 29.8km이다. 드라이브 코스 내 주요 관광지에는 전망대가 설치되어 있다. 마트 및 편의시설이 많지 않으니 미리 물과 간식을 챙기는 것이 좋다.

ROUTE 한국 지도 마을 - 하나우마 베이 - 블로홀 - 할로나 비치 코브 - 마카푸우 전망대 - 샌디 비치 - 와이마날로 비치 - 라니카이 비치 - 카일루아 비치 - 호오말루히아 보태니컬 가든 - 누우아누 팔리 전망대 - 퀸 엠마 서머 팰리스

---

02 83번 도로 Route 83

오아후

오아후 북쪽을 향하는 도로로 카메하메하 하이웨이(Kamehameha Highway)라고도 불린다. 72번 도로와 함께 오아후 드라이브코스의 양대 산맥으로 불린다. 카네오헤에서부터 할레이바를 잇는 코스로 전체 길이는 70.7km이다. 목가적인 풍경의 고요함이 서핑의 짜릿함과 대조되며 여행객을 반긴다.

ROUTE 돌 플랜테이션 - 할레이바 마을 - 와이메아 비치 - 라니아케아 비치 - 선셋 비치 - 카후쿠 마을 - 터틀 베이 - 폴리네시안 문화센터 - 쿠알로아 랜치

03 11번 & 19번 도로 Route 11 & 19 빅 아일랜드

하와이 벨트 로드(The Hawaii Belt Road)로도 불리는 11번 도로는 카일루아 코나에서 화산국립공원을 지나 힐로까지 이어진다. 해변, 평야, 열대우림, 용암 지대 등 다양한 풍경이 펼쳐진다.

마말라호아 고속도로 (Mamalahoa Highway)로 불리는 19번 도로는 카일루아 코나 - 와이콜로아 - 와이메아 - 힐로를 잇는다. 빅 아일랜드 정중앙을 관통하는 도로이며 해변, 용암 지대, 초원 등 여러 가지 풍경을 감상할 수 있다.

11번 **ROUTE** 커피 농장 - 사우스 포인트 - 푸날루우 비치 - 화산국립공원
19번 **ROUTE** 쿠아 베이 비치 - 와이콜로아 - 하푸나 비치 - 와이메아 - 호노카아, 호노무 - 힐로

04 200번 & 240번 도로 Route 200 & 240 빅 아일랜드

새들 로드(Saddle Road)라고도 불리는 200번 도로는 힐로에서 와이메아 근처 190번 도로와 교차점까지 빅 아일랜드 동서를 가로지른다. 후알랄라이 화산과 코할라 화산 지대 전망으로 용암 지대와 초원이 길게 뻗어 있다. 주유소나 마트가 없어 사전 준비가 꼭 필요하며 안개가 짙게 끼는 경우가 잦은 만큼 운전에 유의해야 한다.

240번 도로는 호노카아와 와이피오를 연결한다. 빅 아일랜드에서 유일하게 인터넷 통신이 원활하지 않은 곳이지만, 단일 도로라 이정표를 따라 움직이면 된다.

05 체인 오브 크레이터스 로드 Chain of Craters Road 빅 아일랜드

화산국립공원 내 도로 중 하나로 편도 30km 코스이며 돌아보는 데에만 두 시간이 소요된다. 공원 내 이스트 리프트 존(East Rift Zone)을 따라 분화구, 용암의 흐름 흔적, 암각화 등을 관찰할 수 있는데, 수만 년에 걸쳐 만들어진 극적인 자연 풍경이 보는 이의 시선을 압도한다. 도로 중간중간 라바 동굴, 분화구 전망대, 트레일 코스가 있으며 용암 절벽인 홀레이 씨 아치(Holei Sea Arch)가 종착지이다.

06 로드 투 할레아칼라 Road to Haleakala 마우이

마우이 대표 명소 할레아칼라 정상으로 가는 도로이다. 일출, 일몰이 아니더라도 반드시 둘러보아야 하는 감탄의 드라이브 코스다. 단 도로 내 주유소와 편의시설이 없어 주유와 간식을 미리 준비해야 한다. 매표소에서 정상까지는 몇 곳의 전망대가 있고 길 정비도 잘되어 있지만 일부 구간을 제외하면 가드레일이 없다. 구름이 많은 날에는 안전 운전이 필수이다!

07 로드 투 하나 Road to Hana 마우이

하나 타운으로 향하는 해안 도로로 마우이 대표 드라이브 코스이다. 하와이어로 '하나'는 천국이라는 뜻. 하지만 이 '천국으로 가는 길'이 마냥 순탄하지는 않다. 100km에 달하는 거리, 600여 개의 커브, 46개의 원 레인 브릿지(One Lane Bridge)까지 쉴 새 없이 나타난다. 구불구불한 드라이브 코스에서 열대우림 속 숨겨진 명소를 발견해보자. 비 오는 날은 추천하지 않는다.

08 550번 도로 Route 550

카우아이

와이메아 캐니언을 향해 달리는 서쪽 드라이브 코스이다. 총 길이 23km로 와이메아 캐니언과 코케에 주립공원을 둘러볼 수 있다. 도로가 구불구불하고 가파른 곳이 있지만, 태평양에서 가장 큰 협곡과 폭포를 눈에 담기에 어려울 정도는 아니다. 코스 중간중간에 와이메아 캐니언과 나팔리 코스트를 감상할 수 있는 전망대가 위치한다. 시시각각 변하는 협곡과 나팔리 코스트의 절경을 만끽해보자.

09 520번 도로 Route 520

카우아이

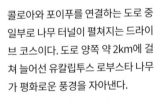

콜로아와 포이푸를 연결하는 도로 중 일부로 나무 터널이 펼쳐지는 드라이브 코스이다. 도로 양쪽 약 2km에 걸쳐 늘어선 유칼립투스 로부스타 나무가 평화로운 풍경을 자아낸다.

하와이 드라이브 제대로 즐기기

안전 속도, 주행 속도

하와이 도로 속도는 Mile(1mile=1.6km)로 표기된다. 35, 40, 60 등 각 도로마다 규정 속도가 조금씩 다르다. 고속도로에서 과속 차량을 쉽게 볼 수 있지만 여행자에게 과속은 절대 금물. 과속 시 경찰에게 적발이 되면 초과된 속도 범위에 따라서 과태료가 부과된다. 30마일 이상 초과할 경우 차량이 압수되거나 법정 출두를 받을 수 있으니 유의하자 (50mile=80km 정도).

하와이 섬별 드라이브 팁

오아후의 주요 드라이브 코스에서는 차량 내 도난이 잦다. 72번 드라이브 코스 내 주요 스폿과 푸우우알라카아 주립공원에서는 특히 주의가 필요하다. 이웃섬의 경우 차량 도난은 흔하지 않지만 차량에 귀중품은 두지 않는 것이 좋다.
섬마다 렌터카 보험 미적용 구간이 있어 해당 구간 주행 중 사고가 나면 보험 처리가 불가능하다. 빅 아일랜드 마우나케아 비지터센터-정상부 구간이 대표적이다. 빅 아일랜드의 경우 장시간, 야간 운전을 하는 경우가 많은데 이럴 경우 일정 시간마다 휴식을 취하는 것이 중요하다. 새들 로드의 경우 로드킬을 당하는 동물이 많으니 주의하자.
마우이의 할레아칼라, 하나 로드에는 커브길이 많다. 이곳에서 주행할 때는 항상 속도를 줄이고 안전하게 운전하는 것이 중요하다.

꼭 기억하자! 주의 사항

· 미국 내에서는 12세 미만 어린이를 차량 내, 호텔 내 혼자 둬서는 절대 안 된다.
· 차량 유턴 시 앞차와 동시에 유턴을 해서는 안 된다.
· 미국은 보행자 우선이다.
· 주행 중 경찰을 만났을 때 절대 먼저 움직이지 말고 핸들 위에 양손을 올리고 기다리자. 경찰이 운전자석으로 다가와서 ID를 보여 달라고 하면, 그때 여권, 국내면허증, 국제면허증을 보여주면 된다.
· 구급차는 무조건 길을 양보해야하며, 스쿨버스가 정차하면 승하차중이니 추월하지 말고 기다리자.

특별하게 즐기는 하와이 캠핑

하와이 여행에 캠핑을 고민하는 여행자를 위해 알짜 캠핑장 정보를 공개한다. 캠핑을 계획했다면, 반드시 사전에 예약해야 한다는 사실을 잊지 말자. 또한 예약증은 꼭 출력해서 소지해야 한다.

① 오아후 주립공원 예약

시티 앤드 카운티(city and country)에서 관리한다. 캠핑은 3/5일, 금-화요일만 가능하며 수-목요일은 예약 및 캠핑이 불가하다. 금요일 오후 5시 선착순으로 예약이 진행되며, 예약 가능한 기간은 2주 후까지만 가능하다. 비용은 하루 기준 $10선, 인원 10명까지 비용이 동일하다. 예약 후 예약증을 캠핑장 관리인에게 보여주면 끝! 단 오아후 서쪽 지역은 홈리스들이 있는 경우가 많아 예약이 가능하더라도 이용하지 않는 것이 좋다.

예약 SITE camping.honolulu.gov

로컬이 추천하는 오아후 주립공원 캠핑장

벨로스 필드 비치 파크
Bellows Field Beach Park

모래가 고와 해수욕으로 인기가 많은 곳으로 캠핑 사이트가 50개나 된다. 바다 쪽은 바람이 많이 불고 현지인들이 밤새 낚싯대를 두기 때문에 숲 쪽으로, 또한 화장실과 너무 멀지 않은 곳으로 예약하는 것이 좋다. 나무 그늘은 많지만 사이트 수에 비해 화장실이 부족한 편이다.

카후아 누이 마카이
Kahua Nui-Makai (Ho'omaluhia)

호오말루히아 보태니컬 가든 내 3개의 캠핑장 중 가장 끝에 위치한다. 캠핑 사이트가 15개 있지만 한적한 편이다. 캠프 파이어를 할 수 있는 '링' 시설이 잘되어 있다는 점, 화장실과 샤워실 모두 깨끗하다는 점이 장점으로 꼽는다. 보태니컬 가든과 마찬가지로 오후 4시면 문을 닫는다.

쿠알로아 A, B 캠핑장
Kualoa A, B Regional Park

현지인들에게 인기가 좋은 캠핑장 중 하나. 바다가 잔잔해 해수욕보다 낚시를 즐기는 사람이 많다. 인근에 마트가 없어 사전 준비를 단단히 해야 하고, B 지역의 경우 나무 그늘이 없어 타프나 케노피가 필요하다. 공원 게이트가 문을 닫는 오후 8시 이후에는 출입이 금지된다.

② 전 섬 예약 가능한 위키 퍼밋 (WIKI PERMIT)

오아후뿐만 아니라 모든 섬의 캠핑장의 예약도 가능하다. 하와이 주에서 관리한다. 한 달 전까지 예약 가능하며, 원하는 날짜가 비어 있다면 하루 이틀 전에도 예약이 가능하다(수-목요일은 예약 및 캠핑 불가). 최대 숙박 일수는 5일이며, 현지인은 하루 기준 $20, 비거주자는 $30이고 10명까지 비용이 동일하다(2세 미만 무료).

예약 SITE camping.ehawaii.gov/camping/welcome.html

로컬이 추천하는 위키 퍼밋 캠핑장

오아후 말라에카하나 주립 휴양지
Malaekahana State Recreation Area

바다가 아름답고 화장실 및 수도시설, 캠프 파이어링 등이 잘 갖춰져 있어 현지인들에게도 인기 만점

이다. 출입구를 닫는 시간이 정해져 있기 때문에 이용 시 시간 확인을 잘 해놓는 것이 좋다.

③ 사설 캠핑장

사설 캠핑장은 각 섬이나 하와이 주에서 관리하는 캠핑장과 달리 일주일 내내 예약이 가능하다. 또한 텐트, 차량 캠핑, 오두막 등 다양한 형태의 시설을 예약 및 이용할 수 있다. 화장실, 수도시설이 되어 있고 출입구에 게이트 비밀번호가 있어 안전한 편이다. 다만 시설물이 낙후되었다는 점을 감안해야 한다. 차량 캠핑을 할 수 있다는 점이 가장 큰 장점으로 꼽히며 비용은 인당 $10이다.

오아후 말라에카하나 비치 캠프 그라운드
Malaekahana Beach Campground

말라에카하나 비치는 하와이에서도 아름다운 비치 중 하나로 꼽힌다. 서핑, 해수욕, 일광욕 모두 즐길 수 있지만 모래가 고운 관계로 스노클링은 불가능하다. 말라에카하나 비치 캠프는 사설과 주립 구역으로 나뉘어 있다.

예약 SITE malaekahana.net

④ 빅 아일랜드 캠핑장

빅 아일랜드 캠핑장은 인당 가격으로 비용 지불이 이뤄진다. 성인, 주니어, 아동 요금으로 세분화되어 있으며, 1박당 거주자와 비거주자에 따라 요금이 다르다. 일부 캠핑장에서는 관리인이 예약증과 함께 거주 여부를 확인할 수 있는 신분증을 체크하는 만큼 예약 시 주의를 기울이는 것이 좋다.

예약 SITE hawaiicounty.ehawaii.gov/camping/welcome.html

로컬이 추천하는 빅 아일랜드 캠핑장

스펜서 비치 파크 Spencer Beach Park

물살이 잔잔해서 언제든 안전하게 즐길 수 있고 화장실 및 샤워시설이 전 섬을 통틀어 손꼽힐 정도로

훌륭하다. 전기가 들어오는 파빌리온이 있다는 점도 장점 중 하나이다.

코하나이키 비치 파크 Kohanaiki Beach Park
현지의 느낌이 물씬 나는 캠핑장으로 코나 공항 인근에 위치한다. 일몰 맛집으로 손꼽히는 곳이지만 야외 샤워장뿐이라 아쉽다.

푸날루우 블랙 샌드 비치
Punalu'u Black Sand Beach
블랙 샌드 비치라는 개성 만점 해변을 품고 있는 캠핑장이다. 잔디밭이 잘 관리되어 있어 텐트 치기에 좋고 파빌리온에 전기가 들어와 편리하다.

⑤ 마우이 캠핑장
다른 섬에 비해 캠핑장 시설이 열악한 편이지만, 시설이 좋은 올루왈루 캠핑장은 노려볼 만하다.

와이아나파나파 스테이트 파크
Wai'anapanapa State Park
하나 로드에 위치한 와이아나파나파 주립공원 내에 위치한 캠핑장이다. 잔디가 넓고 블랙 샌드 비치 등의 자연경관이 훌륭하다. 화장실은 있으나 샤워 시설이 야외 샤워장뿐이고 전기 사용이 불가능하다는 단점이 있다.

올루왈루 캠핑장 Camp Olowalu
글램핑이 가능한 곳으로 텐트, 방갈로 등 여러 형태의 캠핑 시설을 갖추고 있다. 전문 캠핑장으로 화장실 및 샤워실 등의 컨디션이 좋고, 해변도 평화로워 휴식을 취하기 제격이다. 와이파이까지 제공되지만 전기를 사용할 수 없다(무인 충전소 이용 가능).

예약 **SITE** campolowalu.com

⑥ 카우아이 캠핑장
카우아이는 하와이 섬 중에서도 캠핑장이 깨끗한 편이다. 인당(성인/아동) 비용이 발생하며, 거주자와 비거주자에 따라 1박당 비용이 달라진다(리드게이트 캠핑 사이트 제외). 카우아이 카운티 캠프 그라운드 등 하와이 주에서 관리하는 곳과 프라이빗 캠프 그라운드로 나뉘어 있다. 카우아이 카운티 캠프의 경우 인터넷 예약 대신 리후에 시빅 센터(Lihue Civic Center)에서 직접 신청할 수 있다.

예약 **SITE** kauai.gov/Government/Departments-Agencies/Parks/Permitting/Camping

아니니 비치 파크 Anini Beach Park
카우아이 카운티에서 운영하는 사이트로 너른 잔디 공간과 나무 그늘이 마련되어 있다. 화장실, 샤워실, 식수 시설까지 잘 갖추어져 있으나 화장실이 한 곳뿐이고 샤워실이 야외 샤워장이다. 수요일부터 목요일 정오까지는 이용할 수 없다.

솔트 폰드 파크 Salt Pond Park
카우아이 카운티에서 운영하는 사이트로 샤워 시설, 식수, 파빌리온 등의 편의시설을 잘 갖추고 있다. 물살이 잔잔해 물놀이와 스노클링을 즐기기 좋다. 화요일부터 수요일 정오까지는 이용할 수 없다.

YMCA 캠프 그라운드 YMCA Camp Naue
프라이빗 캠핑 사이트 중 하나로, 수도와 전기 모두 사용 가능하며 잔디가 잘 조성되어 있다.

예약 **SITE** ymcaofkauai.org/CampNaue.html
관련 문의 campnaue@yahoo.com

하와이에서 골프 즐기기

하와이 모든 섬에는 좋은 환경을 가진 골프장이 많다. 아름다운 풍경과 함께 국제대회가 펼쳐지는 다양한 골프 코스까지. 다양한 나라에서 하와이를 찾는 골퍼들의 마음을 훔치기 충분하다. 페어웨이, 러프, 벙커 모두 좋은 컨디션을 갖고 있으며 그린은 약간의 차이가 있다.

*하와이 국제대회 골프장
오아후 호아이칼레이 컨트리클럽: 롯데 챔피언십
오아후 와이알레이 컨트리클럽: PGA 소니 오픈 인 하와이
마우이 카팔루아 플랜테이션 클럽: PGA 센트리 토너먼트 오브 챔피언스

골프장 예약하기

골프장은 퍼블릭/프라이빗으로 나눠진다. 최근에는 프라이빗 골프장도 예약 대행해주는 곳들이 늘어나면서, 여행자들도 쉽게 즐길 수 있게 되었다. 골프 클럽을 대여해주는 곳도 있으니 챙겨오지 못했더라도 문제 없다.

공식 홈페이지, 투어 혹은 에이전시를 통한 예약이 아니라면 '골프 나우(GolfNow)' 앱을 이용하자. 아이폰 유저일 경우 앱스토어에서 계정 국가를 '미국'으로 변경하면 핫딜로 좀 더 저렴하게 즐길 수 있다. '하와이 티 타임(Hawaii Tee Times)' 홈페이지를 이용하는 것도 방법이다. 방문할 섬만 선택해도 예약 가능한 골프장 리스트를 확인할 수 있다.

THEME PARK 테마파크

01 호놀룰루 동물원 Honolulu Zoo
오아후

하와이 왕국 시대인 1876년, 하와이 군주의 보조로 설립된 미국 유일의 동물원이다. 코끼리, 사자, 기린, 코뿔소, 홍학 등 총 900여 마리 동물들을 가까운 거리에서 관람할 수 있다. 아이들을 위한 놀이터는 물론 교육 프로그램도 운영해 가족 여행자에게 제격이다. 1-2시간 코스이지만 산책로에 그늘이 많지 않아 한낮은 피하는 것이 좋다. 또한 야간 투어(Twilight Tours)를 원한다면 홈페이지를 통해 미리 신청해야 한다.

ADD 151 Kapahulu Ave, Honolulu, HI 96815 OPEN 10:00-15:00 FARE 13세 이상/3-12세 $21/13 SITE www8.honolulu.gov/des/zoo

02 씨 라이프 파크 하와이 Sea Life Park Hawaii
오아후

1964년 개장한 해양 테마파크다. 전시 공간에서 2천여 마리의 바다 동물을 만날 수 있으며 돌고래, 바다사자, 가오리 등과 교감할 수 있는 프로그램도 갖춰져 있다. 76만 리터의 물탱크가 눈길을 끄는 돌고래 공연장은 돌핀 스윔 프로그램을 체험하려는 가족 여행객들에게 인기이다. 입장권만 끊어서 입장하더라도 체험 프로그램이 다양해서 유익하다.

ADD 41-202 Kalaniana'ole Hwy, Waimanalo Beach, HI 96795 OPEN 10:00-16:00 FARE 일반 $44.99, 밀리터리 어드미션 13세 이상/3-12세 $24.99/19.99 SITE sealifeparkhawaii.com

03 웻 앤 와일드 하와이 Wet 'n' Wild Hawaii 오아후

하와이 유일의 야외 워터파크로 유수 풀, 파도 풀 등 가족이 함께 즐길 수 있는 물놀이 시설을 갖추고 있다. 초등학생 연령의 아이들과 동반한다면 만족할 수 있는 곳이지만 우리나라의 워터파크 환경을 기대하지는 않는 것이 좋다. 또한 외부 음식물 반입이 금지되어 있어 내부 음식점을 이용해야 한다.

ADD 400 Farrington Hwy, Kapolei, HI 96707 OPEN 월-금 10:30-16:00, 토 10:30-20:00, 일 10;30-16:30
FARE 일반/주니어 $64.99/54.99 SITE wetnwildhawaii.com

---

04 마우이 오션 센터 Maui Ocean Center 마우이

1998년 마우이에 오픈한 아쿠아리움이다. 서반구에서 가장 큰 열대 수족관으로 세계에서 가장 많은 산호초를 보유하고 있으며, 하와이 어종, 바다거북 등의 바다 생물을 가까이에서 관찰할 수 있다. 하와이 해역에서 발견되는 해양 생물을 독점적으로 전시하고 있어 더욱 특별하다. 3D 혹등고래 가상체험을 해볼 수 있는 혹등고래 전시실과 수중터널이 이곳의 하이라이트로 꼽힌다. 한국어 오디오 가이드를 제공한다.

ADD 192 Maalaea Rd, Wailuku, HI 96793 OPEN 09:00-17:00 FARE 13-64세/65세 이상/4-12세 $39.95/34.95/26.95
SITE mauioceancenter.com

우쿨렐레 공장 투어

카마카 우쿨렐레 Kamaka Ukulele

1916년에 탄생한 우쿨렐레 브랜드로 하와이 내 우쿨렐레 업체 중 가장 오랜 역사를 자랑한다. 1927년 최초로 파인애플 모양의 우쿨렐레를 제작한 것뿐만 아니라, 세계 최고 품질의 우쿨렐레로 세계 유수의 음악가들의 마음을 사로잡은 것으로도 유명하다. 화-금요일에 무료 가이드 투어가 진행되며 5명 이상 방문을 원한다면 사전에 전화로 예약해야 한다.

ADD 550 South St. Honolulu, HI 96813 OPEN 투어 화-금 10:30(45분-1시간 소요, 예약 전화 1-808-531-3165) SITE kamakahawaii.com

카닐레아 우쿨렐레 Kanilea Ukulele

높은 퀄리티와 풍부한 음색으로 사랑받는 우쿨렐레 브랜드이다. 모든 브랜드 중에 유일하게 악기에 UV 처리를 진행하는데, 그 덕분에 나뭇결의 멋스러움과 부드러움을 한껏 느낄 수 있다. 악기 각인 서비스를 제공한다는 점과 매년 고유한 기능을 갖춘 시즌 모델을 한정 출시하고 있다는 점도 인기 요인으로 꼽힌다. 카네오헤 공장 투어를 원한다면 공식 홈페이지를 통해 사전에 예약해야 한다.

ADD 46-056 Kamehameha Hwy Suite #290, Kaneohe, HI 96744 OPEN 투어 월-금 09:30(1시간 30분 소요) FARE 그룹 투어/VIP 투어 $30/350 SITE kanileaukulele. com

코알로하 우쿨렐레 Koaloha Ukulele

공명이 뛰어나고 음 지속성이 독보적이라는 평가를 받는 브랜드로 세계 12개국에 우쿨렐레를 수출하고 있다. 코아 나무와 소나무로 악기를 제작하며, 공장을 방문하면 작은 흠집이 있는 상품을 20% 할인된 가격으로 구매할 수 있다. 일본계 가족이 경영하는 곳으로, 제작 전 과정을 살펴볼 수 있는 무료 투어는 최소 방문 1일 전에 메일로 예약해야 한다.

ADD 1234 Kona St. 2fl, Honolulu, HI 96814 OPEN 투어 월-금 13:00(예약 메일 sales@koaloha.com) SITE koaloha.com

SHOW

01 폴리네시안 문화센터 하 쇼
Polynesian Cultural Center HA

오아후

하와이 최고의 쇼라고 해도 부족함이 없는 공연으로 폴리네시안 문화센터의 하이라이트로 꼽힌다. 'HA: Breath of Life'이라는 제목 아래 한 아이의 성장기를 폴리네시안 문화와 함께 녹여낸다. 출연자의 90%가 브리검 영 대학교의 학생으로 철저하고 혹독한 연습 과정을 거쳐 완벽한 무대를 선보인다. 공연 중 펼쳐지는 불 쇼가 또 하나의 하이라이트! 하 쇼가 포함된 패키지 티켓을 구입하면 공연을 관람할 수 있다.

ADD 55-370 Kamehameha Hwy, Laie, HI 96762 OPEN 12:30-21:00 FARE 성인/아동 $119.95/95.96 SITE polynesia.com/ha-show

02 락 어 훌라 Rock-A-Hula

오아후

라스베이거스에서 오랫동안 사랑받아온 '레전드 인 콘서트(Legend in Conert)'의 하와이 버전 디너 쇼이다. 다양한 뷔페식을 맛보며 훌라 공연, 폴리네시안 불 쇼, 락스타 패러디 공연을 즐길 수 있다. 100% 라이브로 진행되는 공연으로 시대를 수놓은 슈퍼스타를 다시금 만날 수 있다. 외모는 물론 실력, 매너까지 꼭 닮은 배우들의 뜨겁고 감동적인 무대를 즐겨보자.

ADD OPEN 17:00-21:00 FARE 오리지널 성인/아동 $137/82, VIP $174/105, 그린 룸 $227/136 SITE rockahulahawaii.com

LUAU

❶ 파라다이스 코브 루아우
Paradise Cove Luau　오아후

오아후 최대의 규모를 자랑하는 루아우로 코올리나 지역에서 진행된다. 하와이 훌라 및 루아우 대회에서 수상한 유수의 댄서들이 출연해 흥을 돋운다

ADD 92-1089 Aliinui Dr, Kapolei, HI 96707
OPEN 17:00-21:00 FARE 하와이안 루아우 패키지
성인/13-20세/4-12세 $140/115/100, 오키드 루아우
패키지 $165/150/120, 디럭스 루아우 패키지
$230/200/175 SITE paradisecove.com

❷ 테 아우 모아나
Te Au Moana　마우이

마우이 와일레아 지역, 메리어트 호텔에서 진행되는 루아우이다. 바다를 횡단해 섬을 발견한 폴리네시아인들을 향한 존경을 담은 이야기로 공연을 구성했다.

ADD 3700 Wailea Alanui Dr, Wailea, HI 96753
OPEN 월, 목-토 16:30-20:00 FARE 스탠더드
13세 이상/6-12세/5세 이하 $265/82.50/무료,
프리미엄 $295/190/무료 SITE teaumoana.com

❸ 치프스 루아우
Chief's Luau　오아후

오아후 웻 앤 와일드에서 진행되는 루아우이다. 세계적으로 유명한 폴리네시안 엔터테이너 치프 시엘루(Sielu)와 함께하는 공연으로 오아후에서 가장 인기가 많다. 공연을 이끄는 치프 시엘루는 하와이 최초의 세계 파이어 나이프(Fire Knife) 대회에서 우승한 불 쇼의 대가로, <오프라 윈프리 쇼> 등 다수의 방송에도 출연한 유명 인사이다.

ADD 400 Farrington Hwy, Kapolei, HI 96707
OPEN 수-월 17:00-21:00 FARE 알로하 성인/13-20세/
5-12세 $135/110/95, 파라다이스 $170/150/120,
로열 $215/180/170 SITE chiefsluauhawaii.com

OH! MY TIP
루아우 공연장은 95%가 실외(바다 앞)이고 공연 시간도 저녁인 만큼 얇은 카디건을 챙기는 것이 좋다. 도착 후 환영 칵테일, 문화 체험 등을 즐긴 후 뷔페 형식으로 정찬 식사가 진행된다. 식사 후 공연과 불 쇼가 열린다.

CRUISE

01 스타 오브 호놀룰루 Star of Honolulu

[오아후]

1,500명을 수용할 수 있는 하와이 최대 규모의 크루즈
이다. 식사 종류에 따라 1-3-5스타로 나눠지는데 우리나
라 관광객은 3스타를 선호하는 편이다. 5스타에서는 수
석 셰프의 추천 메뉴로 구성된 7가지 코스가 제공된다.
선셋 타임, 식사, 공연으로 이어지며 2시간 30분-3시간
가량 소요된다. 부담 없이 즐기려면 1, 3스타 코스, 분위
기를 챙기고자 한다면 5스타를 선택하자.

ADD Aloha Tower Marketplace, Pier 8, 1 Aloha Tower Dr, Honolulu, HI 96813 OPEN 17:30-20:30 FARE 1스타(캐
주얼) 성인/아동 $141/85, 3스타(디럭스) $184/110, 5스타(시그니처) $225/135 SITE starofhonolulu.com

02 마제스틱 바이 아틀란티스 크루즈
Majestic by Altantis Cruise

[오아후]

선셋 칵테일 크루즈, 금요일 불꽃놀이 & 칵테일 크루즈, 고
래 관찰 크루즈를 운영한다. 일몰과 아름다운 전망을 함께
즐길 수 있는 프로그램으로 칵테일을 곁들이며 가볍게 즐
기기 좋은 크루즈이다. 1시간 30분가량 소요된다.

ADD 301 Aloha Tower Drive, Pier 6, Honolulu, HI 96813
OPEN 2-9월 18:00-19:30, 9-2월 17:15-18:45 FARE 13세 이상/3-
12세 $79/39.50 SITE majestichawaii.com

03 카타마란 선셋 세일링 Catamaran Sunset Sailing

[오아후]

와이키키에서 출발하는 선셋 세일링 투어다. 간단한
칵테일 및 음료가 제공되며 다이아몬드 헤드 인근까
지 투어 후 일몰과 함께 복귀한다. 소요 시간은 2시간,
픽업 서비스는 제공되지 않는다.

ADD 2255 Kalākaua Ave, Honolulu, HI 96815 OPEN 월-
목, 토-일 9:00-17:30 금 9:00-19:30 FARE 13세 이상/3-12세
$79/40 SITE maitaicatamaran.net

OH! MY HAWAII _ 149

04 알리이 누이 세일링 Alii Nui Sailing 마우이

선셋 디너 세일링, 고래 관찰, 스노클링 프로그램을 운영하며 마우이 마알라에아 항구에서 출발한다. 프로그램마다 시간은 상이하며 선셋 디너 세일링은 성인 전용 프로그램이다.

ADD 300 Maalaea Rd Slip 56, Wailuku, HI 96793
OPEN 17:00-19:30 **FARE** $226 **SITE** aliinuimaui.com

---

05 태평양 고래재단 크루즈 Pacific Whale Foundation Cruise 마우이

마우이에서 진행되는 크루즈 프로그램으로 라하이나 항구에서 출발한다. 디너 크루즈의 경우 4코스로 진행되는데 해산물 요리가 특히 훌륭하다. 2021년 하와이 매거진 선정, 마우이 1위 디너 & 선셋 크루즈로 선정되기도 했다. 디너 크루즈 외에도 고래 관찰, 스노클 크루즈 프로그램을 운영한다.

ADD 612 Front St, Lahaina, HI 96761
OPEN 17:00-18:00 **FARE** 13세 이상/3-12세 $188/125 **SITE** pacwhale.com

---

06 스타 나팔리 디너 선셋 세일
Star Na Pali Dinner Sunset Sail 카우아이

카우아이에서 진행되는 디너 크루즈로 일몰 시간에 디너와 함께 나팔리 코스트를 돌아보는 프로그램이다. 미국 최고의 해안으로 선정된 나팔리 코스트를 바다 한가운데에서 품을 수 있는 로맨틱한 코스로 캡틴 앤디스 세일링 어드벤처(Capt. Andy's Sailing Adventures)의 프로그램이 대표적이다. 총 4시간 소요된다. 이외에도 스노클링을 즐길 수 있는 피크닉 프로그램도 운영한다.

ADD 4353 Waialo Rd #1a, Eleele, HI 96705 미국 **OPEN** 월-일 6:30-15:00 **FARE** 성인/아동 $245/205 **SITE** napali.com

여행 중 즐기는 스파 & 마사지

모아나 라니 스파 Moana Lani Spa

모아나 서프라이더에서 선보이는 오션 프런트 스파이다. 하와이식 스파와 전통 로미로미, 워터 테라피를 비롯해 아로마 마사지 등 특별 프로그램을 제공한다.

ADD 2365 Kalakaua Ave, Honolulu, HI 96815
TEL 808- 237-2535 OPEN 9:00-18:00
SITE moanalanispa.com

카할라 스파 The Kahala SPA

왕족의 병을 고치기 위해 사용했던 재료와 요법을 재현하는 마사지, 로미로미, 명상을 통한 치유 등 다양한 프로그램을 제공한다. 미국 최고의 스파로 선정되었을 만큼 하와이는 물론 미국 본토 내에서도 유명하다.

ADD 5000 Kahala Ave, Honolulu, HI 96816 TEL 808-739-8938 OPEN 9:00-17:00 SITE kahalaresort.com

라니와이 스파 앳 아울라니
Laniwai Spa at Aulani

하와이어로 '신선한 물의 천국'이라는 뜻의 이름만큼이나 다양한 스파 프로그램을 선보인다. 시그니처인 로미로미, 코코넛 오일과 따스한 물을 활용한 스파, 가족 스파 등을 선택할 수 있다.

ADD 92 Aliinui Dr, Kapolei, HI 96707 TEL 808-443-4763 OPEN 10:00-18:00 SITE disneyaulani.com

나우파카 스파 앤 웰니스
Naupaka Spa & Wellness

고대 하와이 치유 전통에서 영감을 받아 만든 혁신적이고 고급스런 스파 프로그램을 제공한다. 부위별 프로그램, 훌라 댄스 스텝에서 착안한 프로그램 등 이색적인 스파와 아동 전문 테라피를 선보인다.

ADD 92-1001 Olani St, Kapolei, HI 96707 TEL 808-679-0079 OPEN 8:00-18:30 SITE fourseasons.com

하와이 키즈 프로그램

투숙객 전용 키즈 프로그램

앤티스 비치 하우스
AUNTY'S BEACH HOUSE

디즈니 아울라니 리조트의 키즈 클럽에서는 3-12세 대상의 프로그램을 운영하고 있다. 유·무료 프로그램 모두 인기가 많으며, 일부 프로그램은 조기 매진되기도 한다. 방문 이틀 전까지 홈페이지를 통해 사전 신청해야 한다.

SITE disneyaulani.com/activities/auntys-beach-house

몽키팟 키즈 클럽
Monkeypod Kids Club

알로힐라니 리조트에서 운영하는 키즈 프로그램이다(5-12세). 실내 및 야외 체험 프로그램으로 구성되며 놀이, 게임 등을 통해 하와이 문화와 역사에 대해 이해하는 시간을 가진다. 알로힐라니 리조트 1층 대형 수족관에서는 먹이 주기 등의 다양한 이벤트가 열린다.

케이키 클럽
KEIKI CLUB

카할라 호텔에서 진행하는 키즈 프로그램으로 종일, 오후 프로그램으로 나뉘어 있다. 문화 체험을 비롯해 호텔 주방을 투어할 수 있는 프로그램도 있다. 5-12세 대상이다.

키즈 포 올 시즌스
KIDS FOR ALL SEASONS

포시즌스 리조트 라나이에서 운영하는 키즈 프로그램이다(5-12세). 테니스, 요가 강습 등 다양한 야외 프로그램이 갖춰져 있어 선택의 폭이 넓다.

SITE fourseasons.com/lanai/activities/kids

OH! MY TIP

방문 전에 알아두세요!
이웃섬 중 키즈 프로그램을 운영하는 호텔은 빅 아
일랜드 페어몬드 오키드(Fairmont Orchid), 마우
이 그랜드 와일레아(Grand Wailea), 카우아이 그랜
드 하얏트 카우아이(Grand Hyatt Kauai) 가 있다.

누구나 이용 가능한 키즈 클럽

하와이 케이키 와이키키
HAWAI'I KEIKI WAIKIKI

쉐라톤 와이키키에 위치한 키즈 클럽이다. 호텔이
아닌 일본 기업 '포핀스'에서 운영하는 시설로 투
숙객이 아니더라도 이용할 수 있다. 하와이 문화 체
험, 비치 체험 등을 포함한 야외 활동 프로그램이 갖
춰져 있다. 3-12세 대상이며, 시간제 혹은 데이 프
로그램으로 구성돼 있다. 방문을 원한다면 홈페이
지에서 사전에 예약해야 한다.

SITE poppins.co.jp/educare/english/hawaii

OH! MY TIP

부모를 위한? 아이를 위한! 키즈 카페

키즈 시티 어드벤처 Kids City Adventure
우리나라 스타일의 키즈 카페라 생각하면 된다. 실내 놀이터로 1층은 5세 이하, 2층은 모든 연령이 함께 즐길 수
있도록 구성되어 있다. 다양한 시설을 잘 갖추고 있어 아이들에게 인기가 많다. 보호자는 반드시 양말을 착용해
야 한다.
SITE kidscityhawaii.com

케이키 킹덤 Keiki Kingdom
하와이에서 가장 큰 규모의 실내 키즈 클럽으로, 아동보다는 초등학생 이상이 즐기기에 적당하다. 방문 시 보호자
와 아동 모두 전용 양말을 구매, 착용해야 한다($3). 내부 조명이 밝고 관리도 깨끗하게 되어 있다.
SITE www.keikikingdom.com

칠드런 디스커버리 센터 Children's Discovery Center
하와이의 직업 및 문화를 체험할 수 있도록 꾸며둔 체험 센터이다. 규모가 아기자기한 편이라 초등학교 저학년까지 재
미있게 즐길 수 있는 곳이다. 평일은 오후 1시, 주말은 오후 3시까지만 운영하니 방문 전 시간을 잘 확인하자.

오아후 여행하기

오아후 드론 영상

오아후의 7가지 매력

01
태평양의 낙원,
전 세계인의 휴양지

02
과거와 현재가
만들어낸 조화

03
천혜의 자연이 가진
경이로움

04
누구와 언제라도
무궁무진한 즐거움

06
동서양 문화가
공존하는 다채로움

05
전 세계인이 사랑하는
알로하 스피릿

07
휴양, 쇼핑,
관광을 한번에!

ARRIVE AT HAWAII

인천-하와이 이동하기

인천-하와이 비행 시간은 8시간으로 인천에서 저녁에 출발하면, 호놀룰루에는 오전 시간에 도착한다. 호놀룰루-인천은 9-10시간 소요되며 호놀룰루에서 오전-점심에 출발해 인천에는 저녁 시간에 도착한다.

호놀룰루 국제공항 Honolulu International Airport

공식 명칭은 대니얼 K. 이노우에 국제공항(Daniel K. Inouye International Airport)으로, 미국 공군 기지로도 사용 중이다. 호놀룰루 시내에서 남서쪽으로 약 8km 거리로 와이키키에서 20분 가량 소요된다. 터미널은 터미널 1(Interisland terminal, 하와이안 항공)과 터미널 2(Overseas terminal, 대한항공, 아시아나 항공, 사우스웨스트 항공 등 외항사)로 나뉘며, 두 터미널 간 거리는 도보 5분 이내다. 인천-호놀룰루 비행 시 '터미널 2'로 도착하며, 호놀룰루-인천 비행 시 하와이안 항공은 '터미널 1', 대한항공과 아시아나항공 등은 '터미널 2'에서 수속을 진행한다. 탑승 시간 3시간 전부터 항공사 카운터가 열린다.

입국 절차

① 입국 심사대 이동

이미그레이션(Immigration) 이정표를 따라 이동한다. 이용하는 항공사에 따라 다르지만 일부 항공사는 공항 내 셔틀을 이용하기도 한다. 직원 안내에 따라 줄을 서고, 입국 심사를 받으면 된다. MPC(Mobile Passport Control)를 이용하면 입국 심사를 간소화할 수 있다(앱 다운로드 후 정보 입력-호놀룰루 공항 도착 후 앱 실행 'Yes, Sumit Now' 클릭해서 제출-셀카 촬영 및 전송-안내되는 창구 번호로 이동-입국 심사).

② 입국 심사

몇 가지 질문과 지문 등록 과정을 거친다. 심사관이 여행 목적, 기간, 머무르는 장소, 방문하는 섬, 농수산물 (대추, 밤 등) 소지 여부 등에 대해 질문한다. 이때 항공기 E-티켓, 숙소 바우처를 소지하는 것이 좋다. 입국 심사에는 대기 시간 포함 최소 30분에서 1시간가량 소요되며, 성수기에는 더 길어질 수 있다.

③ 수하물 찾기

입국 심사(2층) 후 1층 수하물 찾는 곳(Baggage Claim)으로 내려온다. 이용한 항공사에 따라 해당 벨트에서 수하물을 찾으면 된다.

④ 세관 검사

세관 검사는 모든 입국자가 대상이지만 모두의 가방을 확인하는 건 아니다. 세관 검사를 받게 되면 가방을 열어서 보여주면 된다. 이때 입국 금지 물품은 압수된다. 가장 대표적인 것이 라면! 반입 금지 품목인 육류, 해물 또는 육가공품이 포함되면 적발된다.

⑤ 하와이 도착

세관 검사를 지나 나오는 출구는 1번 출구와 2번 출구다. 여행사 상품을 예약했다면 1번 출구, 렌터카 셔틀 · 택시 탑승, 이웃섬으로 이동하기 위해 수하물을 재위탁할 예정이라면 2번 출구를 이용하자.

WAY TO CITY

공항에서 이동하기

공항-시내 이동하기

호놀룰루 국제공항에서 와이키키 호텔 지역까지 거리는 평균 12km이다. 렌터카 및 프라이빗 셔틀, 우버, 택시 이용 시 20분, 더 버스 이용 시 50분 가량 소요된다.

공항 셔틀버스 Airport Shuttle Bus

로버츠 하와이(Roberts Hawaii)에서 운영한다. 탑승객의 호텔 위치에 따라 순차적으로 이동하며, 와이키키 지역뿐만 아니라 카할라 리조트, 코올리나 리조트 등으로도 이동할 수 있다. 수하물은 인당 2개까지 가능하다. 4세 미만 어린이의 경우 보호자 무릎에 안전하게 앉을 수 있다면 무료, 좌석이 필요하다면 일반 요금이 적용된다. 카시트는 추가 비용 없이 이용할 수 있다. 왕복 예약 시 10% 할인이 적용되며 홈페이지를 통해 예약하거나 현장 접수도 가능하다. 탑승 장소는 터미널 2 Baggage Claim 16-17 앞, 터미널 1 Baggage Claim 9-11 옆이다. 탑승 장소에 현장 직원이 있거나, Baggage Claim 쪽에 창구가 있다.

FARE 와이키키 기준 왕복 $46 -편도 $23 TEL 808-439-8800 SITE airportshuttlehawaii.com

더 버스 The Bus

호놀룰루 공영 버스이다. 와이키키 시내까지 약 50분가량 소요된다. 배차 시간은 30분. 20번 버스를 탑승하면 알라모아나, 와이키키 호텔 지역을 거쳐 다이아몬드 헤드 인근까지 운행한다. 거스름돈이 준비되어 있지 않기 때문에 탑승 시 요금에 맞춰 준비한 현금을 내야 한다. 정류장 위치는 터미널 2, 2층 로비(Lobby) 4, 로비 7 앞 횡단보도 건너편이다. 양방향 승하차 정류장이 동일하므로 '와이키키 방향(TO WAIKIKI)' 표시를 확인하자. 규정상 캐리어를 들고 탑승 불가하다.

버스 노선별 시간표
20번 버스 와이키키 행 첫차 4:58 막차 1:25 / 공항 행 첫차 4:53 막차 12:09 (평일 기준) FARE 편도 요금 $3(150분 내 환승 포함), 1일권 $7.5, 7일권 $30, 한 달 정기권 $80 SITE www.thebus.org | 홀로 카드 SITE www.holocard.net

렌터카 Rent a Car

모든 렌터카 업체는 공항 내 '렌터카 통합센터'에 입점해 있다. 렌터카 이용 시 예약 바우처, 예약자 명의의 신용카드, 국내·국제운전면허증이 반드시 필요하다. 공항 지점에서 렌터카 픽업을 예약했다면, 렌터카 셔틀을 탑승하자. 셔틀 탑승 시 2-3분, 도보 이용 시 8-10분가량 소요된다. 터미널 2 렌터카 셔틀 탑승 구역은 Baggage Claim 18-19, 터미널 1 렌터카 셔틀 탑승 구역은 Baggage Claim 8-9 사이이다.

택시 Taxi

전담 직원이 차례대로 탑승을 도와준다. 투숙할 호텔이나 목적지를 이야기하면 된다. 택시 탑승 구역은 터미널 2, Baggage Claim 16-17 및 22-26 / 터미널 1, Baggage Claim 6-8 사이다. 하차 시 요금의 15%를 팁으로 추가해 지불한다.

FARE 와이키키 $50-, 코올리나 $80-, 노스쇼어 $100-

우버 & 리프트 Uber & Lyft

차량 공유 서비스 이용도 가능하다. 다만 탑승 구역이 지정되어 있으니 탑승 시에는 해당 장소에서 대기해야 한다. 터미널 2, 로비 5, 8 / 터미널 1, 로비 2 앞에 'RIDE SHARE' 표지판이 있다.

픽업 & 샌딩 서비스 Pick Up & Sending Service

한인 여행사 및 한인 택시의 픽업·샌딩 서비스도 활용해볼 만하다. 업체마다 픽업 지역이 다른데, 보통 1번 출구에서 대기하거나 미팅 지역인 'Pre-Arranged' 번호(1-5번)를 사전에 공유한다. 미리 예약하지 못했다면 '다니다' 어플리케이션을 이용해보자. 앱에서 언어를 '한국어'로 설정하면 한국어가 가능한 기사가 배정된다.

주내선 터미널로 이동하기

① 수하물 연결

사우스웨스트 항공 : 수하물을 찾은 후, 같은 건물인 터미널 2(Overseas Terminal) 2층 로비(Lobby) 7에 위치한 사우스웨스트 항공 창구로 이동해 수속을 진행하면 된다. 수하물은 1인당 2개까지 무료.

하와이안 항공 : 우리나라에서 어떤 항공편을 이용하든 반드시 최종 목적지까지 수하물 태그를 하는 것이 중요하다(입국 수속 시 항공사 직원이 최종 목적지가 어디인지 물어보지만, 먼저 이야기하는 게 좋다). 최종 목적지까지 수하물 태그를 했다면, 수하물을 찾은 후 2번 출구 앞, 트랜짓 카운터(Transit Counter)로 가자. 한국어로 '이웃섬 수하물 접수'라고 표기되어 있다. 직원에게 수하물에 부착된 태그를 보여주면 된다. 이때 면세에서 쇼핑한 물품 중 액체가 있다면 모두 수하물로 부쳐야 한다는 점을 명심하자.

② 터미널 이동

수하물 재위탁을 마쳤다면 '터미널 1(Interisland Terminal)'로 이동한다. 1층 역시 수하물 찾는 곳(Baggage Claim)에 도착하면 엘리베이터나 에스컬레이터를 이용해 2층으로 올라가서 보안 검색대 통과 후 탑승 게이트로 이동하면 된다. 보안 검색대 이용 시 'All Gate' 창구를 이용하자. 보안 검색 패스트 트랙인 'Tsa Pre', 'Global Entry'를 이용하려면 별도의 자격이 필요하다.

OAHU TRANSPORTATION

대중교통 이용하기

여행자들이 오아후 여행에서 가장 많이 이용하는 교통수단은 렌터카다. 하지만 와이키키 시내와 주요 여행지에서는 대중교통을 이용하는 것도 가능하다. 와이키키의 교통 체증과 주차 공간 부족 문제를 고려한다면 일부 일정은 대중교통과 우버, 픽업 서비스를 제공하는 액티비티 이용도 대안이 될 수 있다.

와이키키 트롤리 Waikiki Trolley

와이키키와 인근 주변 관광지를 돌아볼 수 있는 버스이다. 투어용 버스로 4개 라인(레드, 그린, 핑크, 블루)을 운영한다. 'Trolley Stop' 표지판이 있는 정거장에서 자유롭게 승하차할 수 있으며 트롤리 앞쪽에 색깔이 표시되어 있다. 한 노선당 평균 60-90분 소요되며 배차 시간이 정해져 있다.

레드(RED) : 역사를 중심으로 한 다운타운 코스
그린(GREEN) : 와이키키 인근 로컬들이 즐겨 찾는 현지 맛집 코스
핑크(PINK) : 와이키키-알라모아나 센터 코스
블루(BLUE) : 72번 도로 중 씨 라이프 파크까지 다녀오는 코스트 라인 코스

OH! MY TIP

트롤리 티켓 구입하기

공식 홈페이지 또는 현장에서 구매할 수 있다. 티켓 종류는 1일 1라인 패스, 원데이 올라인 패스, 4일 올라인 패스, 7일 올라인 패스로 나뉜다.

SITE waikikitrolley.com

현장 구매: 와이키키 쇼핑 플라자 메인 로비(8:00-17:00)

종류	이용 가능 라인	요금 *성인/아동	이용 기간 및 횟수
1-Day 1-Line Passes	1개	$30/20	하루 1개 노선 무제한
1-Day ALL-Line Passes	4개	$55/30	하루 모든 노선 (다음 날까지 사용 가능)
4-Day ALL-Line Passes	4개	$65/40	7일 이내 4일 사용(비연속 가능)
7-Day ALL-Line Passes	4개	$75/50	10일 이내 7일 사용(비연속 가능)

* 성인 12세 이상 / 아동 3-11세(2세 미만 무료)

더 버스 The Bus

오아후의 대표 대중교통 수단이다. 100여 개의 노선이 섬 대부분 지역을 이동한다. 다만 배차 간격이 노선에 따라 다르고 긴 시간이 소요되는 노선도 있어 단기 여행자에게는 추천하지 않는다. 정류장은 스트리트(St.) 이름으로 확인해야 한다. 탑승 전 반드시 노선을 확인하고, 버스가 정류장에 도착하면 손을 들어 탑승 의사를 밝힌다. 앞문으로 승차하고, 정확한 요금을 현금으로 지불한다(거스름돈이 준비되어 있지 않음). 일부 버스는 벨 대신 버스 창문 옆에 달린 노란색 줄을  당겨 하차하는 시스템으로 운영될 수 있다.

더 버스를 이용하거나 버스 여행을 계획한다면 홀로(HOLO) 카드를 발급받자. 충전식 교통카드로 첫 구매 후 앱으로 충전이 가능하며 어린이 및 청소년은 할인도 받을 수 있다. 성인 원데이 패스는 ABC 스토어, 성인·어린이·노인의 경우 7일권 및 한 달 정기권은 세븐일레븐, 푸드랜드에서만 구매할 수 있다(카드 발급비 $2).

FARE 편도 요금 3$(150분 내 환승 포함), 1일권 $7.5, 7일권 $30, 한 달 정기권 $80
SITE www.thebus.org
홀로 카드 SITE www.holocard.net

OH! MY TIP

다버스(DABUS) 앱

더 버스의 실시간 정보를 제공하는 앱이다. 버스 노선 확인, 가까운 버스 정류장 정보, 도착 예상 시간 등을 알 수 있다.

택시 Taxi

와이키키에서 가장 편리한 대중교통이다. 대부분의 호
텔 앞에 택시가 대기하고 있다. 콜택시 시스템으로 도
로 곳곳에 비치된 택시 전용 전화기(The Cab)를 통해
요청하면 된다. 이용 시 별도로 위치 설명을 하지 않아
도 된다. 한인 택시 업체도 다양하며, 카카오톡으로 예
약과 이용이 가능하다.

FARE $4.30(최초 1/8마일, 45초당 0.56$ 추가), 작은 수하물
$0.75, 무게 36kg, 길이 120m 이상 무거운 짐 1개당 $6
한인 택시 TEL 코아택시 808-944-0000, 하나택시 808-955-
2255

자전거 Bike

2017년 5월부터 공유 자전거 시스템이 도입되어 와이
키키 및 오아후 일대 130여 개 장소에 자전거 보관소가
설치되었다. 어디서든 픽업과 반납이 가능하고 요금제
도 다양하다. 어플리케이션을 통해 어렵지 않게 이용
할 수 있어 더욱 좋다. 단 자전거 도로가 없는 곳이 있
으니 안전 운행은 필수다.
사용 시 보증금 $50이 함께 결제되지만 반납 시 돌려

받는다. 자전거에는 자물쇠가 없으므로 관광지에서 무
방비 상태로 세워두면 분실할 수 있다. 도난 및 분실 시
벌금은 $1,200이다. 반납은 보관소 거치대에 자전거를 밀어넣으면 된다(초록색 불 확인). 16세 이상 이용
가능하며 신용카드로 결제해야 한다.

FARE 1회 $4.50(최대 30분 이용 가능, 초과 시 30분당 $5 추가), 한 달권 $25 SITE gobiki.org

OH! MY TIP

자전거 이용하기 순서
①자전거 대수 선택 ②시간 선택 ③약관 동의 ④카드 삽입 ⑤연락처 입력(한국 번호 가능) - ⑥우편번호 입력(하와
이, 한국 모두 가능) ⑦비용 확인 후 이용 동의 ⑧영수증 인쇄 ⑨원하는 자전거의 왼쪽 버튼에 영수증에 인쇄된 번
호 입력 ⑩자전거에 녹색 불이 들어오면 힘껏 당기기

OAHU
BEST COURSE

오아후 5박 7일 추천 코스

액티비티 없이 오아후 주요 명소를 보는 일정

DAY 1

12:00 호놀룰루 국제공항 도착, 렌터카 픽업
— 렌터카 20분 → 13:30 월마트, 코스트코 등에서
장보기 — 렌터카 20분 → 15:00 숙소 체크인 →

16:00 수영장 등에서 휴식 → 18:30 와이키키
산책과 선셋 감상, 저녁식사 → 20:30 숙소
복귀

*체크인은 대부분 오후 3시부터 가능하지만, 객실 준비 상황
에 따라 얼리 체크인도 가능하다.
*와이키키 시내에서 렌터카를 픽업하는 경우, 호놀룰루 공
항-와이키키는 이동은 택시, 우버, 한인 셔틀 등을 이용하
자. 비용은 2024년 8월 기준 택시 $50(팁 별도)부터 우버
$30부터, 한인 셔틀 $16(업체별 상이)이다.

DAY 2

8:00 아일랜드 빈티지 커피, 헤븐리 아일랜드
스타일 등에서 아침식사 — 렌터카 15분 → 10:00
다이아몬드 헤드 트레일 — 렌터카 15분 → 12:30 숙소
복귀 → 13:00 포케 바, 마구로 스폿 등에서
점심식사 → 14:00 와이키키 비치 즐기기
— 도보 10분 → 17:00 와이키키 선셋 세일링
19:30 와이키키 내에서 저녁식사

*시차 적응을 위해 느긋한 일정을 추천한다.

*다이아몬드 헤드 트레일-와이키키는 차량으로 10분 거리
다. 우버, 더 버스, 트롤리 이용도 가능하다.

DAY 3

7:30 무스비 구매 — 렌터카 25분 → 8:00 레오나즈
베이커리(카이)에서 말라사다 구매 — 렌터카 3분 →
8:15 카이 전망대(한국 지도 마을) — 렌터카 2분 →
8:30 하나우마 베이에서 스노클링 — 렌터카 10분 →
11:40 라나이 전망대 — 렌터카 5분 → 11:50
할로나 블로홀 전망대 — 렌터카 3분 → 12:00 샌디
비치 파크 — 렌터카 2분 → 12:10 코코 크레이터
보태니컬 가든 — 렌터카 6분 → 12:30 마카푸우
전망대 — 렌터카 85분 → 12:50 와이마날로 비치
— 렌터카 1분 → 13:00 칼라파와이 카페 & 델리(
와이마날로), 오노 스테이크 앤드 쉬림프 쉑에서
점심식사 — 렌터카 20분 → 14:30 카일루아 비치
— 렌터카 7분 → 16:00 라니카이 필박스 하이크
— 렌터카 2분 → 17:00 라니카이 비치 — 렌터카 20분 →
18:00 누우아누 팔리 전망대 — 렌터카 15분 → 19:00
숙소 도착 — 도보 이동 → 19:30 파이아 피시 마켓(
와이키키), 마루가메 우동에서 저녁식사

*일정 중간에 렌터카를 이용하는 경우 3일차에 와이키키 시
내 픽업을 추천한다.
*하나우마 베이는 매주 월, 화요일에 휴무이다. 방문 이틀 전
오전 7시(하와이 현지 시간 기준)부터 예약할 수 있으며 방
문 시 예약자 신분증을 소지해야 한다.

DAY 4

8:00 구피 카페, 알로하 키친 등에서 아침식사
렌터카 60분
━━━> 10:00 그린 월드 커피 팜
렌터카 3분
━━━> 10:30 돌 플랜테이션 ━렌터카 10분━>
11:30 파타고니아(할레이바) ━렌터카 2분━> 11:50
쿠아아이나 샌드위치 숍 ━렌터카 3분━> 12:40
마츠모토 셰이브 아이스(할레이바), 아오키
셰이브 아이스 ━렌터카 6분━> 13:20 라니아케아
비치 ━렌터카 8분━> 13:40 와이메아 베이 비치
또는 샥스 코브 ━렌터카 12분━> 15:00 선셋 비치
파크 ━렌터카 12분━> 16:00 지오반니 쉬림프 트럭
렌터카 9분
━━━> 16:40 레이 포인트 스테이트
위이사이드 ━렌터카 60분━> 17:50 푸우 우알라카아
주립공원 뷰 포인트 ━렌터카 10분━> 18:30 숙소 도착
도보 이동
━━━> 19:10 울프강 스테이크 하우스,
루스 크리스 스테이크 하우스, 알로하 스테이크
하우스에서 저녁식사

*라이에 포인트부터 역순도 가능하다. 여유가 없다면, 83번
도로 드라이브 시 와이켈레 아웃렛 쇼핑 일정을 추가하자.
*스테이크 하우스를 비롯한 음식점은 방문 전에 예약하는
것이 좋다.

DAY 5

8:00 아침식사 ━렌터카 50분━> 10:00 와이켈레
아웃렛에서 쇼핑 및 점심식사 ━렌터카 20분━> 14:00
코올리나 라군(4 울루아 라군) ━렌터카 40분━> 17:30
니코스 피어 38에서 저녁식사 ━렌터카 15분━> 19:00
월마트에서 기념품 쇼핑 ━렌터카 12분━> 20:30 숙소
복귀

오아후 6박 8일 추천 코스

오아후의 주요 일정과 인기 액티비티를 즐기는 일정

DAY 1

12:00 호놀룰루 국제공항 도착 ━셔틀, 택시, 우버 3분━>
13:00 숙소 얼리 체크인 ━━> 14:30 호텔 수영장
이용 ━━> 16:00 호텔 입실 및 휴식 ━━> 18:30
와이키키 내 산책 및 선셋 감상 ━━> 19:00
저녁식사 ━━> 20:30 숙소 복귀

*얼리 체크인은 호텔 사정에 따라 가능하지 않을 수 있다.
체크인하지 못하더라도 짐을 맡기고 수영장을 먼저 이용
할 수도 있다.

DAY 2

8:00 ABC 스토어, 이야스메 무스비에서 아침식사
우버, 트롤리 10분
━━━> 9:30 다이아몬드 헤드 트레일
도보 8분
━━━> 11:30 알로하 카페 파인애플에서
점심식사 ━우버, 트롤리 10분━> 13:00 호텔 ━━>
13:30 와이키키 내 쿠히오 비치 즐기기 또는 서핑
레슨 ━━> 17:00 포케 바, 마구로 스폿 등에서
저녁식사 ━도보 이동━> 18:00 와이키키 산책
및 선셋 감상 ━━> 19:30 야드 하우스, 마우이
브루잉 코에서 여흥 즐기기 ━도보 이동━> 21:00
숙소 복귀

*토요일이라면 아침, 점심식사를 KCC 파머스 마켓에서 즐겨
보자. 오전 6-8시 다이아몬드 헤드 트레일 방문 후, 9시 30
분 KCC 파머스 마켓으로 이동하는 동선도 추천한다.

DAY 3

7:00 기상 ━픽업 서비스━> 8:00 거북이 스노클링

픽업 서비스
⟶ 12:00 숙소 복귀 ⟶ 13:00

마루가메 우동, 파이아 피시 마켓(와이키키)에서

점심식사 ⟶ 14:00 코나 커피 퍼베이어스에서

디저트 및 휴식 즐기기 ⟶ 16:00 와이키키에서

스냅 촬영 ⟶ 19:00 숙소 복귀 ⟶ 19:30

치즈케익팩토리, 아일랜드 빈티지 와인 바에서

저녁식사

*픽업 서비스가 제공되는 액티비티 이용 시 픽업 장소를 꼭
확인하자.
*오전 일찍 출발하는 액티비티로 거북이 스노클링, 이루카,
돌핀앤유(돌고래 스노클링)가 있다.

DAY 4

렌터카 50분
8:00 렌터카 픽업 ⟶ 10:45 쿠알로아

렌터카 15분
랜치 액티비티 ⟶ 13:00 알로하 쉬림프

렌터카 20분
(Aloha Shrimp)에서 점심식사 ⟶

렌터카 20분
14:00 카후쿠 팜에서 디저트 즐기기 ⟶

렌터카 15분
14:30 라니아케아 비치 ⟶ 15:00 돌

렌터카 20분
플랜테이션 ⟶ 15:40 와이켈레 아웃렛

렌터카 30분
쇼핑 ⟶ 19:00 숙소 복귀

*쿠알로아 랜치에서 83번 도로 드라이브 후 와이켈레 아웃렛
쇼핑까지 즐길 수 있다.

DAY 5

8:00 아침식사 ⟶ 9:00 다이아몬드 헤드

렌터카 5분
전망대 ⟶ 9:30 와이알라에 비치

렌터카 15분
파크 또는 카할라 호텔 돌핀 퀘스트 ⟶

렌터카 12분
10:10 카이 전망대(한국 지도 마을) ⟶

렌터카 5분
10:40 라나이 전망대 ⟶ 11:50 할로나

렌터카 3분
블로홀 전망대 ⟶ 12:00 샌디 비치

렌터카 2분
파크 ⟶ 12:10 코코 크레이터 보태니컬

렌터카 6분
가든 ⟶ 13:00 마카푸우 전망대

렌터카 8분   렌터카 1분
⟶ 13:30 와이마날로 비치 ⟶

14:00 칼라파와이 카페 & 델리(와이마날로),

오노 스테이크 앤드 쉬림프 쉑에서 점심식사

렌터카 20분   렌터카 7분
⟶ 14:30 카일루아 비치 ⟶

16:00 라니카이 필박스 하이크

렌터카 20분
17:00 라니카이 비치 ⟶ 18:00

렌터카 25분
누우아누 팔리 전망대 ⟶ 18:30 월마트

렌터카 10분
기념품 구매 ⟶ 20:00 숙소 복귀

DAY 6

렌터카 40분
8:30 아침식사 ⟶ 10:00 보도인 사원

렌터카 40분   렌터카 3분
⟶ 11:30 라이에 포인트 ⟶

11:45 후킬라우 마켓 플레이스에서 점심식사

렌터카 40분
⟶ 12:45 폴리네시안 문화센터(하 쇼

렌터카 50분
포함) ⟶ 22:00 숙소 복귀

*폴리네시안 문화센터는 입장권 옵션이 다양하다. 기본 입장
권이라도 오픈 시간에 맞춰서 입장하면, 한국인 가이드와
동행하며 돌아볼 수 있다.
*폴리네시안 문화센터의 하이라이트인 '하 쇼'는 영어로 진
행되지만 누구나 이해할 수 있다.
*하 쇼 관람까지 마치면 오후 9시로, 렌터카가 없다면 센터
셔틀버스를 반드시 예약해야 한다.
*폴리네시안 문화센터는 도보 이동이 많으니 가능하면 오전
에는 무리하지 않는 것이 좋다.

특별한 하루 추천 코스

와이키키 주변에서 로컬처럼 보내기

8:00 렌터카 픽업 ──_{렌터카 10분}──> 9:00 파이 카페에서

아침식사 ──_{렌터카 10분}──> 9:40 마노아 폭포 또는

리온 수목원 ──_{렌터카 8분}──> 11:30 오프 더 훅 포케

마켓(Off the Hook Poke Market) 또는 앤디스

샌드위치(Andy's Sandwiches)에서 음식 구매

──_{렌터카 6분}──> 12:10 푸우 우알라카아 주립공원

피크닉 에어리어 점심식사 ──_{렌터카 25분}──> 13:10

카카아코 스트리트, SALT 앳 아워 카카아코

──_{렌터카 3분}──> 14:30 파타고니아(호놀룰루)

──_{렌터카 5분}──> 15:20 워드 빌리지 쇼핑(홀푸드,

노드스트롬 랙) ──_{렌터카 10분}──> 17:40 숙소 복귀

미술관 또는 박물관 즐기기

10:50 훌라, 우쿨렐레 등 무료 레슨 ──_{도보 5분}──>

12:00 마할로하 버거, 치즈케익팩토리 점심식사

──_{렌터카 15분}──> 13:30 호놀룰루 미술관 ──_{렌터카 15분}──>

17:00 페테 저녁식사 ──_{렌터카 15분}──> 18:40 숙소

복귀 ──> 와이키키 산책

* 로열 하와이안 센터에서는 주중 오전에 무료 강습 프로그
램이 열린다. 예약은 필요 없으며 시작 10분 전 도착해 체
크인하면 된다.
*호놀룰루 미술관을 방문할 예정이라면 샹그릴라 이슬람 박
물관과 미술관 투어를 하루에 묶어도 좋다. 샹그릴라 투어
에 참석하면 미술관은 무료 관람이 가능하다.

역사를 더하고 싶은 하루

9:00 아침식사 ──_{렌터카, 레드 트롤리}──> 10:00 진주만

국립기념관 및 USS 애리조나 호 ──_{진주만 내 셔틀}──>

11:30 진주만 항공우주박물관 ──_{셔틀}──> 13:00

점심식사(진주만 내) ──_{도보 이동}──> 13:40 USS 보핀

잠수함 박물관 ──_{셔틀}──> 14:30 USS 미주리

전함 → 셔틀 주차장 이동 ──_{렌터카, 레드 트롤리}──>

17:30 숙소 복귀

*진주만 내에서는 셔틀 이동이 무료이며, 개인별 렌터카 이
동은 불가하다.
*USS 애리조나 호, 항공우주박물관에서는 한국어 오디오 가
이드를 이용할 수 있으며 USS 미주리 전함에는 한국인 가
이드가 상주한다.
*USS 애리조나 호는 사전에 입장 예약을 하는 것을 추천한
다. 다른 곳은 워크인으로도 충분히 가능하다.

동물원에서 보내는 하루

9:00 아침식사 ──_{도보 이동}──> 9:30 호놀룰루

동물원 ──_{도보 이동}──> 11:30 테디스 비거 버거스

──_{도보 이동}──> 12:30 숙소 복귀 및 휴식 ──>

13:00 와이키키 비치 및 호텔 수영장 즐기기

──_{핑크 트롤리}──> 16:30 알라모아나 센터 쇼핑 및

저녁식사 ──_{핑크 트롤리}──> 18:30 숙소 복귀

해양생물을 만나는 하루

9:00 아침식사 ──_{렌터카, 블루 트롤리}──> 10:30 씨

라이프 파크 ──_{렌터카, 블루 트롤리}──> 14:00 숙소 복귀

및 휴식, 와이키키 비치 및 호텔 수영장 즐기기

──_{핑크 트롤리}──> 17:00 알라모아나 센터 ──_{핑크 트롤리}──>

19:00 숙소 복귀

*렌터카로 이동할 경우 씨라이프 파크 방문 후 카이오나 비
치와 와이마날로 비치를 방문해도 좋다.
*블루 트롤리 라인은 오후에 동쪽 해안선을 즐기는 코스로
씨 라이프 파크가 종점이다.

와이키키에서 주차하기

와이키키 내 대부분의 호텔은 주차장 이용 시 투숙객에게도 주차비를 부과한다. 주차비는 1일 기준으로 책정되며 호텔마다 상이하다($25-80). 또한 발렛 서비스를 제공하는 경우에는 비용이 추가로 부과된다. 주차비를 아낄 수 있는 주차장을 살펴보자 (2024년 8월 기준).

와이키키 내 공영 주차장

알라 와이 보트 하버 주차장
힐튼 하와이안 빌리지(라군 및 와이키키안 타워), 일리카이 호텔, 더 모던 호놀룰루, 프린스 호텔에서 가깝게 이용할 수 있는 주차장으로 24시간 주차가 가능하다(밤샘 주차 가능). 비용은 시간당 $1이며, 주차장 내 결제 기기나 앱을 통해서 결제할 수 있다. 기기를 이용할 경우 영수증은 반드시 차량 내 대시보드 위에 잘 보이도록 올려두자.

GOOGLE MAP Lagoon Beach Parking / 1651 Ala Moana Blvd Parking 검색

호놀룰루 동물원 주차장
동물원 주차장이지만 와이키키에 방문하는 이들도 편하게 사용할 수 있다. 주차는 최대 4시간까지 가능하다(밤샘 주차 불가). 비용은 시간당 $1.50이며, 주차장 내 결제 기기를 통해 결제할 수 있다. 기기

를 이용한다면 영수증은 반드시 차량 내 대시보드 위에 잘 보이도록 올려두자.

GOOGLE MAP ChargePoint Charging Station 검색

카하나모쿠 비치 주차장
최대 6시간까지 주차할 수 있다(밤샘 주차 불가). 주차장에 서핑 레슨 숍의 버스가 많다.

GOOGLE MAP Island Fiel Surf 검색

와이키키 내 무료 주차장

알라와이 운하 주차장
알라와이 운하 앞, 알라와이 블리바드(Ala Wai Blvd) 내에 위치한 무료 주차 구역이다. 도로 내 갓길이라 알라와이 하버 쪽에 위치한 호텔을 이용한다면 편리하지만 주차 자리를 찾는 것이 하늘에 별 따기다. 밤샘 주차도 가능하지만 월요일과 금요일 오전 8시 30분-11시 30분은 청소 시간이므로 반드시 차량을 출차해야 한다.

GOOGLE MAP Biki station 326 - Ala Wai & Kanaka-polei 검색

알라와이 운하 주차장 - 마리나 방면

알라와이 운하 마리나 방면에 위치한 무료 주차 구역이다. 호텔보다는 에어비앤비가 많이 위치한 구역이지만 디 에쿠스(The Equus), 아쿠아 팜스(Aquq Palms), 라마다 플라자 이용 시 편리하게 이용할 수 있다.

GOOGLE MAP 1708-1646 Ala Wai Blvd 검색

카피올라니 공원 앞 주차장

칼라카우아 애비뉴(Kalakaua Ave) 끝 지점, 카피올라니 파크와 샌스 수시 스테이트 레크리에이셔널 파크 사이에 위치한 노상 주차장이다.
①카피올라니 공원 쪽 주차장은 10:00-18:00에는 유료(최대 4시간), 이외 시간은 무료, 밤샘 주차도 가능하다.
②샌스 수시 스테이트 레크리에이셔널 파크 앞 주차장은 무료 구역이지만, 주차 자리를 찾기가 어렵다. 더 트윈 핀, 퀸 카피올라니 호텔, 하얏트 플레이스, 와이키키 비치 메리어트 이용 시 편리하다.

GOOGLE MAP Queen Kapiʻolani Statue 검색

와이키키 내 저가 주차장

할레 코아 주차장

할레 코아 호텔의 주차장으로 비투숙객도 이용 가능하다. 하루 요금은 비싸지만 한 달권으로 결제하면 효율적이라 장기 투숙자들에게 유리하다. 주차 빌딩과 야외 주차장 두 곳을 사용할 수 있다. 한 달권 가격은 $230(카드 발급비 포함, 카드 결제)이며,

등록 및 결제는 주차장 입구 쪽 사무실을 방문하면 된다. 방문 시 여권, 차량 키를 준비하자. 힐튼 하와이안 빌리지, 카 라이 와이키키, 리츠칼튼, 루아나 와이키키, 아웃리거 리프 와이키키 비치 리조트, 할레쿨라니 등 이용 시 편리하다.

GOOGLE MAP 2004-2036 Kalia Rd Garage / Hale Koa Hotel Parking Garage / 2141 Kalia Rd Parking(야외 주차장) 검색

씨사이드 커머셜 센터 주차장

건물 주차장으로 밤샘 주차가 가능하다. 비용은 24시간 기준 $27이며, 10시간, $13이다. 결제는 기기를 이용해야 한다. 영수증은 반드시 차량 내 대시보드 위에 잘 보이도록 올려두자. 쉐라톤 와이키키, 더 로열 하와이안, 하얏트 센트릭, 더 레이로, 아쿠아 오히아 등 이용 시 편리하다. 수시 입출차는 불가능하다.

GOOGLE MAP 334 Seaside Ave 검색(이야스메 무스비 & 벤토 매장 옆 주차장 입구)

와이키키 반얀 파킹

애스톤 앳 더 와이키키 반얀(Aston at the Waikiki Banyan)의 주차장으로 비투숙객도 이용 가능하다. 건물 안쪽에 사무실이 있으며 비용은 1/7일 $43/230, 카드 결제만 가능하다. 와이키키 비치 메리어트, 힐튼 와이키키 비치, 더 트윈 핀, 하얏트 플레이스, 에바 호텔 등 이용 시 편리하다.

GOOGLE MAP WAIKIKI BANYAN PARKING 검색

애스톤 와이키키 선셋 주차장

애스톤 와이키키 선셋 호텔의 주차장으로 비투숙객도 이용 가능하다. 비용이 1일 $25로 와이키키 내에서 가장 저렴하며 밤샘 주차도 가능하다. 와이키키 비치 메리어트, 힐튼 와이키키 비치, 더 트윈 핀, 하얏트 플레이스, 에바 호텔 등 이용 시 편리하다.

GOOGLE MAP 229 Paoakalani Ave 검색

OAHU
MAP

오아후 전도

터틀 베이 리조트
쿠알리마 코브

선셋 비치 파크

에후카이 비치
에후카이 필박스 하이킹

말라에카하나 비치

삭스 코브

스테이트 웨이사이드
폴리네시안 문화센터

쓰리 테이블 비치

와이메아 베이 비치 파크
천스 리프 비치

와이메아 계곡

코올롤리오 비치 파크

라니아케아 비치

노스쇼어
할레이바 타운
할레이바 비치 파크

카에나 포인트

하와이안 몽크씰 비치

돌 플랜테이션

그린 월드 커피 팜

오아후

마카하 비치 파크

알로하 스타디움 스왑 미트

포카이 비치

푸우우오홀루 트레일

USS 미주리 전함
USS 애리조나 호 메모리얼
항공우주 박물관

자블란 비치

하와이안 일렉트릭 비치 파크

진주만

카헤 포인트 비치 파크

웻 앤 와일드 하와이

하와이안 레일웨이 소사이어티

호놀룰루
국제공항

코올리나
코올리나 라군

코랄 크레이터 어드벤쳐 파크

푸에나 포인트 비치 파크

더 라인 업 와이 카이

구글맵

USS 보핀 잠수함 박물관

태평양

카아와 비치 파크

쿠알로아 랜치
쿠알로아 공원
마카다미아 공장

카네오헤 샌드바

뵤도인 사원

카일루아 비치 파크

라니카이 필박스 하이크
라니카이 비치
카이와 리지 트레일

호오말루히아
보태니컬 가든

누우아누 팔리
주립공원

벨로즈 필드 비치 파크

마카푸우 전망대
마카푸우 비치

와이마날로 베이 비치 파크

카이오나 비치 파크

퀸 엠마 별장

호놀룰루

마카이 피어 비치

씨 라이프 파크

코코 크레이터 보태니컬 가든

탄탈루스 전망대
푸우 우알라카아 주립공원

샌디 비치 파크

할로나 블로홀 전망대

알라모아나 공원 & 비치

와이알라에 비치 파크

라나이 전망대
한국 지도 마을
할로나 비치 코브
코코 헤드

다이아몬드 헤드

하나우마 베이

샹그릴라

비숍 뮤지엄

호놀룰루 미술관
차이나 타운
이올라니 궁전
주 정부청사
킹 카메하메하 동상

카피올라니 비치 파크
와이키키 수족관
샌스 수시 비치
카이마나 비치

알로하 타워
캐피톨 모던 뮤지엄

모아나루아 가든

OAHU
SOUTH

북부

중심부

서부

동부

호놀룰루 국제공항

남부

푸우 우알라카아 주립공원

와이키키 비치

다이아몬드 헤드

ATTRACTION

명소

와이키키 비치 Waikiki Beach

하와이를 대표하는 고유명사이자 오아후 최고의 명소이다. 19
세기 하와이 왕족이 즐겨 찾던 곳으로 물놀이, 서핑, 태닝, 산
책하는 이들로 항상 활기차다. 로열 하와이안, 모아나 서프라이
더 등 호텔 건물을 배경으로 미국 본토에서 수입해온 모래로
채워진 해변이 펼쳐져 있다. 비치 입구에
는 듀크 카하나모쿠 동상이 있다. 듀크는
올림픽 수영 챔피언이자 서핑을 국제 스포
츠로 창시한 인물로 하와이에서는 영웅으
로 불린다.

듀크 카하나모쿠 동상 **ADD** Kalakaua Ave,
Honolulu, HI 96815

듀크 카하나모쿠 라군 Duke Kahanamoku Lagoon

인공 라군으로 '힐튼 라군'이라고도 불리지만 누구나 이용할 수 있는 공공 해변이다. 카약, 스탠드업 패들 보드 등의 액티비티를 즐길 수 있다.

ADD 2005 Kalia Rd, Honolulu, Oahu, HI 96815 OPEN 06:00-22:00 SITE https://lookintohawaii.com/hawaii/4229/duke-kahanamoku-lagoon-beaches-oahu-honolulu-hi

카하나모쿠 비치
Kahanamoku Beach

매주 금요일 밤 불꽃놀이가 열리는 곳으로 평소에는 많은 이들이 수영, 서핑을 즐기기 위해 찾는다. 힐튼 하와이안 빌리지 바로 앞에 위치한다.

ADD 2005 Kalia Rd, Honolulu, Oahu, HI 96815 OPEN 06:00-22:00 SITE gohawaii.com

포트 데루시 비치
Fort DeRussy Beach

포트 데루시 비치 파크와 함께 피크닉을 즐기기 좋은 해변이다. 할레 코아 호텔 앞으로 위치한다. 다만 해변에 그늘을 삼을 만한 곳이 없어 아쉽다.

ADD 2055 Kālia Rd, Honolulu, HI 96815

쿠히오 비치 파크 Kuhio Beach Park

와이키키 비치 섹션 중 아이들이 가장 안전하게 바다를 즐길 수 있는 곳이다. 비치 옆으로는 와이키키 월, 비치 앞으로는 방파제가 있어 높은 파도를 막아준다. '쿠히오'라는 명칭은 백성의 왕자라고 불리는 조나 쿠히오 칼라니아나올레(프린스 쿠히오)에서 따온 것이다.

ADD 2453 Kalākaua Ave, Honolulu, HI 96815 SITE honolulu.gov/parks/default/about-us.html

와이키키 월 Waikiki Wall

퀸스 비치 Queens Beach

쿠히오 비치와 퀸스 비치를 구분하는 경계선 개념의 콘크리트 벽이다. 벽을 기준으로 쿠히오 비치에서는 안전하게 놀 수 있다면, 퀸스 비치는 부기보드를 타거나 월에서 비치 방향으로 다이빙을 즐길 수 있는 좀 더 활동적인 놀이터로 볼 수 있다. 선셋 뷰 포인트로도 유명하다.

ADD 204 Kapahulu Ave, Honolulu, HI 96815
OPEN 06:00-22:00 SITE waikikiwall.com

와이키키 비치보다 좀 더 한적하게 바다를 즐길 수 있어 가족 여행객들이 즐겨 찾는다. 초보 부기보더들이 많다.

ADD 96815 Hawaii, Honolulu, 31030005

카피올라니 파크 비치 Kapiolani Park Beach

모래사장이 넓지 않아 물놀이보다 서핑이나 산책하는 이들이 많다. 비치 옆 퀸스 워크웨이(Queens Walkway) 주변으로 스노클링이 가능하다.

ADD Kalākaua Ave, Honolulu, HI 96815

샌스 수시 스테이트 레크리에이셔널 파크 & 샌스 수시 비치
Sans Souci State Recreational Park & Sans Souci Beach

요가나 초보 서핑 강습이 주로 진행되는 해변이다. 물고기가 많지 않지만 스노
클링도 가능하다. 공간이 넓어 산책 및 조깅 코스로도 손색이 없다.

ADD 2777 Kalākaua Ave, Honolulu, HI 96815

와이키키 수족관 Waikiki Aquarium

1904년 오픈한 아쿠아리움으로 미국에서 두 번째로 오래된 곳이다. 규모는 작지만, 다양한 산호를 비롯해 하와이 바다 생물을 한자리에서 즐기기에 부족함이 없다. 태평양 열대기후 지역의 해양 생물 5백여 종, 3천 마리를 만날 수 있다. 하와이 대학교에서 관리하고 있다.

ADD 2777 Kalākaua Ave, Honolulu, HI 96815 OPEN 09:00-17:00 FARE 13-64세/4-12세/3세 이하 $12/5/무료 SITE https://www.waikikiaquarium.org/

카이마나 비치
Kaimana Beach

와이키키 비치에서 도보 10분 거리로 와이키키 비치 섹션 중 동쪽 끝에 위치한다. 그늘이 많지는 않지만 조용하게 바다를 즐길 수 있어 가족 단위 방문객이 많다. 수심이 얕아 스노클링도 가능하다. 물놀이 짐이 있다면 주차장을 이용하자. 단 주차 공간이 넓지 않다. 비치 입구(Kalakaua Ave)에 코인 주차장도 있으니 참고하자.

ADD 2777 Kalākaua Ave, Honolulu, HI 96815

카피올라니 파크
Kapiʻolani Regional Park

오아후에서 가장 큰 규모이자 두 번째로 오래된 공원이다. 원래는 왕의 폴로 경기장으로 사용되었으나, 1877년 데이비드 칼라카우아 왕이 공공장소로 헌정하고 아내 카피올라니의 이름으로 명명했다. 누구나 찾을 수 있는 공원으로 다양한 행사가 열리기도 한다.

ADD 3840 Paki Ave, Honolulu, HI 96815 OPEN 05:00- 24:00

와이알라에 비치 파크 Wai'alae Beach Park

피크닉, 물놀이를 즐길 수 있는 공원이다. 드
넓고 조용해 셀프 웨딩 촬영을 하는 이들이
많다. 카할라 비치와 연결되어 있어 함께 산
책 삼아 다녀오기에도 좋다.

ADD 4925 Kahala Ave, Honolulu, HI 96816
OPEN 05:00-22:00

다이아몬드 헤드 Diamond Head

과거 공동묘지 자리가 미국 육군 군사 기지를 거쳐 뷰 포인트 명소로 거듭났다. 오아후 트레일 코스 중 가
장 많은 사람이 찾는 곳 중 하나로, 정상에 오르면 와이키키와 호놀룰루 남부의 절경을 눈에 담을 수 있다.
겨울에 방문하면 일출도 볼 수 있어 일석이조다. 단 방문 전에 반드시 예약해야 한다. 성인 기준 왕복 1시
간-1시간 30분 정도 소요되며 비포장길인 만큼 운동화나 트레킹화를 착용하는 것이 좋다. 선글라스, 생
수, 선크림, 모자도 잊지 말 것!

ADD 18th Ave, Waikiki, Honolulu, HI 96815 OPEN 6:00-18:00(입장 마감 16:00) FARE 차량 1대당 $5
다이아몬드 헤드 등대 ADD 3399 Diamond Head Rd, Honolulu, HI 96815

아멜리아 에어하트 기념비 Amelia Earhart's Marker

세계 최초 여성 파일럿인 아멜리아 에어하트의 기념비가 자리한 곳이다. 그녀는 1928년 여성 최초로 대서양과 북아메리카 횡단 비행에 성공했고, 1935년에는 하와이에서 미국 본토로 최초의 단독 횡단 비행에도 성공하면서 명성을 얻었으나 1937년 남태평양 횡단 중 실종되었다. 72번 도로 드라이브 시 출발점이 되는 곳이기도 하다.

ADD 3584 Diamond Head Rd, Honolulu, HI 96816

샹그릴라 이슬람 박물관 Shangri La Museum of Islamic Art

3,500여 점의 모로코 및 이슬람 예술품을 소장하고 있는 호화 저택이다. 듀크 에너지의 창업자 제임스 B. 듀크의 외동딸 도리스 듀크는 1930년 신혼여행으로 떠난 세계 일주 여행 막바지에 하와이에 방문하게 된다. 하와이의 매력에 푹 빠진 그녀는 이후 4달이나 더 머물게 되었고, 여행 중 눈 뜬 이슬람 예술의 영감을 담아 오아후에 저택을 짓기에 이른다.
개별 방문은 불가능하며 호놀룰루 미술관에서 출발하는 투어를 이용해야 한다. 예약은 호놀룰루 미술관 홈페이지에서 가능하다. 박물관 투어 후 미술관 관람은 무료이다.

ADD 4055 Pāpū Cir, Honolulu, HI 96816
OPEN 수-토 09:00-13:30 FARE $25
SITE shangrilahawaii.org

푸우 우알라카아 주립공원 Puu Ualakaa State Wayside

319m에 위치한 뷰 포인트이자 일몰 명소이다. '경사진 고구마밭 언덕'이란 뜻의 이름처럼 와이키키와 호놀룰루 도심을 한눈에 담을 수 있다. 늦은 오후 야외 피크닉을 즐기며 일몰을 감상하기 좋아 일몰 시간에는 주차 자리를 찾을 수 없을 만큼 사람이 몰린다. 이때는 공원 내 피크닉 에리어(Picnic Area) 주차장을 이용한 후 5분쯤 걸어서 이동하자. 차량 내 도난이 빈번하니 차량 내부를 깨끗하게 비워둘 것.

ADD 2760 Round Top Dr, Honolulu, HI 96822 OPEN 07:00-19:45 SITE dlnr.hawaii.gov/dsp/parks/oahu/puu-ualakaa-state-wayside

탄탈루스 전망대
Tantalus Lookout

마키키(Makiki)라는 지역에 위치한 작은 언덕으로, 15km가량 이어지는 라운드 톱 드라이브 로드(Round Top Dr) 코스에 자리한다. 갓길에 주차하고 호놀룰루 야경을 감상하기 좋은 포인트이지만 만큼 항상 보안에 유의하고 밤 10시 이후에는 방문을 삼가는 것이 좋다(23:00 이후 주차 금지).

ADD Nutridge St, Honolulu, HI 96822 OPEN 07:00-18:30

더 릴제스트랜드 하우스
The Lilijestrand House

'죽기 전에 가봐야 150 하우스' 중 한 곳. '하와이 미드센추리 디자인 거장'으로 불리며 20세기 중반 하와이 주요 현대 건축물인 호놀룰루 공항, 다운타운 IBM빌딩 등을 지었다. 의사였던 하워드&베티 릴제스트랜드 부부가 의뢰한 저택으로 재단 설립 후 2022년 대중에게 개방되었다.

ADD 3300 Tantalus Dr, Honolulu, HI 96822 SITE www.liljestrandhouse.org FARE 성인/학생 $50/35 10세 이상 가능, 90분 그룹투어 *투어 예약 필수

마노아 폴스 트레일
Manoa Falls Trail

리온 수목원
Lyon Arboretum

코올리나 산맥에 둘러싸인 곳으로 울창한 산림을 온몸으로 느낄 수 있다. 마노아 폭포까지 다녀오는 코스로 어렵지 않게 다녀올 수 있지만, 길이 미끄럽고 질퍽거리는 만큼 운동화, 트래킹화를 착용하는 것이 좋다. 오전보다는 오후 시간을 추천하며, 입장료는 카드 결제만 가능하다. 모기가 많아 다소 불편할 수 있다.

ADD Na Ala Hele, Honolulu, HI 96822
OPEN 06:00-18:00

하와이 대학교에서 운영하는 수목원으로 식물학자들에게는 거대한 자연 연구실 같은 곳으로 여겨진다. 영화 <쥬라기 공원>, 드라마 <로스트> 촬영지로도 유명하며, 내부에 다양한 트레일 코스가 갖춰져 있다. 트레일 이용 시 예약이 필요하고 인당 $5-10의 기부금을 자발적으로 받는다. 예약은 금요일마다 가능하다.

ADD 3860 Manoa Rd, Honolulu, HI 96822 OPEN 월-금 09:00-15:00 SITE manoa.hawaii.edu/lyon

비숍 뮤지엄
Bishop Museum

하와이 역사를 한눈에 살펴볼 수 있는 박물관으로 하와이 생성 과정부터 동식물 정보까지 하와이에 관한 모든 것을 만날 수 있다. 4개의 화산암 건물로 이루어져 있으며 교육·체험 프로그램도 다양하게 운영한다. 주차비는 유료다.

ADD 1525 Bernice St, Honolulu, HI 96817
OPEN 09:00-17:00 FARE 18-64세/ 65세 이상/4-17세 $28.95/25.95/20.95 SITE bishopmuseum.org

모아나루아 가든
Moanalua Gardens

마오리족 언어로 '아름다움의 바다'라는 뜻의 모아나루아 가든은 하와이 최초의 공공 정원으로 1859년대 카메하메하 5세가 태어난 곳이기도 하다. 백살이 넘은 몽키팟 나무들이 평화로운 분위기를 자아낸다. 스냅 촬영이나 피크닉 장소로 제격이다.

ADD 2850-A Moanalua Rd, Honolulu, HI 96819
OPEN 09:00-16:00 FARE 13세 이상/6-12세/6세 이하 $10/7/무료 SITE moanaluagardens.com

알로하 타워 Aloha Tower

1926년 지어진 10층짜리 등대로 1966년까지 하와이에서 가장 높은 건물이었다. 등대에 있는 시계는 미국에서 가장 큰 것 중 하나라고. 한때 선박들이 입출항하던 곳이었지만 현재는 대학교와 마켓으로 사용되고 있다. 10층 전망대는 무료 입장이 가능하다.

ADD Aloha Tower, 155 Ala Moana Blvd, Honolulu, HI 96813 OPEN 09:00-17:00 SITE alohatower.com

킹 카메하메하 동상
King Kamehameha Statue

하와이를 하나로 통일한 대왕 카메하메하는 하와이에서는 신성시되는 인물로 전사, 외교관, 지도자로서 대단한 활약을 펼쳤다. 당시 수많은 섬으로 이뤄진 하와이를 노리는 서방 국가들이 많았는데, 이들로부터 하와이를 지켰다는 점에서 큰 의미를 지니는 인물이다.

ADD 447 S King St, Honolulu, HI 96813

이올라니 궁전
Iolani Palace

백악관과 영국 버킹엄 궁전보다 전기를 더 일찍 사용한, 미국 유일의 궁전이다. 수도보다 전기가 더 빨리 들어온 곳이며 당시 상상할 수 없던 수세식 변기와 온수 시설도 확인할 수 있다. 건물 자체가 문화재로 등록된 곳으로 입장 시 신발 위에 덧신을 착용해야 한다. 한국어 오디오 가이드가 마련돼 있어 셀프 투어 시 유용하다.

ADD 364 S King St, Honolulu, HI 96813 OPEN 화-토 09:00-16:00 FARE 오디오 투어 18세 이상/13-17세/5-12세 $26.95/21.95/11.95 SITE iolanipalace.org

하와이 주 정부 청사 Hawaii State Capitol

1960년에 만들어진 하와이 주 청사 건물로 다운타운에 자리한다. 건물 곳곳에 하와이를 상징하는 의미들이 담겨 있는데, 건물을 지탱하는 기둥 8개는 하와이의 주요 섬 8개, 건물의 연못은 태평양, 작은 돌은 작

은 섬, 청사 맞은편 꺼지지 않는 불은 활화산을 뜻한다. 중앙이 천장 없이 개방된 덕분에 1층 로비로 들어가면 곧장 하늘이 보인다. 5층에 올라가면 파란 하늘 아래 빌딩과 바다가 어우러진 너른 풍경을 감상할 수 있다.

ADD 415 S Beretania St., Honolulu, HI 96813 OPEN 월-금 07:00-17:00 / 5층 개방 시간 07:00-15:30 FARE 무료 SITE capitol.hawaii.gov

데미안 신부 동상
Father Damien Statue

한센병 환자를 돌보는 데 평생을 바친 하와이의 아버지, 데미안 신부의 동상이다. 벨기에 출신인 그는 호놀룰루에서 사제 서품을 받고 한센인들이 강제 격리된 몰로카이에 자진 입도해 그들을 돌보며 헌신적으로 봉사하다 1899년 한센병으로 사망했다. 1965년 하와이 주 정부는 데미안 신부를 하와이 영웅으로 결의하고 미국 국회 의사당에 자료를 전시했다. 동상은 주 정부 청사 입구에 자리한다.

ADD 415 S Beretania St., Honolulu, HI 96813

호놀룰루 미술관
Honolulu Museum of Art

앤 라이스 쿡 여사의 개인 소장품과 부지를 토대로 1927년 오픈한 미술관이다. 미국 국가 유적 및 하와이 주 역사 유적지로 지정되어 있으며 미국 미술관 최초로 1927년 한국관을 개관했다. 29개 전시관, 5개 정원으로 구성되어 있으며 5만여 점의 소장품을 보유하고 있다. 모네, 고흐, 피카소, 세잔 등 화려한 컬렉션을 자랑한다.

ADD 900 S Beretania St., Honolulu, HI 96814
OPEN 수-목, 일 10:00-18:00, 금-토10:00-21:00
FARE 19세 이상/18세 이하 $20/무료
SITE honolulumuseum.org

캐피톨 모던 뮤지엄
Capitol Modern Museum

하와이 주 문화예술재단에서 운영하는 미술관으로 호놀룰루 시내에 위치한다. 1960년대부터 현재까지 예술가 105명의 작품 132점을 통해 하와이의 민족적, 문화적 전통이 혼합된 예술품들을 감상할 수 있다. 1·3주째 금요일에는 야간 개장하며, 콘서트 등이 열리기도 한다.

ADD 250 South Hotel St Second Floor, 250 S Hotel St #5, Honolulu, HI 96813 OPEN 월-토 10:00-16:00
SITE www.capitolmodern.org

알라모아나 공원
Ala Moana Regional Park

운동, 낚시, 피크닉까지 다양한 활동이 가능한 만능 공원으로 현지인들의 많은 사랑을 받고 있다. 활기찬 분위기 속에서 산책하기도 좋고, 스냅 촬영 장소로도 인기가 많다. 공간이 워낙 넓어 사람이 많아도 그렇게 붐비지 않는다.

ADD 1201 Ala Moana Blvd, Honolulu, HI 96814
OPEN 04:00-22:00

알라모아나 비치
Ala Moana Beach

알라모아나 공원 내 위치한 해변으로 와이키키만큼 번잡하지 않다. 암초 지대였던 곳을 인공 해변으로 만든 덕분에 잔잔한 파도에서 물놀이, 패들보드를 즐기기 좋고, 모래가 곱고 수심이 낮아 아이들에게도 제격이다.

ADD 1201 Ala Moana Blvd, Honolulu, HI 96814
OPEN 04:00-22:00

카카아코 그래피티 Kakaako Graffiti

자동차 정비소, 의류·가구 공장 밀집 지역이 건물 외벽의 그림으로 유명해지자, 이를 기점으로 그래피티 그룹 파우 와우(POW WOW)의 '파우 와우 하와이' 페스티벌이 열리기에 이른다. 현재는 축제 지역이 더 넓어지며 그 이름(worldwidewalls - Hawaii Walls 2024 street art)도 바뀌게 되었다. 개성 넘치는 거리 벽화 앞에서 인생 사진을 남겨보자.

ADD 카팔라마 카이(Kapālama Kai), 칼리히(Kalihi), 팔라마(Pālama) 일대 FARE 무료 SITE powwowworldwide.com
SNS 인스타그램 @worldwidewalls

RESTAURANT & CAFE

조식 & 브런치

구피 카페 & 다인 Goofy Cafe & Dine

로컬 유기농 재료로 건강한 요리를 선보이는 음식점으로 빈티지한 매력이 가득하다. 마우이 커피를 맛볼 수 있으며(리필 가능) 로코모코, 에그 베네딕트가 인기 메뉴로 꼽힌다. 테이블이 많지 않아 식사 전후에는 대기가 길 수 있다. 레스토랑 홈페이지나 오픈 테이블 앱을 통해 예약 가능하다.

ADD 1831 Ala Moana Blvd #201, Honolulu, HI 96815 OPEN 07:00-14:00, 17:00-21:00 MENU 오리지널 코나 블렌드 커피 $5.8, 에그 베네딕트 $19부터 SITE goofy-honolulu.com

터키 앤 배브 Tucker & Bevvy

호주에서 상륙한 오가닉 카페로 치아 하우피아가 올라간 아사이볼을 맛볼 수 있다. 샌드위치, 샐러드도 함께 판매하고 있어 조식을 즐기기 좋다.

ADD 2250 Kalakaua Avenue, Honolulu, HI 96815 OPEN 06:30-15:00 MENU 팬케이크 $10, 아사이볼 $9.50 SITE tuckeraandbevvy.com

와플 앤 베리

아사이볼과 와플의 조합이 좋은 곳으로 셀프바에서 견과류, 꿀 등 취향대로 토핑할 수 있다. 아사이베리가 진하고 크리미하며 양까지 많아 만족스럽다.

ADD 2250 Kalakaua Avenue, Left side Lower Level #104, Honolulu, HI 96815 OPEN 08:00-20:00 MENU 아사이볼 $18, 알로하 초콜릿 와플 $16 SITE waffleand-berry.com

알로하 키친
Aloha Kitchen

수플레 팬케이크, 에그 베네딕트, 로코모코 등 메뉴는 소박하지만 인기는 대단한 곳이다. 식사 시간대에 방문하면 늘 긴 줄이 늘어서 있다. 오후 1시까지 영업한다.

ADD 432 Ena Rd, Honolulu, HI 96815 OPEN 07:30-13:00 MENU 수플레 팬케이크 $14부터, 에그 베네딕트 $18, 클래식 로코모코 $16 SITE alohakitchenhawaii. wixsite.com/alohakitchenwaikiki

딘 & 델루카 하와이
Dean & Deluca Hawaii

맛과 퀄리티 모두 보장되는 곳으로 하와이 로컬 제품을 다양하게 소개한다. 베이커리류와 샌드위치가 인기 메뉴로 꼽힌다. 와이키키 리츠칼튼, 로열 하와이안 센터에 매장이 있으며 하루에 70장만 판매하는 하와이 한정판 히비스커스 에코백을 구하려 오픈런하는 사람들로 일찍부터 붐빈다.

로열 하와이안 센터 ADD 2233 Kalakaua Avenue Building B # B110F, 2233 Kalākaua Ave #B110F, Honolulu, HI 96815 OPEN 07:00-21:00 MENU 햄 에그 샌드위치 $5.95, 크루아상 $3.75 SITE deandeluca-hawaii.com

알로하 멜트 와이키키 Aloha Melt Waikiki

그릴 치즈 토스트 전문점으로 체다, 모차렐라, 프로볼로네, 아메리칸 치즈를 기본으로 사용한다. 패티 멜트, 토마토 바질 수프가 인기 메뉴이다. 와이키키 내에서 새벽까지 영업하는 곳으로 늦은 밤 출출할 때 방문하기 좋다.

ADD 355 Royal Hawaiian Ave, Honolulu, HI 96815 OPEN 월-토 10:00-14:00, 17:00-다음 날 01:00, 일 10:00-14:00, 17:00-23:00 MENU 패티 멜트 $13.50, 토마토 바질 수프 $5.50 SITE alohamelt.com

할레쿨라니 베이커리 Halekulani Bakery

페이스트리, 케이크가 유명한 베이커리로 오아후의 베이커리 중에서는 가격대가 높은 편이다. 수석 셰프가 심혈을 기울여 만들었다는 망고 퀸 아망, 코코넛 케이크는 꼭 맛보자. 조식과 브런치로 찾기 좋다.

ADD 2233 Helumoa Rd, Honolulu, HI 96815 OPEN 수-일 06:30-11:30 MENU 망고 퀸 아망 $6.50 버터 크루아상 $5 코코넛 케익 $14 SITE halekulani.com/dining/halekulani-bakery

헤븐리 아일랜드 라이프스타일 Heavenly Island Lifestyle

로코모코 등 유기농 재료로 만든 하와이안 음식을 선보인다. 아늑한 분위기의 실내 공간은 유명 아트 디자이너 작품으로 장식되어 있다. 조식, 브런치 타임에는 대기가 있지만 오후에는 한가한 편이다. 쇼어라인 (Shoreline) 호텔 투숙 시 쿠폰이 제공된다. 카이 지역에도 매장이 있다.

ADD 342 Seaside Ave, Honolulu, HI 96815 OPEN 07:00-14:00, 16:00-22:00 MENU 로코모코 $22, 아사이볼 $15(디너 $18) SITE heavenly-waikiki.com

코나 커피 퍼베이어스 Kona Coffee Purveyors | b patisserie

코나 커피 로스팅 전문 카페로 샌프란시스코 대표 베이커리인 '비 파티스리'의 빵을 함께 맛볼 수 있다. 비 파티스리의 빵은 미 본토에서도 인기가 많아 매장 오픈전부터 긴 줄을 서기도 한다. 프랑스식 페스트리인 '퀸 아망'이 인기이며 코나 원두 가격도 합리적인 편이다. 홈페이지를 통해 온라인으로 주문하면 대기 없이 바로 픽업이 가능하다.

ADD Kuhio Avenue Mall Entrance - International Marketplace, 2330 Kalākaua Ave #160, Honolulu, HI 96815 OPEN 07:00-16:00 MENU 아메리카노 $5, 퀸 아망 $7, 크루아상 $7.5 SITE konacoffeepurveyors.com

라 비에 La vie

리츠칼튼 레지던스 호텔에 자리한 레스토랑으로 오전에는 조식, 저녁에는 모던 프렌치 디너를 선보인다. 신선한 현지 재료를 사용한 독창적인 메뉴들이 눈에 띈다. 편안하고 조용하게 조식 및 브런치를 즐길 수도 있지만 파인 다이닝 디너가 더 유명하다. 디너 시에는 라이브 피아노 연주도 즐길 수 있다.

ADD 383 Kalaimoku St, Honolulu, HI 96815 OPEN 월-토 7:00-21:00, 일 7:00-11:30 MENU 에와 스위트 콘 리소토 $45, 미야자키 와규 $89 SITE laviewaikiki.com

하우 트리 Hau Tree

카이마나 비치를 앞에 두고 여유롭게 식사를 즐길 수 있는 곳이다. 에그 베네딕트가 인기 메뉴이며 디너에는 파스타, 스테이크 등으로 메뉴가 바뀐다. 조식이나 브런치를 맛볼 예정이라면 예약하는 것이 좋다. 또한 주차는 호텔 발렛만 가능하니 참고할 것.

ADD 2863 Kalakaua Avenue, Lobby floor of the Kaimana Beach Hotel, Honolulu, HI 96815 OPEN 08:00-22:00 MENU 에그 베네딕트 $27, 크랩 탈리아텔레 $33 SITE kaimana.com/dining

플루메리아 비치 하우스 Plumeria Beach House

오아후 호텔 조식 중 단연 손꼽히는 곳으로 단품 메뉴도 훌륭하다. 뷰와 분위기도 만족스러운 편으로, 식사 후 호텔 및 돌핀 퀘스트를 돌아보기에도 좋다. 매일 저녁에는 해산물 뷔페를, 매주 수요일 점심에는 커리 뷔페를 운영한다. 조식 이용 시 예약 필수이며, 야외 테이블은 새가 많아 불편할 수 있다.

ADD 5000 Kahala Ave, Honolulu, HI 96816 OPEN 06:30-11:00(월-일), 11:30-14:00(목-화/수 12:00-14:00), 17:30-20:30(목, 월, 금/금-토17:00-20:30) MENU 아보카도 토스트 $18, 플루메리아 오믈렛 $24 SITE kahala-resort.com/Dining/Plumeria-Beach-House

카페 모레이스 Cafe Morey's

민트색 창문부터 핑크색 테이블까지 파스텔 톤의 인테리어가 인상적인 곳으로 다이아몬드 헤드 아래쪽에 위치한다. 에그 베네딕트, 팬케이크 류가 인기 메뉴로 꼽힌다.

ADD 3106 Monsarrat Ave, Honolulu, HI 96815 OPEN 08:00-13:00 MENU 에그 베네딕트 $17 부터, 팬케이크 $18.50부터 SITE cafe-moreys.com

다이아몬드 헤드 마켓 & 그릴 Diamond Head Market & Grill

전형적인 미국 패스트푸드 스타일의 음식점으로 포장 전문 매장이다. 플레이트를 비롯해 샌드위치, 햄버거 등 메뉴가 다양하며 갈비, 라이스 종류도 인기가 많다. 베이커리 제품을 판매하는 마켓은 오전 7시 30분부터, 그릴 매장은 11시부터 이용 가능하다. 버터 모찌, 릴리코이 치즈 케이크, 레몬 크런치 케이크, 블루베리 크림 치즈 스콘이 인기 아이템으로 꼽힌다.

ADD 3158 Monsarrat Ave, Honolulu, HI 96815 OPEN 화, 목-일 07:30-20:00, 월, 수 11:00-20:00 MENU 갈비 플레이트 $23, 볶음밥 $9 SITE diamondheadmarket.com

알로하 카페 파인애플 Aloha Cafe Pineapple

가성비 최고의 음식점으로 조식과 런치 메뉴는 구성이 다르지만, 깨끗한 매장에서 훌륭한 맛을 즐길 수 있다. 모닝 플레이트는 토스트 종류, 런치는 치킨·쉬림프 플레이트, 오믈렛이 전부이다.

ADD 3212 Monsarrat Ave, Honolulu, HI 96815 OPEN 수-월 07:00-15:00 MENU 클래식 프렌치 토스트 $9, 베리베리 프렌치 토스트 $14, 갈릭 쉬림프 $18 SNS 인스타그램 @aloha_cafe_pineapple_hawaii

레인보우 드라이브인
Rainbow Drive-In

1961년 문을 연 플레이트 음식점의 원조격으로 현지인들의 절대적인 지지를 받는 곳이다. 로코모코가 대표 메뉴로 저렴한 가격에 양도 푸짐하다. 현지 분위기를 제대로 느끼고 싶다면 가볼 만하지만 테이크아웃이 대부분이며 신용카드 결제만 가능하다.

ADD 1339 North School St. Honolulu, HI 96817
OPEN 08:00-20:00 MENU 로코모코 플레이트 $11.75,
로코모코 볼 $6.50 SITE rainbowdrivein.com

카페 카일라
Cafe Kaila

2007년에 오픈한 브런치 레스토랑이다. 2012년부터 호놀룰루 매거진 선정 '베스트 조식 레스토랑'에 늘 오를 정도로 훌륭한 맛과 대단한 인기를 자랑한다. 팬케이크, 와플, 에그 베네딕트가 인기 메뉴로 꼽힌다. 식사 시간에는 대기가 많은 만큼 해당 시간대를 피해 방문하는 것이 좋다.

ADD 2919 Kapiolani Blvd, Honolulu, HI 96816
OPEN 7:00-15:30 MENU 버터밀크 팬케이크 $8.95,
스크램블 $11.75 SITE cafe-kaila-hawaii.com

스위트 이즈 카페 Sweet E's Café

가족 사진으로 장식된 따뜻하고 캐주얼한 분위기에서 조식과 브런치를 즐길 수 있다. 에그 베네딕트와 블루베리 크림 치즈 토스트가 인기 메뉴로 꼽히며 커피는 리필이 가능하다. 손님이 많지만 회전율이 빠른 편이다. 주차는 매장 앞 주차장 및 도로변 코인 주차를 이용해야 한다.

ADD 1006 Kapahulu Ave, Honolulu, HI 96816 OPEN
07:00-14:00 MENU 트레디셔널 에그 베네딕트 $14.50, 블루베리 크림 치즈 토스트 $13.50 SITE sweetescafe.com

지피스 Zippy's

하와이에서 시작된 프렌차이즈 매장으로 고민 없이 찾아가 식사하기 좋은 곳이다. 이른 아침부터 늦은 밤까지 로컬 푸드, 스파게티, 라이스 등 다양한 메뉴를 캐주얼하게 즐길 수 있다.

ADD 601 Kapahulu Ave, Honolulu, HI 96815 OPEN 06:00-22:00 MENU 지피스 오믈렛 $11.95, 그릴드 치즈 샌드위치 $5.95 SITE zippys.com

로컬 조 Local Joe

직접 로스팅한 원두로 만든 커피를 선보이며, 라테 아트도 훌륭한 편이다. 조용하고 차분한 분위기에서 브리토, 샌드위치, 베이글, 샐러드 등으로 간단한 식사도 할 수 있어 더욱 좋다. 로열 하와이안 모카, 프렌치토스트 라테가 가장 인기가 많다.

ADD 110 Marin St, Honolulu, HI 96817 OPEN 월-금 06:30-14:00, 토-일 08:00-13:00 MENU 유기농 오믈렛 $16.50, 라테 $5.65 SITE localjoehi.com

아르보 카페 Arvo Cafe

토스트 맛집으로 호주식 커피를 맛볼 수 있다. 샌프란시스코 유명 브랜드인 사이트글래스(Sight-glass) 원두를 사용한다. 다양한 오픈 토스트 메뉴 중 아보카도 토스트가 1등이다. 있다. 아르보는 '오후의 편안한 분위기'를 뜻하는 호주 속어이다.

ADD 324 Coral St Suite 1A-104b, Honolulu, HI 96813 OPEN 08:00-14:00 MENU 아보카도 토스트 $12.5, 콜드 브루 $4 SITE www.arvocafe.com

하이웨이 인 카카아코
Highway Inn Kaka'ako

1947년부터 3대에 걸쳐 70년 넘게 하와이안 음식을 선보이는 곳으로, 현대적으로 해석한 전통음식을 맛볼 수 있다. 포이, 라우라우, 하우피아, 칼루아 피그 등이 나오는 콤보 플레이트가 대표 메뉴다.

ADD 680 Ala Moana Blvd #105, Honolulu, HI 96813 OPEN 월-목 09:30-20:00, 금-토 09:30-20:30, 일 09:30-15:00 MENU 테이스팅 플레이트 $28.95, 로코모코 $17.95 SITE myhighwayinn.com

스크레치 키친
Scratch Kitchen

하와이 캐주얼 푸드 메뉴로 첫 손에 꼽히는 곳이다. 브런치 메뉴가 다양하며 식사 시간에는 대기를 감안해야 한다. 프렌치 토스트, 팬케이크, 포크 벨리 앤드 애플 파스타가 인기 메뉴이다. 예약 추천!

ADD 1170 Auahi St Suite 175, Honolulu, HI 96814 OPEN 월-금 09:00-21:00, 토-일 08:00-21:00 MENU 프렌치 토스트 $15, 포크 벨리 앤드 애플 파스타 $26 SITE scratch-hawaii.com

와이올리 키친 & 베이크 숍 Waioli Kitchen & Bake Shop

백 년 역사의 고풍스러운 건물에서 여유있게 브런치를 즐길 수 있는 곳이다. 스콘을 비롯한 대부분의 메뉴가 맛이 좋은 편으로 그중 로코모코가 가장 인기가 많다. 현지인들에게는 인기 있는 힐링 스폿으로 자리한다. 수입의 일부는 마약 치료를 받고 사회로 복귀한 이들을 위해 쓰인다고.

ADD 2950 Manoa Rd, Honolulu, HI 96822 OPEN 화-토 08:00-13:00 MENU 브렉퍼스트 샌드위치 $11.75, 베이컨 치즈 버거 $17 SITE waiolikitchen.com

포케 바 Poke Bar

건강한 한 끼를 맛볼 수 있는 곳으로 와이
키키 내 두 곳의 매장을 운영한다. 두 곳 다
접근성이 좋은 편이며, 매장 실내외에 테
이블이 있다. 주문은 사이즈 – 밥, 샐러드 –
사이드 – 포케(참치, 연어, 매운 참치, 문어
등) – 채소 – 소스 – 추가 토핑 순으로 진행
하면 된다.

ADD 226 Lewers St # L106, Honolulu,
HI 96815 OPEN 11:00-22:00
MENU 포케 2개/3개 선택
$16.90/18.90 SITE ilovepoke-
bar.com

마구로 브라더스 Maguro Brothers

일본인 형제가 운영하는 퓨전 일식당으로 2014년 오픈했다. 회덮밥 스타일의 포케와 회를 맛볼 수 있으며,
차이나타운과 와이키키 두 곳에서 매장을 운영한다. 차이나타운 매장은 오전, 오후에만 영업하며, 와이키
키 매장은 저녁 영업만 한다.

와이키키 ADD 2250 Kalakaua Avenue by, Royal Hawaiian Ave, Honolulu, HI 96815 OPEN 월-토 17:00-20:00
MENU 포케 $12.94부터, 회 $13.50부터 SITE magurobrothershawaii.com
차이나타운 ADD Maunakea Market Foodcourt, 1120 Maunakea St, Honolulu, HI 96817 OPEN 월-토 09:00-14:30
MENU 포케 $11.94부터, 회 $13.25부터

마구로 스폿 Maguro Spot

와이키키 포케 매장 중 터줏대감 같은 곳이다. 사이즈 – 포케 – 밥(스시 라이스 추천!) – 소스 – 토핑 순으로 주문한다. 스페셜 메뉴 중에서는 대표 메뉴인 레인보우가 가장 인기가 많다. 가격대가 저렴한 편으로 식사 때에는 대기줄이 길다. 매장 주변에 테이블이 마련되어 있다.

ADD 2441 Kūhiō Ave., Honolulu, HI 96815
OPEN 10:00-20:30 MENU 포케 스몰/미디엄/라지
$7/12/17

오노 씨푸드 Ono Seafood

하와이어로 '맛있다'는 뜻의 이름처럼 맛 좋은 포케를 선보이는 곳이다. 현지인들의 큰 사랑을 받는 곳으로 야외 테이블 세 개가 좌석의 전부라 대부분 포장 손님이다. 아히, 타코 포케가 인기 메뉴이다. 플레이트는 밥과 포케로만 구성되며 샐러드 등은 사이드 메뉴에서 추가로 구매해야 한다.

ADD 747 Kapahulu Ave, Honolulu, HI 96816
OPEN 화-토 09:00-16:00 MENU 포케 레귤러 $17
SNS 인스타그램 @ono.seafood

니코스 피어 38 Nico's Pier 38

해안가 항구 쪽에 자리한 해산물 전문 레스토랑이다. 포케는 오전 10시부터 맛볼 수 있는데 레스토랑이 아닌 피시 마켓 쪽으로 입장해야 한다. 점심과 저녁 메뉴가 다르니, 방문 전 잘 확인하는 것이 좋다. 세 가지 맛의 포케가 제공되는 포케 샘플러(디너), 후리카케 아히, 로코모코가 추천 메뉴로 꼽힌다.

ADD 1129 N Nimitz Hwy, Honolulu, HI 96817 OPEN 월-토 06:30-21:00, 일 10:00-21:00 MENU 로코모코 $15.50, 후리카케 아히 $17.50, 포케 샘플러 $23.50 SITE nicospier38.com

라퍼츠 하와이 Lappert's Hawaii

카우아이를 대표하는 수제 아이스크림 브랜드로 오아후 내 유일한 지점이다. 인공 첨가물이 하나도 들어가지 않은 순수 아이스크림을 선보이며 스쿱 또는 콘으로 주문할 수 있다. 시그니처 메뉴는 카우아이 파이, 바나나 퍼지, 우베 하우피아 등이다. 와플콘은 주문 즉시 구워서 제공한다.

ADD 2005 Kālia Rd, Honolulu, HI 96815
OPEN 07:00-18:00, 18:30-21:00
MENU 1/2스쿱 $5.79/6.79, 와플콘
$1.25 SITE lappertshawaii.com

헨리스 플레이스 Henry's Place

셔벗 스타일의 천연 과일 수제 아이스크림이 일품인 곳으로 매일 일정 수량만 만들어 판매한다. 종류마다 맛 앞에 'RL'이라고 적혀 있는데 이는 'Real Delicious'의 약자이다. 간단한 샌드위치와 과일도 구매할 수 있다. 현금 결제만 가능하다.

ADD 234 Beach Walk, Honolulu, HI 96815 OPEN 09:00-22:00 MENU 아이스크림
$9.55, 셔벗 $8.50 SNS 인스타그램 @henrysplacehi

행스 오트 도그 Hank's Haute Dogs

미 본토에서도 유명한 핫도그 맛집이다. 핫도그 종류만 13가지로 매일 스페셜 메뉴를 선보인다. 핫도그 외 햄버거와 사이드 메뉴도 갖추고 있다. 시카고, 칠리 도그가 인기 메뉴이다.

ADD 324 Coral St, Honolulu, HI 96813
OPEN 11:00-16:00 MENU 하와이안 $7.59,
시카고 도그 $8.95 SITE hankshautedogs.com

울룰라니 하와이안 세이브 아이스
Ululani's Hawaiian Shave Ice

마우이를 대표하는 세이브 아이스 브랜드로, 와이키키 지점이 하와이 전 섬을 통틀어 얼음 입자가 가장 곱다는 평이 있다. 50가지가 넘는 메뉴 가운데 할레아칼라, 선셋 비치, 노 카 오이 콤보가 베스트로 꼽힌다. 스노우 캡, 모찌를 추가하면 좋다. 카드 결제와 애플 페이만 가능하다.

ADD 909 Kapahulu Ave unit 4, Honolulu, HI 96816
OPEN 10:30-21:30 MENU 키즈/일반 $6.25/7.50
SITE ululanishawaiianshaveice.com

아일랜드 빈티지 세이브 아이스
Island Vintage Shave Ice

아일랜드 빈티지 커피에서 운영하는 덕분에 와이키키에서 가장 쉽게 만날 수 있다. 생과일로 만든 시럽을 사용한다는 것이 이곳만의 특징이다. 하와이안 레인보우, 헤븐리 릴리코이가 인기 메뉴로 꼽힌다. 단 키오스크 주문이라 카드 결제만 가능하다.

ADD 2201 Kalākaua Ave Kiosk B-1, Honolulu, HI 96815 OPEN 10:00-22:00 MENU 하와이안 레인보우 $10.95 SITE islandvintagecoffee.com

스위트 크림
Sweet Creams

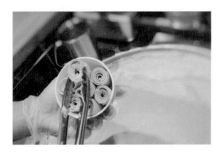

철판 아이스크림이라는 이색 디저트를 맛볼 수 있는 곳. 다양한 맛 가운데 개인 취향대로 주문할 수 있으며, 아이스크림을 만드는 장면을 직접 볼 수 있다. 철판에서 바로바로 얼려가며 만든 아이스크림이라 눈과 입 모두 절정의 시원함을 즐길 수 있다.

ADD 1430 Kona St #102, Honolulu, HI 96814
OPEN 일-목12:00-21:00, 금-토12:00-22:00 MENU 쿠키 앤드 크림, 스트로베리 쇼트케이크 케이키/레귤러 $6/7.25
SITE sweetcreamshawaii.com SNS 인스타그램 @ sweetcreams808

파이 카페 커피 & 아사이 볼스
Pai Cafe coffee & acai bowls

2023년 겨울 오픈한 곳으로, 직접 만든 그래놀라가 토핑된 아사이볼이 로컬과 여행자들에게 많은 사랑을 받고 있다. 템플(Temple) 로스터리 원두를 사용한 커피와 스콘류도 함께 판매하며, 벨벳 크림 콜드 브루, 마차 라떼가 시그니처다. 레오나즈 말라사다 인근에 위치한다.

ADD 755 Kapahulu Ave, Honolulu, HI 96816
OPEN 월-금 6:00-14:00, 토일 6:00-15:00
MENU 아사이볼 $13.50, 벨벳 크림 콜드 브루 $5
SNS @paicafekapahulu

바난 Banan

환경을 생각한 4명의 청년이 만든 디저트 브랜드이다. 90% 이상 현지 재료를 활용해 아이스크림을 만드는데 특히 하와이 바나나 산업을 지원한단다. 유제품을 사용하지 않고 설탕 같은 첨가물 대신 과일과 꿀로 단맛을 낸다. 와이키키와 카이무키 지역에서 두 곳의 매장을 운영 중이다. 파인애플 요트가 인기 메뉴로 꼽힌다.

ADD 2301 Kalākaua Ave, Honolulu, HI 96815 OPEN 09:00-20:00 MENU 파인애플 요트 $18, 컵/볼 $7/9 SITE banan.co

라메르 La Mer

오션 프런트 레스토랑에서 호화롭고 고급스러운 남 프랑스식 디너를 맛보자. 맛, 분위기 모두 뛰어나며 요 리 및 와인 추천 또한 훌륭하다. 단품, 코스 모두 주문 가능하다. 단 드레스 코드를 운영하니 참고하자.

ADD 2199 Kālia Rd, Honolulu, HI 96815 OPEN 화-토 17:30-20:30 MENU 파인애플 처트니를 곁들인 푸아그라 $52, 푸아그라를 곁들인 소고기 필레 $75 SITE halekulani.com/dining/la-mer

오키즈 Orchids

지중해식 요리와 해산물로 근사한 다이닝을 즐길 수 있는 오션 프런트 레스토랑으로 맛 은 물론 풍경과 분위기까지 뛰어나다. 조식 및 브런치를 즐기기에도 제격이다. 일요일 브런 치 뷔페가 유명하다. 드레스 코드를 운영한다.

ADD 2199 Kālia Rd, Honolulu, HI 96815 OPEN 07:00-13:30, 11:30-13:30, 17:30-21:00 MENU 홍합 사프론 리소토 $46, 그릴드 블랙 타이거 프론 $48 SITE halekulani.com/dining/orchids

셰프 차이 Chef Chai

아시아 퓨전 요리를 선보이는 레스토랑으로 현
지인들의 많은 사랑을 받고 있다. 오너 셰프인
차이 차오와사리(Chai Chaowasaree)는 하와
이 최고의 셰프로 꼽히는 인물로 하와이 지역
요리 셰프 2세대 모임인 HIC(Hawaii Island
Chefs)를 설립해 업계를 이끌고 있다. 보름달
이 뜨는 날 콘서트와 식사를 함께 즐길 수 있는
프로그램(Full Moon Concert)도 꽤 흥미롭다.

ADD 1009 Kapiolani Blvd, Honolulu, HI 96814
OPEN 수-일 16:00-22:00 MENU 콤비네이션 애피타이
저 플래터 $58, 필레 미뇽 $65 SITE chefchai.com

엠더블유 레스토랑 MW Restaurant

하와이안 항공 호놀룰루-인천 노선의 기내식을 책임지는 셰프 웨이드 우에오카(Wade Ueoka)와 미셸 카
우에오카(Michelle Karr-Ueoka) 부부의 이름을 딴 레스토랑이다. 근사한 하와이안 퓨전 요리를 맛볼 수
있으며 디저트만 해도 유명세가 대단하다. 런치에는 테이크아웃만 가능하다.

ADD 888 Kapiolani Blvd, Commercial Unit, Suite 201, Honolulu, HI 96813 OPEN 월, 토 17:00-21:00, 화-금
11:00-14:00, 17:00-21:00 MENU 파에야 $60, 립 아이 $79 SITE mwrestaurant.com

세니아 Senia

유명 셰프인 크리스 카지오카(Chris Kajioka)와 앤서니 러시(Anthony Rush)가 오픈한 아메리칸 퓨전 스타일의 파인 다이닝 레스토랑이다. 맛은 물론 감각적인 플레이팅으로 미식가들의 많은 사랑을 받고 있으며, 드레스 코드가 따로 없어 편안한 분위기를 즐기기에도 좋다. 단 주차장이 없어 근처 유료 주차장을 이용해야 한다.

ADD 75 N King St, Honolulu, HI 96817 OPEN 화-토 17:30-21:30 MENU 호박 퓌레를 곁들인 가리비 $38, 3종 오리 요리(2-4인용) $130 SITE restaurantsenia.com

미셀스 앳 더 콜로니 서프
Michel's at the Colony Surf

1962년 오픈한 오션 프런트 레스토랑이다. 하와이 현지식과 정통 유럽 요리를 접목한 요리를 선보인다. 시그니처는 로브스터 비스크 아 라 미셸스이며 와인 큐레이팅이 훌륭한 곳으로도 손꼽힌다. 현지인, 여행객 모두에게 사랑받는 곳으로 드레스 코드를 운영한다.

ADD 2895 Kalākaua Ave, Honolulu, HI 96815 OPEN 일-목 17:00-21:00, 금-토 17:00-21:30 MENU 테이스팅 메뉴 $130 SITE michelshawaii.com

로이스 와이키키 Roy's waikiki

하와이 요리의 1인자 로이 야마구치의 레스토랑이다. 하와이안과 일식의 퓨전 요리를 선보이며 해산물 요리가 다양한 편이다. 'R' 심볼이 있는 메뉴는 오픈 때부터 유지해온 클래식 메뉴이자 가장 유명한 메뉴이다. 카이 매장은 로컬들이 주로 방문한다. 파인 다이닝이지만 분위기가 다소 캐주얼한 편이라 드레스 코드가 엄격하지 않다.

와이키키 ADD 226 Lewers St, Honolulu, HI 96815 OPEN 16:30-21:30 MENU 크랩 케이크 $30, 마카다미아 넛 마히마히 $46
카이 ADD 6600 Kalaniana'ole Hwy Suite 110, Honolulu, HI 96825 OPEN 일-목16:30-21:00, 금-토 16:30-21:30 MENU 크랩 케이크 $30, 카누 샘플러 $40 SITE royyamaguchi.com

호쿠스 Hoku's

태평양이 내려다보이는 낭만적인 풍경을 만끽하며 오아후 출신 셰프 에릭 오토(Eric Oto)의 우아한 요리들을 맛볼 수 있다. 와인 리스트 구성이 훌륭한 편이다.

ADD 5000 Kahala Ave, Honolulu, HI 96816 OPEN 화-토 17:30-20:30, 일 09:00-13:30 MENU 카할라 그랜드 테이스팅 $185, 브런치 뷔페 $110 SITE hokuskahala.com

페테 Fete

2022 제임스 비어드 어워드 노스웨스트 & 퍼시픽 셰프상 수상자인 셰프 로빈 마이의 아메리칸 모던 레스토랑으로 현지인들에게 인기 만점인 곳이다. 한국식 치킨 등 친숙한 메뉴가 있는데 한국인인 셰프의 어머니에게서 영향을 받은 것이라고 한다. 지역 내에서 공수하는 제철 메뉴로 팜 투 테이블 메뉴를 선보이며 비건 메뉴도 있다. 예약 추천.

ADD 2 N Hotel St, Honolulu, HI 96817 OPEN 월-토 11:00-21:00 FARE 바질 샐러드 $18, 코리안 프라이드 치킨 $15, 카르보나라 $25 SITE fetehawaii.com

53 바이 더 씨 53 By The Sea

항구 앞에 자리한 레스토랑으로, 바다와 함께 다이아몬드 헤드까지 펼쳐진 풍광을 자랑하는 덕분에 웨딩 하우스 및 모임 장소로도 인기가 많다. 샌드위치, 파스타 등의 브런치 메뉴와 해산물, 스테이크 등의 디너 메뉴 모두 수준급의 맛을 자랑한다. 와이키키를 조망하며, 조용하고 여유로운 분위기에서 식사를 즐길 수 있다.

ADD 53 Ahui St, Honolulu, HI 96813 OPEN 화-토 17:00-21:30, 일 10:00-13:30, 17:00-21:30 MENU 브렉퍼스트 샌드위치 $22, 립 아이 $85 SITE 53bythesea.com

페스카 PESCA

일리카이 호텔에 위치한 지중해식 씨푸드 레스토랑이다. 전용 엘리베이터를 이용해 레스토랑이 있는 29층까지 한번에 이동할 수 있다. 런치에도 코스 요리를 운영한다. 대부분 코스 요리가 해산물 위주로 구성되어 있는 만큼 육류를 선호한다면 일반 스테이크 메뉴를 추천한다. 노을 맛집으로도 인기다.

ADD 1777 Ala Moana Blvd Sky Floor, Honolulu, HI 96815 OPEN 07:00-22:30 MENU 런치 코스 Prix Fixe $38, 클래식 버거 $12.99 필레 미뇽 $89 SITE pescawaiki kibeach.com

메리맨즈 호놀룰루
Merriman's Honolulu

하와이 1세대 셰프인 피터 메리맨이 신선한 재료로 최상의 퀄리티를 끌어낸 요리를 선보인다. 매장에서 사용하는 다양한 재료는 직접 재배한 것들을 사용하며 해산물, 육류 등의 재료는 90% 이상 현지에서만 공수한다. 런치와 디너를 운영한다.

ADD 1108 Auahi St #170, Honolulu, HI 96814 OPEN 11:00-21:00 MENU 로브스터 팟 파이 $69, 오가닉 치킨 $52 SITE merrimanshawaii.com/honolulu

이팅 하우스 1849 바이 로이 야마구치
Eating House 1849 by Roy Yamaguchi

'매일의 행복, 행복한 삶(Esposa feliz, vida feliz)'이라는 슬로건 아래 아시아 퓨전 스타일 요리를 선보이는 로이 야마구치의 캐주얼 레스토랑이다. 몽골리안 BBQ 백 립, 스파이시 라멘, 수제 버거가 베스트 메뉴이다. 카우아이에도 매장이 있다.

ADD 2330 Kalākaua Ave #322, Honolulu, HI 96815 OPEN 월-금 16:00-21:00, 토-일 13:30-14:00, 16:00-21:00 MENU 파파야 스튜 $46, 마히마히 $45 SITE royyamaguchi.com/eatinghouse1849-waikiki

하이스 스테이크 하우스 Hy's Steak House

하와이 3대 스테이크 하우스 중 하나로
1976년 오픈했다. 전통 아메리칸 레스토랑
으로 고풍스러운 인테리어와 분위기가 인
상적이다. 스테이크 재료로서 가장 우수한
USDA 프라임 비프를 사용하는데, 특히 필
레 미뇽은 하와이 최고라는 평가다. 드레스
코드를 운영한다.

ADD 2440 Kūhiō Ave., Honolulu, HI 96815
OPEN 17:00-21:00 MENU 필레 미뇽 $85, 갈릭
스테이크 $89 SITE hyswaikiki.com

울프강 스테이크 하우스 Wolfgang's Steakhouse

미국은 물론 우리나라에서도 인지도가 높은 스테이크
전문점으로 이곳 역시 하와이 3대 스테이크 하우스 중
하나로 꼽힌다. 자체 드라이 에이징 공법으로 숙성한 프
라임 등급의 앵거스 비프만 사용한다. 시그니처 메뉴는
포터하우스 스테이크이다. 한국어 메뉴를 제공하며 캐
주얼 수트 정도의 드레스 코드를 운영한다. 조식과 해
피 아워의 단품 메뉴도 훌륭하다.

ADD 2301 Kalākaua Ave, Honolulu, HI 96815 OPEN 일-목
07:00-22:30, 금-토 07:00-23:00 MENU 디너 스테이크 2/3인
$208/314 SITE wolfgangssteakhouse.jp/waikiki

더 시그니처 프라임 스테이크 & 씨푸드
The Signature Prime Steak & Seafood

알라모아나 호텔 36층에 있어 하와이 최고의 스카이 뷰를 자랑하는 스테이크 맛집이다. 스테이크를 기본으로 해산물 요리도 선보인다. 시그니처 메뉴는 프라임 립 아이와 프라임 뉴욕 스트립이다. 캐주얼 수트 정도의 드레스 코드를 운영한다.

ADD 410 Atkinson Dr Hotel, 36th Floor, Honolulu, HI 96814 OPEN 16:30-22:00 MENU 프라임 립 아이, 프라임 뉴욕 스트립 $65.95 SITE signatureprimesteak.com

스트립 스테이크 와이키키 StripSteak Waikiki

미슐랭 스타 셰프인 마이클 미나가 운영하는 모던 스타일 스테이크 하우스이다. 최고급 스테이크를 비롯해 해산물 요리까지 즐길 수 있다. 스테이크에는 일본, 호주, 미국산 소고기를 사용하는데 와규, 토마호크가 가장 인기가 많다. 더욱이 와인 전문 매거진에서 선정하는 미국 내 베스트 100대 와인 레스토랑에 오를 정도로, 이곳의 수제 칵테일 및 와인 셀렉션은 세계 최고 수준이라는 평가를 받고 있다. 캐주얼 수트 정도의 드레스 코드를 운영한다.

ADD 2330 Kalākaua Ave #330, Honolulu, HI 96815 OPEN 일-목 17:00-21:00, 금-토 17:00-22:00 MENU 토마호크 립 아이 $195 SITE michaelmina.net/restaurants/stripsteak/waikiki

루스 크리스 스테이크 하우스 Ruth's Chris Steak House

하와이 3대 스테이크 하우스 중 마지막 한 곳으로, 미국 USDA 프라임 등급의 스테이크를 루스 크리스만의 숙련된 기술로 숙성한 후 자체적으로 만든 오븐에서 완벽하게 구워 선보인다. 시그니처 메뉴는 필레, 본 인 필레이다. 캐주얼 수트 정도의 드레스 코드를 운영한다.

ADD 226 Lewers Street, Waikiki, HI 96815 OPEN 월-목 16:00-22:00, 금-토 16:00-22:30, 일 16:00-21:00
MENU 필레 $68, 본 인 필레 $85 SITE ruthschris.com

알로하 스테이크 하우스 Aloha Steak House

캐주얼한 분위기의 스테이크 전문점으로 가성비가 좋다. 토마호크가 인기 메뉴이다. 정해진 양만 판매하기 때문에 오후 7시 방문해도 토마호크 솔드 아웃되는 경우 많다.

ADD 364 Seaside Ave 1st Floor, Honolulu, HI 96815 OPEN 17:00-21:30
MENU 토마호크 32/40/46(oz) $120/155/200 SITE alohasteakhousewaikiki.com

타오르미나 시칠리안 퀴진 Taormina Sicilian Cuisine

시칠리아의 마을 이름인 가게 이름에서부터 알 수 있듯, 로맨틱한 분위기에서 시칠리아 음식을 맛볼 수 있는 레스토랑이다. 런치와 디너 코스를 운영하며 직접 만드는 프레시 파스타가 인기 메뉴로 꼽힌다. 하와이에서 가장 많은 이탈리아 와인을 보유한 곳으로도 알려져 있다.

ADD 227 Lewers St, Honolulu, HI 96815
OPEN 11:00-14:00, 17:00-21:00 MENU 4코스
테이스팅 메뉴 $82, 씨푸드 페스카토레 $39 SITE taorminarestaurant.com

팀 호 완 Tim Ho Wan

전 세계에서 가장 저렴한 미슐랭 맛집이라 불리는 딤섬 전문점이다. 시그니처 메뉴로는 비비큐 포크 번, 창펀 등이 있으며, 하와이 한정 요리와 음료도 맛볼 수 있다.

ADD 2233 Kalākaua Ave suite b-303, Honolulu, HI 96815 OPEN 11:00-21:00 MENU 비비큐 포크 번 $8.50, 창펀 $7.75 SITE timhowanusa.com

츠루동탄 Tsurutontan

일본 유명 우동 브랜드의 하와이 지점이다. 양이 많은 것으로도 유명한데, 사용하는 그릇의 크기부터 상당하다. 츠루동탄 디럭스 우동이 인기 1위 메뉴이며 런치 세트도 추천한다. 해피 아워도 운영한다.

ADD 2233 Kalākaua Ave B310, Honolulu, HI 96815
OPEN 월-금 11:00-14:00, 16:30-21:00(해피 아워 16:30-17:30) 토-일 11:00-21:00(해피 아워 11:00-17:30)
MENU 츠루동탄 디럭스 우동 $28 SITE tsurutontan.com

마루가메 우동 Marugame Udon

가성비 만점 우동 전문점으로 식사 시간마다 긴 대기줄이 기본인 곳이다. 주문 방식이 서브웨이와 비슷한데, 사이즈와 면(온면/냉면), 사이드 메뉴를 고르고 계산한 후 자리에 앉으면 된다. 다운타운 매장은 와이키키 매장보다 쾌적하고 점심시간을 제외하면 대기줄이 없는 편이라 편하게 방문할 수 있다.

와이키키 **ADD** 2310 Kūhiō Ave., Honolulu, HI 96815
OPEN 10:00-21:30
다운타운 **ADD** 1104 Fort St Mall, Honolulu, HI 96813
OPEN 월-토 10:00-19:00, 일 10:00-16:00
MENU 우동 $5.50,니쿠타마 우동 $10.25, 커리 우동 $8.50
SITE marugameudon.com

타나카 오브 도쿄 Tanaka of Tokyo

일본식 철판 요리 전문점이다. 온갖 재료를 철판 위에서 볶거나 구워내는데 철판 테이블을 중심으로 배치된 좌석에서 주방장의 화려한 손놀림과 쇼 퍼포먼스를 즐길 수 있어 눈과 입 모두 즐겁다. 메뉴에서 해산물 혹은 소고기 종류만 선택하면 된다.

센트럴 **ADD** 2250 Kalākaua Ave 3rd Fl, Honolulu, HI 96815 **OPEN** 17:00-21:00 **MENU** 립 아이 스테이크 $45.75 부터, 씨푸드 콤비네이션 $61.50 **SITE** tanakaoftokyo.com

스틱스 아시아 STIX ASIA

와이키키 쇼핑 플라자 지하 1층에 자리한 푸드 홀이다. 한국 음식을 비롯해 일본, 중국, 대만 등 다양한 메뉴를 선보이는 음식점 17곳이 자리한다. 떡볶이, 김밥에서부터 무스비, 소바, 국수, 라멘, 우동, 초밥 등 친숙한 음식을 맛볼 수 있다.

ADD 2250 Kalākaua Ave Lower Level 100, Honolulu, HI 96815 **OPEN** 11:00-22:00
SITE stixasia.com

슬라이스 오브 와이키키 Slice of Waikiki

현지인들의 많은 사랑을 받는 포장 전문 피자 매장으로 피자와 치킨 윙 종류를 선보인다. 우리 입맛에는 다소 짜게 느껴질 수 있지만 맥주랑 함께 먹으면 정말 맛이 좋다. 테이크아웃이 대부분이지만, 매장이 위치한 호텔(오하나 말리아 바이 아웃리거) 내 1층 스포츠 펍에서도 먹을 수 있다.

ADD 2211 Kūhiō Ave., Honolulu, HI 96815 OPEN 13:00-22:00 MENU 치즈 피자 조각/파이 $6.50/32, 수프림 $8/38 SITE sliceofwaikiki.com

키킨 케이준 Kickin Kajun

다양한 해산물을 매콤한 소스에 머무려 먹는 보일링 크랩 전문점이다. 해산물 종류는 물론 소스와 맵기도 선택할 수 있다. 2인 이상이라면 콤보 메뉴를 추천한다. 영수증 내역에 봉사료가 포함되어 있어 (15%) 별도의 팁을 낼 필요가 없다.

ADD 655 Ke'eaumoku St Ste 101, Honolulu, HI 96814 OPEN 11:00-21:00 MENU 스노 크랩 콤보 $69, 6파운더 $177 SITE kickin-kajun.com

카라이 크랩 Karai Crab

로컬 씨푸드 맛집으로, 다양한 해산물을 케이준 스타일로 조리한 보일링 크랩이 대표 메뉴이다. 사이드로 주문할 수 있는 메뉴가 많아 현지인들에게 인기가 많다.

ADD 1314 S King St STE G2, Honolulu, HI 96814 OPEN 월, 수-목 16:00-21:00, 금 14:00-22:00, 토-일 17:00-21:00 MENU 보일링 크랩 샘플러 $129, 미소 사케 클램 $19 SITE karaicrab.com

사이드 스트리트 인 온 다 스트립 Side Street Inn On Da Strip

미국 가정식을 선보이는 캐주얼 레스토랑으로 현지인들과 여행객들에게 인기가 대단하다. 가격 대비 양이 많아 가성비로 접근하거나 일행이 많을 때 들르기 좋다. 우리 입맛에는 다소 짜다고 느낄 수 있으니, 주문 시에 'Less salty' 요청을 잊지 말자. 예약 추천.

ADD 614 Kapahulu Ave #100, Honolulu, HI 96815
OPEN 월-금 16:00-21:00, 토-일 11:00-21:00 MENU 시그니처 갈릭 치킨, 비비큐 베이비 백 립 $26 SITE side-streetinn.com

지나스 바비큐
Gina's Barbeque

1991년 오픈 이래 현지인들에게 큰 사랑을 받고 있는 한식 플레이트 전문점이다. 갈릭 치킨, 김치 볶음밥, 토마토 크로켓 등 다양한 메뉴가 눈길을 끄는데 양도 푸짐하고 맛도 좋아 어떤 메뉴를 고르든 실패 확률이 적다. 포장 손님이 대부분으로, 72번 도로 드라이브나 비치 방문 시 들르면 좋다.

ADD 2919 Kapiolani Blvd, Honolulu, HI 96826
OPEN 10:00-21:00 MENU 세트 메뉴 $12.5.부터, 갈비 콤보 스몰/미디엄/라지 $47/74/145 SITE ginasbbq.com

포 비스트로 2
Pho Bistro 2

로컬이 추천하는 와이키키 베트남 쌀국수 맛집으로 로컬들은 해장을 위해 쌀국수를 먹기도 한다. 시원한 소고기 육수는 한국인의 입에도 잘 맞는다. 포 종류가 다양하며 사이즈 선택 가능하다. 밥 메뉴도 있어 아이 동반 가족여행자에게도 제격이다.

ADD 1694 Kalākaua Ave # C, Honolulu, HI 96826
OPEN 10:30-15:00 16:30-20:00 MENU 하우스 스페셜 포 콤보 R/L $17.45/18.45 분짜 $14.95

몽키팟 키친 와이키키 Monkeypod Kitchen Waikiki

셰프 피터 메리맨이 운영하는 캐주얼 펍으로 올 데이 다이닝이라 다양한 시간대에 방문할 수 있어 좋다. 와이키키 지점은 2023년 여름에 새롭게 오픈했으며, 오션 프런트인 덕분에 환상적인 분위기까지 만끽할 수 있다.

ADD 2169 Kālia Rd unit 111, Honolulu, HI 96815 OPEN 07:00-23:00 MENU 칵테일 $18, 포케 타코 $25 SITE monkeypodkitchen.com

더 비치 바
The Beach Bar

오션 프런트 테라스에서 낭만과 평화를 즐길 수 있는 곳으로 클래식한 여유가 넘친다. 1904년 호텔 앞마당에 옮겨놓은 큰 반얀 트리 아래에서 즐기는 술 한 잔이 더없이 멋스럽다. 매일 저녁 6-9시에는 라이브 공연이 열린다.

ADD 2365 Kalākaua Ave, Honolulu, HI 96815 OPEN 11:00-22:30 MENU 칵테일 $18부터, 훌리훌리 치킨 $32 SITE beachbarwaikiki.com

토미 바하마 바
Tommy Bahama Bar

리조트룩 브랜드인 토미 바하마에서 운영하는 레스토랑 겸 펍이다. 2층은 레스토랑, 3층은 펍으로 루프톱에는 마치 모래에 발을 묻고 바다에 있는 것처럼 편하게 즐길 수 있는 좌석이 마련돼 있다.

ADD 298 Beach Walk Suite 137, Honolulu, HI 96815 OPEN 12:00-21:00 MENU 코코넛 쉬림프 $16/21, 코나 커피 립 아이 $54, 파인애플 크림 브륄레 $13 SITE tommybahama.com

루어스 라운지
Lewers Lounge

할레쿨라니 호텔 1층에 자리한 바로 하루에 두 번 라이브 공연이 열린다(화-토 20:30~자정, 일·월 20:00~22:30) 엄격한 드레스 코드를 적용하기 때문에 비치 웨어를 비롯한 운동복, 슬리퍼 착용 시에는 입장할 수 없다.

ADD 2199 Kālia Rd, Honolulu, HI 96815 OPEN 화-토 17:00-24:00 MENU 시그니처 칵테일 $24, 클래식 칵테일 $22 SITE halekulani.com/dining/lewers-lounge

하드록 카페
Hard Rock Cafe

대표적인 아메리칸 스타일 레스토랑으로 조식부터 디너, 펍까지 다양한 시간대에 다양한 메뉴를 유쾌하게 즐길 수 있다. 1층에서 2층 올라가는 길을 장식한 기타가 시선을 사로잡는다. 저녁 라이브 공연과 하와이 한정 메뉴를 놓치지 말 것.

ADD 280 Beach Walk, Honolulu, HI 96815 OPEN 일-목 10:00-22:00, 금-토 10:0-23:00 MENU 스테이크 샐러드 $23.99, 컨트리 버거 $17.99 SITE hardrockcafe.com/location/honolulu

야드 하우스 Yard House

100여 가지의 전 세계 생맥주를 선보이는 미국 유명 체인 레스토랑 겸 바이다. 가장 큰 사이즈의 생맥주를 주문하면 45m 길이의 잔에 담아져 나오는데 가히 장관이다. 아히 포케 나초가 인기 메뉴로 꼽힌다. 한국어 메뉴를 갖추고 있으며, 대기 시 진동벨로 안내하기 때문에(현지 전화번호가 없을 시) 편리하다. 단 전화 예약만 가능하다.

ADD 226 Lewers St, Honolulu, HI 96815 OPEN 일-목 11:00-다음 날 01:00, 금-토 11:00-다음 날 01:20 MENU 로컬 비어 $7.99부터, 코리안 립 아이 $43.99 SITE yardhouse.com

OH! MY TIP

예약과 해피 아워
파인 다이닝 레스토랑은 예약 없이 방문하기 어렵기 때문에, 일정이 정해지면 예약 사이트나 홈페이지, 전화를 통해 예약하는 것이 좋다. 또한 파인 다이닝, 레스토랑, 펍은 해피 아워 제도를 운영한다. 오후 일정한 시간(주로16:00-18:00)에 1+1이나 반값 행사 등을 진행하는 것으로, 다양한 메뉴를 저렴하게 맛보고 싶다면 이를 공략하는 것도 방법이다. 정확한 시간은 매장마다 다르니 방문 전에 확인하자.

아일랜드 빈티지 와인 바 Island Vintage Wine Bar

아일랜드 빈티지 커피에서 운영하는 와인 바로 캐주얼한 분위기에서 쾌적하게 와인을 즐길 수 있다. 와인 종류, 맛, 가격 모두 만족스러운 편이다. 수제 맥주, 사케는 물론 아사이 볼 등의 음식까지 다양하게 맛볼 수 있다. 아침 일찍 오픈하기 때문에 조식, 브런치 타임에 아일랜드 빈티지 커피의 대기줄이 길다면 이곳을 방문해보자. 예약 추천.

ADD 2301 Kalākaua Ave, Honolulu, HI 96815
OPEN 07:00-22:00 MENU 와규 버거 $24.95, 버섯 샌드위치 $19.95, 칵테일 $16, 글라스 $12부터 보틀 $39 SITE islandvintagewinebar.com

듀크스 와이키키
Dukes Waikiki

활기차고 캐주얼한 분위기의 해산물 전문 레스토랑으로 식사부터 칵테일까지 모든 메뉴를 맛볼 수 있다. 조식 런치 뷔페, 화요일 타코 데이, 목요일 프라임 립 뷔페 등 구성이 다양하다. 디저트 중에서는 마우이 키모스 오리지널 훌라 파이, 칵테일로는 듀크스 마이 타이가 인기가 많다. 식사할 예정이라면 예약하는 것이 좋다.

ADD 2335 Kalākaua Ave #116, Honolulu, HI 96815
OPEN 07:00-24:00 MENU 키모스 오리지널 훌라 파이 $14, 목요일 립 뷔페 $64 SITE dukeswaikiki.com

블루 노트 하와이
Blue Note Hawaii

글로벌 재즈 클럽인 블루 노트의 하와이 지점으로, 무대와 좌석 간의 거리가 가까워 라이브 재즈를 감상하기 가장 좋은 곳으로 꼽힌다. 세계 유수의 아티스트는 물론 하와이의 유명 아티스트 공연을 접할 수 있다. 공연 예매는 홈페이지에서 할 수 있고, 공연 예약과 별도로 인당 최소 $10 가량의 메뉴를 주문해야 한다.

ADD 2335 Kalākaua Ave, Honolulu, HI 96815
OPEN 10:00-21:00 MENU 미소 진저 마히 마히 $39, 프라임 립 $58 SITE bluenotejazz.com/hawaii

SHOPPING

듀크스 마켓플레이스 Duke's Marketplace

와이키키의 작은 골목에 위치한 상점가로 작은 상점 여러 곳이 모여 있다. 알로하 셔츠를 비롯한 하와이 기념품 위주로 판매한다. 일부 제품은 마트보다 저렴하게 구매할 수 있지만 가격 흥정은 필수다.

ADD 5 Dukes Ln, Honolulu, HI 96815 OPEN 09:00-23:00 SITE dukesmarketplace.com

아일랜드 슬리퍼 Island Slipper

1946년에 오픈한 로컬 브랜드이다. 하와이 현지 문화와 전통을 담은 100% 하와이 산 수제품들을 만나볼 수 있다. 하와이의 색과 자연을 담은 슬리퍼를 비롯해 모자, 가방, 셔츠 등을 선보인다.

ADD 2201 Kalakaua Avenue, A211 Building A Floor 2, Honolulu, HI 96815 OPEN 10:00-21:00 SITE shop.islandslipper.com

뉴트 앳 더 로열
Newt At the Royal

파나마 햇의 레전더리 매장이다. 하와이를 방문한
유명 인사들이 반드시 들르는 곳으로도 유명하다.
전 세계에 스무 명도 남지 않은 장인이 만든 페도라
를 구입할 수 있으며, 일부 의류도 판매한다.

ADD 2259 Kalākaua Ave, Honolulu, HI 96815
OPEN 10:00-21:00 SITE newtattheroyal.com

소하 리빙
SoHa Living

하와이 관련 소품들을 판매하는 전문 숍이다. 기념
품으로 구입하기 좋은 아이템들이 모여 있다. 인테
리어용 소품, 장식용품들이 많아 눈길을 끈다. 소
하는 'South of Hawaii'의 줄임말이다.

비치 워크 ADD 226 Lewers St 145, Honolulu, HI 96815
OPEN 10:00-21:00 SITE sohaliving.com

모니 Moni

하와이의 햇볕에 그을린 구릿빛 피부의 스누피 캐
릭터 굿즈를 선보이는 매장이다. 에코백, 핸드폰 케
이스, 비치 타월 등 여러 제품을 판매하고 있다. 하
와이에서만 볼 수 있는 스누피 캐릭터 숍인 만큼
놓치기 아쉽다. 와이키키에 두 곳의 매장이 있다.

모아나 ADD 2365 Kalakaua Ave, Honolulu, HI 96815
OPEN 10:00-21:00 SNS 인스타그램 @monihonolulu
쉐라톤 ADD Sheraton, 2255 Kalākaua Ave #5
OPEN 10:00-21:00

스누피 서프숍
Snoopy's Surf shop

서핑하는 스누피와 친구들을 만날 수 있는 숍으로
다이아몬드헤드, 할레이바 두 곳에 매장이 있다. 셔
츠, 키링, 에코백 등 다양한 제품이 있으며 하와이
에서만 구매 가능한 것들이다. 다이아몬드헤드 숍,
노스쇼어 숍 에디션 제품도 있다.

ADD 3302 Campbell Ave, Honolulu, HI 96815
OPEN 10:00-16:00

호놀룰루 쿠키 Honolulu Cookie Company

하와이 여행 선물로 유명한 파인애플 모양의 쿠키를 선보인다. 마카다미아, 초콜릿, 커피, 릴리코이 등 20여 가지 맛이 마련돼 있으며, 세트 상품을 고르거나 셀프 패키지를 만들 수 있어 좋다. 와이키키에만 10곳의 매장을 운영한다.

알라모아나 센터 ADD 1450 Ala Moana Blvd, Honolulu, HI 96814 OPEN 10:00 20:00 SITE honolulucookie.com

와이키키 크리스마스 스토어 Waikiki Christmas Store

크리스마스 오너먼트 매장이다. 블루 크리스마스를 지내는 와이키키에서만 만날 수 있는 오너먼트로 선보이며, 일부 제품에는 각인 서비스도 제공한다. 한여름의 산타와 친구들의 아기자기함에 시선을 절로 빼앗길지도 모른다. 시그니처 아이템은 블루 산타이다.

ADD 2005 Kālia Rd, Honolulu, HI 96815 OPEN 09:00-21:00

카할라 몰 Kahala Mall

카할라 지역에 위치한 쇼핑몰로 메이시스, 홀푸드 마켓을 비롯해 하와이다운 주방 도구를 판매하는 컴플리트 키친(The Compleat Kitchen), 오락실인 펀 팩토리(Fun Factory)부터 맛집, 영화관까지 입점해 있어 한번에 다양한 쇼핑을 즐길 수 있다.

ADD 4211 Waialae Ave, Honolulu, HI 96816 OPEN 월-토 10:00-21:00, 일10:00-18:00 SITE kahalamall-center.com@aloha_cafe_pineapple_hawaii

돈키호테 Don Quijote

24시간 문을 여는 일본의 대형 잡화점으로 하와이 기념품뿐만 아니라 일본 제품까지 다양하게 갖춰져 있다. 조리 음식 코너도 잘 마련되어 있어 편리하다.

ADD 801 Kaheka St, Honolulu, HI 96814 OPEN 24시간 SITE donquijotehawaii.com

월마트 Walmart

미국 대형 할인 마트로 하와이 기념품과 의류, 식품, 약품 등 다양한 상품을 판매한다(육류, 해산물 등 일부 신선식품 제외). 특히 기념품 코너가 잘 갖춰져 있어, 코스트코를 제외하면 기념품을 가장 저렴하고 다양하게 구입할 수 있다. 오아후 시내 중심으로 6곳의 매장이 있다.

호놀룰루 스토어 ADD 700 Keeaumoku St, Honolulu, HI 96814 OPEN 06:00-23:00 SITE walmart.com

워드 빌리지 Ward Village

쇼핑과 문화를 함께 즐길 수 있는 복합문화 공간으로 4개의 쇼핑몰이 모여 있어 로컬들이 주로 찾는다. 현지 브랜드부터 국외 브랜드까지 두루 입점해 있다. 단층 건물이 연결되어 있고 블록별로 쇼핑 공간이 나뉘기 때문에, 방문하고 싶은 매장이 있다면 미리 위치를 확인해두는 것이 좋다.

ADD 1240 Ala Moana Blvd #200, Honolulu, HI 96814 OPEN 일-목 11:00-18:00, 금-토 11:00-19:00 SITE wardvillage.com/shopping

홀푸드 마켓
Whole foods Market

미국의 유기농 전문 마켓 브랜드로 하와이 매장의 경우 하와이 한정 아이템(제품에 'Local' 표시가 되어 있음)이 많아 쇼핑의 재미를 더한다. 간단한 도시락에서부터 생선, 과일, 베이커리 등 갖가지 제품을 갖추고 있지만 가격이 일반 마켓 대비 비싼 편이다. 오아후에서는 3곳(카할라, 카카아코, 카일루아)의 매장을 운영 중이다.

카할라 <u>ADD</u> 4211 Wai'alae Ave Ste 2000, Honolulu, HI 96816 <u>OPEN</u> 07:00-22:00 <u>SITE</u> wholefoodsmarket.

파타고니아
Patagonia

미국의 친환경 패션 브랜드이다. 다양한 제품들 가운데 하와이 느낌이 물씬 나는 디자인의 옷이 인기가 많다. 오아후의 매장 두 곳 중 할레이바 매장이 훨씬 더 많은 제품을 보유하고 있다. 호놀룰루 카카아코 매장은 쾌적한 편이고 할레이바 매장은 운치가 있어 매력적이다.

<u>ADD</u> 535 Ward Ave, Honolulu, HI 96814
<u>OPEN</u> 10:00-19:00 <u>SITE</u> patagonia.com

SALT 앳 아워 카카아코 SALT At Our Kaka'ako

카카아코를 찾는 이들이라면 빼놓지 않고 방문하는 작은 쇼핑몰이다. 카페, 맛집을 비롯해 카메라 전문점인 트리하우스(Treehouse), LP 전문점 헝그리 이어 레코드(Hungry Ear Records) 등 알찬 가게들이 입점해 있다.

<u>ADD</u> 691 Auahi St, Honolulu, HI 96813 <u>OPEN</u> 월-금 04:30-다음 날 02:00, 금-토 05:00-다음 날 2:00(매장마다 상이) <u>SITE</u> saltatkakaako.com

H 마트 카카아코 H Mart Kaka'ako

미국 최대 한인 마트의 카카아코 지점이다. 한국 마트를 옮겨온 듯 정육, 수산물에서부터 밑반찬까지 없는 게 없다. 푸드 코트에는 한식, 통닭을 비롯해 지오반니 등 8개 매장이 입점해 있다. 주차장 입구가 눈에 띄지 않을 수 있으니 렌터카 이용 시 정확한 주소를 입력하자.

ADD 458 Keawe St floor 2, Honolulu, HI 96813 OPEN 08:00-22:00 SITE hmart.com

로스 드레스 포 레스 Ross Dress for Less

미국 최대 할인 소매 체인점으로 오아후에만 20개 이상의 매장이 있다. 우리나라 여행자들 사이에서도 '캐리어=로스'로 알려져 있을 만큼 유명해. 창고형 매장에서 의류, 신발, 패션 잡화 등 다양한 상품들을 득템할 수 있다. 단 시간 투자가 필요할 수 있다.

와이키키 ADD 333 Seaside Ave, Honolulu, HI 96815 OPEN 08:00-23:00 SITE rossstores.com

타깃 Target

미국 대표 대형 유통 체인으로 7번째로 큰 규모를 자랑한다. 매장에 CVS 약국과 스타벅스가 함께 입점해 있다. 식료품, 화장품, 생활용품, 가전용품은 물론 자체 브랜드 제품도 선보인다. 도소매 가격이 모두 안내되어 있는데 보통은 노란색에 적힌 가격을 보면 된다. 2024년 10월 인터내셔널 마켓 플레이스 내 매장 오픈, 오아후 내 5곳 매장 운영한다.

알라모아나 ADD 1450 Ala Moana Blvd Ste 2401, Honolulu, HI 96814 OPEN 8:00-22:00 SITE target.com

노드스트롬 Nordstrom

미국 고급 백화점 체인으로 신발, 의류, 액세서리, 가방 등을 판매한다. 노드스트롬은 시애틀에 기반을 둔 110여 년 역사의 백화점 브랜드로 독특한 형제 경영 기업으로 잘 알려져 있으며, 현재는 4세대가 가업을 잇고 있다. 알라모아나 센터 내에 위치한다. 할인매장인 노드스트롬 랙도 운영한다. 노드스트롬 랙은 와이키키와 카카아코에 있다.

ADD 1450 Ala Moana Blvd Suite 2950, Honolulu, HI 96814 OPEN 10:00-21:00 SITE nordstrom.com

T 갤러리아 DFS

면세점으로 호놀룰루 공항과 와이키키에 매장이 있다. 2023년 7월 재오픈 했으나 1층만 영업 중이다(2024년 여름 기준). 1층 매장은 화장품 및 의류 브랜드 숍과 하와이 기념품 숍으로 구성되었다.

ADD 330 Royal Hawaiian Ave, Honolulu, HI 96815 OPEN 10:00-22:00

메이시스 Macy's

미국 내 가장 큰 백화점 체인으로 160여 년의 역사를 자랑한다. 2009년까지 세계에서 가장 큰 백화점이라는 타이틀을 보유하기도 했다(이후 신세계 센텀시티에 타이틀을 넘겨주었다). 하와이 내에도 10여 개의 매장이 있다. 세일 제품들 눈여겨 보자.

알라모아나 ADD 1450 Ala Moana Blvd # 1300, Honolulu, HI 96814 OPEN 월-목 09:30-20:00, 금-토 09:30-21:00, 일 10:00-19:00 SITE macys.com

로컬처럼, 카이무키

와이키키와 카할라 사이에 위치한 카이무키(Kaimuki) 지역은 와이키키만큼 화려하지는 않지만 숨은 명소와 맛집이 밀집되어 있어 오아후 로컬들에게 인기를 끌고 있다. 우리나라의 경리단길과 비슷한 느낌이라고 보면 된다.

코코 헤드 카페 Koko Head Cafe

미국 요리 프로그램인 <탑 셰프>에서 파이널 4에 진출한 리 앤 웡이 운영하는 아시아 퓨전 레스토랑으로 오아후 내 유명 브런치 매장 중 한 곳이다. 볼케이노 에그, 코코 모코, 하와이식 '브렉퍼스트 비빔밥'은 이곳에서만 맛볼 수 있는 메뉴이다. 예약을 추천한다.

ADD 1120 12th Ave #100, Honolulu, HI 96816 OPEN 수-월 07:00-14:00 MENU 볼케이노 에그 $22, 코코 모코 $24, 비빔밥 $22 SITE kokoheadcafe.com

할레 베트남 레스토랑
Hale Vietnam Restaurant

넓고 깨끗한 베트남 음식 전문점으로 하와이 내 베트남 레스토랑 중 상위권에 항상 오르는 곳이다. 직접 끓이는 닭 육수가 특히 일품인데 국물의 깊이가 다르다. 쌀국수와 임페리얼 롤이 추천 메뉴이다.

ADD 1140 12th Ave, Honolulu, HI 96816 OPEN 화-일 11:00-21:00 MENU 임페리얼 롤 $16.95, 쌀국수 미디엄/라지 $15.75/17.75 SITE halevietnam86.com

파이프라인 베이크숍 & 크리미
Pipeline Bakeshop & Creamy

겉바속촉의 진수인 말라사다를 맛보고 싶다면 반드시 가봐야 할 곳. 주문 시 바로 튀겨주는 덕분에 시간이 지나도 모양과 맛이 유지된다. 인공 감미료 및 착색료를 일체 사용하지 않은 깔끔하고 담백한 맛으로 인기를 끌고 있다.

ADD 3632 Waialae Ave, Honolulu, HI 96816 OPEN 수-목 08:00-18:00, 금-일 09:00-19:00 MENU 말라사다 클래식 $1.95, 말라사다 브레드 푸딩 $5.50 SITE pipeline-bakeshop.com

카우카우스 티 Cowcow's Tea

이색 쌀 버블티를 선보이는 곳으로, 음료에 검정색 펄 대신 퍼플 라이스가 들어가 있다. 대표 메뉴 역시 라이스 요거트 음료이다. 베스트 셀러는 타로 라이스 요거트(Taro Rice Yogurt)이다.

ADD 3620 Waialae Ave A, Honolulu, HI 96816 OPEN 11:00-21:30 MENU 타로 라이스 요거트 $6.75, 클래식 밀크 티 $3.95 SITE cowcowstea.com

더 커브 카이무키 The Curb Kaimuki

멀티 로스터리 커피숍이다. 코나 커피가 아닌 미 본토 커피를 선보이며 직접 만든 바닐라, 라벤더, 마카다미아 시럽이 있어 맛의 변주를 주기에 좋다. 카페 모카가 인기 메뉴이다.

ADD 3408 Waialae Ave Suite 103, Honolulu, HI 96816 OPEN 월-금 06:30-14:00, 토-일 07:00-15:00 MENU 모카 $5.26, 라테 $4.50 SITE thecurbkaimuki.com

비아 젤라토 Via Gelato

푸드 트럭으로 시작해 오아후를 대표하는 아이스크림 매장으로 성장한 곳이다. 신선한 홈메이드 젤라토의 맛은 그야말로 건강함 자체이다. 데일리 메뉴도 있어 선택의 폭이 넓다.

ADD 1142 12th Ave, Honolulu, HI 96816 OPEN 일-목 11:00-22:00, 금-토 11:00-23:00 MENU 싱글 $5.50, 스쿱 2/3/4/파인트 $6.75/7/8.25/14 SITE viagelatohawaii.com

처비스 버거 Chubbies Burger

현지인 추천 맛집으로 5가지 햄버거 메뉴가 있다. 비건 버거도 있으며 어니언링, 처비스 프라이 등 사이드도 인기다. 일반 소다 음료가 아닌 직접 만든 홈메이드 콜라를 판매하며, 콤보 메뉴는 없다.

ADD 1145C 12th Ave, Honolulu, HI 96816
OPEN 10:30-21:00 MENU 50's 버거 $10.75,
비건 버거 $11.25 SITE chubbiesburgers.com

브릭 파이어 태번 Brick Fire Tavern

이탈리아 사람들이 인정한 하와이 내 유일한 나폴리 피자 전문점으로 2022년 전미 톱 피자 50에 선정되기도 했다. 나폴리에서 가져온 화덕을 사용하며 하와이 키웨이 나무로 가열하는데, 나폴리 피자 협회에서 정한 8가지 규정에 따른 인증을 받았다. 피자와 미트볼이 인기이다. 예약 필수.

ADD 3447 Waialae Ave, Honolulu, HI 96816 OPEN 화-토 11:00-14:00, 17:00-22:00 일 17:00-22:00 MENU 미트볼 $19 마르게리타 $19 SITE brickfiretavern.com

다 샵 : 북+큐레이션
da shop books+ curiosities

오아후의 독립서점 같은 곳으로 하와이 문화 도서를 비롯해 그림책 큐레이션이 훌륭하다. 책이나 그림책을 좋아한다면 시간 가는 줄 모르고 즐길 수 있는 곳으로 아이들과 함께 방문해도 좋다.

ADD 3565 Harding Ave, Honolulu, HI 96816
OPEN 수-일 10:00-16:00 SITE dashophnl.com

OH! MY TIP

카이무키 이용 팁
① 렌터카 이용 시: 공영 주차장을 활용하는 것이 좋다. 맛집들이 모여 있는 건물 주변으로 주차장이 마련되어 있다. 단 음식점에서 주차 지원을 하지 않는 경우가 많다.
Kaimuki Municipal Lot 1(1시간 1.5$) / Kaimuki Professional Building 뒤 공영 주차장(코인)
② 트롤리 이용 시: 그린 라인(Green Line) '#08: Pipeline Bakery & Creamery'에서 하차
③ 카이무키 내 맛집 중 일부는 이른 오후에 영업을 마친다. 방문 전 영업 시간을 확인하자.

OAHU
EAST

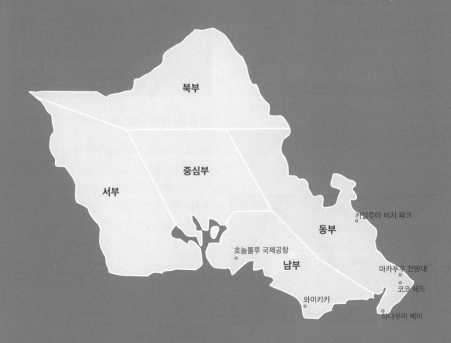

북부

중심부

서부

동부

호놀룰루 국제공항

남부

와이키키

카일루아 비치 파크

마카푸우 전망대

코코 헤드

하나우마 베이

ATTRACTION

명소

차이나 월스 China Walls

오아후 동부 여행의 시작점으로 로컬들이 즐겨 찾는 곳이다. 주택가 사이에 숨겨진 명소인데, 주로 어른들은 낚시에 여념이 없고 젊은이들은 신나게 다이빙을 즐긴다. 화산암 절벽에 부딪히는 파도의 모습이 장관이지만 내려가는 길이 미끄러우니 안전에 유의해야 한다.

ADD Hanapepe Pl, Honolulu, HI 96825

하나우마 베이 Hanauma Bay

오아후의 보석 같은 명소 중 하나이자 스노클링의 성지로 불리는 곳이다. 오아후를 구성하는 두 개의 화산 중 하나인 코올라우 화산 아래 형성된 해양 제방으로 450종 이상의 물고기, 70종 이상의 산호가 서식하는 천연 수족관이다. 1967년에는 해양생물 보호구역, 1994년에는 미국 최초로 금연 해변으로 지정되는 등 주 당국과  미국 내에서 엄격한 보호를 받는 곳이다. 방문 예약이 필수이며, 입장 시 시청각 교육을 받은 후에 해변으로 이동한다. 이동하는 길은 약간의 경사가 있으며 트램을 이용할 수도 있다.

ADD 100 Hanauma Bay Road, Honolulu HI 96825 OPEN 수-일 6:45-15:00 FARE $25, 12세 이하 무료
SITE hanaumabaystatepark.com

하나우마 베이 방문 예약하기

하나우마 베이 주차장은 최대 300대까지 수용이 가능하다. 많은 여행자들이 방문하기 때문에 9시 이전, 12시 30분 이후에 방문하기를 추천한다. 예약이 필수이지만, 워크인으로도 가능하다. 이른 아침에는 물이 차가울 수 있지만 시야가 좋은 편이다. 바람때문에 파라솔을 준비하는 것보다 원터치 텐트가 편리하다. 파라솔, 비치체어, 스노클기어 등 대여 가능하다.

- 예약 일정: 방문 2일 전, 오전 7시
- 예약 사이트: pros7.hnl.info/hanauma-bay
- 이용 요금: 인당 $25(주차요금 $3 별도, 현금만 가능)
- 이용 시간: 수-일 06:45-15:00(13:30 입장 마감)

- 편의 시설: 화장실, 비치 샤워, 라이프 가드, 푸드 스탠드(08:30-14:00), 피크닉 테이블, 스노클 장비 대여점(07:00-15:00, 카드만 가능), 로커, 기념품점, 장애인 시설
- 주의: ①옥시벤존, 옥티녹세이트가 포함되지 않은 자외선 차단제 사용 ②산호 밟지 말기 ③물고기 먹이 주기 금지 ④티켓 양도 불가 ⑤방문 시 예약자 신분증 지참
- 현장 방문 가능: 예약 실패 시 현장 방문으로도 입장이 가능하긴 하나 원하는 시간에는 입장할 수 없다. 입장 대기줄 근처에 파란 파라솔을 찾자. 파라솔 아래 파란 셔츠를 입은 직원에게 예약하지 못했다고 이야기하면, 인원 수 확인 후 입장 가능한 시간이 적힌 티켓을 준다.

하나우마 베이 리지 하이크
Hanauma Bay Ridge Hike

하나우마 베이를 조망하며 능선을 따라 걷는 트레일 코스이다. 왕복 30분 거리로 길이 어렵지 않아 하나우마 베이 방문 시 함께 즐기기에 좋다. 하나우마 베이 입구에 출입구가 있으며, 주차는 하나우마 베이 주차장 또는 코코 헤드 주차장을 이용해야 한다. 나윌리윌리 스트리트(Nawiliwili st) 내 길거리 주차도 가능하다.

ADD 7381 Kalaniana'ole Hwy, Honolulu, HI 96825
OPEN 06:30-17:00

하와이 카이 전망대
Hawai'i Kai Lookout

마운틴 뷰가 펼쳐진 하와이의 부촌 카이 지역과 '한국 지도 마을'을 볼 수 있는 뷰 포인트다. 한국 지도 마을은 말 그대로 땅이 우리나라 지형과 같은 모습을 하고 있어 붙여진 이름이다. 주차장이 주행 방향 왼쪽에 있으므로, 마주 오는 차량을 주의해 비보호 좌회전으로 진입해야 한다.

ADD 7514-7538 Kalaniana'ole Hwy, Honolulu, HI 96825

코코 크레이터 레일웨이 트레일 Koko Crater Railway Trail

제2차 세계대전 당시 군사 물자와 무기 등을 정상 벙커로 운반하기 위해 놓인 철로가 계단이 되고, 그 위로 사람들의 발걸음이 새겨져 트레일 코스가 된 곳이다. 1,048개의 철길 계단을 올라야 하는데 지형이 가파르고 쉴 수 있는 공간이나 그늘이 없다. 난이도 중상급의 도전이지만 정상에서 보는 전망은 보상이 되고도 남는다. 왕복 2.5km 길이로 90분가량 소요된다.

ADD 7604 Koko Head Park Rd #7602, Honolulu, HI 96825 OPEN 06:30-23:00

라나이 전망대 Lana'i Lookout

마카푸우 전망대, 할로나 블로홀 전망대와 함께 오아후 동부 3대 전망대 중 한 곳이다. 기암 절벽과 함께 펼쳐지는 파노라마 뷰가 장관을 이룬다. 날씨가 좋으면 라나이, 몰로카이, 마우이 이웃섬까지도 조망이 가능하다. 일출 명소로도 꼽히며 12-3월에는 혹등고래 관찰 장소로도 인기가 많다.

ADD 8102 Kalaniana'ole Hwy, Honolulu, HI 96825

할로나 비치 코브 Halona Beach Cove

할리우드 영화 <지상에서 영원으로>의 촬영지로 유명해지면서, 미국인들에게는 이터널 비치(Eternity Beach)라는 이름으로 알려진 곳이다. 천연 유수풀이라 비치 이용은 가능하나 안전요원은 없다. 도로 아래에 있어 쉽게 보이지 않는 탓인지 시크릿 비치, '바퀴벌레 코브'라는 별칭으로도 불린다.

ADD 8483 HI-72, Honolulu, HI 96825

할로나 블로홀 전망대 Halona Blowhole Lookout

화산 폭발로 만들어진 용암 동굴의 작은 구멍 사이로 솟아오르는 물보라를 만날 수 있는 곳. 바람이 강하고 조수가 높을 때에는 물보라가 더 높이 솟구칠 수 있으므로 주의해야 한다. 이곳의 주차장은 도난 사고가 잦기로 악명이 높다. 잠깐 동안 내리더라도 차량 내부를 깨끗이 비워둘 것. 할로나는 하와이어로 전망대를 뜻한다.

ADD 8483 HI-72, Honolulu, HI 96825

샌디 비치 파크
Sandy Beach Park

오바마 대통령이 유년 시절 서핑을 즐기던 곳이라 로컬들은 '오바마 비치'라고도 부른다. 파도가 높고 거친 편이라 하와이 내에서도 부상자가 많이 발생하는 해변(break-neck beach)으로 꼽힌다. 널찍한 공간에 잔디밭, 피크닉 테이블 등 편의 시설을 잘 갖추고 있다. 셀프 스냅 촬영 장소로도 제격이다.

ADD 8801 Kalaniana'ole Hwy, Honolulu, HI 96825

카이위 스테이트 시닉 쇼어라인
Kaiwi State Scenic Shoreline

태평양의 멋진 해안선을 감상할 수 있는 두 개의 트레일 코스와 해변이 자리한 포인트이다. 하와이의 주립공원 중 하나로 입구에 주차장이 있으며, 입장 시 마감 시간을 잘 확인하는 것이 좋다.

ADD 8751-9057 Kalaniana'ole Hwy, Honolulu, HI 96825 OPEN 07:00-19:45(우기 18:45) SITE dlnr.hawaii.gov/dsp/parks/oahu/kaiwi-state-scenic-shoreline

코코 크레이터 보태니컬 가든 Koko Crater Botanical Garden

플루메리아, 히비스커스에서부터 멸종 위기 희귀 식물, 우리나라에서는 볼 수 없는 거대 선인장까지 하와이의 독특한 식물을 만날 수 있는 야외 식물원이다. 200종의 나무 5백여 그루가 3km 남짓한 산책로를 따라 늘어서 있는 모습이 시선을 사로잡는다. 운동화를 착용하는 것이 좋고 모기가 많아 기피제도 챙기는 것이 좋다. 셀프 투어로도 돌아볼 수 있다.

ADD 7491 Kokonani St, Honolulu, HI 96825 OPEN 07:00-18:00 SITE honolulu.gov/cms-dpr-menuxsite-dpr-sitearticles/572-koko-crater-botanical-garden.html

카이위 쇼어라인 트레일 Kaiwi Shoreline Trail

카이위 스테이트 시닉 쇼어라인 주차장 입구에 서면 직진 방향(마카푸우 포인트 등대 트레일)과 우측 방향에 길이 있는데, 우측으로 발걸음을 두면 바로 트레일로 진입한다. 비포장길이지만 평탄해 걷기 쉽다. 도보 10분 이내, 700m 지점에 앨런 데이비스 비치가 자리한다.

ADD Makapuu Lighthouse Rd. Waimanalo, HI 96795

앨런 데이비스 비치
Alan Davis Beach

오아후의 숨은 해변으로 작고 아담하다. 다이빙할 수 있는 나무 보드가 마련되어 있고, 수심이 얕아 아이들이 물놀이하기에 좋지만 안전요원은 없다. 해변 오른쪽으로 의자처럼 생긴 큰 바위가 있는데 펠레스 체어(Pele's Chair)라고 불린다. 하와이의 여신 펠레가 오아후 섬을 만든 후 이웃섬으로 떠나기 전 잠시 앉아 쉬었다는 전설이 있다.

ADD Makapuu Lighthouse Rd. Waimanalo, HI 96795

마카푸우 포인트 등대 트레일
Makapu'u Point Lighthouse Trail

1909년 지어진 오아후 유일의 등대로 오랜 시간 동안 오아후의 뱃길을 밝혀준 곳이다. 등대 출입은 불가능하나 전망은 감상할 수 있다. 등대 앞쪽 바다는 이와(iwa) 등 하와이의 바닷새를 보호하는 야생동물 보호구역으로 지정돼 있다. 오아후 최동단에 위치하며 정상까지는 왕복 3km 남짓한 거리이다. 오르막이지만 아스팔트로 정비되어 있어 휠체어와 유모차 모두 이용할 수 있다.

ADD Waimanalo, HI 96795 OPEN 07:00-18:45
SITE dlnr.hawaii.gov/dsp/hiking/oahu/makapuu-point-lighthouse-trail

마카푸우 포인트 전망대 Makapuʻu Point Lookout

많은 여행객들이 찾는 오아후의 인기 뷰 포인트로 마카푸우 비치, 토끼섬, 거북이섬을 내려다볼 수 있다. 197m 높이의 바다 절벽에 서서 오아후 남동쪽 해안선과 청록빛 바다가 자아내는 멋진 전망을 감상해보자. 주차장, 산책로가 잘 정비되어 있어 편리하다.

ADD Waimanalo, HI 96795 OPEN 07:00-18:30

마카이 리서치 피어 Makai Research Pier

해양기술연구소 옆에 자리한 작은 항구이다. 수심이 2m 미만으로 얕고 파도가 잔잔하며 한적해서 스노클링 연습 장소로 제격인 것은 물론 인생 사진을 남기기에도 좋다. 피어 입구에 주차 공간이 있다.

ADD 41-305 Kalanianaʻole Hwy, Waimanalo, HI 96795

카이오나 비치 파크 Kaiona Beach Park

규모는 작지만, 파도가 잔잔해 아이들이 물놀이하기 좋고 피크닉을 즐길 만한 공간이 잘 갖춰져 있어 현지인들이 즐겨 찾는다. 해변 오른쪽으로는 파호누 폰드(Pahonu Pond)라는 고대 하와이 양어장이 있다. 현재는 물놀이를 즐길 수 있는 비디의 일부로 자리한다. 카이오나는 하와이어로 매력적이라는 뜻이다.

ADD 41-575 Kalanianaʻole Hwy, Waimanalo, HI 96795 OPEN 05:00-22:00

와이마날로 베이 비치 파크
Waimanalo Bay Beach Park

전체 9km로 오아후에서 가장 긴 해변과 함께 산책 길과 캠핑 사이트가 잘 정비되어 있다. 한적한 분위기, 맑은 물, 보드라운 모래까지 서핑 초보들이 바다를 즐기기 좋은 환경이다. 아이언 우드가 만들어 주는 그늘에서 여유를 부려보자.

ADD 41-741 Kalaniana'ole Hwy, Waimānalo, HI 96795 OPEN 07:00-18:00

와이마날로 컨트리 팜스
Waimanalo Country Farms

6-7월 해바라기 축제, 10월 호박 축제 등 오아후만의 매력이 가득한 여행을 해볼 수 있는 곳이다. 코올라우 산맥 아래 펼쳐지는 해바라기 물결 속에 하와이가 가진 의외의 모습을 감상해보자. 축제 시기는 홈페이지, SNS(인스타그램 @waimanalocountry-farms)를 통해 확인할 수 있다.

ADD 41-225 Lupe St, Waimanalo, HI 96795 SITE waimanalocountryfarms.com

벨로즈 필드 비치 파크 Bellows Field Beach Park

군사 지역에 위치해 주말에만 개방되는 곳이다. 로컬들이 주로 찾는 곳으로 해변과 캠핑 공간이 넓다. 해변 가까이에 주차할 수 있다는 장점이 있다.

ADD 41-43 Kalaniana'ole Hwy, Waimanalo, HI 96795 OPEN 금 12:00-20:00, 토-일 06:00-20:00 SITE web1.hnl.info/camping/home

카일루아 비치 파크
Kailua Beach Park

천혜의 휴양을 만끽할 수 있는 곳으로 현지인과 여행객 모두에게 많은 사랑을 받고 있다. 모래가 곱고 수심이 낮으며 파도가 잔잔해 누구라도 즐기기 좋은데, 특히 아이와 함께한다면 최고의 선택지가 될 수 있다. 카약, 윈드서핑 등 수상 스포츠를 즐기기도 제격이다. 오아후 여행에서 놓쳐서는 안 될 곳인 만큼, 주말에 방문할 예정이라면 일정을 서두르는 것이 좋다.

ADD 526 Kawailoa Rd, Kailua, HI 96734
OPEN 5:00-22:00

라니카이 기념비
Lanikai Monument

'안녕하세요. 라니카이입니다' 하고 인사를 건네는 듯, 라니카이 기점에 자리한 기념비로 1926년에 세워졌다. 이곳에서부터 라니카이 주택가가 시작되며, 포토 스폿으로도 많은 이들이 찾는다.

ADD 140 Mokulua Dr, Kailua, HI 96734

누우아누 팔리 전망대 Nu'uanu Pali Lookout

약 356m 높이의 전망대로 숨이 멎을 듯한 풍광을 선사하는 곳이다. 카네오헤 베이, 카일루아 지역, 코올라우 산맥을 한눈에 담을 수 있다. 1794년 카메하메하 1세가 '누우아누 전투'를 벌인 격전지에 자리하는데, 카메하메하 1세는 이 전투를 마지막으로 섬을 통일, 하와이 왕국을 세우게 된다. '바람 산'으로 불릴 만큼 365일 거센 바람이 부니 방문 시 모자와 스커트를 조심하자. 팔리는 하와이어로 절벽이라는 뜻이다.

ADD Nuuanu Pali Dr, Kaneohe, HI 96744 OPEN 06:00-18:00 FARE 주차 $7 SITE dlnr.hawaii.gov/dsp/parks/oahu/nuuanu-pali-state-wayside

라니카이 비치 Lanikai Beach

편의시설 하나 없지만, 많은 이들의 관심을 받는 오아후의 시크릿 비치이자 궁극의 비치이다. 출입로 11곳 모두 주택가 사이에 위치하는 데다 화장실도 없고 주차장도 없어 주택가 갓길에 주차해야 하지만, 그럼에도 명품 비치로 불린다. 잔잔한 파도와 고운 모래는 기본이다. 해변 앞으로 나 모쿨루아(Na Mokulua), 모쿠 이키(Moku Iki)라는 작은 섬 두 개가 있다. 4-7번 입구를 이용하면 가장 좋은 뷰를 감상할 수 있다.

ADD Kailua, HI 96734 SITE best-of-oahu.com/Lanikai-Beach-Oahu-Hawaii

OH! MY TIP

라니카이 비치 제대로 이용하기

① 주차장: 주택가 내 갓길을 이용해야 한다. 단 자전거 전용 라인에 주차해서는 안 되고, '노란색' 소화전을 막아서도 안 된다. 주택 앞쪽에 주차하되 주택 입구를 막지 말자.
② 비치 입구: 주택과 주택 사이 해변으로 향하는 길에 11곳의 입구가 있다('PUBLIC RIHGT OF WAY TO BEACH' 안내판 확인). 주거 지역인 만큼 통행 시 기본 매너를 지키자.

라니카이 비치 진입로

1 알랄라(Alala) 라니카이 비치 초입. 막다른 길 끝에 안전바가 설치된 계단을 통해 내려간다. 모래사장은 없다.
3 카엘레풀루(Kaelepulu) 길 양쪽에 흰 담벼락이 쳐져 있다. 길이 넓고 비치까지 접근성이 좋으며, 3-7번 진입로까지 비치가 이어진다.
4 모쿠마누(Mokumanu) 길 폭이 다른 진입로에 비해 좁다. 통행하는 사람도 적다.
5 카이올레나(Kaiolena) 길 폭이 넓고 평평한 모래로 되어 있어 맨발로 이동하기도 좋다.
6 하오케아(HaoKea) 길 왼쪽은 키 작은 나무, 오른쪽은 주택가 돌담이다. 5번 해변과 함께 사람들로 붐빈다.
7 쿠알리마(Kualima) 길 왼쪽은 낮은 돌담, 오른쪽은 키 작은 나무가 늘어서 있어 하늘이 잘 보인다.
8 나 모쿨루아(Na mokulua) 양쪽 길에 나무가 우거져 있어 비밀 통로를 지나는 듯하다. 정면에 모쿨루아 섬이 보인다. 모래 해변 대신 돌이 많은 편이다.
9 아알라(Aala) 양쪽 길이 낮은 나무로 되어 있어 그늘이 없다. 라니카이 비치 중 최고의 전경을 자랑한다.
10 포콜레(Pokole) 나무와 울타리로 이어진 길을 따라가면 숨어 있는 듯한 비치가 나온다. 길 끝에는 나뭇잎이 무성해 비치가 베일에 가려진 듯하다.
11 푸나니(Punani) 양쪽 길이 나무 판자와 흰 벽으로 되어 있다. 비치까지 키 큰 야자수가 이어져 있지만 그늘이 없다. 비치에 도착하면 작은 해변을 만날 수 있다.

라니카이 필박스 하이크 Lanikai Pillbox Hike

제2차 세계대전 시 군사용 관측소로 이용한 벙커까지 이어지는 하이킹 코스이다. 초입에 5분 정도 이어지는 오르막을 이겨내면 이후 완만한 비포장길이 이어진다. 두 번째 필박스는 물론 정상부의 라니카이 지역과 비치가 눈앞에 한 폭의 그림처럼 펼쳐지며 그간의 수고가 단번에 씻겨 나간다. 왕복 1시간 이내의 길지 않은 코스이지만 주차장이 따로 없고, 그늘도 전혀 없으니 한낮은 피해야 한다. 또한 내려올 때 초입에서 주의하는 것도 잊지 말 것.

ADD 265 Kaelepulu Dr, Kailua, HI 96734 OPEN 06:00-20:00

OH! MY TIP

라니카이 필박스 하이크의 입구는 두 곳으로, 잘 알려진 라니카이 마을 쪽 입구가 무난하게 접근하기 좋다. 차량 이동 시 네비게이션 목적지에 '라니카이 공원'을 설정하고 이동한다. 주차는 공원 주변 주택가를 이용하자. 주택가 갓길 주차 시 'TOWING'이라고 안내된 공간에는 절대 주차해서는 안 된다!

호오말루히아 보테니컬 가든 Ho'omaluhia Botanical Garden

하와이, 폴리네시아 및 아프리카, 열대 아메리카 등 다양한 지역의 식물이 코올라우 산맥과 함께 장엄한 풍경을 선사하는 곳이다. 지금은 40여 년 역사의 식물원으로 자리하지만, 원래 미 육군이 홍수 방지를 위해 만든 곳이었다. 주말에 방문하면 호수에서 낚시도 즐길 수 있으며, 장비는 방문자센터에서 무료로 대여해준다. 셀프 투어가 가능하나 질퍽한 곳이 있으니 안전에 유의하자.

ADD 45-680 Luluku Rd, Kaneohe, HI 96744 OPEN 09:00-16:00 SITE honolulu.gov/parks/hbg

뵤도인 사원 The Byodo-In Temple

일본인 하와이 이주 100주년을 맞아 교토의 뵤도인을 그대로 본떠 만들었다. 오아후에서 가장 신성한 기운이 흐른다고 알려져 있으며 힐링 스폿으로도 꼽힌다. 사원 입구에 있는 범종을 타종하고 들어가면 종을 친 사람에게 행복과 축복이 따른다는 이야기가 있다. 사원 내부에서 다양한 물고기와 생물을 발견할 수 있다. 흑고니를 찾아볼 것.

ADD 47-200 Kahekili Hwy, Kaneohe, HI 96744 OPEN 08:30-16:30 FARE13-64세/65세 이상/2-12세 $5/4/2 SITE byodo-in.com

카네오헤 샌드바 Kaneohe Sandbar

하와이에서 가장 큰 보호수역이자 산호 보존이 가장 잘되어 있는 곳으로 하와이의 몰디브라 불린다. 썰물 때만 존재를 드러내는 모래섬의 형태가 막대기처럼 길게 생겨 '샌드바'라 불린다. 개인 방문은 불가하고 여행사를 통한 투어만 가능하다. 바다 한가운데서 섬을 조망하며 수영, 스노클링 등 액티비티를 즐길 수 있다.

ADD 47-86 Kamehameha Hwy, Kaneohe, HI 96744

올로마나 쓰리 피크 트레일 Olomana Three Peaks Trail

하와이어로 '두 개의 언덕'이라는 뜻의 올로마나 트레일은 잘 정비된 골프 클럽에서 시작된다. 본격적으로 코스가 시작될 즈음 로프가 나타난다. 로프를 단단히 붙잡고 가파른 길을 올라 첫 번째 봉우리에 도착하면 코올리나 산맥, 카일루아, 라니카이 비치, 마카푸우 지역까지 눈에 담을 수 있다. 암벽 등반 수준으로 고된 구간인 만큼 도전해보고 싶다면 장갑을 꼭 챙기자.

ADD 915 Maunawili Rd, Kailua, HI 96734 TEL 808-464-0840 SITE liveinha waiinow.com/olomana-tree-peaks-trail/

RESTAURANT & CAFE

아일랜드 브루 커피하우스 Island Brew Coffeehouse

오아후 동부 여행을 시작하면서 브런치나 커피 한 잔을 즐기기 좋은 곳이다. 오아후에 매장 3곳이 운영 중인데, 그중 카이 매장의 전경이 가장 뛰어나며 뷰 맛집으로도 정평이 나 있다. 커피는 물론 토스트, 페스토 라비올리, 로코모코, 아사이볼 등의 메뉴 역시 인기가 많다.

카이 **ADD** 377 Keahole St, Honolulu, HI 96825 **OPEN** 06:00-18:00 **MENU** 하우피아 라테 $5.95부터, 토스트 $8.25부터, 로코모코 $15.95 **SITE** islandbrewcoffeehouse.com

오노 스테이크 앤드 쉬림프 쉑 Ono Steaks and Shrimp Shack

와이마날로 비치 인근에 위치한 맛집으로 가격이 착하고 양도 많아 현지인과 여행객에게 많은 사랑을 받고 있다. 플레이트가 주메뉴로 주문 시 포테이토와 마카로니 샐러드 중에서 고르기만 하면 된다. 갈릭 쉬림프, 스테이크 플레이트와 후리카케 아히가 인기 메뉴로 꼽힌다. 실내외에 테이블이 있지만 포장 손님이 대부분이다. 카드 결제 시 서비스피가 붙으므로 현금 결제를 추천한다.

ADD 41-037 Wailea St, Waimanalo, HI 96795 **OPEN** 수-월 10:30-17:00 **MENU** 갈릭 쉬림프 플레이트 $11부터, 스테이크 $11.95부터, 후리카케 아히 플레이트 $20

부츠 & 키모스 Boots & Kimo's

웨이팅이 필수인 카일루아 지역의 인기 브런치 맛집이다. 미식축구팀 유니폼으로 완성한 인테리어가 눈길을 끈다. 시그니처 메뉴인 마카다미아 너트 팬케이크부터 오믈렛, 스테이크, 홈스타일 조식 등 다양한 메뉴를 선보인다. 영업 시간이 짧은 만큼 일정 확인 후 방문하는 것을 추천한다.

ADD 1020 Keolu Dr, Kailua, HI 96734 OPEN 월, 수-금 08:00-13:00, 토-일 08:00-14:00 MENU 마카다미아 너트 팬케이크 $16.99 SITE bootsnkimos.com

오버 이지 Over Easy

달걀을 이용한 다양한 요리를 선보이는 브런치 매장으로 베이커리와 함께 운영한다. 주차장이 없다는 단점이 있지만, 좋은 가격에 양까지 푸짐해 식사 시간에는 대기하는 손님이 많다. 해시 포테이토와 함께 제공되는 칼루아 포크와 커스터드 프렌치 토스트가 인기 메뉴이다.

ADD 418 Kuulei Rd #103, Kailua, HI 96734
OPEN 수-금 07:00-13:00, 토-일 07:00-13:30
MENU 커스터드 프렌치 토스트 $15, 칼루아 피그 해시 $16 SITE easyquehi.com

마노아 초콜릿 하와이 Manoa Chocolate Hawaii

초콜릿이 만들어지는 과정을 확인할 수 있는 초콜릿 공장이다. 투어에 참여하면 카카오 빈 로스팅부터 포장까지 생산 과정에 대한 설명을 자세하게 들을 수 있고 시식도 할 수 있으며, 초콜릿 구매 시 추가 할인 혜택을 받을 수 있다. 워크인 방문 시에도 테이스팅에 참여 가능하며 15분 정도 소요된다.

ADD 333 Uluniu St # 103, Kailua, HI 96734 OPEN 투어 월-토10:30(인당 $25, 최대 1시간 30분 소요), 테이스팅 룸 10:00-17:00 SITE manoachocolate.com

시나몬스 앳 카일루아
Cinnamon's at Kailua

1985년 문을 연 팬케이크 전문 매장으로 카일루아에서 매장을 운영하고 있다. 코코넛 시럽을 얹은 레드 벨벳, 구아바 시폰 팬케이크가 인기 메뉴로 꼽히며 샌드위치, 햄버거도 맛볼 수 있다.

ADD 315 Uluniu St, Kailua, HI 96734 OPEN 07:00-14:00 MENU 레드 벨벳 팬케이크, 구아바 시폰 팬케이크 쇼트(Short)/풀(Full) $12/17.95 SITE cinnamons808.com

칼라파와이 마켓
Kalapawai Market

카일루아 비치로 가는 길목에 위치한 오랜 역사의 음식점이다. 가격대가 저렴하고 음식 맛이 좋기로 유명해 현지인들이 자주 찾는다. 수십 종류의 샌드위치, 커피는 물론 기념품까지 판매한다. 1932년 오픈 이래 칼라파와이 카페 & 델리(Kalapawai Cafe & Deli) 매장까지 확장하면서 현재 오아후에서 4곳의 매장을 운영하고 있다.

ADD 306 S Kalaheo Ave, Kailua, HI 96734 OPEN 06:00-21:00 MENU 브렉퍼스트 샌드위치 $7.50, 카일루아 클럽 샌드위치 $16 SITE kalapawaimarket.com

버즈 오리지널 스테이크 하우스 Buzz's Original Steak House

카일루아 비치 바로 앞에 위치한 스테이크 하우스이다. 오바마 대통령이 방문하면서 많은 관심을 얻기는 했지만, 1961년 오픈 이후부터 줄곧 카일루아 맛집으로 자리해온 곳이다. 분위기는 물론 가성비까지 좋아 많은 이들이 즐겨 찾는다. 스테이크, 햄버거, 포케, 에스카르고 등 다양한 메뉴를 선보인다.

ADD 413 Kawailoa Rd, Kailua, HI 96734 OPEN 11:00-21:00 MENU 버즈 버거 $9.95, 뉴욕 스테이크 $26.95 SITE buzzsoriginalsteakhouse.com

OAHU
NORTH

라니아 케아 비치   폴리네시안 문화센터

북부

할레이바 타운

쿠알로아 랜치

중심부

서부

동부

호놀룰루 국제공항

남부

와이키키 비치

다이아몬드 헤드

ATTRACTION

명소

마카다미아 농장
Tropical Farms Macadamia Nuts

1987년부터 운영해온 마카다미아 농장 겸 매장이다. 다양한 맛의 마카다미아를 맛볼 수 있는 것은 물론, 마카다미아 껍데기 깨기 등 다양한 체험을 할 수 있다. 커피, 초콜릿 등의 기념품도 잘 갖춰져 있다. 쿠알로아 랜치 방문 전후 가볍게 들르기 좋다.

ADD 49-227 Kamehameha Hwy # A, Kaneohe, HI 96744 OPEN 09:00-17:00 SITE macnutfarm.com

쿠알로아 파크
Kualoa Regional Park

거대한 카아아바 밸리와 카네오헤 바다를 조망할 수 있는 공원이다. 바다에 자리한 모자섬(Chinaman's hat), 모콜리이(Mokoli'i)의 모습도 꽤나 인상적이다. 피크닉 테이블이 잘 갖춰져 있어 이동 중 잠시 쉬며 식사를 즐기기에도 좋다.

ADD 49-479 Kamehameha Hwy, Kaneohe, HI 96744 OPEN 07:00-20:00

쿠알로아 랜치 Kualoa Ranch

신비롭고 웅장한 대자연을 뽐내는 오아후의 대표 액티비티 스폿이다. 고대 하와이안들이 오아후에서 가장 신성하게 여기는 장소이기도 하며 현재 미국 국립 사적지로 등록되어 있다. 전체 면적이 498만 평에 달하며 영화 <쥬라기 공원> 시리즈, <고질라>, <디센던트> 등 수많은 영화의 촬영지로 사용되었다. 대자연이 주는 감동 속에서 각종 액티비티 체험에 나서보자! 예약 필수!

ADD 49-560 Kamehameha Hwy, Kaneohe, HI 96744 OPEN 7:30-18:00 SITE kualoa.com

OH! MY TIP
쿠알로아 랜치 프로그램

① 아이와 함께한다면 : 정글 탐험 투어, 시크릿 아일랜드 투어, 오션 보야지 투어, 무비 사이트 투어, 쿠알로아 그로운 투어, 승마 투어, 말라마 투어

- 정글 탐험 투어 : 지프 차량을 타고 울퉁불퉁한 길 위를 달리며 <쥬라기 월드>, <킹콩> 등의 촬영지를 비롯한 야생의 정글을 돌아보는 투어. 만 3세 이상, 1시간 30분 소요.

- 시크릿 아일랜드 투어 : 쿠알로아 랜치 소유의 프라이빗 비치를 즐길 수 있는 투어. 스탠드업 패들보드, 카약, 비치발리볼 등 다양한 액티비티를 추가 비용 없이 즐길 수 있다. 3시간 소요.

- 오션 보야지 투어 : 카타마란에 올라 바다와 코올라우 산, 쿠알로아 랜치가 어우러진 전경을 즐기는 투어. 꿈꾸던 하와이의 모습이 한눈에 들어와 깊은 감동을 선사한다. 1시간 30분 소요.

- 무비 사이트 투어 : 빈티지 스쿨버스에 탑승해 1950년대부터 200여 편 이상의 할리우드 영화와 쇼가 촬영된 주요 사이트를 돌아보는 투어. 중간중간 사진 촬영을 할 수 있어 쿠알로아 랜치에서 가장 인기가 많다. 1시간 30분 소요.

- 쿠알로아 그로운 투어 : 트롤리를 타고 돌아다니며 쿠알로아 랜치에서 직접 재배하는 농작물과 계절 꽃들에 대해 배우고 돌아보는 투어. 1시간 30분 소요.

- 승마 투어 : 가이드 및 투어 구성원과 말을 타고 일렬로 이동하며 초원과 밸리를 감상하는 투어. 하와이의 자연을 만끽하며 몸과 마음을 힐링할 수 있다. 10세 이상, 신장 140cm 이상, 최대 몸무게 104kg 이하만 참여 가능. 2시간 소요.

- 말라마 투어 : 지속 가능한 환경을 실제 체험하는 투어. 고대 하와이안 전통 양어장에서 하와이 수산업 생태계를 확인하고 타로(토란) 농장을 둘러보는 등 쿠알로아 랜치 내 생태계 환경 및 재배 과정을 돌아본다. 만 5세 이상, 보호자 동행, 수건 지참. 2시간 소요.

② 스릴 만점 프로그램을 찾는다면 : 랩터 투어, 짚라인 투어, E-바이크 어드벤처 투어

- 랩터 투어 : 직접 운전하는 프로그램과 가이드가 동승해서 운전해주는 프로그램으로 나뉘어 있다. 직접 운전할 경우, 21세 이상, 운전면허 소지자를 대상으로 출발 전 운전 테스트를 진행하며 통과 후 프로그램에 참여할 수 있다. 가이드가 동승하는 투어에는 가이드의 설명이 더해져 더욱 생생한 체험이 가능하다. 만 5세 이상, 2시간 소요.

- 짚라인 투어 : 7개의 아드레날린 넘치는 탠덤 스테이션, 2개의 서스펜션 다리, 5개 미니의 하이킹 코스가 포함된다. 신장 140-205cm, 체중 32-127kg만 참여 가능하다. 3시간가량 소요.

- E-바이크 어드벤처 투어 : 전기 자전거를 타고 쿠알로아 랜치의 대자연을 즐기는 친환경 투어. 투어는 10km에 걸쳐 진행되면 4-5곳의 스폿에서 쉬어 간다. 출발 전 진행하는 자전거 이용 테스트에 통과해야 프로그램에 참여할 수 있다. 10세 이상, 신장 140-200cm만 참여 가능하다. 2시간 소요.

*이외에도 여러 투어를 한번에 즐길 수 있는 콤보 프로그램이 마련돼 있다.

③ 쿠알로아 랜치는 오프로드로 진흙, 먼지가 많아 어떤 투어를 이용하든 몸이나 옷이 쉽게 더러워진다. 운동화를 착용하고 물티슈, 마스크, 선글라스와 여분의 옷을 챙기자.

카아와 비치
Kaaawa Beach

오아후 북부 해변 가운데 여유를 부리기 좋은 곳으로 로컬들의 많은 사랑을 받고 있다. 수심이 얕아 아이들도 안전하게 물놀이를 즐길 수 있으며, 어른들에게는 문어 낚시 스폿으로 알려져 있다. 주차 공간이 여유롭지는 않은데, 갓길 주차가 가능하다. 카아와는 물고기 이름이다.

ADD 51-296 Kamehameha Hwy, Kaaawa, HI 96730

코콜롤리오 비치 파크
Kokololio Beach Park

넓은 잔디 공원과 캠핑장이 있어 아이들과 찾기에 좋고, 모래가 고와 수영과 부기보드도 즐길 수 있다. 주말에는 현지인들과 활기찬 분위기를, 평일에는 유유자적한 분위기를 느낄 수 있다. 인근에 푸드랜드가 있는 만큼 도시락을 준비해와도 좋다. 코콜롤리오는 하와이어로 돌풍이라는 뜻이다.

ADD 55-017 Kamehameha Hwy, Hauula, HI 96717
OPEN 07:00-20:00 SITE lookintohawaii.com/hawaii/4217/kokololio-beach-park-beaches-oahu-laie-hi

레이 포인트 스테이트 웨이사이드 La'ie Point State Wayside

오아후 북부의 뷰 포인트 중 하나로 시원한 경치를 자랑한다. 쓰나미로 바다 위 암석에 둥근 구멍이 생긴 것을 볼 수 있는데, 바람이 강한 편이라 사진 촬영 시 안전에 유의해야 한다. 폴리네시안 문화센터와 함께 방문하기에 좋다.

ADD End of Naupaka Street, HI-83, Laie, HI 96762 OPEN 07:00-18:30 SITE dlnr.hawaii.gov/dsp/parks/oahu/laie-point-state-wayside

폴리네시안 문화센터 Polynesian Cultural Center

폴리네시아 국가(피지, 사모아, 아오테아로아(마오리 뉴질랜드), 타히티, 라파 누이(이스터섬), 마르키즈, 하와이)의 문화를 체험할 수 있는 곳으로 공연과 각종 프로그램을 통해 부족별 삶의 방식과 의식 등을 소개한다. 국가마다 정해진 시간에 쇼를 진행하며 체험 프로그램도 선보인다. 테마파크이기 때문에 기본 관람만 해도 한나절 이상이 걸린다. 물, 모자, 선글라스 필수! 센터 앞에 후킬라우 마켓플레이스가 운영된다.

ADD 55-370 Kamehameha Hwy, Laie, HI 96762
OPEN 월-화, 목-토 12:30-21:00 SITE polynesia.com

OH! MY TIP

폴리네시안 문화센터 입장권
- 셀프 투어: 동선과 공연 시간을 확인한 후 이동하면서 곳곳을 돌아볼 수 있다.
- 한국어 가이드 투어: 한국인 가이드의 인솔 아래 진행하는 투어이다. 입장권 구매 후 한국인 개인 가이드 투어를 요청하거나(인당 $25, 프라이빗 그룹 $200), 앰버서더 루아우 패키지·알리이 루아우 패키지 구매 후 시간에 맞춰 가면 한국인 가이드와 함께 돌아볼 수 있다. 가이드 투어를 요청할 경우 투어 시간보다 15분 정도 일찍 방문하거나 미리 폴리네시안 문화센터 한국 공식 메일(pcckorea@mkocorporation.com)을 통해 예약할 것 추천한다.
- 쇼 관람: 폴리네시아 문화를 모두 접목한 공연으로 한 소년의 성장 과정을 담아낸 '하(HA)' 쇼가 저녁에 열린다. 공연을 관람할 예정이라면 식사가 포함된 패키지를 구매하거나, 별도로 식사를 해결해야 한다. 폴리네시안 문화센터 내 식사는 뷔페식으로 제공되며, 센터 앞 푸드 코트를 비롯해 인근 식당을 이용하면 된다.
- 티켓 종류: 수퍼 앰버서더 루아우 패키지(입장, 프라이빗 가이드, 각 공연마다 예약된 좌석, 하 쇼- 플래티넘 좌석, 루아우 뷔페, 3일 내 재방문 가능) / 알리이 루아우 패키지(그룹 가이드, 하 쇼- 골드 좌석, 루아우 뷔페, 3일 내 재방문 가능) / 게이트웨이 뷔페 패키지(입장, 뷔페, 하 쇼-실버 좌석, 3일 내 재방문 가능) / 아일랜드 오브 폴리네시아 & 하 쇼 패키지(입장권, 하 쇼-브론즈 좌석, 3일 내 재방문 가능) / 아일랜드 오브 폴리네시아(입장권) / 하 쇼(하 쇼-일반석)

말라에카하나 비치
Malaekahana Beach

캠핑장으로 잘 알려진 해변이지만 방문객이 많지 않아 한적한 편이다. 적당한 숲이 그늘을 만들어주는 가운데 수영과 보디 서핑을 즐기기 좋다. 걸어서 5분이면 바다 가운데 염소섬(Goat Island)에도 가볼 수 있다. 수심이 낮아 안전하다.

ADD 56-335 Kamehameha Hwy, Kahuku, HI 96731

쿠일리마 코브
Kuilima Cove

숨겨진 스노클링 스폿으로 평화로운 분위기 속에 스노클링과 휴식을 즐길 수 있다. 수심이 낮고 파도가 잔잔한 편이라 아이들도 물놀이하기 좋고 모래사장도 있어 태닝과 힐링을 즐기기에도 좋다. 주차는 터틀 베이 호텔 내 '비치 억세스 파킹 랏(beach access parking lot)'을 이용하자.

ADD 57-35 Kuilima Dr, Kahuku, HI 96731

선셋 비치 파크 Sunset Beach Park

OH! MY TIP

오아후 북부 비치, 겨울에는 NO!
오아후 북쪽에 위치한 비치는 겨울철 높은 파도로 물놀이가 어렵다. 11-4월에는 반스 트리플 크라운(Vans Triple Crown of Surfing) 등의 국제 서핑 대회가 열릴 만큼 '빅 웨이브'를 자랑하는데 높이가 9m에 달할 정도이다. 이외 시즌이라면 아름다운 풍경과 컨디션 좋은 환경에서 물놀이가 가능하다.

오아후 북부를 대표하는 비치로 일몰이 장관을 이루는 곳이다. 고운 모래가 가득한 널찍한 해변과 굽은 야자수 나무가 최고의 포토 스폿을 만들어준다. 여름철에는 가족이든 커플이든 즐기기 좋은 비치이지만 겨울철에는 멋진 서퍼들의 모습만 감상해야 해 다소 아쉽다.

ADD 59-88 Kamehameha Hwy, Haleiwa, HI 96712

에후카이 비치 파크 Ehukai Beach Park

여름에는 수영, 서핑, 부기보드를 즐길 수 있는 평화로운 해변이지만, 겨울에는 세계에서 가장 위협적인 파도와 함께 빌라봉 파이프라인 마스터스(Billabong Pipeline Masters), 볼컴 파이프 프로(Volcom Pipe Pro)와 같은 국제 서핑 대회의 개최 장소로 변모한다. 반자이 파이프라인(Banzai Pipeline)이라는 이름으로도 불린다.

ADD 59-337 Ke Nui Rd, Haleiwa, HI 96712
OPEN 06:30-20:00

에후카이 필박스 하이크
Ehukai Pillbox Hike

노스쇼어의 풍광이 펼쳐진 벙커 트레일 코스이다. 초반에 가파른 언덕을 10분 정도 올라야 하며 중간 이상부터는 평지로 이어진다. 2개의 벙커가 있으며, 첫 번째 벙커에서 7분 정도 이동하면 두 번째 벙커가 나온다. 왕복 2.4km로 성인 기준 1시간 소요된다. 주차는 선셋 비치 네이버후드 파크 주차장을 이용하자.

ADD MX72+Q7, Haleiwa, HI 96712

노스쇼어
North Shore

겨울철 강하고 높은 파도로 서퍼들을 불러 모으는 서핑의 성지로 와이키키와는 다른 분위기를 느낄 수 있다. 여름이라면 누구든 물놀이하기 좋지만, 겨울철에는 파도가 높아 전문 서퍼들을 구경하는 것에 만족해야 한다. 카에나 지점과 카후쿠 지점 사이에 위치한다.

ADD 66-434 Kamehameha Hwy, Haleiwa, HI 96712

샥스 코브 Shark's Cove

푸푸케아 비치 파크(Pupukea Beach Park)에 자리한 인기 스노클링 스폿이다. 수심이 낮고 암초가 많아 누구라도 스노클링을 즐길 수 있으며, 수심이 다양해 각양각색의 물고기를 만날 수 있다. 단 암초에 피부를 긁힐 수 있으니 긴 레깅스를 입고, 안전요원이 따로 없어 안전에도 유의해야 한다.

ADD 59694-59698 Kamehameha Hwy, Haleiwa, HI 96712
SITE dlnr.hawaii.gov/dar/marine-managed-areas/ha-waii-marine-life-conservation-districts/oahu-pupukea

쓰리 테이블스 Three Tables

겨울철이 아니라면 언제든 수영과 스노클링이 가능한 스폿이다. 해양생물 보호구역에 속해 있어 낚시가 불가하며 안전요원, 화장실, 샤워시설도 없다. 해당 시설을 이용하려면 샥스 코브 쪽으로 도보 7분가량 이동해야 한다. '3개의 탁자'라는 이름은 바다 가운데 평편한 바위 세 개가 놓여 있어 붙여졌다고 한다.

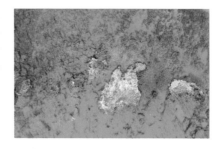

ADD 59-762A Kamehameha Hwy, Haleiwa, HI 96712

와이메아 계곡 Waimea Valley

고대 하와이안들의 생활 터전이었던 곳으로, 오늘날에는 트레일 코스를 통해 식물원과 폭포를 돌아볼 수 있다. 트레일 코스는 걷기에 적당하고 종점인 와이메아 폭포에서 물놀이도 가능해 현지 학생들이 소풍 장소로 많이 찾는다. 폭포에는 안전요원이 상주하고 구명조끼 등 일부 물놀이 용품을 대여한다. 성인 기준 왕복 1시간 소요된다. 과거 하와이의 일상을 엿볼 수 있는 카우할레 구역도 놓치지 말자.

ADD 59-864 Kamehameha Hwy Haleiwa, HI 96712
OPEN 09:00-16:00(일정별 상이. 홈페이지 확인)
FARE $25, 셔틀 $10 SITE waimeavalley.net

와이메아 베이 비치 파크 Waimea Bay Beach Park

오아후 북부에서 가장 인기 있는 해변으로 꼽힌다. 넓은 모래사장과 함께 다이빙 도전 욕구를 불러 일으키는 바위가 있다. 바위 뒤쪽 비치가 명당이나 놓치지 말 것. 단 수심이 갑자기 깊어지니 안전에 유의해야 하고, 주차 자리가 없다면 와이메아 계곡 입구의 유료 주차장을 이용해야 한다(도보 5-7분).

ADD 61-31 Kamehameha Hwy, Haleiwa, HI 96712 OPEN 05:00-22:00

천스 리프 비치 Chuns Reef Beach

오아후 북부에서 서핑 강습을 받기에 적당한 곳으로 모래사장이 완만하고 아담해 아이들과 함께 물놀이와 스노클링을 즐기기에도 좋다. 그늘이 없는 점은 다소 아쉽다.

ADD 61-507 Kamehameha Hwy Haleiwa, HI 96712

라니아케아 비치 Laniakea Beach

푸른 바다 거북을 만날 수 있어 '터틀 비치'로도 불린다. 하와이 푸른 바다거북(호누)은 멸종위기종으로 보호받고 있어 관찰 시 주의사항을 반드시 지켜야 한다. 주차장은 비치 건너편에 마련되어 있다. 스노클링도 가능하다. 라니아케아는 하와이어로 '헤아릴 수 없는 천국'이라는 뜻이다.

ADD 574, 61-574 Pohaku Loa Way, Haleiwa, HI 96712

OH! MY TIP

하와이 푸른 바다거북 만날 때 꼭 지키세요!

① 3m 거리 유지
② 만지지 말기
③ 쫓아가지 말기
④ 먹이 주지 않기

할레이바 비치 파크 Hale'iwa Beach Park

OH! MY TIP

할레이바 비치 액티비티
카약, 스탠드업 패들은 예약 없이 이용할 수 있다.
장비는 할레이바 비치 주변 숍에서 대여할 수 있
으며 서프 엔 씨(Surf N Sea), 블루 플래닛 서프
할레이바(Blue Planet Surf Hale'iwa), 추스 팜
(Tsue's Farm) 등의 업체가 있다. 여유롭게 액티
비티를 즐기며 할레이바를 만끽해보자!

오아후 북부의 대표 비치로 유달리 잔잔한 파도를 자랑한다. 와이알루아 강이 할레이바 해안으로 이어지
는 덕분에 카약, 스탠드업 패들 등의 액티비티를 즐길 수 있다. 피크닉 테이블, 놀이터, 넓은 잔디도 갖춰져
있어 아이들을 동반한 가족 여행객이 방문하기 좋다.

ADD 62-449 Kamehameha Hwy, Haleiwa, HI 96712 OPEN 월-토 05:00-22:00

푸에나 포인트 비치 파크
Pua'ena Point Beach Park

북부에서 거북이를 만날 수 있는 히든 스폿이다.
아담한 모래사장과 그늘 아래에서 평화롭게 물놀
이와 스노클링을 즐기기 좋다. 산책 삼아 찾기 좋
으며 조용하게 힐링할 수 있는 곳이다.

ADD Kahalewai Pl, Haleiwa, HI 96712

할레이바 타운
Hale'iwa Town

하와이의 마지막 여왕 릴리우오칼라니의 여름 휴
가 장소로 알려진 곳이다. 유서 깊은 올드 타운으
로 사탕수수, 파인애플 농장 등 곳곳에서 옛 흔적들
과 함께 클래식한 분위기를 느껴볼 수 있다. 셰이
브 아이스가 명물이다.

할레이바 타운 센터 ADD 66-145 Kamehameha Hwy,
Haleiwa, HI 96712 OPEN 10:00-18:00 SITE haleiwa-
towncenter.com

돌 플랜테이션 Dole Plantation

파인애플의 왕으로 불리는 제임스 드러먼드 돌이 1900년에 세운 파인애플 농장이다. 미로 투어, 기차 투어, 정원 투어 등 다양한 투어 프로그램을 운영한다. 투어를 이용하지 않더라도 파인애플 생육 과정을 살펴볼 수 있다. 이곳의 파인애플 아이스크림은 절대 진리이니 꼭 맛볼 것!

ADD 64-1550 Kamehameha Hwy, Wahiawa, HI 96786 OPEN 09:30-17:30 FARE 기차 투어 13세 이상/4-12세 $13.75/11.75, 미로 투어 $9.25/7.25, 정원 투어 $8/7.25, 콤보 투어 $14부터 SITE doleplantation.com

그린 월드 커피 팜 Green World Coffee Farm

오아후 유일의 커피 농장으로 관련 숍을 함께 운영 중이다. 숍에서는 커피 시음은 물론, 원두 및 관련 상품 구매가 가능하다. 3천여 그루의 아라비카 커피나무가 자리한 농장은 숍 안쪽으로 자리한다. 농장 안에도 쉴 수 있는 공간이 마련되어 있다.

ADD 71-101 Kamehameha Hwy, Wahiawa, HI 96786 OPEN 월-금 07:00-17:00, 토-일 07:00-18:00 SITE greenworldcoffeefarm.com

RESTAURANT & CAFE

와이아홀레 포이 팩토리 Waiahole Poi Factory

포이 공장으로 운영되어오다 하와이 전통음식 판매로 이어진 곳이다. 콤보 플레이트를 주문하면 라우라우, 칼루아 피그, 포이를 모두 맛볼 수 있다. 후식으로 코코넛과 포이가 어우러진 스윗 레이디 오브 와이아홀 아이스크림을 놓치지 말 것. 단 테이블이 없어 근처 비치에서 먹어야 한다.

ADD 48-140 Kamehameha Hwy, Kaneohe, HI 96744
OPEN 월-목 11:00-17:00, 금-일 10:00-18:00 MENU 콤보 플레이트 $17.25, 스윗 레이디 오브 와이아홀 싱글/더블 $7/9
SITE waiaholepoifactory.com

켄즈 프레시 피시
Ken's Fresh Fish

생선, 새우 요리로 입맛을 사로잡는 로컬 맛집이다. 아히 카츠가 인기 메뉴로 꼽히며 데일리 스페셜 메뉴로 라우라우, 포케볼 등도 선보인다. 포장 전문이다.

ADD 55-730 Kamehameha Hwy Suite 102, Laie, HI 96762 OPEN 화-수, 금-토 11:00-16:00 MENU 아히 카츠 레귤러 $14 SNS 인스타그램 @kensfreshfish

카후쿠 슈거 밀
Kahuku Sugar Mill

1971년까지 운영된 사탕수수 농장으로 한때 하와이 설탕 산업의 중심지이기도 했다. 당시 사용한 기계가 조형물처럼 남아 있다. 현재는 새우 푸드 트럭과 음식점들이 밀집되어 있으며 83번 도로의 휴식처가 되어주고 있다.

ADD 56-565 Kamehameha Hwy, Kahuku, HI 96731 OPEN 06:00-21:00

마익스 훌리훌리 치킨 Mike's Huli Huli Chicken

2010년부터 키아베 나무와 전통 하와이 바다 소금으로 천연의 맛을 끌어올린 훌리훌리 치킨을 선보인다. 독특하면서도 향긋한 훈제 향이 입맛을 당긴다. 가성비 끝판왕이라 불리는 플레이트 메뉴는 치킨 외에도 칼루아 피그, 새우 등으로 다양하게 구성되어 있다. 현금 결제만 가능하다.

ADD 56-565 Kamehameha Hwy, Kahuku, HI 96731 OPEN 11:00-19:00 MENU 플레이트 메뉴 $16부터, 콤비네이션 플레이트 $17.50부터 SITE mikeshulichicken.com

---

카후쿠 팜 Kahuku Farms

하와이에서 처음으로 아사이 재배를 시작한 농장으로 100년에 걸쳐 4대째 운영해오고 있다. 농장 투어는 1시간 소요되며 제철 재배 작물과 카카오로 만든 초콜릿 시식이 포함된다. 카페에서는 스무디, 베이커리, 아사이볼 등 다양한 디저트들을 선보인다. 그릴드 바나나 브레드, 릴리코이 버터 모찌를 놓치지 말 것.

ADD 56-800 Kamehameha Hwy, Kahuku, HI 96731 OPEN 목-월 11:00-16:00 MENU 그릴드 바나나 브레드 $6.50, 릴리코이 버터 모찌 $12 SITE kahukufarms.com

로미스 카후쿠 Romy's Kahuku

양식장에서 가져온 새로 만든 음식을 선보이는 팜 투 테이블(farm-to-table) 매장이다. 쉬림프와 프론(prawn) 중 선택할 수 있는데, 쉬림프는 연해서 먹기가 수월하고 프론은 쉬림프보다 크기가 조금 더 크다. 갈릭 소스는 추가 주문이 가능하다. 주문 시 이름을 물어보는데, 음식이 완성되면 이름을 부른다. 기본 20-25분 대기는 필수.

ADD 56-1030 Kamehameha Hwy, Kahuku, HI 96731
OPEN 금-화 10:30-17:30 MENU 버터 갈릭 쉬림프 $16
SNS 인스타그램 @romyskahukuprawnsandshrimp

할레이바 볼스
Hale'iwa Bowls

아사이볼 전문점으로 사이즈와 토핑을 원하는 대로 선택할 수 있다. 콜라겐, 단백질 파우더 같은 보충제까지 갖춰져 있어 선택의 폭이 넓다. 스피루리나의 한 종류인 블루 마직(blue majik)이 들어간 블루 마직 볼이 시그니처 메뉴이다. 스무디와 과일 음료 역시 유기농 재료를 사용해 건강한 맛을 선보인다.

ADD 66-030 Kamehameha Hwy, Haleiwa, HI 96712
OPEN 07:30-18:00 MENU 블루 마직 볼 스몰/라지
$13/16, 스무디 $10 SITE haleiwabowls.com

할레이바 조
Haleiwa Joe's

할레이바 항구를 배경으로 하와이다운 분위기가 가득 풍겨오는 가운데 다양한 메뉴를 즐길 수 있는 캐주얼 레스토랑으로 친절하고 음식 맛 좋기로 유명하다. 해산물, 스테이크, 버거 등을 맛볼 수 있으며 할레이바 지역에서 저녁을 해결하기 좋은 곳이다.

ADD 66-011 Kamehameha Hwy. Haleiwa, HI 96712
OPEN 16:30-21:00 MENU 코코넛 쉬림프 $32.95, 다 버거 $21.95, 뉴욕 스트립 $39.95
SITE haleiwajoes.com

레이스 키아베 브로일드 치킨 Ray's Kiawe Broiled Chicken

키아베 나무로 훈연한 훌리훌리 치킨을 선보인다. 훌리훌리는 하와이어로 '돌리다'라는 뜻. 플레이트에는 기름기가 쏙 빠진 치킨이 밥과 함께 제공되는데, 육즙에 적셔진 고기의 맛이 그야말로 꿀맛이지만 우리 입맛에는 다소 짤 수 있다. 푸드 트럭이라 요일별로 위치를 이동하니 방문 전에 영업 시간과 위치를 확인하는 것이 좋다. 현금 결제만 가능하다.

화, 목 **ADD** 130 Mango St, Wahiawa, HI 96786 **OPEN** 09:00-16:00
토-일 **ADD** 66-190 Kamehameha Hwy, Haleiwa, HI 96712 **OPEN** 10:00-16:00
MENU 플레이트 $14, 반 마리 $8, 한 마리 $16 **SITE** rayskiawebroiledchicken.four-food.com

커피 갤러리
Coffee gallery

다양한 커피와 소품을 판매하는 매장으로 1987년 오픈 이래 노스쇼어 주민들의 동네 사랑방처럼 자리해왔다. 세계 여러 나라의 원두를 블렌딩한 제품이 많으며 아사이볼, 샌드위치 등 간단한 한 끼 메뉴들도 갖춰져 있다. 모카 종류와 하우피아 파이가 유명하다.

ADD 66-250 Kamehameha Hwy c106, Haleiwa, HI 96712 **OPEN** 06:30-18:00 **MENU** 모카 $4.25 **SITE** coffee-gallery.com **SNS** 인스타그램 @coffeegallery.hawaii

쿠아 아이나 샌드위치 숍
Kua Aina Sandwich Shop

하와이 클래식 버거의 원조로 오바마 대통령이 하와이 방문 시 잊지 않고 찾는 곳으로도 유명하다. 샌드위치보다는 버거가 인기가 더 많은데 느끼하지 않고 담백한 맛이 일품이다. 아보카도 버거와 파인애플 버거, 프렌치 프라이가 인기 메뉴이다.

ADD 66-160 Kamehameha Hwy, Haleiwa, HI 96712 **OPEN** 11:00-20:00 **MENU** 아보카도 버거 $12.10부터, 파인애플 버거 $11.10부터, 프렌치 프라이 $3부터 **SITE** kua-ainahawaii.com

팜 투 반 카페 & 주서리 Farm To Barn Cafe & Juicery

직접 재배한 재료로 만든 건강하고 신선한 맛의 조식과 브런치를 선보인다. 탁 트인 공간에 마련된 야외 테이블이 분위기를 더한다. 아사이볼, 샌드위치, 부리토는 물론 키즈 메뉴도 주문 가능하다. 수제 콤부차도 인기가 많다. 화-목요일(17:30)에는 요가 프로그램도 운영한다.

ADD 66-320 Kamehameha Hwy, Haleiwa, HI 96712 OPEN 09:00-15:00 MENU BLT 베이글 샌드위치 $12, 베지 부리토 $15 SITE farmtobarncafe.com

서프 엔 살사 Surf N Salsa

부리토, 타코 등 정통 멕시칸 요리 및 라틴 요리를 맛볼 수 있는 곳이다. 워낙 인기가 많은 데다 주문 후 바로 음식을 만들기 때문에 대기는 감안해야 한다. 매주 화요일 '타코' 데이(17:30-20:30)를 운영하며, 금-토요일(18:00-20:00)에는 라이브 공연이 열린다.

ADD 66521 Kamehameha Hwy, Haleiwa, HI 96712 OPEN 월-토 10:30-20:30 MENU 부리토, 타코 $11 SITE surfn-salsa.com

OAHU
WEST

북부

카헤 포인트 비치 파크

중심부

포카이 비치

서부

동부

코올리나

호놀룰루 국제공항

남부

와이키키

ATTRACTION

코올리나 Ko Olina

오아후 서쪽 해안에 위치한 고급 리조트 단지로 1980년
대에 개발을 통해 조성되었다. 호놀룰루 국제공항에서
27km 거리로 바다와 산에 둘러싸인 리조트(포시즌스
리조트, 디즈니 아울라니, 비치 빌라, 메리어트 코올리나
클럽), 인공 라군과 백사장, 해안 산책로, 골프장이 자리
해 있다. 호텔 투숙객이 아니라도 라군과 호텔 편의시설
(풀 제외)을 이용할 수 있다.

ADD 92-100 Waipahe Pl, Kapolei, HI 96707
OPEN 6:00- 22:00

OH! MY TIP
코올리나 투숙 편의시설
코올리나 지역의 리조트를 이용할 경우 호텔 편의시설을 이
용해도 좋지만, 코올리나 쇼핑센터(Ko Olina Center)를 잘
활용해볼 수 있다. 몽키팟 키친 바이 메리맨, ABC 스토어에
서 운영하는 아일랜드 컨트리 마켓, 스타벅스 등 마트와 음
식점, 소품점이 다수 입점해 있다.

카헤 포인트 비치 파크 Kahe Point Beach Park

일몰 풍경을 즐길 수 있는 오아후 서부의 뷰 포
인트이다. 한적하게 비치를 즐길 수 있는 데다 낚
시 포인트이기도 해서 현지인들도 자주 찾는다.
물살이 거센 편이라 물놀이는 추천하지 않는다.

ADD 92-301 Farrington Hwy, Kapolei, HI 96707
OPEN 06:00-22:00

코올리나 라군 Ko Olina Lagoon

2.5km에 걸쳐 산책로와 인공 라군 4곳이 형성되어 있는 곳이다. 바다를 인공 라군으로 만든 것이라 깨끗하고 물살이 잔잔해 안전하게 물놀이를 즐길 수 있다. 라군 모래는 라나이 섬에서 가져온 것이다. 1-코홀라, 2-호누, 3-나이아, 4-울루아 라군으로 불린다. 1-3라군은 개인 파라솔 설치가 불가하다.

ADD Ulua Lagoon, Kapolei, HI 96707

OH! MY TIP

코올리나 라군 주차하기

1-4라군 모두 주차장을 갖추고 있다. 1-3라군 주차장은 공간이 20개 남짓으로 일찍 도착하지 않으면 이용하기가 어려운 반면, 4라군 주차장은 공간이 여유로운 편이다. 단 코올리나 마리나 센터 주차장과 입구가 동일하니 주의하자! 라군 주차장은 무료이며 코올리나 마리나 센터 주차장은 유료로 차단기가 설치되어 있다.

1라군 A 주차장 ADD Unnamed Road kapolei, HI 96707
1라군 B 주차장 ADD 92-100 Kamoana Pl Kapolei, HI 96707
2라군 주차장 ADD 92-102 Waialii Pl, Kapolei, HI 96707
3라군 주차장 ADD 92-161 Mauloa Pl, Kapoleii, HI 96707
4라군 주차장 ADD 92-100 Waipahe Pl Kapoleii, HI 96707

하와이안 레일웨이 소사이어티 Hawaiian Railway Society

사탕수수 시대에 물자와 사탕수수를 운반하던 철도 노선을 보존하고 그 역사를 소개하는 비영리 단체이다. 증기 기관차를 타고 에바 비치-일렉트로닉 비치 구간, 카폴레이에서 코올리나 지역을 살펴보는 투어 프로그램을 운영한다. 왕복 2시간가량 소요되며, 티켓은 현장 구매도 가능하나 예약하는 것이 좋다(전화로만 가능, 808-681-5461)

ADD 91-1001 Renton Rd, Ewa Beach, HI 96706 OPEN 투어 수 13:00, 토 12:00, 15:00, 일 13:00, 15:00 FARE 13-61세/2-12세, 62세 이상 $18/13 SITE hawaiianrailway.com

하와이안 일렉트릭 비치 파크
Hawaiian Electric Beach Park

카헤 포인트 비치와 나란히 있다. 비치 뒤에 전력 발전소가 있어 이 같은 이름이 붙여졌는데, 발전소 때문에 다른 비치 대비 수온이 높은 편이다. 해변 자체는 작고 아담해 스노클링, 스쿠버다이빙 등을 즐기기에 좋긴 하나 파도가 높아 초보자보다는 중급자 이상에게 적합하다.

ADD 92-201 Farrington Hwy, Kapolei, HI 96707

푸우우오훌루(핑크 필박스) 트레일
Pu'u O Hulu (Pink Pillbox) Trail

제2차 세계대전 당시 벙커가 있던 곳으로 오늘날에는 오아후 서부의 트레일 코스 겸 뷰 포인트로 자리한다. 비포장 산길로 도중에 쉬어갈 수 있는 공간이 없다. 총 5곳의 벙커 가운데 3번째 핑크 필박스가 꽤 인상적인데, 2015년 유방암 캠페인을 위해 분홍색으로 칠해진 것이라고 한다. 성인 기준 왕복 1시간 30분 남짓 소요된다.

ADD Kaukama Rd, Waianae, HI 96792

자블란 비치 & 머메이드 케이브 Zablan Beach & Mermaid Caves

현지인은 비치를, 여행객은 동굴을 보러 찾아오는 곳이다. 암석 위를 걷다 보면 바위 사이 구멍이 있다. 암석에 난 구멍을 통해 아래로 내려가면 인어공주가 살고 있을 것 같은 땅속 바다가 나타난다. 구멍이 좁아 바위에 긁힐 수 있으니 안전에 유의하자. 또한 맑은 날에는 인생 사진을 남길 수 있지만, 파도가 높은 날은 위험할 수 있다. 아쿠아 슈즈를 착용하자.

ADD 89 Laumania Ave, Waianae HI 96792

포카이 비치 Pokai Beach

모래사장이 넓고 파도가 잔잔한 비치로, 스노클링, 패들보드, 낚시 등 여러 액티비티를 즐길 수 있다. 대개는 번잡하지 않은 편이지만, 주말에는 가족 여행객은 물론 피크닉을 즐기는 현지인들까지 몰려 북적인다. '포카이'는 전설의 항해사로 불리는 인물로 코코넛 야자수를 하와이에 처음 소개한 것으로 알려져 있다.

ADD 960 Bayview St #85, Waianae, HI 96792
OPEN 05:00-22:00

마카하 비치 파크 Makaha Beach Park

겨울이면 패들보드를 이용한 서핑 대회가 열리는 한적한 비치이다. 물놀이를 즐기기에 적합하지 않아 여행객보다는 현지인들이 주로 찾는다. 주차장은 비치 건너편에 위치한다.

ADD 84-369 Farrington Hwy, Waianae, HI 96792

이즈라엘 카마카위올레 동상 Israel Kamakawiwo'ole statue

와이아나에 커뮤니티 센터 앞에는 하와이의 대표 가수이자 독립운동가로 하와이인들에게 정신적 지주로 일컬어지는 이즈라엘 카마카위올레의 동상이 자리해 있다. 우리나라에는 우쿨렐레 반주의 'Over the Rainbow'의 목소리로 잘 알려져 있다. 우쿨렐레 연주자들이 한번은 들르는 곳이기도 하다.

ADD 85-670 Farrington Hwy, Waianae, HI 96792

마쿠아 케이브
Makua Cave

용암 동굴로 정식 명칭은 카네아나 케이브(Ka-neana Cave)이다. 입구는 좁고 안은 넓은 듯하나 내부가 막혀 있어 특별히 볼 것은 없다. 하와이 원주민들은 이곳이 사람이 나오는 대지의 자궁이라 믿었다. 이 때문에 하와이 4대 주요 신 가운데 빛의 신이자 출산의 신인 '카네'의 이름을 따 이곳을 부르기 시작했다고 한다.

ADD 86-260 Farrington Hwy, Waianae, HI 96792

하와이안 몽크씰 비치
Hawaiian Monk Seal Beach

카에나 포인트 트레일 종점에 자리한 관제탑 아래에 있는 비치이다. 몽크바다표범이 나와 잠자는 모습을 관찰할 수 있는데 바위와 비슷한 보호색을 갖고 있어 유심히 들여다봐야 한다. 몽크바다표범은 하와이 천연기념물로 휴식 방해 및 접촉이 금지되어 있으며, 관찰 시 최소 45m 거리를 두어야 한다.

ADD Farrington Hwy, Waianae, HI 96791
OPEN 06:00-18:45

카에나 포인트 트레일 Ka'ena Point Trail

원주민들이 조상이나 영혼을 만날 수 있다고 믿는 오아후 서쪽 땅끝으로 이어진 트레일 코스이다. 멸종 위기 동물인 몽크바다표범, 앨버트로스 보호구역으로 지정되어 있어 반려동물 동반이 불가하며, 트레일 중간에 철문이 있다(잠긴 것은 아니니 이용 시 문만 잘 닫으면 된다). 오아후 트레일 코스 중 베스트로 꼽히나, 해안 절벽을 따라 비포장길을 걸어야 하고 그늘이 없어 쉽게 지칠 수 있는 만큼 물, 모자, 선크림은 필수

이다. 서쪽과 북쪽 두 곳의 입구가 있는데 전망은 서쪽이 좋고 북쪽은 오프로드를 즐길 수 있다(사전 허가 필요). 두 곳 모두 주차장이 있다. 성인 기준 왕복 3시간가량 소요된다.

ADD Farrington Hwy, Waialua, HI 96791
OPEN 06:00-19:00 SITE dlnr.hawaii.gov/dsp/hiking/oahu/kaena-point-trail

코랄 크레이터 어드벤처 파크 Coral Crater Adventure Park

아이부터 어른까지 함께 즐길 수 있는 액티비티 공원이다. 다양한 장애물을 통과하는 액티비티를 비롯해 짚라인, ATV까지 가족 구성원 모두 어렵지 않게 함께 참여할 수 있는 어드벤처 프로그램들로 구성되어 있다. 단 6세 이상만 참여할 수 있다.

ADD 91-1780 Midway St, Kapolei, HI 96707 OPEN 8:00-18:00 FARE 어드벤처타워/ 짚라인/ ATV $99.99부터
SITE coralcrater.com

더 라인 업 와이 카이 The Line up Wai Kai

에바 비치 인근에 오픈한 대규모 레크레이션 공간으로 인공 풀, 라군, 레스토랑 및 숍으로 구성되어 있다. 특히 인공 풀에서는 서핑을 비롯해 스탠드업 패들보드, 카약, 카누, 수상자전거까지 다양한 액티비티를 한 번에 체험할 수 있어, 수상 스포츠 애호가라면 놓치지 아쉬운 곳이다. 방문을 원한다면 홈페이지에서 원하는 프로그램을 확인한 후 예약해야 한다. 주말보다는 평일을 추천한다.

ADD 91-1621 Keoneula Blvd, Ewa Beach, HI 96706 OPEN 일-목 9:00-22:00, 금-토 9:00-24:00 SITE waikai.com

RESTAURANT & CAFE

레스토랑 & 카페

칼라파와이 카페 & 델리 Kalapawai Cafe & Deli

현지인들이 사랑하는 맛집으로 전형적인 아메리칸 스타일 식사 메뉴를 선보인다. 베이글, 샌드위치를 비롯해 피자, 도시락까지 다양하게 맛볼 수 있다. 비건 메뉴도 갖추고 있어 더욱 좋다. 오아후에 세 곳의 매장을 운영하고 있다.

ADD 711 Kamokila Blvd, Kapolei, HI 96707 OPEN 월-금 07:00-20:30, 토-일 07:00-21:00 MENU 칼라파와이 비치 버거 $15, 호박 피자 $16 SITE kalapawaimarket.com

몽키팟 키친 바이 메리맨 - 코올리나
Monkeypod Kitchen by Merriman - Ko Olina

하와이 대표 셰프 피터 메리맨이 운영하는 캐주얼 레스토랑이다. 다른 풀을 더 푸르게 만들고 잎에서 나오는 질소로 토양을 비옥하게 만들어주는 몽키팟 나무처럼 다른 사람들을 더욱 행복하게 만들어주겠다는

의미를 이름에 담았다. 피시 타코, 피자, 갈릭 트러플 오일 프라이즈, 몽키팟 키친 수제 칵테일이 인기 메뉴로 꼽힌다. 편안한 분위기에서 식사, 펍을 즐길 수 있는 곳이다.

ADD 92-1048 Olani St, Kapolei, HI 96707 OPEN 11:00-22:00 MENU 피시 타코 $26, 갈릭 트러플 오일 프라이즈 $13, 칵테일 $17 SITE monkeypodkitchen.com

미나스 피시 하우스
Mina's Fish House

롱기스 코올리나
Longhi's Ko Olina

미슐랭 셰프 마이클 미나가 이끌고 있는 '미나 그룹'의 레스토랑이다. 미국 요리에 아시아와 유럽의 요리법을 접목해 만든 퓨전 요리들을 선보인다. 이색적이면서도 독창적인 요리들 중에서 스팸캔 칵테일이 시그니처이다. 낮과 밤 모두 분위기가 좋은데, 일몰 시간에 가장 인기가 많은 편이라 디너에 방문을 원한다면 예약하는 것이 좋다.

ADD 92-1001 Olani St, Kapolei, HI 96707
OPEN 16:00-21:00 MENU 셸피시 플레이트 프티트/그랑 $125/230, 미나스 로브스터 팟 파이 $115
SITE fourseasons.com/oahu/dining

해산물 요리를 전문으로 하는 이탈리안 레스토랑으로, 최고의 조식 레스토랑이자 뷰 맛집으로 꼽히는 곳이다. '메리어트 코올리나 비치 클럽' 로비에 위치해 다소 번잡해 보이나, 의외로 오붓하게 음식을 즐길 수 있다. 디너에 방문하려면 예약하는 것이 좋다.

ADD 92-161 Waipahe Pl, Kapolei, HI 96707
OPEN 08:00-15:00, 16:00-21:00 MENU 피시 롱기 스타일 $48, 클램 링귀네 $39 SITE longhis.com

더 비치 하우스 바이 604 The Beach House by 604

매일 저녁 라이브 공연과 함께 일몰 풍경을 즐길 수 있는 오션 프런트 레스토랑으로 오아후 서부의 숨은 뷰 맛집으로 꼽힌다. '필리라오우 아미 레크리에이션 센터' 내에 위치하는데 입구에 미군 초소가 있어 신분증 확인을 한다. 로컬들의 방문이 많은 전형적인 펍이라 우리로서는 다소 시끄럽다고 느낄 수 있다

ADD 85-010 Army St, Waianae, HI 96792 OPEN 월-목 11:00-22:00, 금 11:00-23:00, 토 10:00-23:00, 일 10:00-22:00
MENU 포케 나초 $23, 립 아이 $38 SITE beachhouse604.com

카아하아이나 카페 Kaʻahaʻaina Café

오아후 서부의 숨겨진 보석 같은 브런치 레스토랑으로, 사실 음식점보다는 카페테리아에 가깝다. 접근성은 조금 떨어지지만, 건강한 맛의 메뉴와 착한 가격, 놀라운 전망까지 놓치기 아쉽다. $6 미만의 조식 메뉴는 오전 10시 30분까지 맛볼 수 있다.

ADD 86-260 Farrington Hwy, Waianae, HI 96792
OPEN 월-금 07:00-13:30 MENU 브렉퍼스트
스페셜 $8, 팬케이크 $9, 로코모코 $12
SITE facebook.com/pages/Kaahaaina-
Cafe/160860307259565

OH! MY TIP

오아후 서쪽 '카폴레이'를 아시나요?

카폴레이(Kapolei)는 오아후에서 새롭게 조성한 신도시로 렌터카로 공항에서 20분, 코올리나 리조트 단지에서 10분, 와이키키에서 35분 거리에 위치한다. 사탕수수밭을 개발해 만든 카폴레이 골프 코스와 매년 LPGA 경기가 열리는 골프장이 이 지역에 있어 골프를 목적에 둔 여행객들이 자주 찾는다.
레지던스 인 바이 메리어트(Residence Inn by Marriott), 햄튼 인 스위트(Hampton Inn & Suites), 엠버시 스위트 바이 힐튼(Embassy Suites by Hilton) 등의 숙박 시설과 카 마카나 알리(Ka Makana Ali'i)' 쇼핑몰도 자리한다. 쇼핑몰에는 배스 앤 바디 웍스, 빅토리아 시크릿, 치즈 케이크 팩토리, 소하 리빙, 푸드랜드, 판다 익스프레스, 메이시스 등 오아후 내 인기 매장이 입점해 있다.

OAHU
CENTER

북부

중심부

서부

진주만

호놀룰루 국제공항

동부

남부

와이키키

ATTRACTION

명소

진주만 국립기념관 Pearl Harbor National Memorial

미국에서 유일하게 국가 사적지로 지정된 해군기지다. 과거 원주민들이 진주를 채취하던 곳으로 원래 명칭은 와이 모이(Wai Moi, 진주의 바다). 1908년부터 미국 해군기지로 사용되었으며 확장과 개축을 거쳐 미 태평양함대의 모항으로 자리 잡았다. 1941년 12월 일본의 기습 공습으로 함선 침몰 및 비행기 격추, USS 애리조나호의 1,177명 군인 희생자 발생, 민간인까지 포함하면 총 2,400여 명이 사망했다. 진주만 국립기념관 구역에는 방문자센터, 갤러리, 박물관, 공원, 푸드 코트가 있다.

ADD 1 Arizona Memorial Place, Honolulu, HI 96818
OPEN 7:00-17:00 SITE nps.gov/valr(예약 recreation.gov)

OH! MY TIP

방문 전에 알아두세요!
진주만은 군사 지역이기 때문에 여행객의 접근이 제한적이다. 카메라, 생수, 지갑 등은 소지 가능하나, 백팩을 포함한 모든 가방은 보관함에 넣은 후 입장할 수 있다. 또한 진주만 내 여러 공간을 돌아볼 때에는 렌터카 등의 개별 이동은 불가능하며 진주만 내 셔틀을 반드시 이용해야 한다. 렌터카 이용시 주차 요금은 시간 관계 없이 7$, 진주만 내 셔틀은 무료.

USS 애리조나 호 메모리얼 USS Arizona Memorial

진주만 공습 당시 가장 큰 피해를 본 전함으로, 침몰한 선체를 옮기지 않고 그 위에 희생자들을 기리는 기념관을 건립했다. 흰색 건물은 미 해군 제복을 의미하며, 수면의 검은 기름띠는 '검은 눈물'을 뜻한다. 진주만 국립기념관 방문 시 가장 많은 여행자가 찾는 곳이자 미 대통령 당선자가 취임 후 가장 먼저 찾는 곳이다.

ADD 1 Arizona Memorial place, Honolulu, HI 96818

OH! MY TIP

USS 애리조나 호 메모리얼 관람하기
매일 오전 7시부터 선착순으로 입장권 1,300장을 무료 배포한다(입장 시간 선택 불가). 전화(1-877-444-6777) 혹은 웹사이트(recreation.gov, 예약 시 1$ 서비스 피 지불)를 통해 예약했다면 투어 1시간 전 방문자센터에서 티켓을 수령해야 한다! 예약은 방문일 8주 전부터 가능하며, 티켓 수령 시 입장 시간이 기재된다. 입장 후 보트를 타고 이동한다. 한국어 오디오 가이드가 제공된다.

USS 보핀 잠수함 박물관
USS Bowfin Submarine Museum & Park

제2차 세계대전 때 출전한 보핀 잠수함을 전시하고 있다. 보핀 잠수함은 진주만 공습 당시 일본 전함 수십 척을 침몰하고 한국전쟁의 인천상륙작전 당시 상륙 지점을 찾는 등의 군사 작전에 참여한 바 있다. 방문자센터 바로 옆에 공원과 함께 자리하고 있으며, 잠수함 내부는 투어를 통해 둘러볼 수 있다.

ADD 11 Arizona Memorial Dr, Honolulu, HI 96818
OPEN 08:00-16:00 FARE 투어 13세 이상/4-12세 $21.99/12.99(4세 미만 입장 불가) SITE bowfin.org

체스터 W. 니미츠 동상 Chester W. Nimitz Statue

독일계 미국인인 체스터 W. 니미츠는 태평양전쟁에서 맹활약하며 미국을 승리로 이끈 해군 제독으로 루스벨트 대통령의 무한 신뢰를 받은 인물로 알려져 있다. 영화 <미드웨이>를 통해 그의 활약을 살펴볼 수 있다. 동상은 미주리 전함 입구에 세워져 있다.

ADD 63 Cowpens St, Honolulu, HI 96818

USS 미주리 전함 USS Battleship Missouri Memorial

정식 항복 문서에 일본의 사인을 받아내면서 제2차 세계대전을 종식시킨 미 해군의 자랑스러운 유산이자 박물관이다. 더욱이 한국전쟁 당시 우리나라 영해에 처음으로 진입한 미국 전함으로서 한국군과 UN군의 공격을 돕고 흥남 철수 작전을 지원한 바 있다. 축구장 3개 크기, 20층 건물 높이에 6만 톤에 달하는 규모를 자랑한다. 한국전쟁 후 미국으로 귀환해 1955년 퇴역했으나 개장 후 1986년 재취역해 걸프전 승리에 공헌하고 1992년 퇴역했다. 갑판에는 종전 선언문을 비롯해 1,224kg 포탄을 37km까지 쏠 수 있는 40cm 함포가 장착되어 있다. 한국어를 비롯한 다양한 언어가 가능한 가이드들이 상주한다. 투어에는 2-3시간 소요된다.

ADD 63 Cowpens St, Honolulu, HI 96818 OPEN 08:00-16:00 FARE 13세 이상/4-12세 $34.99/17.49
SITE ussmissouri.org

진주만 항공우주 박물관 Pearl Harbor Aviation Museum

태평양 전쟁의 역사를 간직한 곳으로 격납고에서 당시 총격의 흔적까지 고스란히 확인할 수 있다. 시대별 전투기, 태평양 전쟁 상황 및 당시 투입된 전투기는 물론 우리나라 전투기도 전시되어 있다. 민간 후원으로 진행되는 항공기 복원 과정도 살펴볼 수 있어 무척 흥미롭다. 한국어 오디오 가이드를 제공한다.

ADD 319 Lexington Blvd, Honolulu, HI 96818 OPEN 09:00-17:00 FARE 13세 이상/4-12세 $25.99/14.99
SITE pearlharboraviationmuseum.org

알로하 스타디움 스왑 미트
Aloha Stadium Swap Meet

5만여 명이 한번에 쇼핑을 즐길 수 있을 만큼 큰 규모의 마켓으로 하와이안 셔츠, 하와이 기념품 등을 저렴하게 구매할 수 있다. 그늘이 없어 모자, 선글라스를 챙기는 것이 좋다.

ADD Aloha Stadium, 99-500 Salt Lake Blvd, Honolulu, HI 96818 OPEN 수, 토 08:00-15:00, 일 06:30-15:00
SITE alohastadium.hawaii.gov

레인보우 터널
Rainbow Tunnel

내부를 무지개 색으로 칠한 터널로 유명 포토 스폿으로 꼽힌다. 관광 명소라기보다 주거 단지에 있는 작은 터널이라 사진 촬영을 위해 찾아오는 여행객이 전부다.

ADD 95-298 Hakupokano Loop, Mililani, HI 96789

RESTAURANT & CAFE

레스토랑 & 카페

레스토랑 604 Restaurant 604

현지 바이브를 느낄 수 있는 레스토랑이다. 하와이 전통음식부터 파스타, 햄버거 등 다양한 메뉴를 갖추고 있다. 시그니처 메뉴는 맥넛 마히마히, 아히 카츠로 간이 세지 않아 부담스럽지 않게 요리를 즐길 수 있다. 뷰와 분위기 좋은 레스토랑으로 진주만 투어 후 방문하기 좋다.

ADD 57 Arizona Memorial Dr #108, Honolulu, HI 96818 OPEN 월-금 10:30-22:00 토 09:30-23:00 일 09:30-22:00 MENU 맥넛 마히마히 $27 아히 카츠 $26 SITE restaurant604.com

보스톤 피자 Boston's Piazza

1994년부터 영업을 시작한 로컬 맛집이다. 원하는 메뉴를 주문하면 화덕에 데운 후 반으로 잘라 제공한다. 피자 도우는 얇고 바삭한 편. 피자 한 조각이 19인치 피자의 1/4로 매우 크지만, 한 조각당 가격이 $6-9 정도로 가성비가 좋다. 오아후에 지점이 여러 곳이라 방문하기도 쉽다.

ADD 98-302 Kamehameha Hwy, Aiea, HI 96701 OPEN 10:30-20:00 MENU 페퍼로니 피자 조각/홀 $6.59/26.36, 미트러버 조각/홀 $9.31/37.25 SITE bostonsnorthendpizza.com

디 앨리 레스토랑 앳 아이에아 볼
The Alley Restaurant at Aiea Bowl

로컬들이 즐겨 찾는 볼링장 겸 레스토랑으로, 평일에도 특유의 캐주얼한 분위기를 즐기려는 손님들로 북적인다. 수상 경력에 빛나는 달콤매콤한 매력의 테이스티 치킨, 본리스 갈비, 로코모코, 소꼬리 수프가 인기 메뉴로 꼽힌다. 디저트로는 레몬 크런치, 펌킨 크런치 파이가 유명하다.

ADD 99-115 Aiea Heights Dr # 310, Aiea, HI 96701 OPEN 10:00-21:00 MENU 테이스트 치킨 볼/플레이트 $13.95/16.95, 본리스 갈비 볼/플레이트 $17.50/20.50 SITE aieabowl.com

애나 밀러스 레스토랑
Anna Miller's Restaurant

로컬들이 주로 찾는 진주만 근처 맛집으로 1973년 오픈했다. 팬케이크, 오믈렛, 햄버거, 샌드위치, 같은 미국 가정식이 주메뉴이며, 로코모코나 데일리 스페셜 메뉴도 갖춰져 있다. 에그 베네딕트와 믹스 플레이트 파이가 인기 메뉴로 꼽힌다. 음식 가격도 저렴해 더욱 만족스럽다.

ADD 98-115 Kaonohi St, Aiea, HI 96701 OPEN 월-금 08:00-15:00 토-일 07:00-15:00 MENU 에그베네딕트 $16.99, 믹스 플레이트 파이 $5.99 SITE annamillersrestaurant.com

오아후 한인병원 및 한인약국

와이키키 내 한인병원

Aloha Urgent Care & Pain Clinic in Waikiki
(전, 양성식 내과/전문의)
ADD 2330 Kalākaua Ave Unit #202, Honolulu, HI 96815 OPEN 9:00-20:00 *카카오톡 문의 및 예약 가능 TEL 808-342-6305

Dr. Philip Suh & Dr. Semo Suh
(서필립 가정의학과/전문의)
ADD 725 Kapiolani Blvd suite c-114, Honolulu, HI 96813 OPEN 월-화, 목-금 8:00-16:00, 토 8:00-15:30 TEL 808-946-1414 (한국어 응대)

Ala Moana Walk-In Medical Clinic (알라모아나 워크인 메디컬 클리닉)
ADD 1441 Kapiolani Blvd Suite 420, Honolulu, HI 96814 OPEN 월-화, 목-금 9:00-16:00 수 9:00-19:00 일 13:00-19:00 TEL 808-498-7913 (한국어 응대)

Fast Walk-in Medical Clinic 가정의학병원
ADD 1670 Makaloa St. #201 Honolulu, HI 96814 (팔라마 슈퍼 2층) OPEN 월-금 9:00-16:00, 토 9:00-12:00 TEL 808-979-6930 (한국어 응대)

한인 약국

Discovery Bay Pharmacy
ADD 1778 Ala Moana Blvd #208, Honolulu, HI 96815 OPEN 월-금 9:00-18:30, 토 10:00-14:00 TEL 808-312-3469

와이키키 내 응급실

Doctors of Waikiki
ADD 120 Ka'iulani Ave #11, Honolulu, HI 96815(쉐라톤 프린세스 카울라니) OPEN 8:00-22:00 TEL 808-922-2112

The Queen's Medical Center Emergency Room
ADD 1301 Punchbowl St, Honolulu, HI 96813 TEL 808-538-9011

Kapiolani Medical Center for Women and Children: Emergency Room
ADD 1319 Punahou St, Honolulu, HI 96826 TEL 808-983-6000

빅 아일랜드 여행하기

빅 아일랜드 드론 영상

빅 아일랜드의 7가지 매력

01
푸른 바다가
만들어내는 투명함

02
활화산이 꿈틀거리는 대자연

03
한 섬에서 만나는
기후의 다양함

04

용암 지대가 만들어낸 장엄함

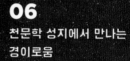

06

천문학 성지에서 만나는
경이로움

05

로열 카밀라의 고향

07

세계 3대 코나 커피의
향긋함

FROM OAHU
TO BIG ISLAND

인천에서 출발해 오아후(호놀룰루 국제공항)에 도착한 후 바로 빅 아일랜드로 이동할 경우, 하와이안 항공 또는 사우스웨스트 항공 주내선을 이용하면 편리하다. 도착 공항은 각자 일정에 맞춰 코나 국제공항과 힐로 국제공항 가운데 한 곳을 선택하면 된다. 소요 시간은 약 50분이다.

코나 & 힐로 국제공항
Hilo International & Ellison Onizuka Kona Intertnational Airport

빅 아일랜드에는 동쪽의 힐로 국제공항, 서쪽의 엘리슨 오니주카 코나 국제공항까지 두 개의 공항이 있다. 두 공항 모두 호놀룰루 국제공항에서 40분가량 소요된다. 하와이안항공에서 가장 많은 항공편을 운항한다.

OH! MY TIP

빅 아일랜드 In & Out 선택하기!
코나 공항 이용 시 대부분 코나와 와이콜로아 지역에 숙박한다. 날씨는 힐로보다 화창한 편이지만, 빅 아일랜드 대표 관광 명소인 화산국립공원, 마우나케아와 거리가 멀다. 화산국립공원까지는 편도 3시간, 마우나케아까지는 편도 90분 가량 소요된다.
힐로 공항 이용 시 화산국립공원과 마우나케아가 편도 50분 이내로 가깝지만, 힐로 지역은 비가 잦다. 출도착 지역을 다르게 할 수도 있지만, 이 경우 렌터카 픽업 및 반납 장소가 달라지기 때문에 추가 비용이 $80-100가량 발생한다(렌터카 회사별 상이).

BIG ISLAND TRANSPORTATION

렌터카 Rent a Car

빅 아일랜드에서 렌터카는 필수이다! 코나 공항에서는 수하물을 찾은 후 셔틀버스로 렌터카 사무실까지 이동해야 한다. 탑승 후 3분이면 사무실에 도착한다. 힐로 공항에서는 수하물을 찾은 후 밖으로 나와 횡단보도만 건너면 바로 앞에 렌터카 사무실이 자리한다.

트롤리 Trolley

코나 지역 내에서만 운행하는 교통수단으로 케아우호우 쇼핑센터에서 시작해 타깃(Target)까지 운행한다.

버스 Bus

헬레온(Hele-on)이라는 대중 버스를 운행한다. 섬 전역으로 이동할 수 있지만 배차 시간이 길고 운행 횟수도 많지 않아 추천하지 않는다.

택시 Taxi

길거리에서 택시를 잡는 건 불가능하며, 호텔 컨시어지에 콜택시를 요청해야 한다. 섬이 넓어 요금이 비싸며, 택시 회사마다 서비스를 제공하는 지역 범위가 상이하다. 우버도 이용가능하지만, 이동 지역에 한계가 따른다.

빅 아일랜드에서 즐기는 액티비티

카약 Kayak

케아우호우 베이의 깨끗한 바다를 카약으로 누빌 수 있다. 바다 거북, 돌고래, 물고기와 함께 바다를 체험하는 카약 투어는 가이드와 함께하기 때문에 안전하다. 카약 단독 렌트도 가능하며 카약과 스노클링이 결합된 상품을 이용하는 것도 좋다.

짚라인 Zipline

힐로와 코할라 지역에서 짚라인 프로그램이 운영된다. 힐로는 아카카 폭포 주립공원에 7개의 코스로, 코할라는 열대우림에 8개의 코스로 이루어져 있다. 하늘을 나는 듯한 기분을 느끼며 빅 아일랜드의 자연을 만끽해보자.

스노클링 Snorkeling

해양보호구역으로 다양한 어종을 관찰할 수 있어 최고의 스노클링 명소로 꼽히는 캡틴 쿡 위주의 투어 프로그램이 여럿 운영되고 있다. 프로그램에는 간단한 조식과 중식이 포함된다.

헬기 투어 Helicopter Tour

하와이를 한눈에 내려다볼 수 있는 투어이다. 화산 국립공원 지역을 돌아보는 코스와 코할라 산맥을 돌아보는 코스 중 선택할 수 있다. 방문 시기에 용암을 볼 수 있다면 반드시 체험해야 할 투어이다.

패러세일링 Parasailing

바다에서 빅 아일랜드를 조망할 수 있는 패러세일링 프로그램은 대부분 코나 지역에서 이뤄진다. 코나의 해안선과 탁 트인 바다 전망을 즐길 수 있다. 선박당 8-12명이 탑승하며, 비행 시간은 6분 남짓 된다.

돌핀 퀘스트 Dolphin Quest

돌고래와 함께 교감할 수 있는 체험 프로그램으로 힐튼 와이콜로아 빌리지 내 라군에서 열린다. 유료 프로그램 대신 돌고래 공연으로 대체하는 것도 좋다. 해당 시간은 컨시어지에 문의해보자.

나이트 만타 레이 Night Manta Ray

쥐가오리를 뜻하는 만타 레이는 현존하는 가오리 중 가장 큰 종이다. 바다에 서식하며 등은 검정색, 배는 흰색이다. 이 모습이 꼭 담요를 덮은 것 같다 해서 '만타(스페인어로 담요라는 뜻)'라는 이름이 붙여졌다고 한다. 평균 크기는 4-5m로, 큰 것은 7m가 넘는다.

나이트 만타 레이는 플랑크톤을 먹이로 섭취하는 만타 레이의 특성을 활용한 투어이다. 어두운 밤 배에서 쏘는 불빛에 모여드는 플랑크톤 근처로 만타 레이가 찾아들며 환상적인 풍광을 자아낸다. 빅 아일랜드에서만 할 수 있는 스노클링 투어 중 하나로 야간 투어만 진행된다.

마우나케아 정상 일몰과 별 관찰 Mauna Kea Summit Sunset and Stars

안전하고 편리하게 정상에서 일몰 감상과 별 관측을 할 수 있는 투어로, 월초마다 일출 투어도 함께 진행한다. 선셋 투어는 오후 3시 숙소 픽업을 시작으로 밤 9시에 마무리되며, 선라이즈 투어는 오전 3시 30분 픽업을 시작으로 오전 9시 전후에 마무리된다. 가이드의 설명과 따뜻한 외투, 커피와 차 등의 간식이 준비된다. 마우나케아 정상 투어는 지정 업체만 가능하기 때문에 업체 선택의 폭이 넓지 않으며 한국어로 진행하는 업체도 없다.

BIG ISLAND
BEACH MAP

빅 아일랜드 해변 지도

마후코나 비치 파크 Mahukona Beach Park

스펜서 비치 파크 Spencer Beach Park

마우우마에 비치 Mauumae Beach

마우나 케아 비치 Mauna Kea Beach

하푸나 비치 Hapuna Beach

와일레아 베이 Wailea Bay

페어몬트 오키드 비치 Fairmont Orchid Beach

마카이와 베이 Makaiwa Bay

아나에후말루 베이 Anaehoomalu Bay

포시즌스 비치 Four Seasons Beach

쿠키오 비치 Kukio Beach

키카우아 비치 Kikaua Beach

카일루아 코나 Kailua Kona
17km | **30**min

✈ 코나 국제공항

마니니오왈리 비치 Maniniowali Beach

마칼라웨나 비치 Makalawena Beach

카케하 카이 비치 파크 Kekaha Kai Beach Park

와와올리 비치 파크 Wawaloli Beach Park

올드 코나 에어포트 비치 파크 Old Kona Airport Beach Park

화이트 샌즈 비치 파트 White Sands Beach Park

카할루우 비치 파크 Kahaluu Beach Park

코나

OH! MY TIP

해변 방문 전 확인하자

비치 컨디션이 궁금하다면 방문 전 사이트를
통해 확인하자.

SITE www.hawaiibeachsafety.com

케아우호우 Keauhou
20km | **30**min

케알라케쿠아 베이 Kealakekua Bay
28km | **45**min

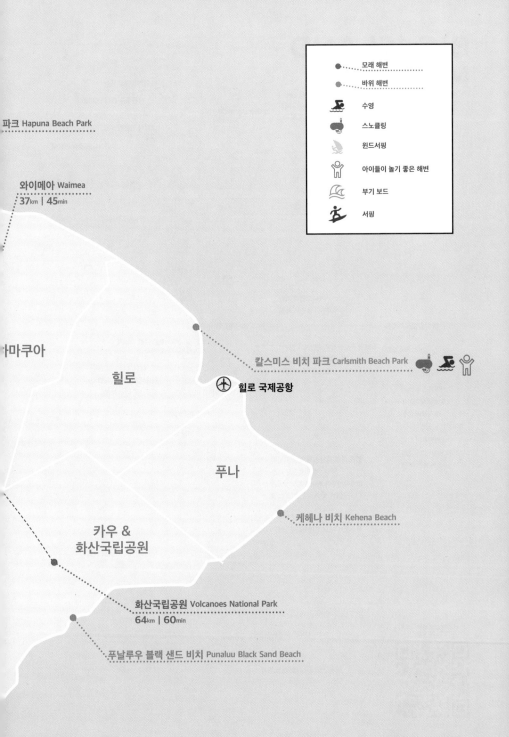

파크 Hapuna Beach Park

와이메아 Waimea
37km | 45min

모래 해변
바위 해변
수영
스노클링
윈드서핑
아이들이 놀기 좋은 해변
부기 보드
서핑

아마쿠아

힐로

칼스미스 비치 파크 Carlsmith Beach Park

힐로 국제공항

푸나

케헤나 비치 Kehena Beach

카우 &
화산국립공원

화산국립공원 Volcanoes National Park
64km | 60min

푸날루우 블랙 샌드 비치 Punaluu Black Sand Beach

BIG ISLAND
MAP 빅 아일랜드 전도

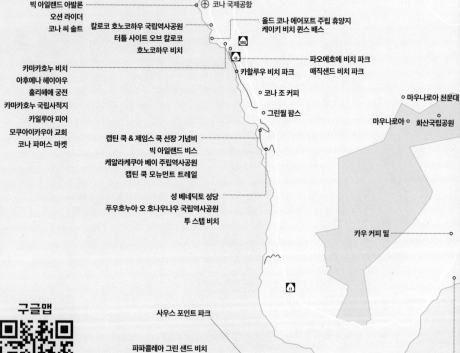

하마쿠아 마카다미아 너트 컴퍼니
카우나오아 비치
스펜서 비치 파크

라파카이 주립역사공원

킹 카메하메하 동상
폴롤루 밸리 전망대

코할라 마운틴 로드

와이피오 밸리 전망대

하푸나 비치 주립공원

270

250

240

Waip'

19

Kaha

Kaukonahua

아나에호 오말루 비치
말라우마 트레일

200

13796
(4205 r

마니오왈리 비치
키카우와 포인트 공원

19

190

빅 아일랜드 아발론
오션 라이더
코나 씨 솔트

코나 국제공항

칼로코 호노코하우 국립역사공원
터틀 사이트 오브 칼로코
호노코하우 비치

올드 코나 에어포트 주립 휴양지
케이키 비치 퀸스 배스

180

11

파오에호에 비치 파크
매직샌드 비치 파크

카마카호누 비치
아후에나 헤이아우
훌리헤에 궁전
카마카호누 국립사적지
카일루아 피어
모쿠아이카우아 교회
코나 파머스 마켓

카할루우 비치 파크

코나 조 커피

그린윌 팜스

마우나로아 천문대

마우나로아   화산국립공원

캡틴 쿡 & 제임스 쿡 선장 기념비
빅 아일랜드 비스
케알라케쿠아 베이 주립역사공원
캡틴 쿡 모뉴먼트 트레일

성 베네딕토 성당
푸우호누아 오 호나우나우 국립역사공원
투 스텝 비치

카우 커피 밀

11

구글맵

사우스 포인트 파크

파파콜레아 그린 샌드 비치

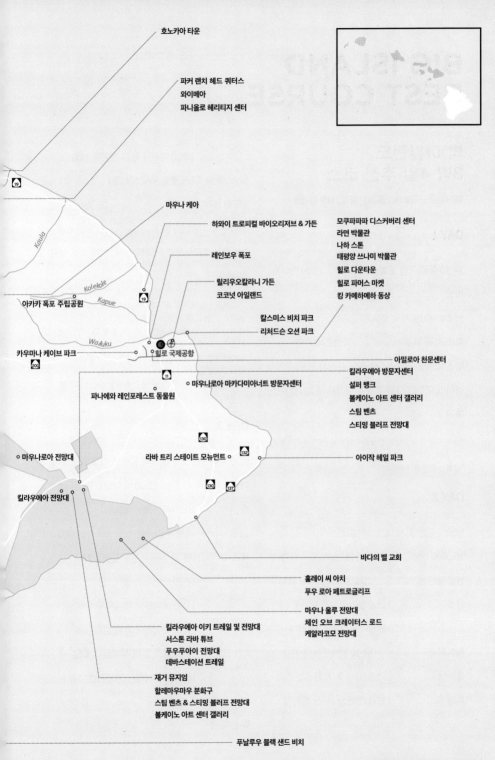

호노카아 타운

파커 랜치 헤드 쿼터스
와이메아
파니올로 헤리티지 센터

BIG ISLAND
EAST COURSE

마우나 케아

하와이 트로피컬 바이오리저브 & 가든

레인보우 폭포

릴리우오칼라니 가든
코코넛 아일랜드

아카카 폭포 주립공원

카우마나 케이브 파크

칼스미스 비치 파크
리처드슨 오션 파크

힐로 국제공항

모쿠파파파 디스커버리 센터
라면 박물관
나하 스톤
태평양 쓰나미 박물관
힐로 다운타운
힐로 파머스 마켓
킹 카메하메하 동상

아밀로아 천문센터
킬라우에아 방문자센터
설퍼 뱅크
볼케이노 아트 센터 갤러리
스팀 벤츠
스티밍 블러프 전망대

마우나로아 마카다미아너트 방문자센터

파나에와 레인포레스트 동물원

마우나로아 전망대

라바 트리 스테이트 모뉴먼트

아이작 헤일 파크

킬라우에아 전망대

바다의 별 교회

홀레이 씨 아치
푸우 로아 페트로글리프

마우나 울루 전망대
체인 오브 크레이터스 로드
케알라코모 전망대

킬라우에아 이키 트레일 및 전망대
서스톤 라바 튜브
푸우푸아이 전망대
데바스테이션 트레일

재거 뮤지엄
할레마우마우 분화구
스팀 벤츠 & 스티밍 블러프 전망대
볼케이노 아트 센터 갤러리

푸날루우 블랙 샌드 비치

BIG ISLAND
BEST COURSE

빅 아일랜드
3박 4일 추천 코스

빅 아일랜드 주요 명소를 보는 일정 / 힐로 인아웃

DAY 1

14:30 힐로 공항 도착 ─도보 3분→ 15:00 렌터카
픽업 ─렌터카 10분→ 15:10 숙소 체크인 ─렌터카 15분→
16:00 월마트에서 장보기 ─렌터카 15분→ 17:20
숙소 복귀 및 휴식 ─렌터카 10분→ 18:40 카페
페스토, 파인애플스 아일랜드 프레시 퀴진, 재키
레이스 오하나 그릴 힐로 저녁식사 → 20:00 숙소
복귀

*힐로 공항 내에 렌터카 업체들이 입점해 있다. 마우나케아,
화산국립공원은 힐로에서 접근성이 좋다. 3박 일정이라면
힐로 인아웃을 추천한다.

DAY 2

9:00 수이산 피시 마켓에서 아침식사 ─렌터카 40분→
10:30 화산국립공원 도착, 입장 결제, 킬라우에아
방문자센터 ─렌터카 4분→ 11:20 스팀 벤츠, 설퍼
뱅크 ─렌터카 12분→ 11:50 킬라우에아 오버룩
─렌터카 4분→ 12:10 볼케이노 하우스 더 림에서
점심식사 ─렌터카 5분→ 13:10 킬라우에아 이키
룩아웃 ─렌터카 2분→ 13: 30 나후쿠, 서스턴 라바
튜브 ─렌터카 4분→ 14:00 데바스테이션 트레일

─렌터카 14분→ 15:10 마우나 울루 전망대(체인
오브 크레이터스 로드 시닉 오버룩) ─렌터카 19분→
15:30 홀레이 씨 아치 ─렌터카 50분→ 16:30
킬라우에아 방문자센터 ─렌터카 60분→ 17:40 카페
100에서 로코모코로 저녁식사 → 18:20 숙소 복귀
및 휴식

*화산국립공원 내 화장실은 방문자센터, 볼케이노 하우스,
홀레이 씨 아치 등 세 곳에 있다.
*데바스테이션 트레일은 평탄한 편으로 왕복 35-40분이면
충분히 다녀올 수 있다.
*킬라우에아 이키 트레일 방문 시 2시간-2시간 30분 정도 시
간이 추가된다.
*화산국립공원 내 일부 구간은 통신이 원활하지 않으니 참
고하자.

DAY 3

9:00 하와이안 스타일 카페 힐로, 카와모토 스토어
아침식사 ─렌터카 4분→ 10:00 빅 아일랜드 캔디스
─렌터카 10분→ 10:30 레인보우 폭포 ─렌터카 30분→
11:30 아카카 폭포 주립공원 ─렌터카 45분→ 13:00
텍스 드라이브인 말라사다 구매 및 점심식사
─렌터카 15분→ 14:00 와이피오 밸리 전망대
─렌터카 30분→ 14:40 파니올로 헤리티지 센터
─렌터카 4분→ 15:10 와이메아 커피 컴퍼니 휴식
─렌터카 4분→ 17:00 용스 갈비 저녁식사 포장
─렌터카 50분→ 18:00 마우나케아 방문자센터 휴식
후 선셋힐(혹은 정상) 방문 ─렌터카 50분→ 21:00
숙소 복귀

288 _PART 5. INSIDE BIG ISLAND

*힐로 버거 조인트(Hilo Burger Joint), 사쿠라 스시(Sakura Sushi & Grill)은 밤 9시 30분-10시까지 영업한다.

DAY 4

9:00 저스틴 크루진 커피 아침식사 —렌터카 4분→

9:30 릴리우오칼라니 가든, 코코넛 아일랜드 산책

—렌터카 3분→ 10:50 호텔 체크아웃 —렌터카 10분→

11:20 힐로 공항에서 렌터카 반납 —도보 3분→

11:40 호놀룰루 행 항공편 체크인 및 탑승 준비

빅 아일랜드
4박 5일 추천 코스

빅 아일랜드 주요 명소를 보는 일정 / 코나 인아웃

DAY 1

14:30 코나 공항 도착 —셔틀 5분→ 15:00 렌터카

픽업 —렌터카 20분→ 15:30 숙소 체크인 —렌터카 10분→

16:30 월마트, KTA 장보기 —렌터카 10분→ 17:20

숙소 복귀 및 휴식 —도보 이동→ 18:40 아일랜드

라바 자바, 온 더 록스, 휴고스 저녁식사 → 20:00

숙소 복귀

*코나 공항-코나 다운타운 구간은 렌터카로 20분, 코나 공항-와이콜로아 구간은 렌터카로 30분 소요된다.
*코스트코 방문 시 코나 공항에서 바로 코스트코로 이동하는 게 좋다. 코나공항-코스트코는 렌터카로 10분 소요된다.
*와이콜로아에 머물 예정이라면 KTA 마켓을 추천한다.

DAY 2

8:00 파파 코나 레스토랑(Papa Kona Restaurant & Bar), 피시 호퍼 코나(Fish Hopper Kona), 코나 웨이브 카페(Kona Wave Cafe)에서

아침식사 —렌터카 40분→ 10:00 푸우호누아 오

호나우나우 국립역사공원 —렌터카 2분→ 10:40

투 스텝 비치 스노클링 —렌터카 15분→ 13:00

빅 아일랜드 비스 —렌터카 20분→ 13:40 코나 조

커피 농장 —렌터카 12분→ 14:30 카아스 카와누이

점심식사 —렌터카 10분→ 15:30 매직 샌드 비치 파크

—렌터카 5분→ 16:30 알리이 가든스 마켓플레이스

—렌터카 10분→ 17:10 숙소 복귀 및 휴식

—도보 15분, 렌터카 3분→ 19:00 코나 브루잉 또는 올라

브루(Ola Brew Co) 저녁식사

DAY 3

8:00 더 커피 쉑 아침식사 —렌터카 80분→ 10:00

사우스 포인트 —렌터카 30분→ 10:50 푸날루우

베이크 숍 음식 구매 —렌터카 25분→ 11:30

커피 농장 카우 커피 밀 —렌터카 30분→ 12:10

화산국립공원 도착, 입장 결제, 킬라우에아

방문자센터 —렌터카 4분→ 12:30 스팀 벤츠, 설퍼

뱅크 —렌터카 12분→ 13:00 킬라우에아 오버룩

—렌터카 4분→ 13:10 방문자센터 주변이나

차량에서 점심식사 —렌터카 5분→ 13:40

킬라우에아 이키 룩아웃 —렌터카 2분→ 13:50

나후쿠, 서스턴 라바 튜브 —렌터카 4분→ 14:10

데바스테이션 트레일 —렌터카 14분→ 15:00 마우나

울루 전망대(체인 오브 크레이터스 로드 시닉

오버룩) —렌터카19분→ 15:30 홀레이 씨 아치

—렌터카 50분→ 16:30 킬라우에아 방문자센터

—렌터카 60분→ 17:40 카페 100 로코모코로

저녁식사 —렌터카 90분→ 20:30 숙소 복귀 및 휴식

*코나에서 출발해 화산국립공원을 돌아본 후 힐로를 통해 코나로 돌아오는 일정이다. 힐로에서 저녁을 먹지 않고 코나로 돌아오는 경우 아일랜드 라바 자바, 포스터 키친(Foster's Kitchen), 험피스 에일하우스(Humpy's Big Island Alehouse) 등에서 저녁식사를 해결할 수 있다.

DAY 4

8:30 아사이 하와이 아침식사 ──렌터카 60분──> 10:00 라파카히 주립역사공원 ──렌터카 30분──> 11:30 폴룰루 밸리 & 트레일 ──렌터카 40분──> 13:10 250번 도로 시닉 포인트 ──렌터카 15분──> 13:40 용스 갈비 점심식사 ──렌터카 3분──> 14:30 파니올로 헤리티지 센터 ──렌터카 3분──> 15:10 파커 랜치 헤드쿼터스 ──렌터카 3분──> 16:00 와이메아 커피 컴퍼니 휴식 ──렌터카 4분──> 17:00 이피스 하와이안 비비큐(Ippys Hawaiian BBQ) 저녁식사 포장 ──렌터카 50분──> 18:00 마우나케아 방문자센터 휴식 후 선셋힐(혹은 정상) 방문 ──렌터카 70분──> 21:00 숙소 복귀

DAY 5

9:00 코나 커피 & 티 아침식사 ──렌터카 5분──> 10:00 카마카호누 국립사적지 ──렌터카 5분──> 10시 30분 숙소 체크아웃 ──렌터카 10분──> 11:10 아이오피오 피시 트랩 ──렌터카 6분──> 11:40 미시즈 배리스 코나 쿠키 ──렌터카 10분──> 12:10 코나 공항에서 렌터카 반납 ──셔틀 5분──> 12:30 호놀룰루 행 항공편 체크인 및 탑승 준비

빅 아일랜드
5박 6일 추천 코스

: 빅 아일랜드 주요 명소를 보는 일정 / 코나 인, 힐로 아웃

DAY 1

14:30 코나 공항 도착 ──셔틀 5분──> 15:00 렌터카 픽업 ──렌터카 20분──> 15:30 숙소 체크인 ──렌터카 10분──> 16:30 월마트, KTA에서 장보기 ──렌터카 10분──> 17:20 숙소 복귀 및 휴식 ──도보 이동──> 18:40 아일랜드 라바 자바, 온 더 록스, 휴고스에서 저녁식사 → 20:00 숙소 복귀

DAY 2

8:00 파파 코나 레스토랑, 피시 호퍼 코나, 코나 웨이브 카페 아침식사 ──렌터카 40분──> 9:30 성 베네딕토 성당 ──렌터카 5분──> 10:00 푸우호누아 오 호나우나우 국립역사공원 ──렌터카 2분──> 10:40 투 스텝 비치 스노클링 ──렌터카 15분──> 13:00 빅 아일랜드 비스 ──렌터카 20분──> 13:40 코나 조 커피 농장 ──렌터카 12분──> 14:30 매직스 비치 그릴 (Magics Beach Grill) 점심식사 후 매직 샌드 비치 파크 ──렌터카 15분──> 17:00 숙소 복귀 및 휴식 ──도보 이동──> 18:30 코나 다운타운 산책, 선셋 감상 ──도보 이동──> 빅 아일랜드 그릴(Big Island Grill), 코나 브루잉에서 저녁식사 ──도보 이동──> 20:30 숙소 복귀

DAY 3

8:30 아사이 하와이 아침식사 ──렌터카 10분──>

9:20 아이오피오 피시 트랩 ^{렌터카 40분} 10:30

칼라후이푸아아 역사공원 ^{렌터카 20분} 11:30

하마쿠아 마카다미아 너트 컴퍼니 ^{렌터카 40분}

12:30 폴롤루 밸리 & 트레일 ^{렌터카 40분}

14:00 250번 도로 시닉 포인트 ^{렌터카 30분}

14:30 하푸나 비치(또는 마니니오왈리 비치)

^{렌터카 45분} 17:20 브로크 다 마우스 그라인츠

코나 저녁식사(또는 음식 포장) ^{렌터카 5분}

18:00 올드 코나 에어포트 비치 선셋 감상

(또는 저녁식사) → 19:30 숙소 복귀

DAY 4

8:00 더 커피 쉑 아침식사 ^{렌터카 80분} 10:00

사우스 포인트 ^{렌터카 30분} 10:50 푸날루우

베이크 숍 음식 구매 ^{렌터카 25분} 11:30 커피

농장 카우 커피 밀 ^{렌터카 35분} 12:10 툭툭

타이 푸드 트럭 점심식사 ^{렌터카 55분} 13:00

화산국립공원 도착, 입장 결제, 킬라우에아

방문자센터 ^{렌터카 40분} 13:30 스팀 벤츠, 설퍼

뱅크 ^{렌터카 12분} 14:10 킬라우에아 오버룩

^{렌터카 10분} 14:40 킬라우에아 이키 룩아웃

^{렌터카 2분} 14: 50 나후쿠, 서스턴 라바 튜브

^{렌터카 4분} 15:10 데바스테이션 트레일

^{렌터카 14분} 16:00 마우나 울루 전망대(체인 오브

크레이터스 로드 시닉 오버룩) ^{렌터카 19분} 16:30

홀레이 씨 아치 ^{렌터카 50분} 17:30 킬라우에아

방문자센터 ^{렌터카 50분} 18:40 힐로 호텔 체크인

^{렌터카 5분} 19:30 켄즈 하우스 오브 팬케익스

저녁식사 ^{렌터카 5분} 18:40 숙소 복귀

*코나에서 출발해 화산국립공원을 돌아본 후 힐로에서 숙박
하는 일정이다. 힐로까지 이동이 힘들다면 볼케이노 지역
비앤비 혹은 화산국립공원 내 호텔에서도 숙박이 가능하다.

DAY 5

9:00 힐로 파머스 마켓, 카와모토 스토어

아침식사 ^{렌터카 4분} 10:00 빅 아일랜드 캔디스

^{렌터카 10분} 10:30 레인보우 폭포 ^{렌터카 30분}

11:30 아카카 폭포 주립공원 ^{렌터카 45분} 13:00

텍스 드라이브인에서 말라사다 간식 구매 및

점심식사 ^{렌터카 15분} 14:00 와이피오 밸리

전망대 ^{렌터카 30분} 14:40 파니올로 헤리티지

센터 ^{렌터카 4분} 15:10 와이메아 커피 컴퍼니

휴식 ^{렌터카 4분} 17:00 용스 갈비, 이피스

하와이안 비비큐 저녁식사 포장 ^{렌터카 50분}

18:00 마우나케아 방문자센터에서 휴식 후 선셋힐

(혹은 정상) 방문 ^{렌터카 50분} 21:00 숙소 복귀

*마우나케아 방문 전 식사 준비를 못했다면, 늦은 시간까
지 영업하는 힐로 버거 조인트, 사쿠라 스시, 맥도날드를
이용해보자.

DAY 6

9:00 수이산 피시 마켓, 저스트 크루진 커피

아침식사 ^{렌터카 4분} 9:30 릴리우오칼라니 가든,

코코넛 아일랜드 산책 ^{렌터카 3분} 10:50 호텔

체크아웃 ^{렌터카 10분} 11:20 힐로 공항 렌터카

반납 ^{도보 3분} 11:40 호놀룰루 행 항공편

체크인 및 탑승 준비

KONA

하비

하푸나 비치 주립공원 ○
○ 와이콜로아
○ 쿠아 베이
○ 코나 국제공항

하마쿠아

힐로

○ 힐로 국제공항

○ 카일루아 코나 & 피어

키홀루아 비치 파크 ○
코나

푸나

○ 푸우호누아 호나우나우
국립역사공원

카우 &
화산국립공원

ATTRACTION

명소

올드 코나 에어포트 휴양지
Old Kona Airport State Recreation Area

1970년까지 공항이었던 곳으로 현재의 코나 국제 공항이 완공되면서 주민들을 위한 공원으로 탈바꿈되었다. 현지인들의 피크닉 명소이자 선셋 포인트로 꼽힌다. 산책 코스인 마카에오 워킹 패스(Maka'eo Walking Path)도 자리한다.

ADD 75-5560 Kuakini Hwy, Kailua-Kona, HI 96740
OPEN 07:00-20:00

케이키 비치 퀸스 배스
Keiki Beach Queen's Bath

현지인들이 주로 찾는 숨은 해변으로 편의시설은 부족하지만 파도가 잔잔해 아이들과 함께 물놀이를 즐기기 좋다. 주차는 아쿼틱 센터(Kona Community Aquatic Center) 주차장을 이용하면 된다. 이후 필드를 가로지르면 비치(PUBLIC ACCESS)로 가는 길이 나온다.

ADD 75-5572 Kona Bay Dr, Kailua-Kona, HI 96740

카마카호누 국립사적지
Kamakahonu National Historic Landmark

하와이에서 가장 중요한 유적지 중 하나로, 킹 카메하메하 1세의 마지막 거주지인 아후에나 헤이아우 사원(Ahu'ena Heiau)이 있다. 사원은 복원 및 보존을 위해 외부에서만 볼 수 있다. 1820년 하와이 최초의 선교사들이 상륙한 곳이기도 하다.

ADD Kaahumanu Pl, Kailua-Kona, HI 96740
SITE historichawaii.org/2014/01/27/
kamakahonu-national-historic-landmark

카마카호누 비치
Kamakahonu Beach

메리어트 킹 카메하메하 호텔 앞에 위치한다. 파도가 거의 없어 아이들과 함께 물놀이와 스노클링을 즐기기 좋다. 카약, 패들보드 등 액티비티도 가능하다.

ADD Kailua-Kona, HI 96740

카일루아 피어
Kailua Pier

투어 프로그램의 보트와 배가 정박하는 코나의 항구이다. 세계 철인 3종 경기 '아이언맨 챔피언십'의 출발점이자 결승점으로도 잘 알려져 있다. 항구 입구는 물이 얕고 깨끗해 스노클링과 수영을 즐길 수 있다. 섬 서쪽 코나 지역 중에서는 카일루아가 가장 큰 마을이다. 카일루아는 '두 개의 바다'라는 뜻이다.

ADD Kaahumanu Pl, Kailua-Kona, HI 96740
SITE kailuapier.com

모쿠아이카우아 교회 Moku'aikaua Church

1820년 섬에 도착한 보스턴 선교사들이 세운 하와이 최초의 기독교 교회로 1936년에 완공되었다. 누구나 내부를 살펴볼 수 있으며 일요일에는 예배가 열린다. 멀리서도 한눈에 들어오는 흰색 첨탑은 코나 지역의 랜드마크로 꼽힌다.

ADD 75-5713 Ali'i Dr, Kailua-Kona, HI 96740
OPEN 월-금 09:00-15:00, 일 10:00-12:00
SITE mokuaikaua.com

훌리헤에 궁전 Hulihe'e Palace

최초의 하와이 섬 왕립 총독인 존 애덤스 쿠아키니(John Adams Kuakini)가 1838년 완공한 건물로 6개의 객실과 2개의 베란다, 정원으로 구성되어 있다. 1916년까지 하와이의 마지막 왕인 칼라카우아 왕의 별장으로 사용되면서 궁전으로 불리게 되었으며, 1973년 하와이 역사 유물로 지정되었다. 내부에서 하와이 왕실의 유물을 전시하고 있다. 도슨트 투어를 통해 내부를 돌아볼 수 있으며 셀프 투어 역시 가능하다.

ADD 75-5718 Ali'i Drive, Kailua-Kona, HI 96740 OPEN 수-목, 토 10:00-15:30, 금 10:00-14:30 FARE 13-60세/5-12세 및 62세 이상/ 4세 이하 $16/10/1, 도슨트 투어 13-60세/62세 이상/5-12세/4세 이하 $22/16/14/3 SITE daughtersof-hawaii.org/hulihee-palace

코나 파머스 마켓
Kona Farmers Market

기념품, 과일 및 채소를 구매하기 좋은 상설 마켓이다. 알리이 드라이브를 산책하며 함께 들르기 좋지만, 가격이 대체적으로 비싼 편이다. 마켓 앞에 유료 주차장이 있다.

ADD 75-5767 Ali'i Dr, Kailua-Kona, HI 96740
OPEN 수-일 07:00-16:00

알리이 가든스 마켓플레이스
Ali'i Gardens Marketplace

예술품, 공예품, 기념품 등을 구매할 수 있는 정원형 마켓으로 BBQ, 디저트 등의 식품 매장도 들어서 있다. 주차장을 잘 갖추고 있어 편리하다.

ADD 75-6129 Ali'i Dr, Kailua-Kona, HI 96740
OPEN 화-일 09:00-17:00

파호에호에 비치 파크 Pahoehoe Beach Park

조용히 휴식을 취하거나 일몰 풍경을 즐기기 좋은 비치이다. 야자수와 키아베 나무, 넓은 잔디가 주위를 둘러싼 가운데 테이블과 벤치가 넉넉히 마련돼 있어 피크닉을 즐기기에도 좋다. 단 물놀이는 적당하지 않다. 주차는 비치 앞 길가를 이용할 것.

ADD 77-6434 Ali'i Dr, Kailua-Kona, HI 96740
OPEN 07:00-20:00

매직 샌드 비치 파크 Magic Sands Beach Park

수영, 서핑, 발리볼 등 각종 액티비티를 즐기기 좋은 비치로 편의시설까지 잘 갖춰져 있어 주말이면 사람들로 붐빈다. 코나 지역 비치 중 부기보드를 즐기기에 제격인 곳이지만 파도가 높은 겨울철에는 불가능하다. 주차는 비치 앞 길가 또는 횡단보도 건너편 주차장을 이용하자.

ADD Ali'i Drive, Kailua-Kona, HI 96740

카할루우 비치 파크 Kahalu'u Beach Park

국립사적지로 등록된 왕실 거주지이자 야외 수족관이라 불릴 만큼 아름다운 스노클링 명소이다. 거북이를 비롯해 수십 종의 바다 생물을 만날 수 있다. 스노클링 초보자도 즐기기 좋은 곳이지만, 암초가 많아 워터 슈즈나 레깅스를 챙기는 것이 좋다. 샤워 시설, 대형 피크닉 파빌리온, 선크림이 비치되어 있다. 주차장은 유료이며, 길가 주차는 무료이다.

ADD Ali'i Dr, Kailua-Kona, HI 96740
OPEN 07:00-19:00

캡틴 쿡 모뉴멘트 트레일
Captain Cook Monument Trail

캡틴 쿡으로 가는 하이킹 코스로 정식 명칭은 카아왈로아 트레일(KaAwaloa Trail)이다. 내리막으로 시작해 오르막으로 되돌아오며 총 길이는 7km, 소요 시간은 왕복 2시간 30분가량이다. 내려가며 만나는 케알라케쿠아 베이의 탁 트인 전망이 일품이다. 주차는 트레일 입구 앞 도로 갓길을 이용하자.

ADD Napoopoo Rd, Captain Cook, HI 96704

캡틴 쿡 & 캡틴 제임스 쿡 기념비
Captain Cook & Captain James Cook Monument

빅 아일랜드 최고의 스노클링 스폿인 캡틴 쿡에는 하와이를 최초로 발견한 영국인 탐험가 제임스 쿡 선장의 기념비가 세워져 있다. 1874년 8.2m 높이의 오벨리스크 형태로 세워졌으며, 기념비가 들어선 공간을 미국이 영국에게 선물하면서 오늘날 미국 내 유일한 '영국령'으로 자리한다.

ADD Captain Cook, HI 96704

OH! MY TIP

캡틴 쿡에서 스노클링 즐기기
① 캡틴 쿡 모뉴멘트 트레일 ②카약(가이드 동반 공식 업체: Adventures in Paradise, Aloha Kayak Co., Kona Boys, Inc.) ③ 캡틴 쿡 스노클링 투어 프로그램

OH! MY TIP

제임스 쿡

영국 출신의 탐험가로 1778년 하와이 제도를 방문한 최초의 유럽인이다. 제임스 쿡의 하와이 발견 이후 하와이는 신속한 변화와 근대화가 이뤄졌다. 쿡은 1778년 카우아이 섬으로 상륙했으며 이듬해 2월 빅 아일랜드에서 사망했다. 빅 아일랜드를 찾아오던 중, 제임스 쿡의 선박이 다산의 신 로노(Lono)를 기리는 축제가 진행 중인 케알라케쿠아 베이 앞 바다에 정박하게 되면서, 쿡은 자신이 '로노'일지도 모른다고 생각했고 원주민들은 그를 환영했다. 이후 그는 빅 아일랜드를 떠났지만, 일주일 뒤 폭풍으로 인한 선박 파손으로 빅 아일랜드로 돌아오게 된다. 복귀한 제임스 쿡을 보며 원주민들은 쿡이 신이 아니라는 사실을 알게 되었고, 적대적 관계가 되고 만다. 결국 쿡은 원주민과 접전 후 4명의 선원과 함께 죽음을 맞이했다.

케알라케쿠아 베이 주립역사공원
Kealakekua Bay State Historical Park

하와이 원주민과 왕족이 살던 곳으로 오늘날 주립역사공원으로 지정되어 자리한다. 공원 내에는 전통 신전인 히키아우 헤이아우(Hikiau Heiau)가 있다(입장 불가). 공원에서 케알라케쿠아 베이까지는 조망할 수 있지만 캡틴 쿡 기념비까지는 불가능하다.

ADD Captain Cook, HI 96704 OPEN 06:30-18:30 SITE dlnr.hawaii.gov/dsp/parks/hawaii/kealakekua-bay-state-historical-park

빅 아일랜드 비스 Big Island Bees

하와이에서 가장 큰 규모의 벌꿀 농장으로 1972년 오픈 이래 하와이 대표 선물 아이템으로 손꼽히는 레후아 허니를 생산해오고 있다. 농장 투어는 예약이 필요하지만, 숍은 누구나 들러 꿀 시식은 물론 USDA 유기농 인증을 받은 레후아 허니와 윌리이키 허니를 구매할 수 있다. 자그마한 꿀 박물관에서는 벌꿀 생산과 관련한 다양한 도구를 보며 과정을 살펴볼 수 있다.

ADD 82-1140 Meli Rd #102, Captain Cook, HI 96704 OPEN 월-금 10:00-15:00 FARE 투어 19세 이상/13-18세/12세 이하 $30/20/10 SITE bigislandbees.com

성 베네딕토 성당 St. Benedict Catholic Church

글을 알지 못하는 원주민들을 위해 존 신부(Father John Velghe)가 성경 장면을 그림으로 그려둔 성당이다. 평일과 주말에 미사를 진행하며, 여행자들도 참석 가능하다.

ADD 84-5140 Painted Church Rd, Captain Cook, HI 96704 OPEN 화-금 09:30-15:30 SITE thepainted churchhawaii.org

투 스텝 비치 Two Step Beach

암석 위에서 두 걸음 만에 바다로 뛰어들 수 있는 곳이다. 수심이 깊고 편의시설 하나 없지만, 천혜의 자연환경을 가진 스노클링 스폿으로 많은 이들이 찾는다. 비치 왼쪽으로 유아, 노약자가 즐길 수 있는 낮은 수심의 케오네엘레 코브(keoneele cove)가 있다. 비치 앞에 무료 주차 공간이 있지만, 아침 일찍 방문하는 게 아니라면 자리 확보가 어렵다. 바로 앞 유료 주차장을 이용하자.

ADD 84-5571 Honaunau Beach Rd, Captain Cook, HI 96704 SITE outdoorproject.com/united-states/hawaii/paea-two-step-honaunau-bay

푸우호누아 오 호나우나우 국립역사공원
Puʻuhonua O Honaunau National Historical Park

18-19세기 카푸를 어긴 이들의 피난처이자 은신처였던 곳으로 하와이에서 가장 신성하게 여기는 사적지 겸 미국 국가 유적지이다. 추장 주거지(royal compound)와 피난을 온 이들이 모여 생활하는 공간(Puʻuhonua)으로 나뉘어 있다. 20분 전후로 가볍게 산책하며 당시 생활상을 들여다볼 수 있다.

ADD State Hwy 160, Hōnaunau, HI 96726 OPEN 08:15-18:30 SITE nps.gov/puho/index.htm

코나 커피 벨트
Kona Coffee Belt

코나 지역 11번 도로를 중심으로 코나 커피 농장들이 위치한다. 크고 작은 농장에서 커피 투어, 시음, 원두 판매를 진행한다.

훌라 대디 코나 커피
Hula Daddy Kona Coffee

2002년 시작된 브랜드로, 빅 아일랜드에서 가장 많은 수상 경력을 자랑한다. 원두 가격이 타 농장에 비해 비싼 편이다. 유료 투어를 운영한다.

ADD 74-4944 Mamalahoa Hwy, Holualoa, HI 96725
OPEN 월-금 10:00-14:00 FARE 투어 $35(60분 소요)
SITE huladaddy.com

도토루 마우카 메도우스 Doutor mauka meadows

커피 농장, 수목원, 인피니티 풀을 가진 대형 농장이다. 코로나 이후 예약제로 변경되어 조용한 분위기에

서 농장을 둘러볼 수 있다. 인당 입장료가 발생하지만, 그만큼 멋진 분위기를 만끽할 수 있다. 열대 과일 나무에서 과일을 수확하는 체험도 할 수 있어 아이를 동반한 가족 여행자들에게 제격이다. 방문을 원한다면 이메일(info@maukameadows.com)을 통해 예약을 진행하자.

ADD 75-5476 Mamalahoa Hwy, Holualoa, HI 96725
SITE maukameadows.com

UCC 하와이 UCC Hawaii

규모는 작지만, 다양한 투어 프로그램을 통해 커피 철학을 알리고 있는 브랜드이다. 직접 만드는 커피 아이스크림과 아포카토가 유명하며, 투어에 참여하면 직접 로스팅한 자신만의 커피를 소장할 수 있다. 투어는 홈페이지를 통해 사전 예약을 받는다. 농장 일대를 돌아보는 무료 투어도 진행한다.

ADD 75-5568 Mamalahoa Hwy, Holualoa, HI 96725
OPEN 월-금 09:00-16:30 FARE 로스트 마스터 투어 $50, 커피 수확 체험 투어 $35 SITE ucc-hawaii.com

코나 조 커피 Kona Joe Coffee

커피 농장 중 가장 멋진 뷰를 자랑하는 곳이다. 커피를 무료로 시음할 수 있는 매장과 카페를 별도로 운영하지만, 뷰는 누구나 즐길 수 있다. 유・무료 투어를 다양하게 갖추고 있어 선택의 폭이 넓다.

ADD 79-7346 Mamalahoa Hwy, Kealakekua, HI 96750
OPEN 08:00-16:00 FARE 가이드 로스팅 투어 $104(참관 $50), 코나 커피 농장 투어 $30, 얼티밋 코나 조 투어 $549(참관 $50) SITE konajoe.com

그린웰 팜스 Greenwell Farms

1850년 영국 출신의 헨리 니콜라스 그린웰(Henry Nicholas Greenwell)이 커피 재배를 시작하며 탄생한 유서 깊은 브랜드로 일대 농장 가운데 가장 큰 규모의 커피 농장을 운영하고 있다. 커피 산업과 체리 보호를 위해 선진적으로 노력하는 곳이라는 평가를 받고 있다. 다양한 유・무료 투어를 진행하고 있다.

ADD 81-6581 Mamalahoa Hwy, Kealakekua, HI 96750
OPEN 08:30-17:00 FARE 디럭스 투어, 브루잉 클래스 $39.95, 프라이빗 그룹 투어 그룹당 $120부터 SITE greenwellfarms. com

RESTAURANT & CAFE

브로크 다 마우스 그라인츠 – 코나 Broke Da Mouth Grindz- KONA

포장 전문 매장으로 새우, BBQ 플레이트 등 다양한 메뉴가 입맛을 사로잡는다. 양이 푸짐하며 음식맛 또한 우리 입맛에 잘 맞는 만큼 실패 없는 한 끼를 원할 때 방문하면 좋다. 현지인 및 여행객 모두에게 인기가 많아 식사 시간에는 대기가 길다.

ADD 74-5565 Luhia St, Kailua-Kona, HI 96740 OPEN 화-토 11:00-19:00 MENU 갈릭 버터 쉬림프 플레이트 $19.99, 아보카도 치즈 버거 $17.99 SITE brokeda-mouthgrindz.com

빅아일랜드 그릴 Big Island Grill

로컬 맛집으로 로코모코, 플레이트 메뉴 등이 있다.. 슈퍼 로코모코 경우 토핑되는 고기 종류(햄버거 패티, 스팸, 소시지, 새우 등)를 세 가지를 선택할 수 있다. 가성비가 뛰어난 곳으로 매장 내 식사와 포장 모두 가능하다

ADD 75-5702 Kuakini Hwy, Kailua-Kona, HI 96740 OPEN 화-목 8:00-17:00, 금-토 8:00-14:00 MENU 로코모코/슈퍼 로코모코 $17/$19, 데리야키 치킨 $18

어라이즈 코나 베이커리 앤드 카페 Arise Kona Bakery and Cafe

코나 신상 베이커리 카페로 평범한 외관과는 달리 내부는 힙한 분위기를 자랑한다. 규모로만 보면 빅 아일랜드에서 가장 큰 편으로 케이크, 쿠키부터 토스트, 샌드위치메뉴까지 갖춰져 있어 브런치를 즐기기에도 제격이다.

ADD 74-5555 Kaiwi St F 2-3, Kailua-Kona, HI 96740 OPEN 화-토 08:00-18:00 MENU 치킨/아보카도 토스트 $13, 샌드위치 $12~14, 아메리카노 $4 SITE arisekonabakeryandcafe.com

우메케스 피시 마켓 바 & 그릴
Umekes Fish Market Bar & Grill

코나 포케 맛집 중 하나로 포케뿐만 아니라 하와이 전통음식, 생선 요리를 즐길 수 있다. 실내 좌석이 넓고 실외 테이블도 있지만 식사 시간에는 대기가 길다. 매장 내 식사용 입구와 포장용 입구가 구별돼 있으며 포장 입구는 주차장 안쪽으로 들어가야 한다. 우메케스는 하와이어로 '그릇'이라는 뜻이다.

ADD 74-5599 Pawai Pl, Kailua-Kona, HI 96740
OPEN 11:00-21:00 MENU 우메케스 아히 피시 타코 $26, 라우라우 $22 SITE umekesrestaurants.com

히코 하와이안 커피
HiCO - Hawaiian Coffee

카페인과 가벼운 한 끼를 동시에 해결할 수 있는 곳이다. 우베 라테와 무스비가 인기 메뉴로 꼽힌다. 실내외 좌석이 마련돼 있어 편하게 여유를 부리기 좋다.

ADD 74-5599 Pawai Pl #B3, Kailua-Kona, HI 96740
OPEN 06:30-19:00 MENU 우베 라테 $6.5부터, 스팸 무스비 $11 SITE hicohawaiiancoffee.com

코나 커피 & 티 Kona Coffee & Tea

코나 카페 중 가장 인기 있는 곳으로 현지인들이 즐겨 찾는다. 아메리카노를 대신하는 '아메리 코나' 등의 다양한 커피 메뉴를 갖추고 있으며 간단한 식사 메뉴와 와인 및 맥주도 맛볼 수 있다. 커피 로스팅이 뛰어난 곳으로 선물용 원두를 구매하기 좋다. 지역 사회 내에서 활발한 사회 환원 활동을 펼치는 곳으로도 유명하다.

ADD 74-5588 Palani Rd, Kailua-Kona, HI 96740
OPEN 06:00-18:00 MENU 아메리 코나 $4.75, 플랫 화이트 $5 SITE konacoffeeandtea.com

아일랜드 라바 자바 Island Lava Java

코나 지역의 한 끼를 책임지는 카페 겸 베이커리이다. 현지 재료로 만들어내는 다양한 메뉴를 맛볼 수 있다. 시간대에 관계없이 오션 뷰를 즐기며 무난하게 식사할 수 있는 곳이다.

ADD 75-5801 Ali'i Dr Building 1, Kailua-Kona, HI 96740 **OPEN** 07:00-20:30 **MENU** 루아우 스크램블 $17.50, 벨지언 와플 $12 **SITE** islandlavajava.com

집시 젤라토 Gypsea Gelato

가성비 좋은 젤라토를 맛볼 수 있는 젤라토 전문점이다. 어부였던 주인 부부는 지역에서 생산되는 파인애플, 레몬그라스, 생강 등을 활용해 홈메이드 젤라토를 만들기에 이르렀다. 맛 선택이 고민된다면 샘플을 요청해보자. 유제품이 들어가지 않는 셔벗 메뉴도 있다. 톰 카, 릴리코이 맛이 인기이다.

ADD 75-5817 Ali'i Dr F-16, Kailua-Kona, HI 96740 **OPEN** 12:00-21:00 **MENU** (컵) 미니/스몰/미디움 $4.36/4.99/5.99, 슈거 콘 $5.99 **SITE** gypseagelato.com

블랙 록 피자 - 코나 Black Rock Pizzza - Kona

하와이 최고의 피자로 선정된 메뉴들을 선보이는 매장으로 좌석이 많지 않아 포장 주문이 많다. 비건 피자 메뉴도 별도로 갖추고 있으며 매장 내에서 맥주는 판매하지 않는다. 투 스텝 매장의 인기에 힘입어 코나 다운타운에도 매장을 오픈해 운영 중이다.

ADD 82-6127 Hawai'i Belt Rd #3, Captain Cook, HI 96704 **OPEN** 11:00-20:00 **MENU** 로컬 보이 피자 퍼스널/미디엄/라지 $17/26/34, 로코모코 피자 $16/25/32 **SITE** blackrock.pizza

온 더 록스 On the Rocks

오랜 시간 동안 코나에서 자리를 지켜온 해산물 요리 전문점이다. 오션 프런트 공간에 라이브 공연까지 열리는 덕에 현지인은 물론 여행객에게도 인기 만점이다. 자유롭고 흥겨운 분위기에 몸을 맡겨보자. 아름다운 뷰도 보고 싶다면 저녁 예약 방문을 추천한다.

ADD 75-5824 Kahakai Rd, Kailua-Kona, HI 96740 OPEN 12:00-21:00 MENU 쉬림프 앤드 칩스 $23, 코나 포케 파이 $25 SITE huggosontherocks.com

휴고스 Huggo's

온 더 록스와 나란히 위치한 고급 오션 프런트 레스토랑이다. 스테이크 및 파스타 요리를 선보이며 훌라 공연도 열린다. 일몰 풍경을 만끽하고 싶다면 예약이 필수이다.

ADD 5308, 75-5828 Kahakai Rd, Kailua-Kona, HI 96740 OPEN 16:00-21:00 MENU 휴고스 시그니처 데리야키 스테이크 $43, 카일루아 베이 치오피노 $43 SITE huggos.com

아사이 하와이 Acai Hawaii

아사이볼 전문점으로 2010년 오픈했으며, 2023년 바식 아사이(Basik Acai)에서 지금의 이름으로 바뀌었다. 종류는 5가지이며 가격은 사이즈별로 동일하다. 아이슬랜더(Islander)가 베스트 메뉴로 꼽힌다. 매장은 2층에 위치하며, 카운터 앞으로 5석이 있고 1층에는 테이블이 있다.

ADD 75-5831 Kahakai Rd, Kailua-Kona, HI 96740 OPEN 08:00-14:00 MENU 스몰/라지 $14/18

다 포케 쉑 Da Poke Shack

코나의 유명 포케 맛집이다. 매장 앞에 테이블이 있지만 여유 있는 편은 아니라서 대부분 포장 후 인근 비치에서 먹는다. 포케 및 사이드 메뉴가 다양하게 마련돼 있다. 식사 시간에는 대기가 필수이며 오후 3시가 넘어가면 원하는 메뉴를 선택하지 못할 수 있다.

ADD 76-6246 Ali'i Dr, Kailua-Kona, HI 96740
OPEN 10:00-16:00 MENU 포케 볼 $18.25, 포케 플레이트 $35 SITE dapokeshack.com

더 커피 쉑 The Coffee Shack

훌륭한 전망을 자랑하는 코나 대표 맛집이다. 홈메이드 베이커리 메뉴는 물론 샌드위치, 오믈렛, 피자 등 조식 메뉴부터 브런치 메뉴까지 다양하게 선보인다. 커피 및 디저트 역시 훌륭하다. 아침부터 손님이 많은 곳으로 식사 시간에는 대기가 필수이다. 모기가 많아 불편할 수 있다.

ADD 83-5799 Mamalahoa Hwy Box 510, Captain Cook, HI 96704 OPEN 목-화 07:00-15:30 MENU 핫 파스트라미 샌드위치 $17, 루아우 피자 $16, 릴리코이 치즈 케이크 $7.50 SITE coffeeshack.com

마나고 레스토랑 Manago Restaurant

하와이 최초의 레스토랑으로 1917년에 문을 열었다. 같은 이름의 호텔에 위치하며 조식에서 디너까지 다양한 시간에 아메리칸 스타일 및 하와이안 음식을 즐길 수 있다. 100년이 지나도 변하지 않는 정갈함이 이곳의 매력 포인트이다.

ADD 82-6155 Hawai'i Belt Rd, Captain Cook, HI 96704 OPEN 수-일 07:00-09:00, 11:00-14:00, 17:00-19:30 MENU 조식 $8.50, 뉴욕 스테이크 $18.50, 마히마히 12.75 SITE managohotel.com/restaurant

카야스 카와누이 Kaya's Kawanui Inc

채식 및 비건, 글루텐 프리 메뉴를 다양하게 갖추어놓은 유기농 카페 겸 베이커리이다. 현지인들의 많은 사랑을 받고 있는 곳으로 일반 베이커리 메뉴와 코나 커피도 맛볼 수 있다. 콤부차와 피트 스페셜(Pete special)이 추천 메뉴로 꼽히며, 원하는 토핑으로 만든 샌드위치도 주문 가능하다.

ADD 79-7300 Hawai'i Belt Rd, Kealakekua, HI 96750 OPEN 05:30-17:30 MENU 콤부차 $3 커피 $2.65, 피트 스페셜 $13.95 SITE kayas-coffee.com

테시마스 레스토랑 Teshima's Restaurant

과거 두부를 판매하던 식료품 매장이었으나 1987년부터 일본 가정식 레스토랑으로 운영해온 곳이다. 도시락, 정식 등 정갈한 메뉴들을 선보이는데, 우리 입맛에도 잘 맞는다. 브레이크 타임이 긴 편이니 방문 전 일정을 잘 확인하는 것이 좋다.

ADD 79-7251 Hawai'i Belt Rd, Kealakekua, HI 96750 OPEN 07:00-14:00, 17:00-21:00 MENU 정식 점심/저녁 $18.99/21.75 SITE teshimarestaurant.com

화이트 네네 커피 로스터스 White Nene Coffee Roasters

2023년 미국 로스팅 대회 하와이 챔피언 바리스타 겸 라테 아트 강사가 운영하는 커피 트럭이다. 코나 니트로(Kona nitro)가 추천 메뉴로, 주인장이 처음 스페셜 커피를 접한 곳이 바로 어학연수를 위해 떠나온 한국이었다고 한다. 수요일과 토요일에는 파머스 마켓에서도 만날 수 있다.

ADD 76-5921 Mamalahoa Hwy, Holualoa, HI 96725 OPEN 월-금 06:00-13:00 MENU 코나 니트로 $6, 코나 드립 $4.5 SITE whitenenecoffee.com

KAU &
VOLCANOES &
PUNA

카우 & 화산국립공원 & 푸나

하비

와이콜로아

코나 국제공항

하마쿠아

힐로

힐로 국제공항

코나

푸나

카우 &
화산국립공원

푸날루우 블랙 샌드 비치

사우스 포인트 파크

ATTRACTION

명소

사우스 포인트 South Point

말 그대로 미국의 최남단이다. 11번 도로, 사우스 포인트 로드(south point road)에서 20km가량 이동해야 한다. 강한 해류와 바람으로 워낙 유명한데, 풍력발전소와 바람에 구부러진 나무들만 보아도 그 위력을 짐작할 수 있다. 현지인들에게는 가장 사랑받는 낚시 포인트이자 과거 18m 높이의 다이빙 포인트였다. 현재는 안전을 위해 다이빙이 금지되어 있다.

ADD Island of, Naalehu, HI 96772

카우 커피 밀 Ka'u Coffee Mill

카우 지역에서 생산되는 커피를 취급하는 농장이다. 오바마 대통령 취임식 때 사용된 커피로도 유명하며, 미국 스페셜 커피 협회 주관 대회 등 다수의 수상 경력을 자랑한다. 농장에서는 다른 농장의 원두와 섞지 않은, 최상 품질의 원두를 판매하며 꿀, 스낵 등 지역 업체의 제품도 함께 선보이고 있다. 코나 다운타운에도 매장이 있다.

ADD 96-2694 Wood Valley Rd, Pahala, HI 96777
OPEN 09:00-16:00 SITE kaucoffeemill.com

마우나로아 전망대 Mauna Loa Lookout

마우나로아 트레일의 기점이자 2,031m 높이에 위치한 전망대로 마우나로아, 킬라우에아 등을 조망할 수 있다. 붉은 깃털을 가진 하와이 고유종인 이이위('i'iwi)를 비롯한 조류도 관찰할 수 있다. 도로 중간중간 폭이 좁아지는 곳이 있으니 항상 안전 운전에 유념해야 한다.

ADD Volcano, HI 96785

푸날루우 블랙 샌드 비치 Punalu'u Black Sand Beach

푸나 화산이 폭발할 때 생겨난 용암 삼각주 가장자리에 위치한다. 파도와 해류가 용암에 의해 퇴적된 흑요석을 때리면서 탄생한 검은 모래가 신비로움을 자아낸다. 더욱이 바다거북이 일광욕을 하는 장소로도 유명해 이를 보기 위한 사람들의 발걸음이 끊이지 않는다. 거북 산란철에는 관찰 시 일정 거리를 유지해야 한다. 물놀이보다는 산책을 즐기는 사람들이 많다.

ADD Ninole Loop Rd, Naalehu, HI 96777 OPEN 06:00-23:00

파파콜레아 그린 샌드 비치 Papakolea Green Sand Beach

빅 아일랜드 남쪽에 위치한 비치로, 어디서도 볼 수 없는 초록빛 모래를 자랑한다. 희귀한 초록빛 모래사장을 보기 위해서는 4륜 차량, 트레킹, 투어 차량이 필요하다. 트레킹의 경우 3시간이 걸리며 길도 굉장히 험해 렌터카보다는 투어 차량을 이용하는 것이 좋다(인당 20$). 물놀이에는 적합하지 않지만 초록빛 모래와 기이한 절벽을 보는 것만으로도 만족감이 든다.

ADD Naalehu, HI 96772

볼케이노 와이너리
Volcano Winery

마카다미아, 구아바 등 하와이에서 쉽게 구할 수 있는 재료로 만든 이색 와인을 선보인다. 테이스팅($18)을 요청하면 6가지 와인의 맛을 확인해볼 수 있다. 특별한 와인을 맛보고 싶을 때 방문하면 좋다.

ADD 35 Piimauna Dr, Volcano, HI 96785 OPEN 10:00-17:30 SITE volcanowinery.com

킬라우에아 방문자센터
Kilauea Visitor Center

화산국립공원 내 트레일 및 여행 코스, 레인저 활동, 도로 상황 및 안전 수칙 등을 안내받을 수 있다. 기념품점과 화산공원 내 서식하는 동식물의 시청각 자료, 화장실을 갖추고 있다.

ADD National Park, 1 Crater Rim Drive, Volcano, HI 96785 OPEN 09:00-17:00 SITE nps.gov/havo/plan-yourvisit/kvc.htm

볼케이노 아트 센터 갤러리 Volcano Art Center Gallery

과거 <톰 소여의 모험>의 작가 마크 트웨인이 자주 묵던 호텔이었으나 현재는 갤러리로 개조되어 운영 중이다. 현지 예술가들의 작품, 화산공원을 주제로 한 회화, 사진, 공예 작품을 만날 수 있다.

ADD Hawai'i Volcanoes National Park, Bldg 42, Volcano, HI 96785 OPEN 09:00-17:00 SITE volcanoartcenter.org

화산국립공원 Hawaii Volcanoes National Park

킬라우에아 산과 마우나로아 산을 중심으로 조성된 공원으로 1916년 국립공원으로 지정되었으며, 1987년에는 유네스코 세계자연유산에 등재되었다. 두 산은 용암이 분출되면 화산 밑 마그마에서 용암이 다시 채워지는 개방계(Open System) 활화산으로, 화산 폭발을 통해 끊임없이 변화하며 새로운 지질학적 현상을 만들어낸다. 섬의 남동부에 있는 화산지대 1,308km²가 국립공원에 속한다.

마우나로아 화산은 해저 측량 시 지구에서 가장 큰 화산 덩어리로 2022년 11월 38년 만에 용암을 분출했으며, 킬라우에아 산은 2023년 9월까지 용암을 분출했다. 킬라우에아 산은 칼데라의 세계적 연구가 이뤄지는 곳인 동시에 1919년 설립된 세계 1위의 지질 관측소가 자리한 곳이기도 하다. 미국 지질조사국(USGS)에 따르면 킬라우에아 산은 세계에서 가장 활발하게 활동하는 화산 중 하나이지만, 안전하게 접근해 붉은 용암을 직접 목격할 수 있다는 장점이 있다. 공원은 두 가지의 드라이브 길(크레이터 림 드라이브, 체인 오브 크레이터스)로 이어져 있다. 이 길 내에 주요 관광 명소들이 자리해 있다.

ADD 1 Crater Rim Drive Hawaii National Park, HI 96718 FARE 대당 자가용/오토바이/자전거 또는 도보/기타(그룹 투어 등) $30/25/15/문의: 영수증 날짜 기준 7일간 유효 SITE nps.gov/havo/index.htm

설퍼 뱅크 Sulphur Banks

화산 부근, 이산화황과 황화수소를 뿜고 있는 구역 일대에 자리한 일종의 황원이다. 말라버린 식물과 노랗게 물든 바위가 가스 냄새와 뒤섞여 오묘한 인상을 남긴다. 쉽게 지나치기 쉬운 위치이지만 통행로가 나무 데크로 정비되어 있어 찾기 쉽다. 아트 센터 갤러리에서 출발하는 트레일 코스가 있으며 도보 왕복 20분 소요된다. 스팀 벤츠 주차장에서는 도보 5분 거리이다.

ADD Sulphur Banks Trail, Volcano, HI 96785

스팀 벤츠 & 스티밍 블러프
Steam Vents & Steaming Bluff

스팀 벤츠는 다량의 유황 가스가 올라오는 곳으로 해당 위치마다 안전 바가 설치되어 있다. 스티밍 블러프 전망대에서는 용암 지대 곳곳에서 연기가 올라오는 모습을 관찰할 수 있다. 이를 통해 킬라우에아 칼데라 주변의 활발한 화산활동을 확인할 수 있다. 스티밍 블러프 전망대에서 킬라우에아 전망대까지 도보로 다녀올 수 있는 카우 데저트 트레일(Kau Desert Trail) 코스도 이용해볼 만하다.

ADD 1 Crater Rim Drive, Pāhoa, HI 96778 SITE nps.gov/havo/planyourvisit/index.htm

킬라우에아 오버룩 Kilauea Overlook

화산 활동으로 인해 바닥으로 푹 꺼진 킬라우에아 칼데라를 조망할 수 있는 곳이다. 1823년 이후 최소 61차례 분출에 이어 2023년 9월 분출을 재개한 킬라우에아 산 정상에는 할레마우마우 분화구(Halemaumau Crater)가 자리한다. '펠레의 궁전'이라 불리는 할레마우마우 분화구는 2018년 용암 활동으로 큰 변화를 맞았다. 200년 만에 가장 큰 용암 분출이 일어나면서 화산재가 3.8km까지 치솟고, 수영장 10만 개를 채우고도 남을 만큼의 용암이 흘러내려 마을이 피해를 입기도 했다. 이후 분화구는 깊이가 85m에서 488m로 깊어졌고, 지름 또한 기존 4km에서 6km로 넓어졌다. 칼데라의 가장자리를 이루는 절벽 높이는 최대 120m에 달한다.

ADD Pāhoa, HI 96778 SITE nps.gov/places/kilauea-overlook.htm

불의 여신 '펠레'

펠레는 폴리네시아 신화에 등장하는 불의 여신으로, 하와이에서는 화산의 여신이라 불린다. 타히티에서 대지의 여신 '하우메아'와 하늘의 신 '카네 밀로하이' 사이에서 태어났으며, 언니인 '나마카오카하이'와 싸워 4,000km 떨어진 하와이까지 쫓겨났다. 하와이 섬에서 섬으로, 북서에서 북동으로 헤엄치면서 분화구와 산을 만들었고 빅 아일랜드에 정착해 킬라우에아 산을 남기고 할레마우마우 분화구를 만들었다. 하와이 원주민은 성미가 급한 펠레가 발을 굴러 지진을 일으키고, 마법의 지팡이를 휘둘러 화산 폭발을 일으킨다고 생각했다. 그녀가 이곳에 살며 화산을 다스린다고 믿었던 것. 그들은 펠레에 대한 존경과 두려움으로 이곳에서 연례행사처럼 의식을 치렀다.

1824년 기독교를 믿는 추장의 아내가 분화구로 돌을 던진 사건이 발생했다. 전통 신앙을 따르던 주민들은 펠레의 저주가 있을 것으로 생각하고 긴장했지만, 평소와 다름없었고 이후 많은 주민이 기독교로 전향하기에 이른다. 1881년 용암이 힐로 방향으로 흐르며 주민들을 위협하자, 사람들은 하와이 공주 루스에게 '펠레를 달래주세요'라고 호소했고, 이후 용암은 힐로 바로 앞에서 멈추게 되었다고 한다.

펠레의 저주, 레후아 꽃

화산국립공원에서 만날 수 있는 레후아(Lehua)는 오히아(Ohia) 나무에서 피는 꽃으로, 펠레의 저주로 태어났다는 전설을 가지고 있다. 펠레는 숲을 걷다 만난 청년 '오히아'에게 사랑을 고백했지만, 청년에게는 사랑하는 여인 레후아가 있어 펠레의 고백을 거절했다. 펠레는 이들의 사랑에 질투와 노여움을 느꼈고, 오히아를 화산지대에서 자라는 회색빛 삐뚤어진 나무로 만들었다. 레후아는 펠레를 비롯해 여러 신을 찾아다니며 저주를 풀어달라고 간절히 애원했지만 다른 신들도 펠레에 대한 두려움으로 그녀의 간청을 들어줄 수 없었다.

펠레는 레후아가 오히아 나무 곁에서 떠나지 못한 것을 보고 레후아를 나무에서 떨어지지 않도록 꽃으로 만들게 된다. 이것이 바로 아름다운 붉은 꽃 '레후아'의 전설이자 나무와 꽃이 서로 다른 이름을 가지게 된 이유이다. 레후아를 꺾으면 비가 온다고 알려졌는데, 이는 오히아 나무에서 떨어지기 싫어 흘리는 레후아의 눈물이라고 한다.

킬라우에아 이키 룩아웃 & 트레일 Kilauea Iki Lookout & Trail

킬라우에아 산의 제일 깊은 속, 다시 말해 1959년도에 용암을 분출했던 분화구 자리를 확인할 수 있는 포인트이다. 이키 크레이터 룩아웃에서 1959년 11월 14일 시작되어 36일간 지속된 이키 폭발의 흔적을 조망해도 좋지만 이키 트레일을 이용하는 것을 추천한다. 우거진 숲길을 20분간 걷다 보면 120m 깊이의 웅덩이인 칼데라 바닥에도 착한다. 용암 불기둥이 솟구치던 장소, 오랫동안 펄펄 끓어오르던 용암이 굳으며 만들어낸 모습을 만날 수 있다. 시시각각 다른 모습으로 굳어진 사이로 자라난 생명의 신비와 용암의 진면목을 체험해보자. 전체 5.3km 길이로 코스에 안내된 번호를 따라 이동한다. 완주에는 2시간가량 소요되며, 완주 지점은 서스톤 라바 튜브와 연결된다. 이키는 하와이어로 '작은 화산'이라는 뜻이다.

ADD Kilauea Iki Overlook Parking Lot, Pāhoa, HI 96778

나후쿠 - 서스톤 라바 튜브
Nahuku - Thurston Lava Tube

500년 전 용암 폭발로 만들어진 동굴로 1913년 발견되었다. 450m로 구간은 짧지만, 거대 용암 동굴의 대표적 사례로 방문할 가치가 충분하다. 동굴 내부는 비교적 평평하고 조명이 설치되어 있어 다니기에 그리 힘들지 않다. 동굴 앞 주차 공간이 만차일 경우 이키 룩아웃 주차장을 이용하자. 나후쿠는 하와이어로 '돌출부'라는 뜻이다.

ADD #52, Hawaii Volcanoes National Park, HI 96718
SITE nps.gov/places/nahuku.htm

푸우푸아이 전망대
Puʻupuaʻi Overlook

1959년 이키 폭발 당시 우뚝 솟은 용암 분수가 만들어낸 곳이다. 전망대 주차장 앞에서 이키 트레일을 잘 조망할 수 있으며, 이를 시작으로 데바스테이션 트레일, 서스톤 라바 튜브까지 트레킹할 수 있다. 푸우푸아이는 하와이어로 '분출된 언덕'을 뜻한다.

ADD Pāhoa, HI 96778
SITE nps.gov/places/puupuai.htm

데바스테이션 트레일 Devastation Trail

황량함과 적막함으로 가득한 트레일 코스이다. 한때 숲이었지만, 1959년 이키 화산 폭발 때 용암 잿더미에 묻히면서 황폐화되었다. 이후 복구를 통해 왕복 1.6km 코스를 정비했으며, 이동에는 1시간이 채 걸리지 않는다. 포장길이라 휠체어와 유모차도 이동 가능하다.

ADD Crater Rim Drive, Volcano, HI 96785
SITE nps.gov/havo/planyourvisit/hike_day_devastation.htm

체인 오브 크레이터스 로드 Chain of Craters Road

화산 폭발로 바다로 흘러내린 용암이 굳으면서 만들어낸 거대 흔적을 따라가는 편도 30km 길이의 드라이브 코스이다. 화산국립공원의 동쪽, 이스트 리프트 존(East Rift Zone)을 따라 드라이브를 즐길 수 있다. 용암이 구불구불 흘러내린 길을 따라 바다로 향하며 눈앞에 펼쳐지는 장관을 감상해보자. 화산국립공원 내 데바스테이션 트레일 주차장부터 도로가 시작되며, 길 중간중간에 전망대도 설치되어 있다.

SITE nps.gov/havo/planyourvisit/ccr_tour.htm

마우나 울루 전망대 Mauna Ulu Lookout

1969-1975년에 발생한 마우나 울루 분출로 형성된 순상 화산을 볼 수 있는 곳이다. 알로이(Aloi) 분화구와 알라에(Alae) 분화구 사이에서 폭발되어 만들어진 용암 순상체는 표면이 코팅한 것처럼 매끈한데 이는 파호에호에 용암의 특성이다. 점성이 높아 흐르면서 부서져 삐죽삐죽하게 굳는 아아 용암과는 달리, 파호에오헤 용암은 점성이 낮아 빠르게 흐르기 때문에 매끈하게 굳는 특성을 띤다. 구글 지도에는 '체인 오브 크레이터스 로드 시닉 오버룩'으로 표기되어 있으니 참고하자.

ADD Pāhoa, HI 96778

케알라코모 전망대
Kealakomo Lookout

해발 610m에 위치한 전망대이다. 과거 원주민 마을이었으나 1968년 마우나 울루 용암으로 마을이 뒤덮이면서 오늘에 이른다. 푸른 태평양 바다로 이어지는 드넓은 검은 땅과 함께 용암이 흘러내린 흔적을 살펴볼 수 있다. 데크로 잘 정비되어 휴식을 취하기에도 좋다.

ADD Pāhoa, HI 96778

홀레이 씨 아치
Holei Sea Arch

27m 높이의 현무암 아치로 코끼리 코 모양을 하고 있다. 바다로 떨어진 용암이 침식되면서 이러한 형상이 만들어진 것. 대개 체인 오브 크레이터스 로드의 종점으로 알려져 있다.

ADD Chain of Craters Rd, Pāhoa, HI 96778
SITE nps.gov/places/holei-sea-arch.htm

푸우 로아 페트로글리프 Pu'u Loa Petroglyphs

바위에 새겨진 23,000여 개의 이미지들이 오랜 역사를 대변하고 있는 이곳은 오늘날 하와이 주에서 가장 큰 암각화 지대로 수많은 여행객들의 방문이 끊이지 않는다. 기하학적 모양, 인간, 카누, 망토 모티프 등 믿을 수 없을 만큼 수많은 그림들 아래로, 하와이의 아버지들은 여러 세대에 걸쳐 신생아의 탯줄을 바위 구멍에 넣으며 아이의 장수를 기원했다고 전해진다. 푸우 로아는 하와이어로 '장수의 언덕'이라는 뜻으로 칼라파나 지역 주민들에게 신성시되던 곳이었다. 용암을 따라 1km 정도 들어가면 나무 데크에 도착한다. 암각화 보호를 위해 설치한 워킹 보드를 따라 머나먼 과거로 시간 여행을 떠나보자.

ADD Chain of Craters Rd, Pāhoa, HI 96778 SITE nps.gov/havo/learn/historyculture/puuloa.htm

화산국립공원 제대로 즐기기

강인한 생명력의 보고

태평양 한가운데의 화산섬에 생명이 싹트기 시작
한 것은 수백만 년 전 동남아시아에서 발생한 포자
가 바람을 타고 섬으로 옮겨지면서부터다. 그중 화
산에서 서식이 가능했던 소수의 종이 숲을 형성하
기 시작했고 이후 하와이 특유의 방식으로 진화했
다. 레후아 등 꽃은 90%가 하와이 토종이며 고사리
류인 플루(Pulu), 새들이 좋아하는 오헬로(Ohelo)
등 다양한 식물이 척박한 환경 속에서 서식하고 있
다. 특유의 향이 없는 민트, 독 없는 곤충 등 특이
한 생물들도 다수 확인할 수 있다. 현재 특별 주의
및 보호 아래 토종 식물 41종, 희귀종 40종이 서식
하고 있다.

편의시설

공원 내 편의시설은 많지 않다. 방문자센터 내 화장
실, 기념품점이 전부이다. 식당은 공원 유일의 호텔
인 '볼케이노 하우스 호텔' 내 더 림(The Rim)이 전
부이며, 마트로는 '킬라우에아 밀리터리 캠프' 내 케
이엠씨 제너럴 스토어(K.M.C General store, 월-토
08:00-19:00, 일 08:00-16:00, 주유 가능, 신용카드
만 가능)가 있다. 이곳 외에는 공원 초입에 위치한
'볼케이노 빌리지'에 있는 곳을 이용해야 한다.

OH! MY TIP

볼케이노 빌리지
화산국립공원 입구에 위치한 작은 마을로, 공원
과는 별개의 지역이다. 마트, BnB, 음식점, 주유소
몇 곳이 있다. 음식점으로는 오헬로 카페(Ōhelo
Café), 타이타이 비스트로(Thai Thai Bistro), 툭
툭 타이 푸드 트럭(Tuk-Tuk Thai Food Truck) 등
이 있다. 화산국립공원에서 마을까지는 차량으로 5
분 거리이다.

숙소

공원 내 호텔은 볼케이노 하우스 호텔(Volcano House Hotel) 단 한 곳이다. 1846년 오픈했으며 2013년 리노베이션을 거쳤다. 객실은 33개다. 캠핑도 가능하다. 나마카니파이오 캠프그라운드 (Nāmakanipaio Campground and Cabins)는 유칼리투스 숲에 자리하고 있다. 최대 4인까지 투숙 가능한 캐빈 10개, 준비해온 텐트나 2인용 텐트를 대여해 이용할 수 있는 캠핑 사이트 16곳이 마련돼 있다. 캐빈, 캠핑장, 텐트를 이용하려면 반드시 사전에 예약해야 한다.

SITE hawaiivolcanohouse.com/camp-ground-and-cabins TEL 808-756-9625

기온

빅 아일랜드 내 다른 지역보다 온도가 낮다. 평균 최고 기온은 21.3도, 일 평균 최고 기온 16.5도, 평균 최저 기온 11.7도, 평균 최저 기온 1도이다. 긴 옷이나 바람막이를 챙기는 것이 좋다.

기후

올라(Ola)의 열대우림, 카우(Ka'u)의 관목지대와 초원, 마우나로아의 고산 툰드라까지 고도에 따라서 열대 습윤 기후에서 고산 사막 기후까지 다양

하게 나타난다. 이는 다시 아고산대, 계절별 산간지대, 산간 우림, 계절별 아고산대, 해안 저지대 등의 생태계로 구분되며 이에 따라 23종의 뚜렷한 식생 형태가 기록되어 있다.

하와이 고유종 '네네'

날지 못하는 새 네네(Nene)는 화산국립공원에서 자주 볼 수 있는 동물 중 하나이다. 이른바 하와이 기러기로 캐나다 구스의 사촌격인데, 개체수가 200여 마리에 불과해 하와이의 대표 멸종 위기 동물로 꼽힌다. 특유의 부드러운 울음 소리가 '네네' 한다고 해서 이와 같은 이름이 붙여졌다.

OH! MY TIP

화산국립공원 방문 시 복장

화산국립공원은 다른 지역보다 온도가 낮고 바람이 불어 서늘하거나 춥다. 무심코 짧은 바지와 셔츠 차림으로 간다면 금세 따뜻한 곳이 그리워질지도 모른다. 방문 시 긴팔 옷, 카디건을 챙기는 것이 좋다. 오후 시간에 방문하더라도 카디건이나 바람막이 하나쯤은 챙기자. 옷을 준비하지 못했다면, 공원 내 방문자센터와 재거 뮤지엄 기념품점을 이용해보자. 기념 의류를 판매한다. 신발은 샌들이나 운동화를 추천한다.

마우나로아 Mauna Loa

빅 아일랜드에 자리한 5개의 화산 중 하나이다. 지 표면에 있는 가장 큰 활화산으로 산의 부피와 면적 면에서는 세계에서 가장 큰 화산으로 꼽힌다. 높이 4,170m로 마우나케아보다 37m 낮다. 1843년 이래 33차례 분출했으며 1984년 분화를 마지막으로 잠잠했다가 2022년 38년 만에 분화한 바 있다. 마우나로아는 하와이어로 '긴 산'이라는 뜻이다.

ADD 44-2441 Mauna Loa Access Road, Waimea, HI 96743

마우나로아 천문대
Mauna Loa Observatory

해발 3,396m 지점에는 미국 해양대기국(NOAA) 지구시스템연구소가 운영하는 관측소가 자리한 다. 이곳에서는 1958년부터 세계 최초로 이산화탄소 농도를 측정하고 있는데, 마우나로아가 극지방과 함께 대기가 깨끗한 곳으로 손꼽히는 데다가 하와이에서도 고도가 구름보다 높아 하늘이 흐리거나 비가 올 때가 적은 덕분에, 이산화탄소 농도 변화를 가장 예민하고 정확하게 포착해낸다고 한다. 이산화탄소 농도 외 오존과 황사 등 50여 가지의 대기 물질도 실시간으로 측정하고 있다.

SITE gml.noaa.gov/obop/mlo/

바다의 별 교회 Star of the Sea Painted Church

1927년 벨기에 신부 길렌(Everist Gielen)의 지시에 따라 그린 천장 그림으로 유명해진 곳이다. 그림에는 이 교회의 첫 번째 신부이자 하와이의 아버지라 불리는 데미안 신부의 이야기가 담겨 있으며, 1964년 보수 작업을 거쳐 오늘에 이른다. 원래 칼라파나 쪽에 있었으나 용암 흐름 때문에 현 위치로 옮겨졌다. 국립사적지로 등록되어 있다.

ADD 12-4815 Pahoa Kalapana Rd, Pāhoa, HI 96778 OPEN 09:00-16:00

포호이키 베이 앤드 핫 스프링 Pohoiki Bay and Hot Spring

2018년 화산 폭발을 겪으며 생겨난 온천이다. 화산석을 흐르며 가열된 빗물이 고인 곳에 시원한 바닷물이 유입되면서 몸을 담그기에 적당한 온도가 맞춰지는 것이라고. 세 곳의 풀이 있다. 40도의 온도이며, 안쪽에 위치한 곳이 더 따뜻하다. 자연적으로 생성된 곳으로 박테리아 감염에 대한 경고문이 있다.

ADD 13-5579 Kalapana - Kapoho Rd, Pāhoa, HI 96778 OPEN 07:00-19:00

아이작 헤일 파크
Isaac Hale Park

2018년 화산 폭발로 방파제가 무너지면서 흘러내린 용암이 바다와 만나 탄생한 포호이키 블랙 샌드 비치(Pohoiki Black Sand Beach)가 자리한다. 공원 내 도로, 비치 등에서 화산 폭발 흔적을 확인할 수 있다. 공원 명칭은 한국전쟁에서 전사한 아이작 헤일(Isaac Kepookani Hale)의 이름을 딴 것으로, 그가 속한 미 육군 제24보병사단은 가장 먼저 한국전쟁에 참전한 미군 부대로 알려져 있다.

ADD 13-101 Kalapana - Kapoho Rd, Pāhoa, HI 96778
OPEN 08:00-19:00

라바 트리 스테이트 모뉴멘트
Lava Tree State Monument

1790년 용암이 삼림 지대를 뒤덮으면서 생긴 흔적을 보호하고 있는 공원으로 20분 남짓이면 둘러볼 수 있다. 용암에 타버린 형태 그대로 기이하게 남아 있는 나무들을 쉽게 만날 수 있지만, 이정표가 없어 지나치기 쉽다.

ADD HI-132, Pāhoa, HI 96778 OPEN 07:00-18:45
SITE dlnr.hawaii.gov/dsp/parks/hawaii/lava-tree-state-monument

RESTAURANT & CAFE

푸날루우 베이크 숍 Punalu'u Bake Shop

미국 최남단에 위치한 베이커리이다. 1970년대까지 호텔 레스토랑에서 제공된 스위트 브레드의 인기가 점점 높아지면서 1991년 별도 매장을 오픈한 이래 오늘에 이른다. 코나-화산국립공원 사이에서 유일하게 휴식을 취할 수 있는 곳이다. 스위트 브레드와 말라사다로 유명하지만, 플레이트 및 버거 메뉴도 있어 끼니 해결을 하기에도 좋다. 타로 스위트 브레드 롤이 추천 메뉴로 꼽힌다.

ADD 95-5642 Mamalahoa Hwy, Naalehu, HI 96772 OPEN 08:30-17:00 MENU 타로 스위트 브레드 롤 $4.99, 말라사다 $1.89 SITE bakeshophawaii.com

카 라에 Ka Lae

100% 카우 커피를 선보이는 플라워 팜 카페이다. 심플하고 아담하며 따뜻한 분위기에 넉넉한 실내외 좌석이 여유를 더한다. 10여 가지에 달하는 홈메이드 시럽을 사용한다는 점도 포인트이다. 샌드위치, 쿠키, 머핀 등으로 간단한 요기도 할 수 있다.

ADD 95-5656 Hawai'i Belt Rd, Naalehu, HI 96772 OPEN 월-토 08:00-16:00 MENU 아메리카노 $5, 마차 라테 $6,스무디 $7 SITE kalaecoffee.com

툭툭 타이 푸드 트럭 Tuk-Tuk Thai Food Truck

태국 음식을 판매하는 테이크아웃 전문점으로 화산국립공원 지역에서는 특히나 귀한 음식점이다. 맛도 양도 훌륭한 편이라 마감 시간 전에 재료가 소진될 수 있다. 요리에 사용되는 주재료(채소, 두부, 치킨, 새우)에 따라 가격 차이가 있다. 방문 전 SNS를 통해 영업 여부를 확인하자.

ADD 19-3820 Old Volcano Rd, Volcano, HI 96785 OPEN 수-일 11:00-18:00 MENU 누들, 채소,두부,치킨/새우 $15/16, 스프링롤 $10 SNS 인스타그램 @tuktuk_thaifoodtruck

HILO

힐로

하비

와이콜로아

하마쿠아

마우나 케아

아카카 폭포

힐로

칼스미스 비치 파크

힐로 국제공항

코나

푸나

아이작 헤일 비치 파크

카우 &
화산국립공원

ATTRACTION

명소

파나에와 레인포레스트 동물원
Panaewa Rainforest Zoo and Gardens

미국 유일의 열대 동물원으로, 백호랑이를 대표로 악어, 거미, 여우원숭이, 네네 등 멸종 위기에 처한 하와이 동물 80종을 만날 수 있다. 동물을 직접 만져볼 수 있는 프로그램도 운영한다. 1시간 정도면 돌아볼 수 있는 크기인 데다 무료 입장이라 부담이 덜하다. 4-11월에 방문 예정이라면 홈페이지에서 미리 프로그램 일정을 확인하자.

ADD 800 Stainback Hwy, Hilo, HI 96720 OPEN 10:00-16:00
SITE hilozoo.org

마우나로아 마카다미아 너트 방문자센터
MaunaLoa Macadamia Nut Visitor Center

마카다미아 최대 생산 브랜드인 '마우나로아'에서 운영하는 공장 및 방문자센터이다. 마카다미아의 시식 및 구매가 가능하다. 행사 제품은 저렴하지만, 일반 제품은 마트가 더 저렴한 편이다.

ADD 16-701 Macadamia Road, Keaau, HI 96749
OPEN 09:00-16:00 SITE maunaloa.com/pages/
visitorcenter

칼스미스 비치 파크
Carlsmith Beach Park

힐로 최고의 스노클링 스폿이다. 모래사장이 펼쳐져 있지는 않지만 암초가 방파제처럼 파도를 막아주는 덕분에 수영을 비롯한 여러 액티비티를 즐기기에 적당하다. 가끔 등장하는 거북도 이곳의 매력 포인트이다. 좀 더 편하게 놀고 싶다면 비치 오른쪽을 선점하자.

ADD 1815 Kalanianaole St, Hilo, HI 96720
OPEN 07:00-20:00

리처드슨 오션 파크 Richardson Ocean Park

검은 모래와 녹색 모래가 뒤섞여 독특한 색감을 발하는 모래사장이 펼쳐진 곳이다. 물놀이보다는 휴식을 취하거나 풍경을 보기 위해 찾는 이들이 많다. 화창한 날에는 스노클링을 즐기기에도 제격이다.

ADD 2355 Kalanianaole St, Hilo, HI 96720
OPEN 07:30-19:30

릴리우오칼라니 가든 Lili'uokalani Gardens

1919년 릴리우오칼라니 여왕이 기부한 땅에 들어선 일본식 정원으로 빅 아일랜드의 일본인 이민자를 기리기 위해 만들어졌다. 야자수 아래 빨간 정자와 교각이 이색적이면서도 익숙하게 느껴진다. 산책이나 포장해온 음식을 먹으러 들르기에 좋다.

ADD 189 Lihiwai St #151, Hilo, HI 96720
OPEN 05:45-19:30

코코넛 아일랜드 Coconut Island

현지인들의 주말 휴식처 겸 힐링 스폿으로 알려진 곳이다. 3m, 6m 등의 다이빙 포인트도 자리한다. 현지에서는 모쿠올라(Mokuola)라고도 부른다. 모쿠는 하와이어로 '섬', 올라는 '생명'이라는 뜻이다.

ADD 77 Keliipio Pl, Hilo, HI 96720

와일로아 리버 주립 휴양지 Wailoa River State Recreation Area

와일로아 강 주변에 위치한 공원으로 산책과 휴식, 피크닉을 즐길 수 있다. 1960년대 쓰나미가 힐로 중앙 지역을 휩쓸고 간 후 개발되었으며, 내부에는 킹 카메하메하 동상, 베트남전쟁 및 한국전쟁 기념비 등이 있다.

ADD 799 Piilani St, Hilo, HI 96720 OPEN 목-화 08:00-16:30, 수 12:00-16:30 SITE dlnr.hawaii. gov/dsp/parks/hawaii/wailoa-river-state-recreation-area

카메하메하 동상
Kamehameha The Great Statue

빅 아일랜드에 있는 2개의 킹 카메하메하 동상 중 하나로 1963년에 제작되었다. 원래는 카우아이 프린스빌에 설치하려 했으나 카우아이 주민들이 카메하메하에게 정복당한 적이 없다는 이유로 거부하면서 이후 카메하메하 학교 동문회에 기증되었다. 결국 동상은 그의 정치적 중심지의 힐로에 세워지는 결말을 맞았다. '힐로'는 전쟁 중 카누 부대를 이끌고 정박할 당시 붙여진 이름이다.

ADD Kamehameha The Great, 774 Kamehameha Ave, Hilo, HI 96720

한국전쟁 기념비
Korean War Memorial

한국전쟁에서 전사한 52명의 하와이 군인들을 기리는 추모비이다. 2019년 한국전쟁 참전용사협회 빅 아일랜드 지부(the Korean War Veterans Association Big Island Chapter)에서 세웠다.

ADD 200 Piopio St, Hilo, HI 96720

힐로 파머스 마켓
Hilo Farmer's Market

빅 아일랜드를 대표하는 상설 파머스 마켓으로, 200여 명의 셀러가 참여하는 수, 토요일에 가장 큰 규모로 열린다. 신선 식품, 과일에서부터 도시락, 기념품까지 판매하며, 상품에 따라 코너가 나뉘어 있어 편리하다. 도시락이나 간식을 사기에 좋다.

ADD Corner of Kamehameha Avenue and, Mamo St, Hilo, HI 96720 OPEN 07:00-15:00 SITE hilofarmersmarket.com

힐로 다운타운 Hilo Downtown

하와이 주의 두 번째 도시 힐로의 중심가로 빅 아일랜드의 행정기관들이 모여 있다. 1100년경 최초의 주민이 살기 시작했고 1800년대에 이르러 사탕수수 산업이 뿌리를 내리면서 많은 이들이 정착했으며, 제2차 세계대전 동안에는 섬 보호를 목적으로 군인들이 주둔하기도 했다. 1925년 건축된 신고전주의 양식의 팰리스 극장 등 다운타운의 건물 대부분은 오래된 목재 건물로 국가 등록부에 등재되어 있다. 1946년, 1960년 두 번의 쓰나미로 큰 변화를 겪었지만, 역사적 특성을 보존하고 있다. 많은 건물에 일본식 이름이 붙어 있는 점도 특이한데, 도시 건설에 일본계 사람들이 앞장섰던 과거에서 유래한다.

ADD 38 Haili St, Hilo, HI 96720

태평양 쓰나미 박물관 Pacific Tsunami Museum

1946년, 1960년에 일어난 쓰나미와 그에 따른 재해 기록을 정리해둔 작은 박물관으로, 두 번의 쓰나미에서 간신히 살아남은 1930년생 건물에 들어서 있다. 1960년 칠레에서 시작된 강도 9.5의 지진이 힐로를 덮치며 남긴 쓰나미의 기록이 사진과 영상으로 전시되어 있다.

ADD 130 Kamehameha Ave, Hilo, HI 96720 OPEN 10:00-16:00 FARE 일반/시니어/6-17세 $15/10/5 SITE tsunami.org

모쿠파파파 디스커버리 센터 Mokupapapa Discovery Center

하와이와 주변 해양 환경의 자연, 과학, 문화, 역사를 살펴볼 수 있는 곳으로 국립 해양학 연구소에서 운영한다. 100년이 넘은 유서 깊은 건물에 들어서 있으며 실내로 들어가면 코아 나무로 만들어진 실내장식, 거대한 수족관이 한눈에 들어온다. 세계 어디에서도 볼 수 없는 독특한 물고기인 오렌지 마진 나비고기(Orange Margin Butterflyfish)도 만날 수 있다.

ADD 76 Kamehameha Ave, Hilo, HI 96720 OPEN 화-토 09:00-16:00 SITE papahanaumokuakea.gov

리먼 박물관 Lyman Museum

하와이 원주민 문화, 섬의 지질학적 특성 및 화산 등에 대해 살펴볼 수 있는 소규모 박물관이다. 하와이 섬 생태계인 용암의 흔적과 흐름에서부터 한국과 일본 등 이민자들의 삶까지 다양하게 소개하고 있다. 1839년에 지어진, 하와이에서 가장 오래된 목조 건물 중 하나에 자리하며 2010년 복원을 거쳤다. 박물관 명칭은 뉴잉글랜드에서 온 선교사 데비이드, 새라 리먼 부부의 이름을 딴 것이다.

ADD 276 Haili St, Hilo, HI 96720 OPEN 월-금 10:00-16:30 FARE 성인/시니어/6-17세 $7/5/2
SITE lymanmuseum.org

나하 스톤 The Naha Stone

원주민들이 신성시 하는 유서 깊은 바위로, 길이 1m, 폭 1m, 무게 226.5kg에 달한다. 이 바위 위에 왕실 아기를 홀로 눕힌 뒤 아이가 울지 않으면 높은 왕족 신분을 얻게 되었다고 한다. 또한 바위를 옮기는 능력이 신분 표시의 대상이 되기도 했는데, 카메하메하 대왕이 23살에 들어올렸다고 전해진다. 원래 카우아이 와일루아 계곡에 위치했으나 현재 자리로 옮겨졌다고 한다.

ADD 300 Waianuenue Ave, Hilo, HI 96720

이밀로아 천문센터
Imiloa Astronomy Center

하와이 문화와 천문학에 대해 배우기에 가장 좋은 시설로 하와이 대학교 힐로 캠퍼스에 위치한다. 세계 최첨단의 플라네타리움에서 천문 과학을 접할 수 있다. 관측 4D쇼, 우주선 조정 쇼 등 매일 다양한 프로그램이 진행된다. 원뿔 건물은 하와이에서 가장 큰 세 개의 산인 마우나케아, 마우나로아, 후알랄라이를 상징한다.

ADD 600 Imiloa Pl, Hilo, HI 96720 OPEN 수-일 09:00-16:00 FARE 성인/시니어/5-12세/4세 이하 $19/17/12/무료 SITE imiloahawaii.org

레인보우 폭포
Rainbow Falls

와일루쿠 강물이 낙하하면서 만드는 24m 높이의 폭포로 와일루쿠 주립공원에 자리한다. 고대 하와이 여신 '히나'의 신화적 고향인 천연 용암 동굴 위를 흐른다고 전해진다. 폭포 위와 아래 부분에서 풍경을 조망할 수 있으며, 화창한 아침 오전 10시경 방문하면 무지개를 뚜렷이 볼 수 있다고 하여 이와 같은 이름이 붙여졌다.

ADD 2-198 Rainbow Dr, Hilo, HI 96720 OPEN 08:00-22:00 SITE dlnr.hawaii.gov/dsp/parks/hawaii/wailu-ku-river-state-park

하와이 트로피컬 바이오리저브 & 가든
Hawaiʻi Tropical Bioreserve & Garden

희귀 멸종 위기 식물을 포함해 2천 종 이상의 식물이 서식하고 있는 곳으로 산책로, 폭포, 난초 정원 등이 함께 자리해 있다. 1977년 개발을 시작해 1984년 대중에게 공개되었으며, 울창한 원시 밀림이 보존되어 있어 식물원으로서 세계적인 인정을 받고 있다. 잘 정비된 산책로를 통해 일대를 돌아보는 데 1시간 30분가량 소요된다.

ADD 27-717 Mamalahoa Hwy, Papaikou, HI 96781 OPEN 09:00-17:00 FARE 13세 이상/6-12세/5세 이하 $30/22/무료 SITE htbg.com

아카카 폭포 주립공원
Akaka Falls State Park

135m의 높이의 직하형 폭포로 세계 18대 폭포 중 하나로 꼽힌다. 초입에서 길이 양방향으로 나뉘는데 어떤 방향으로 가더라도 모두 폭포를 돌아볼 수 있는 구조인 데다 산책로도 잘 정비되어 있어 편리하다. '아카카'라는 명칭은 아카카오카니아우오이오이카와오(Akaka-o-ka-nīʻau-oiʻo-i-ka-wao) 추장의 이름에서 딴 것이다. 91m 높이의 카후쿠 폭포도 놓치지 말자.

ADD 미국 96728 Hawaii OPEN 08:30-17:00 FARE 성인/3세 이하 $5/무료, 주차 대당 자가용/1-7인승/8-25인승/26인승 이상 $10/25/50/90 SITE dlnr.hawaii.gov/dsp/parks/hawaii/akaka-falls-state-park

호노카아 마을 Honokaa

하마쿠아 코스트 지역의 작은 마을로 사탕수수 산업의 기반이 된 곳이다. 호노카아 극장, 골동품 매장, 식당이 짧은 길에 옹기종기 모여 있으며 일본 영화 <하와이언 레시피>의 배경으로도 등장했다. 와이피오 전망대 방문 시 함께 돌아보기 좋다.

ADD 45-3574 Mamane St, Honokaa, HI 96727

마우나케아 Mauna Kea

해발 4,207m로 세계에서 8번째로 높은 산, 해저면을 기준으로 한다면 10,200m로 세계 최고 높이를 자랑하는 산인 마우나케아는 5천 년 전에 폭발한 것으로 추정되는 휴화산으로 천문학의 성지이자 최고의 별 관측 놀이터이다. 북위 20도에 위치해 정상에서 북반구와 남반구 하늘을 대부분 관측할 수 있어 천문학자들이 가장 방문하고 싶어 하는 곳이기도 하다. 하와이 원주민들이 가장 신성하게 여기는 산인 마우나케아는 하와이어로 '흰 산'을 뜻한다.

ADD Mauna Kea Access Rd, Hilo, HI 96720 OPEN 09:00-21:00
SITE hilo.hawaii.edu/maunakea/visitor-information

OH! MY TIP

하와이 전설에서 마우나케아는 대지의 신과 하늘의 신이 함께 만나 사랑을 나누며 우주를 탄생시킨 역사적인 성지로 전해진다. 우리나라로 치면 환웅이 내려왔다고 하는 태백산과 같은 의미의 장소라고 볼 수 있다.

마우나케아 정상 투어 프로그램 업체
마우나케아로부터 공식으로 승인받은 업체 7곳에서 투어 프로그램을 진행한다. 승인 투어 업체는 마우나케아 홈페이지에서 확인 가능하다.
마우나케아 상업 투어 SITE hilo.hawaii.edu/maunakea/visitor-information/commercial-tours
마우나케아 실시간 웹캠 SITE mkwc.ifa.hawaii.edu/current/cams

오니주카 방문자센터 Onizuka Visiter Center

해발 2,804m에 위치한 휴게 시설이다. 방문자들은 센터에서 30여 분간 휴식을 취하며 고도가 높은 정상에서 발생할 수 있는 고산증 등의 증상들을 방지하고, 대기압에 적응하는 시간을 가진다. 한 달에 한 번 열리는 별 관측 프로그램인 '스타게이징'은 홈페이지에서 예약할 수 있다(무료, 2시간 소요). 7월 기준 일몰 시 기온이 13°C로 언제 방문하든 따뜻한 복장을 갖춰야 한다. 센터명은 빅 아일랜드 출신의 일본계 미국인이자 미국 최초의 아시안 우주 비행사인 엘리슨 오니주카의 이름을 딴 것이다.

마우나케아 정상 Mauna Kea Summit

약 20만㎡에 달하는 마우나케아 정상은 1967년부터 천문학 특구로 지정되어 있다. 미국, 영국, 프랑스, 캐나다 등 11개국 13개의 천문대가 있으며 하와이 대학교에서 관리한다.

지상보다 산소가 40%가량 부족하고 기압도 낮지만, 우주에서 오는 빛을 흡수하는 대기 중 이산화탄소와 수증기가 적어 천체 관측에 상당히 좋은 조건을 갖추고 있다(연간 관측 가능 일수 330여 일). 햇빛을 반사해 태양열로부터 망원경을 보호하기 위해, 온통 새하얀 모습으로 자리한 천문대들이 무척 인상적이다. 가장 유명한 곳은 두 대의 천체망원경으로 이루어진 켁 천문대(Keck Observatory)로 1993년과 1996년 각각 완공되어 나란히 자리해 있다. 육각형 거울 36개를 벌집 모양으로 이어붙였는데 반사경 지름이 10m로 반사망원경 중 세계 최대 규모를 자랑한다. 또 하나 주목해야 할 것은 세계 최대 적외선 망원경인 수바루 망원경(Subaru Telescope)이다. 지름 8.2m로 지구에서 128억 광년 떨어진, 가장 먼 은하를 발견해내 주목을 받았다.

OH! MY TIP

4륜 구동 4WD

방문자센터에서 마우나케아 정상까지는 30여 분 소요되며 반드시 사륜구동 차량을 이용해야 한다. 출발 전 레인저들이 구동 차량 운전 가능 여부, 차량 내 여행자 확인 등의 인터뷰를 진행한다. 대부분 비포장 상태이며, 정상에 도착해서야 포장길이 나온다. 일몰 후에는 레인저들이 안전을 이유로 하산을 요청한다. 하산 시에는 레인저들이 브레이크 패드 온도를 측정한다.

복장

정상은 고도가 높기 때문에 춥다. 긴 옷, 재킷 등 따뜻한 복장은 필수이며 산소 부족으로 13세 미만 어린이, 호흡기 질환자, 임산부, 24시간 내 다이빙 체험을 한 사람은 정상에 갈 수 없다. 그렇다고 너무 아쉬워하지 말자. 정상부가 아니라도 방문자센터에서 아름다운 일몰과 별을 충분히 즐길 수 있다. 몸을 따뜻하게 해줄 커피와 차, 샌드위치, 컵라면 등을 준비하자.

선셋힐

정상까지 올라가지 않더라도 마우나케아 비지터센터 맞은편 나지막한 언덕인 푸우 칼레피모아(Pu'u Kalepeamoa)에서 선셋과 별을 모두 볼 수 있다. 주차 후 15분 정도 언덕을 올라야 하며, 자갈로 바닥이 미끄러울 수 있으니 유의할 것. 기온이 낮기 때문에 따뜻한 복장 필요하다.

RESTAURANT & CAFE

켄즈 하우스 오브 팬케익스 Ken's House of Pancakes

1971년 문을 연, 힐로의 터줏대감 레스토랑으로 현지인과 여행객들이 즐겨 찾는 곳이다. 전형적인 아메리칸 스타일의 음식점으로 조식부터 디너까지 시간에 구애받지 않고 맛볼 수 있다. 샌드위치, 팬케이크, 버거, 사이민, 로코모코, 와플 등 음식 종류도 각양각색이라 더욱 좋다.

ADD 1730 Kamehameha Ave, Hilo, HI 96720 OPEN 06:00-21:00 MENU 팬케이크 $9.95부터, 로코모코 오리지널 $11.95 SITE kenshouseofpancakes.com

수이산 피시 마켓 Suisan Fish Market

1907년 문을 연, 120년 역사의 수산시장이자 하와이 최대의 도매상이다. 매일 아침 직접 잡아오는 신선한 생선을 구매할 수 있는 것은 물론 바로 맛도 볼 수 있다. 더욱이 포케 맛집으로도 꼽히는 덕에 현지인과 여행객 모두에 많은 사랑을 받고 있다. 포케볼과 포케 플레이트 중 선택 가능하며, 주문 후 음식을 받은 다음 계산한다. 단 매장 내 취식은 금지되어 있다.

ADD 93 Lihiwai St, Hilo, HI 96720 OPEN 월-화, 목-토 09:00-15:00 SITE suisan.com

빅 아일랜드 캔디스
Big Island Candies

초콜릿, 쿠키, 사탕을 만드는 디저트 브랜드로, 공장과 방문자센터를 운영한다. 통유리 너머로 생산 과정을 살펴볼 수 있는 것은 물론 시식 및 커피 시음도 할 수 있어 식사 후 방문하기 좋다. 선물로 구입하기 좋은 아이템들이 많아 놓치기 아쉽다.

ADD 585 Hinano St, Hilo, HI 96720 OPEN 08:30-17:00 MENU 마카다미아 너트 브라우니 $16, 파인애플 만주 $12 SITE bigislandcandies.com

팝오버
Popover

트렌디한 베이커리 겸 에스프레소 바로 샌드위치, 도넛, 플랫브레드 피자를 맛볼 수 있다. 현지에서 재배한 시금치와 버섯이 들어간 하마쿠아(Hamakua) 플랫브레드, 팝오버 샌드위치 메뉴가 인기가 많다.

ADD 399 E Kawili St Suite 102, Hilo, HI 96720 OPEN 수-일 05:30-14:00 MENU 팝오버 샌드위치 $14부터, 하마쿠아 플랫브레드 $18 SITE popoverhi.com

카페 100 Cafe 100

1946년 오픈 이래 현지인들의 많은 사랑을 받고 있는 로코모코 전문점이다. 14가지에 달하는 로코모코부터 치킨, 햄버거, 데일리 스페셜까지 메뉴가 골고루 갖춰져 있다. 가성비로 접근하기 좋은 곳으로 실외 테이블이 있으나 포장하는 것이 더 낫다. 식당 명칭은 하와이 태생의 일본계 미국인 청년들로 구성된 제100보병대대를 기리기 위해 붙인 이름이다.

ADD 969 Kilauea Ave, Hilo, HI 96720 OPEN 월-금 11:00-18:00 MENU 로코모코 $8.50, 프라이드 치킨 $14.35, 햄버거 $6.35 SITE cafe100.com

카와모토 스토어 Kawamoto Store

밥, 무스비, 치킨, 미트볼, 튀김 등 뷔페처럼 음식을 골라 도시락으로 구성해 판매하는 포장 전문점이다. 우리 입맛에도 잘 맞는 메뉴들이 많다. 영업시간이 정오까지인 만큼 조식 및 브런치 메뉴로 선택하기 적당하다.

ADD 784 Kilauea Ave, Hilo, HI 96720 OPEN 금-토 06:00-12:00 MENU 도시락(무스비, 생선, 간장 돼지고기, 누들1/2) $4.50부터 SITE kawamotostore.com

저스트 크루진 커피 Just Cruisin Coffee

샌드위치와 커피를 판매하는 드라이브 스루 카페로, 새벽부터 문을 열어 현지인들이 출근길에 즐겨 찾는다. 카페인이 필요한 순간 찾게 되는 동네 커피 맛집으로 생각하면 좋다. 치킨 맥 넛 샌드위치, 카페오레가 추천 메뉴로 꼽힌다. 드라이브 스루 카페이지만 워크인 방문도 가능하다.

ADD 835 Kilauea Ave, Hilo, HI 96720
OPEN 04:30-19:00 MENU 치킨 맥 넛 샌드위치 $12.50,
카페오레 $3.75부터 SITE justcruisincoffee.com

파인애플스 아일랜드 프레시 퀴진 Pineapples Island Fresh Cuisine

아메리칸 스타일 레스토랑으로 노팁(no tip) 레스토랑이기도 하다. 식사 메뉴에서부터 비건, 글루텐 프리 메뉴까지 다양하게 갖춰져 있으며 캐주얼한 펍 분위기라 편하게 이용하기 좋다. 파인애플 셔벗인 파인애플 파우(Pineapple Pow), 피시 앤드 칩스, 갈비와 파인애플 살사가 올라간 힐로 로컬 플레이트가 인기 메뉴로 꼽힌다. 식사 시간에는 웨이팅 필수라 예약하는 것을 추천한다.

ADD 332 Keawe St, Hilo, HI 96720 OPEN 화-목, 일 11:00-21:00, 금-토 11:00-21:30 MENU 피시 앤드 칩스 $15, 힐로 로컬 플레이트 $17, 파인애플 파우 $14 SITE pineappleshilo.net

재키 레이스 오하나 그릴 힐로 Jackie Rey's Ohana Grill Hilo

힐로에서 보기 드문 파인 다이닝을 만날 수 있는 레스토랑으로 과거 은행 자리에 들어서 있다. 점심은 캐주얼하게 즐길 수 있고, 저녁은 고급스러운 분위기를 만끽할 수 있다. 맛과 서비스는 물론 플레이팅까지 뛰어나 만족도가 높다. 편안하게 다양한 메뉴를 맛보고 싶다면 해피 아워를 노려보자(15:00-17:00).

ADD 64 Keawe St, Hilo, HI 96720 OPEN 11:30-20:30 MENU 스테이크하우스 버거 $21, 스테이크 오 포아브르 $42 SITE jackiereyshilo.com

마카니스 매직 파인애플 쉑
Makani's Magic Pineapple Shack

핀란드 출신의 부부가 운영하는 아이스크림 전문점으로 우베 아이스크림이 유명하다. 메뉴 중 '유니콘'을 선택하면 두 가지 아이스크림을 맛볼 수 있다. '미국 최고의 간식 50'에 선정된 바 있다.

ADD 54 Waianuenue Ave, Hilo, HI 96720 OPEN 10:00-17:00 MENU 아이스크림 컵/콘 $6.50/7.75, 스무디 $10부터 SNS instagram.com/magicpineappleshack

힐로 베이 카페
Hilo Bay Cafe

힐로에서 근사한 풍경과 맛있는 한 끼를 즐기고 싶을 때 찾기 좋은 곳이다. 샌드위치, 스시롤, 회 등 메뉴가 다양하며, 야외 테이블에서 식사를 즐기고 싶다면 예약하는 것이 좋다.

ADD 123 Lihiwai St, Hilo, HI 96720 OPEN 화-토 11:00-14:30, 17:00-20:30 MENU 불고기 샌드위치 $18, 레인보우 스시롤 $18, 그릴드 립 아이 $42 SITE hilobaycafe.com

하와이안 스타일 카페 힐로 Hawaiian Style Cafe Hilo

전형적인 하와이 스타일의 음식을 선보이는 힐로 맛집이다. 부담 없는 분위기 속에 로코모코, 포케, 나초 등 다양한 메뉴들을 양껏 맛볼 수 있다. 로코모코는 쌀밥 대신 볶음밥이 들어간 메뉴를 추천한다. 힐로와 와이메아에서 매장을 운영 중이다. 단 식사 시간에는 30분 이상 대기를 예상해두자.

ADD 681 Manono St, Hilo, HI 96720 OPEN 화-목 08:00-14:00, 17:00-20:30, 금-토 07:00-14:00, 17:00-21:00, 일 07:00-14:00, 월 08:00-14:00
MENU 런치 플레이트 $10.95부터, 다 티타 목(볶음밥 로코모코) $11.50 SITE hawaiianstylecafe.us

카페 페스토 힐로 베이 Cafe Pesto Hilo Bay

클래식하고 모던한 분위기의 이탈리안 레스토랑으로, 음식 맛과 서비스 만족도가 모두 좋은 편이다. 1988년 작은 피자집으로 시작했지만 오늘날에는 피자, 파스타, 리소토 등 이탈리안 메뉴들을 고루 맛볼 수 있다. 예약하는 것을 추천한다.

ADD 308 Kamehameha Ave #101, Hilo, HI 96720 OPEN 11:00-20:30 MENU 클라시코 마리나라 피자 $16, 헤리티지 포크 볼로네제 파스타 $25 SITE cafepesto.com

폴스 플레이스 카페 Paul's Place Cafe

다운타운에 자리한 자그마한 브런치 레스토랑이다. 외관도 허름하고 실내에 테이블도 3개가 전부인데 대단한 인기를 자랑한다. 연어 베네딕트, 벨기에 와플 등의 인기 메뉴 외에 샌드위치, 파스타, 샐러드 등도 맛이 괜찮다. 오픈 키친 특유의 아늑한 분위기까지 모두 만족스럽다. 단 방문 시 예약을 추천하며 음식 포장은 불가하다.

ADD 132 Punahoa St, Hilo, HI 96720 OPEN 7:30-14:00 MENU 연어 베네딕트 $17.95, 벨기에 와플 $14.95

문 앤드 터틀 Moon and Turtle

해산물 전문 레스토랑으로 디너만 운영한다. 메뉴는 매일 조금씩 차이가 있으며 메뉴판에 음식 조리법이 설명되어 있어 선택에 어려움은 없지만, 직원 추천을 받는 것도 좋다. 캄파넬레 파스타, 버섯 리소토와 생선 요리가 인기가 많은 편이다.

ADD 51 Kalakaua St, Hilo, HI 96720 OPEN 화-토 17:30-21:00 MENU 캄파넬레 파스타 $35, 버섯 리소토 $31
SNS @moonandturtle

HAWI &
HAMAKUA

킹 카메하메하 동상

하비

와이피오 밸리 전망대

와이메아 타운

와이콜로아

하마쿠아

힐로

코나 국제공항

힐로 국제공항

코나

푸나

카우 &
화산국립공원

ATTRACTION

명소

와이피오 밸리 전망대
Waipi'o Valley Lookout

'왕들의 계곡'이라 불리는 와이피오는 킹 카메하메하가 유년 시절을 보낸 곳이다. 백여 명의 주민들이 거주하는 마을에는 블랙 샌드 비치가 자리한다. 전망대에서는 폭 1,609m, 깊이 8,046m, 높이 609m의 절벽에 둘러싸인 하마쿠아 해안선을 감상할 수 있다.

ADD 48-5546 Waipio Valley Rd, Waimea, HI 96743

와이메아 Waimea

빅 아일랜드 북쪽의 가장 큰 마을로 카무엘라(Kamuela)라고도 불린다. 역사적으로 하와이 카우보이 지역이라 목초지로 가득하며, 미국에서 가장 큰 목장인 파커 랜치(Parker Ranch)가 자리해 있다. 다른 지역에 비해 고도가 높은 편으로 다소 쌀쌀하게 느껴질 수 있다.

ADD 66-1304 Mamalahoa Hwy, Waimea, HI 96743

OH! MY TIP

하와이에 와이메아만 세 곳?

하와이에 와이메아 지명은 모두 세 곳으로 빅 아일랜드, 오아후, 카우아이에 있다. 미국에는 동일한 이름의 우체국이 두 개 이상 있을 수 없기 때문에 빅 아일랜드 와이메아의 경우 '카무엘라'로 등록되어 있다. 카무엘라는 파커 랜치의 주인인 존 파커의 손자, 새뮤얼 파커의 하와이 이름에서 따온 것이다. 새뮤얼 파커는 하와이의 사업가, 정치인으로 활동했다. 와이메아는 하와이어로 '붉은 물'이라는 뜻이다.

와이메아 파머스 마켓 Waimea Farmers Market

현지에서 재배한 신선한 농산물, 포케, 나무, 식물, 커피, 꿀, 목제, 비누 및 향수 등 다양한 제품을 만날 수 있다. 시식을 포함한 먹거리도 다양하게 마련되어 있어 조식이나 브런치를 즐기기에도 좋다. 파니올로 헤리티지 센터가 마켓 내에 있어 함께 느긋하게 둘러보기에 적당하다.

ADD 67-139 Pukalani Road, Kamuela HI 96743 OPEN 수 09:00-16:00, 토 07:30-13:00 SITE 수 waimeamidweekfarmersmarket.com, 토 kamuelafarmersmarket.com

파니올로 헤리티지 센터 Paniolo Heritage Center

카우보이의 역사를 생생하게 들여다볼 수 있는 박물관으로, 하와이안 안장(saddles) 컬렉션이 훌륭하다. 무료로 개방되는 곳으로 매주 수요일과 토요일에 열리는 파머스 마켓과 함께 둘러보기 좋다.

ADD 67-139 Pukalani Rd, Waimea, HI 96743
OPEN 월-토 09:00-14:00 SITE paniolopreservation.org

파커 랜치 헤드쿼터스 Parker Ranch Headquarters

1847년에 문을 연, 미국에서 가장 오래된 목장이자 가장 큰 목장이다. 2억 7만 평이라는 규모가 잘 와닿지 않을 수도 있는데 와이메아 지역이 파커 랜치에 의해 움직인다 해도 과언이 아닐 정도라고 보면 된다. 제2차 세계대전 당시 미국 해병대 훈련 기지로 사용되기도 했으며, 오늘날에는 파커 랜치의 역사를 간직한 주택과 목장을 돌아볼 수 있다. 매년 7월 4일에는 로데오 경주 대회가 열린다.

ADD 66-1304 Mamalahoa Hwy, Waimea, HI 96743 OPEN 월-금 08:00-16:00 FARE 18-61세/62세 이상/5-17세 $20/15/10 SITE parkerranch.com

스펜서 비치 파크 Spencer Beach Park

접근성과 편의성 모두 좋은 가족 친화적 비치이다. 파도가 잔잔하고 수심이 얕아 물놀이, 스노클링은 물론 피크닉과 캠핑까지 모두 즐길 수 있다. 주중에는 조용하게 여유를 부릴 수 있어 더욱 좋다. 비치 옆으로 푸우코홀라 헤이아우 국립사적지가 자리한다.

ADD 62-3461 Kawaihae Rd, Waimea, HI 96743
OPEN 07:00-20:00 SITE hawaiicounty.ehawaii.gov/camping

푸우코홀라 헤이아우 국립사적지
Pu'ukohola Heiau National Historic Site

1791년 카메하메하 1세가 지은 신전이다. 하와이 섬을 통일할 때 빅 아일랜드에서 어려움을 겪은 카메하메하 1세가 폴룰루 밸리에서 가져온 바위로 신전을 지어 전쟁의 신 쿠카일로모쿠(Ku-ka'ilomoku)에게 바쳤다. 사촌이자 라이벌이었던 케오우아를 이곳으로 불러들여 죽이고 신전의 첫 번째 재물로 바친 후 1810년까지 카메하메하 1세가 모든 섬을 지배하기에 이른다. 현재에는 신전 대신 암석 뼈대만 남아 있다.

ADD 62-3601 Kawaihae Rd, Waimea, HI 96743
OPEN 07:30-16:45 SITE nps.gov/puhe/index.htm

하마쿠아 마카다미아 너트 컴퍼니
Hamakua Macadamia Nut Company

남아프리카, 호주, 하와이 등의 마카다미아 생산지 가운데 최대 생산은 빅 아일랜드에서 이뤄진다. 이곳은 100% 빅 아일랜드에서 재배된 마카다미아를 가공하는 공장이다. 셀프 투어로 생산 과정을 직접 볼 수 있으며 시식도 가능하다. 코코넛, 와사비, 스팸 등 다양한 맛의 마카다미아를 확인할 수 있다. 마카다미아 크기가 가장 큰 브랜드로도 알려져 있다.

ADD 61-3251 Maluokalani St, Waimea, HI 96743
OPEN 09:00-16:30 SITE hawnnut.com

라파카히 주립역사공원
Lapakahi State Historical Park

600년 전 고대 하와이 어촌을 복원해놓은 공원으로 1.6km 구간에 집터, 카누 창고 등 당시 유물을 전시해놓았다. 공원 가운데에는 빅 아일랜드에서 유일하게 흰색 산호로 이뤄진 비치가 있다. 30분이면 산책 삼아 돌아볼 수 있다.

ADD HI-270, Waimea, HI 96743 OPEN 08:00-16:00

킹 카메하메하 동상
Statue of King Kamehameha

하와이 발견 100주년 사업으로 1880년 미국 작가 토마스 구스가 제작한 2개의 동상 중 하나이다. 하나는 카메하메하 생가 근처, 나머지 하나는 오아후 주 정부 청사에 있다.

ADD Akoni Pule Hwy, Kapaau, HI 96755

폴롤루 밸리 전망대
Pololu Valley Lookout

코할라 지역을 눈에 담을 수 있는 전망대로, 블랙 샌드 비치가 관심을 끌면서 알려지기 시작했다. 주차장에서 비치까지 15분 거리의 트레일 코스가 있지만, 길이 다소 미끄러울 수 있다.

ADD 52-5100 Akoni Pule Hwy, Kapaau, HI 96755

코할라 마운틴 로드
Kohala Mountain Road

하비(Hawi)와 와이메아를 잇는 목장 드라이브 코스이다. 250번 도로로 목초지와 아이언 우드, 유칼립투스로 이어진 도로를 달리며 태평양 전경을 만끽할 수 있다. 빅 아일랜드에서 보기 드문 풍경이라 색다른 매력을 느낄 수 있다.

ADD Kohala Mountain Road, Hawaii

RESTAURANT & CAFE

서프 캠프 와이메아 Surf Camp Coffee Waimea

서핑 편집숍 함께 운영되는 카페이자 서핑 및 액티비티 관련 의류 및 소품 전문 숍이다. 커피, 베이글, 토스트가 주 메뉴로 특히 흑임자 라떼가 인기다. 심플하고 깨끗한 분위기로 실내외 좌석에서 가볍게 시간을 보낼 수 있다.

ADD 65-1227 Opelo Rd A-1, Waimea, HI 96743 OPEN 월-목 07:00-16:00, 토-일 8:00-15:00 MENU 블랙 세서미 라떼 $5.75 그릴 치즈 샌드위치 12 와이메아 샐러드 $17 SITE surfcampshop.com

파티세리 나나코 Patisserie Nanako

빅 아일랜드에서 쉽게 볼 수 없는 정통 일본 스타일의 베이커리로 일본인 파티시에가 운영한다. 빵과 케이크 류가 다양하며 항상 대기하는 사람들로 가득하다. 프랑스식 바게트에 우유 버터 크림을 넣은 밀크 프랑스 바게트가 대표 메뉴로 꼽힌다.

ADD 67-1185 Mamalahoa Hwy A106, Waimea, HI 96743 OPEN 화-토 09:00-15:00 MENU 밀크 프랑스 바게트 $4.71, 스트로베리 케이크 $5.25 SNS facebook.com/ patisserienanako

빌리지 버거 와이메아
Village Burger Waimea

와이메아 커피 컴퍼니
Waimea Coffee Company

와이메아 산 소고기 패티가 들어간 버거를 선보인다. 특히 패티가 두껍기로 유명한데, 주문 후 조리에 들어가기 때문에 10-15분가량 대기해야 한다. USA 투데이 선정 '미국 최고의 버거 10'에 오르기도 했다. 글루텐 프리 번도 선택 가능하다.

ADD 67-1185 Hawai'i Belt Rd, Waimea, HI 96743 OPEN 10:30-17:00 MENU 하와이 빅 아일랜드 비프 버거 $11, 업컨트리 램 버거 $17.25 SITE villageburger waimea.com

와이메아 지역의 대표 카페로 현지인들의 커피 방앗간 같은 곳이다. 와이메아 지역에서 커피 한잔하며 쉬어가기 좋은 장소로 실내외 테이블이 마련되어 있다. 에스프레소 더블 샷에 스팀 밀크로 제조하는 콜타도(Cortado)가 추천 메뉴이다. 베이글, 샌드위치, 파니니 등도 갖춰져 있어 커피와 곁들이기에도 좋다.

ADD 65-1279 Kawaihae Rd, Waimea, HI 96743 OPEN 06:30-17:30 MENU 콜타도 $5, 참치 샌드위치 $15.90, 그릴드 치즈 파니니 $12.20 SITE waimeacoffee company.com

텍스 드라이브인 Tex Drive-In

하와이에서 가장 큰 말라사다를 맛볼 수 있는 휴게소 같은 곳이다. 말라사다는 주문 시 바로 튀겨주는데, 드라이브 스루로 주문하면 좀 더 빨리 픽업할 수 있다. 오믈렛, 팬케이크, 플레이트 등도 판매하며 테이블이 마련되어 있어 편리하다.

ADD 45-690 Pakalana St #19, Honokaa, HI 96727 OPEN 06:00-18:00 MENU 말라사다 $1.30, 오믈렛 $9.75, 플레이트 $12.55부터 SITE texdrivein-hawaii.com

프레시 오프 더 그리드 Fresh Off the Grid

현지 과일과 신선한 주스, 간단한 식사 메뉴를 판매하는 푸드 트럭이다. 야외 테이블이 많아 화창한 날 멋진 풍경을 누리면서 식사할 수 있다. 폴룰루 밸리 트레일 후 방문하기 좋다.

ADD 52-4877 Akoni Pule Hwy, Kapaau, HI 96755 OPEN 금-화 11:30-17:00 MENU 주스 $3.50, 셰이브 아이스 $4, 스무디 $7

코할라 커피 밀 Kohala Coffee Mill

하비 지역에 있는 카페로 '와이메아 커피 컴퍼니'에 서 함께 운영한다. 이른 아침부터 멋들어진 야외 테 라스에서 샌드위치, 부리토 등으로 간단히 끼니를 해 결하기 좋다.

ADD 55-3412 Akoni Pule Hwy, Hawi, HI 96719 OPEN 일-목 07:00-17:00, 금-토 07:00-20:00 MENU BLT 샌드위치, 부리토 멜트 $15.90 SITE waimeacoffeecom pany.com

메리맨즈 빅 아일랜드 Merriman's Big Island

하와이를 대표하는 셰프 피터 메리맨이 운영하는 메리맨즈 레스토랑의 빅 아일랜드 본점이다. 모든 재료는 현지에서 재배 및 생산되는 것을 사용한다. 완벽한 로컬 요리를 맛볼 수 있으며 스테이크 메뉴 가 가장 유명하다. 점심과 저녁 모두 예약이 필수 이다.

ADD 65-1227 Opelo Rd B, Waimea, HI 96743 OPEN 월-토 11:30-14:00, 17:00-20:30, 일 10:30-13:00, 17:00-20:30 MENU 샤토 브리앙 $59, 메리맨즈 부처스 컷 $55 SITE merrimanshawaii.com

WAIKOLOA

와이콜로아

하비
하푸나 비치 주립휴양구역
와이콜로아
쿠아 베이
코나 국제공항
하마쿠아
힐로
힐로 국제공항
푸나
코나
카우 &
화산국립공원

ATTRACTION

카우나오아 비치
kauna'oa Beach

마우나케아 비치로도 불리는 가족 친화적인 비치이다. 800m 길이의 부드러운 모래사장과 잔잔한 파도, 완만한 수심까지 완벽한 해변의 삼박자를 고루 갖추고 있다. 마우나케아 호텔을 품고 있어 편의시설 접근성도 뛰어나다. 스노클링을 즐기고 싶다면 해변 가장자리로 이동하자.

ADD 62-100 Mauna Kea Beach Dr, Waimea, HI 96743

하푸나 비치 Hapuna Beach

빅 아일랜드에서 수영하기 가장 좋은 해변으로, 세계 최고의 해변으로 여러 번 선정되기도 했고, 미국 3대 비치로 손꼽히는 만큼 유명세를 치르는 곳이다. 모래사장이 빅 아일랜드 비치 중 가장 넓고 모래질이 곱다. 물놀이보다는 부기보드를 즐기기좋다.

ADD Old Puako Rd, Waimea, HI 96743
OPEN 07:00-18:30 FARE 입장료 $5, 주차 대당 자가용/1-7인승/8-25인승/26인승 이상 $10/25/50/90, 캐빈 1박 $70 SITE dlnr.hawaii.gov/dsp/parks/hawaii/hapuna-beach-state-recreation-area

와이알레아 베이 비치 Waialea Bay Beach

전신주에 붙어 있는 번호 때문에 비치 69라고도 불린다. 하푸나 비치 주립공원에 포함되어 있어 그늘도 많고 스노클링을 즐기기에도 좋은 환경이다. 해양생물 보호지역인 데다 암초가 넓게 형성되어 있는 만큼 아쿠아슈즈를 착용하는 것이 좋다. 스노클링은 비치를 정면에두고 오른쪽으로 들어가 즐기는 것을 추천한다.

ADD Old Puako Rd, Waimea, HI 96743 SITE dlnr.hawaii.gov/dar/marine-managed-areas/hawaii-marine-life-conservation-districts/hawaii-waialea-bay

푸아코 암각화 공원 Puako Petroglyph Park

하와이인들이 용암에 새겨넣은 암각화 수천여 개가 보존되어 있는 고고학 보호구역이다. 왕복 20분 이내 짧은 코스라 부담 없이 돌아보기 좋다. 주차장은 홀로홀로카이 비치 파크를 이용하면 된다.

ADD 1 N Kaniku Dr, Waimea, HI 96743 OPEN 06:30-18:30 SITE gohawaii.com/islands/hawaii-big-island/regions/kohala/puako-petroglyph-archeological-preserve

칼라후이푸아아 역사공원 Kalahuipuaʻa Historic Park

암각화, 용암 동굴 거주지, 양어장이 자리한 공원으로 마우나라니 리조트 지역 내에 있다. 칼라후이푸아아는 하와이어로 '돼지 가족'이란 뜻으로, 이곳 양어장에는 고대 바다의 돼지라고 불렸던 숭어가 많았고 이는 풍족한 음식을 의미했다. 양어장의 물고기는 왕족에게 사용되었으며, 한때 킹 카메하메하가 이곳을 소유하기도 했다. 주차 후 포장길을 따라가면 용암 동굴과 A.D. 1200-1700년 고대 하와이인들이 살았던 용암 거주지, 양어장이 등장한다. 양어장은 모두 7곳으로 현재도 물고기를 키우고 있다. 40분이면 돌아보기 충분하다.

ADD Waimea, HI 96743 OPEN 06:30-18:30

마우나 라니 비치 Mauna Lani Beach

마카이와 베이라고 불리는 곳으로 마우나 라니 리조트가 관리한다. 크기는 작지만, 파도가 잔잔해 아이들과 함께 즐기기 좋다. 단 주차장과 거리가 있어 접근성 측면에서는 떨어질 수 있다. 주차는 칼라후이푸아아 역사공원 주차장을 이용해야 한다.

ADD 68-1292 S Kaniku Dr, Waikoloa Village, HI 96738

라군 비치
Lagoon Beach

힐튼 와이콜로아 빌리지 내 위치한 라군으로 호텔 투숙객이 아니더라도 이용할 수 있다. 패들보드, 카약, 스노클링 등 다양한 액티비티를 안전한 환경에서 즐길 수 있다는 장점이 있다.

ADD 69-425 Waikōloa Beach Dr, Waikoloa Village, HI 96738

와이콜로아 비치
Waikoloa Beach

와이콜로아는 양어장, 암각화를 포함해 고대 하와이 문화가 많이 남아 있는 곳이다. 이러한 지질학적 특성을 잘 느낄 수 있는 비치로 카하파파 양어장, 쿠왈리 양어장, 아나에호오말루 비치와 나란히 붙어 있다. 물놀이보다는 일몰 뷰 포인트로 적당하다.

ADD Waikōloa Village, HI 96738

아나에호오말루 비치 Anaeho'omalu Beach

야자수가 늘어선 가족 친화적 비치이다. 수영, 물놀이, 카약 등 다양한 액티비티를 즐길 수 있으며 인기 선셋 포인트 중 한 곳으로도 꼽힌다. 단 스노클링을 즐기기에는 적합하지 않다. 아나에호오말루는 하와이어로 '제한된 숭어'라는 뜻으로 양어장에서 길러진 숭어에서 비롯되었다.

ADD 69-275 Waikōloa Beach Dr, Waikoloa Village, HI 96738

키카우아 포인트 파크 Kikaua Point Park

바위가 주위를 둘러싼 가운데 수심이 낮고 파도가 잔잔해 아이들과 안전하게 물놀이를 즐기기 좋은 작은 비치이다. 모래사장과 잔디가 함께 있어 편안하게 피크닉과 휴식도 취할 수 있다. 팔레나 아이나(Palena Aina) 단지 입구에서 경비원에게 주차 티켓을 받은 후 주차장에 진입하면 된다.

ADD Kailua-Kona, HI 96740 OPEN 07:00-20:00

마니니오왈리 비치
Manini'owali Beach

쿠아 베이(Kua Bay)로도 불리는 곳으로 빅 아일랜드에서 바다색이 가장 아름답기로 유명하다. 크기가 작고 그늘도 없지만 언제나 인파로 가득하다. 부기보드 스폿으로도 잘 알려져 있으며, 11-2월에는 선셋 포인트로도 인기가 많다.

ADD Kalaoa, Kohala Coast HI 96740

코나 씨 솔트
Kona Sea Salt

풍부한 천연 미네랄과 훌륭한 풍미를 자랑하는 소금을 생산하는 곳이다. 900년 된 순수 해양 심층수로 만드는 세계 유일의 소금으로, 일반 소금보다 나트륨 함량이 33% 낮은, 섬세한 맛을 자랑한다. 염전을 돌아보는 투어 프로그램을 운영한다.

ADD 73-907 Makako Bay Dr, Kailua-Kona, HI 96740 OPEN 09:00-16:00 FARE 팜 투어 15세 이상/14세 이하 $25/15 SITE konaseasalt.com

오션 라이더 Ocean Rider Inc.

세계 최초의 해마 양식장 시설로 멸종 위기에 처한 해마 종을 보호하기 위해 설립되었다. 전 세계 36종의 해마 중 절반 이상을 보유한 수족관, 물고기 먹이 주기 행사 등 다양한 체험 프로그램을 갖추고 있다. 소요 시간은 90분이며 온라인 예매가 현장 구매보다 저렴하다.

ADD 73-4388 Ilikai Place, Kailua-Kona, HI 96740 **OPEN** 월-금 09:30-15:00 **FARE** 10세 이상/5-9세/4세 이하(온라인 예매) $71(69)/61(59)/7(6) **SITE** seahorse.com

---

빅 아일랜드 아발론 Big Island Abalone

전복 양식장을 운영하는 브랜드이다. 일본 홋카이도 산 전복을 하와이에 양식하기 위해 20년간 연구한 결과, 적당한 날씨와 더불어 잦은 화산활동으로 수심이 깊은 빅 아일랜드의 청정 해안이 최적의 장소로 선정되었다. 투어 프로그램을 통해 양식 환경을 둘러보고 하와이 고급 레스토랑에 공급되는 전복을 시식할 수 있다. 전복 구매도 가능하다. 푸드 트럭에서 다양한 전복 요리를 맛볼 수 있어 더욱 좋다.

ADD 73-357 Makako Bay Dr, Kailua-Kona, HI 96740 **OPEN** 월-금 08:00-16:00, 토-일 10:00-15:00 **FARE** 9세 이상/4-8세/3세 이하 $25/12/무료 **SITE** bigislandabalone.com

---

터틀 사이트 오브 칼로코 Turtle Site of Kaloko

푸른바다거북을 만날 수 있는 곳이다. 아이오피오 피시 트랩(Aiopio Fish Trap) 쪽 해변을 따라 걸으면 모래 위나 바위에 올라온 바다거북을 관찰할 수 있다. 바위에 붙은 해조류를 먹고 있는 모습, 휴식을 취하는 모습이 신비롭게 다가온다.

ADD Kailua-Kona, HI 96740

칼로코 호노코하우 국립역사공원
Kaloko-Honokohau National Historical Park

미국 국립역사공원 중 하나로 고고학 유적지, 암각화 등을 통해 이 지역이 상당한 규모의 원주민 생활 터전이었다는 것을 알 수 있다. 칼로코는 하와이어로 '연못'이라는 뜻으로 공원 끝에 있는 고대 양어장에서 비롯되었다. 양어장과 사원 등이 복원되어 있으며 일대를 손쉽게 둘러볼 수 있다.

ADD Kailua-Kona, HI 96740 OPEN 08:30-16:00 SITE nps.gov/kaho/contacts.htm

호노코하우 비치 Honokohau Beach

합법적인 반려견 동반 가능 비치로, 코나 도그 비치(Kona Dog Beach)로도 불린다. 반려견과 해변을 누비고자 하는 이들이 주로 찾는데 스노클링과 스쿠버다이빙을 즐기러 방문하는 이들도 있다. 과거에는 히피들이 즐겨 찾는 누드 비치였다고.

ADD Ala Kahakai, Kailua-Kona, HI 96740

RESTAURANT & CAFE

마누엘라 말라사다 코 Manuela Malasada Co

미국 본토에서 시작된 말라사다 브랜드로 1979년 문을 열었다. 주문과 동시에 만들기 때문에 최소 10분 정도 기다려야 한다. 낱개로는 살 수 없고 3, 6, 12개 단위로 구매해야 한다. 오아후, 마우이를 비롯해 본토 여러 곳에 매장이 있다.

ADD 1 Puako Beach Dr, Waimea, HI 96743 OPEN 08:30-17:30 MENU 3/6/12개 $10/15/22

브라운 비치 하우스 Brown's Beach House

페어몬트 오키드 호텔 내 위치한 레스토랑이다. 오션 프런트 레스토랑으로 파인 다이닝 레스토랑 중에서도 일몰이 아름답기로 손꼽힌다. 식전 빵으로 제공되는 우베 빵이 이색적이며 하와이 퀴진을 전문으로 하는 곳이라 하와이 산해진미를 맛볼 수 있다. 디너에만 영업하기 때문에 방문을 원한다면 반드시 예약해야 한다.

ADD 1 N Kaniku Dr, Waimea, HI 96743 OPEN 17:30-20:30 MENU 시그니처 칵테일 $26, 트러플 리소토 $45, 3코스 디너 $99 SITE www.fairmontorchid.com/dine/

카누 하우스 Canoe House

빅 아일랜드에서 가장 '핫'한 파인 다이닝 레스토랑으로 마우나 라니 리조트 내에 위치한다. 2주 전 예약을 오픈하지만, 예약 자체가 하늘의 별따기이다. 오션 프런트 레스토랑이라 화려하게 펼쳐지는 일몰과 함께 식사를 즐길 수 있다.

ADD 68-1400 Mauna Lani Dr, Waimea, HI 96743
OPEN 17:00-21:00 MENU 캄파치 포케 $32, 갈릭 프라이드 라이스 $25, 립 아이 스테이크 $152, 6코스 디너 $155
SITE aubergeresorts.com/maunalani/dine/canoe-house

카뮤엘라 프로비전 컴퍼니 Kamuela Provision Company

힐튼 와이콜로아 빌리지 내 위치한 오션 프런트 다이닝 레스토랑으로 인테리어 업그레이드 후 2023년 연말 새롭게 오픈했다. 일본, 중국 스타일 음식에서부터 태국, 필리핀 등 다채로운 하와이안-아시안 퓨전 요리를 선보인다. 근사한 일몰의 풍광이 매력을 더한다.

ADD 69-425 Waikōloa Beach Dr, Waikoloa Village, HI 96738 OPEN 17:30-21:00 MENU 레드 커리 홋카이도 관자 $58, 하와이안 피셔맨 릴리코이 커리 $68, 코나 로브스터 $89
SNS hilton.com

라바 라바 비치 클럽 Lava Lava Beach Club

캐주얼한 분위기의 오션 프런트 클럽이다. 아나에호오말루 비치와 나란히 있어 모래에 발을 담그고 여유를 부리기에도 좋다. 일몰 뷰 포인트 중 하나로 저녁에 방문할 계획이라면 예약하는 것이 좋다. 라이브 연주와 함께 낭만적인 저녁식사를 경험해보자. 카우아이 매장도 운영 중이다.

ADD 69-1081 Ku'uali'i Pl, Waikoloa Village, HI 96738
OPEN 08:00-10:30, 11:30-21:00 MENU 코코넛 쉬림프 $40, 테리야키 스테이크 $42 SITE lavalavabeachclub. com/bigisland

울루 오션 그릴 ULU Ocean Grill

포시즌스 리조트 후알랄라이 내 위치한 레스토랑으로 기념일에 근사한 식사를 즐기고 싶을 때 방문하기 제격인 곳이다. 160명 이상의 현지 농부 및 어부들과 협력해 훌륭하고 맛있는 요리를 선보이는 곳으로 하와이 최고의 레스토랑으로 여러 차례 선정된 바 있다. 분위기, 뷰 맛집으로 예약을 추천한다.

ADD 72-100 Ka'upulehu Drive, Kailua-Kona, HI 96740 OPEN 06:30-11:00, 17:30-21:30 MENU 하와이안 아히 튜나 $57, 스파이시 크랩 누들 $67, 프리미엄 뉴욕 스테이크 $75 SITE fourseasons.com/hualalai/dining/restaurants/ulu_ocean_grill

파우 하나 포케
Pau Hana Poke

숨은 포케 맛집으로 착한 가격에 청새치, 대구 등 흔치 않은 재료로 만든 포케를 맛볼 수 있다. 사이드 메뉴로 김치를 제공하며, 라이스 푸딩과 모찌도 디저트로 맛보기 좋다. 코나 공항과 가깝다.

ADD 73-5617 Maiau St Bay 10, Kailua-Kona, HI 96740 OPEN 월-목 10:00-16:00, 금 10:00-17:00, 토 10:00-15:00 MENU 플레이트 $15.99부터 SITE pauhanapokekailuakona.com

미시즈 배리스 코나 쿠키
Mrs. Barry's Kona Cookies

수제 쿠키 전문점으로 하와이에서 가장 바삭한 쿠키를 맛볼 수 있다. 초콜릿 칩 쿠키를 비롯해 13가지 맛의 쿠키가 있으며 시식도 가능하다. 다른 브랜드보다 쿠키 크기가 큰 편으로 성인 여성 손바닥 절반 만하다. 펫(Pet) 쿠키도 함께 판매한다.

ADD 73-5563 Maiau St a, Kailua-Kona, HI 96740 OPEN 09:00-16:00 MENU 초콜릿 칩 마카다미아 너트 코나 쿠키 $20.80(16개입) SITE konacookies.com

SHOPPING

아일랜드 고멧 마켓
Island Gourmet Markets

퀸스 마켓 플레이스에 자리한 마트로 ABC 스토어에서 운영한다. 리조트 단지에 위치한 만큼, 델리 종류가 다양하고 소량 포장 품목에서부터 도시락, 초밥까지 판매해 와이콜로아 지역에 머문다면 이용하기 좋다.

ADD 69-201 Waikōloa Beach Dr #201, Waikoloa Village, HI 96738 OPEN 07:00-22:00 SITE islandgourmethawaii.com/waikoloa

퀸스 마켓 플레이스
Queens Marketplace

와이콜로아 쇼핑몰 단지이다. 마켓, 극장, 레스토랑, 카페, 푸드 코드, 의류 및 소품점 등 35개의 매장이 입점해 있다. 와이콜로아 지역 내 투숙 시 한 번은 이용하게 되는 곳이다. 우쿨렐레 레슨, 훌라 공연이 이벤트로 열린다.

ADD 69-201 Waikōloa Beach Dr, Waikoloa Village, HI 96738 OPEN 10:00-20:00 SITE queensmarketplace.com

킹스 숍스 Kings' Shops

퀸스 마켓 플레이스와 나란히 위치한 쇼핑몰이다. 마켓, 카페, 음식점, 의류, 갤러리 매장이 입점해 있다. 쇼핑몰 안쪽에 호수가 있어 조용히 산책하기에 좋다.

ADD 250 Waikōloa Beach Dr, Waikoloa Village, HI 96738 OPEN 10:00-20:00 SITE kingsshops.com

코나 커피 즐기기

코나 커피가 특별한 이유

빅 아일랜드 커피가 특별한 이유는 화산 지형과 최적의 재배 환경 덕분이다. 코나 지역은 강수량이 일정하고 일조량이 풍부하며, 비옥한 화산토가 있어 최고의 커피를 생산할 수 있다. 또한 대부분의 커피 농장이 비탈에 위치해 기계가 아닌 사람의 손으로 원두를 수확하고 있으며 이후 철저한 품질 관리를 받는다. 선별된 원두가 최소 10% 이상 함유된 것에만 '코나 커피'라는 이름이 붙으며 함량 (10·25·100%)에 따라 원두 등급이 달라진다.

코나 커피 마을 홀루아로아 빌리지

UCC, 도토루, 훌라 대디 커피 농장이 모여 있는 오래된 마을로 코나에서 자동차로 15분 거리에 있다. 1900년대 초에 만들어진 20여 개의 작은 건물은 현재 갤러리, 부티크 숍으로 활용 중이다.

마우이 여행하기

마우이 드론 영상

마우이의 7가지 매력

01
신비로운
지구의 모습

02
할레아칼라에서 만나는
황홀함

03
혹등고래를 만나는 짜릿함

최초의 카우보이 마을

06
기분까지 시원해지는
드라이브

05
대자연이 주는 숭고함

07
장엄한 일출과 로맨틱한 일몰

FROM OAHU TO MAUI

인천에서 오아후(호놀룰루 국제공항)에 도착한 후 바로 마우이로 이동할 경우, 하와이안 항공 또는 사우스웨스트 항공 주내선을 이용하면 편리하다. 도착 공항은 주로 카훌루이 공항이며, 소요 시간은 약 37분이다.

카훌루이 공항 Kahului Airport

마우이에는 3개의 공항이 있다. 마우이 여행객들의 관문이 되어주는 카훌루이 공항(OGG)은 마우이 중심부에 위치한다. 주요 취항사는 하와이안 항공과 사우스웨스트 항공이며, 호놀룰루-카훌루이 노선은 2023년 기준 미국에서 가장 교통량이 많은 항공 노선 중 2위를 차지하고 있다.

OH! MY TIP

카팔루아·하나 공항

서쪽에 있는 카팔루아 공항(Kapalua Airport, JHM)은 국제 민간 제트 공항으로 호놀룰루 공항에서 운행하는 비행기는 있으나 편수가 드물고 편의시설도 드물어 추천하지 않는다. 동쪽에 있는 하나 공항(Hana Airport, HNM)은 지역 공영 공항으로 항공 택시와 일반 항공편을 이용할 수 있다. 두 공항 모두 여행자 이용은 드물다.

MAUI TRANSPORTATION

렌터카 Rent a Car

마우이에서도 렌터카는 필수이다! 카훌루이 공항에 도착해 수하물을 찾은 후 트램을 이용해 렌터카 통합센터까지 이동해야 한다. 트램 탑승 2분 이내에 렌터카 통합센터에 도착한다. 도보 이동도 가능하다(7-8분 소요).

버스 Bus

마우이 버스(Maui-bus)라는 대중 버스가 운행한다. 섬 전역으로 다양한 노선이 있지만, 배차 간격이 길어 추천하지 않는다. 카훌루이 공항에 들어오는 2개의 노선 역시 배차 시간이 90분인 데다 수하물을 들고 탑승할 수 없어 불편하다. 버스 요금은 성인 $2이다.

택시 & 우버 Taxi & Uber

길거리에서 택시를 잡는 건 불가능하며, 호텔 컨시어지에 요청해야 한다. 공항 내에는 대기 중인 택시가 있다. 우버의 경우 공항 내 지정 탑승 구역으로 가 대기해야 한다.

윤스 택시 Yun's Taxi

마우이 한인 택시 '윤스 택시'를 이용하면 일일 투어, 공항-호텔 픽업 및 드롭 서비스를 이용할 수 있다.

KAKAO duseb85 SNS @maui_yunjoo

마우이에서 즐기는 액티비티

몰로키니 스노클링
Molokini Snorkeling

초승달 모양의 섬, 몰로키니에서 즐기는 스노클링 프로그램이다. 여러 투어 업체가 프로그램을 운영하며, 출발 지점은 마알라에아 항구, 라하이나 항구 두 곳이다. 마알라에아 항구에서 몰로키니까지는 20여 분, 라하이나 항구에서는 40-60분 소요된다.

고래 관찰
Whale Watching

12-4월 혹등고래를 관찰하는 한정 투어 프로그램이다. 혹등고래는 12월이 되면 출산을 위해 알래스카에서 따뜻한 하와이로 이동하는데, 마우이에 특히 많이 몰린다. 가장 많은 고래가 모이는 2월에는 관련 축제도 열린다.

선셋 세일링 & 크루즈
Sunset Sailing & Cruises

마우이 바다에서 아름다운 일몰을 즐길 수 있는 투어로, 식사를 제공하는 크루즈와 간단한 음료를 마시며 즐길 수 있는 세일링으로 나뉜다. 투어는 대부분 1시간 30분-2시간가량 진행된다. 출발지는 마알라에아, 라하이나, 카아나팔리 등 다양하다.

마우이 바이크
Maui Bike

할레아칼라 정상에서 자전거를 타고 내려오는 투어 프로그램이다. 산을 오를 때는 자동차를 이용하고 일출을 본 후 자전거를 타고 내려오는 코스이다. 투어 시간대는 낮, 일몰 등 다양하게 선택 가능하다. 셀프 및 그룹 투어로 참여할 수 있다.

루아우 쇼
Luau Show

올드 라하이나 루아우 쇼는 1986년부터 시작된 공연으로 '베스트 루아우 쇼'에 여러 차례 선정되는 등 하와이 전 섬 중 최고로 손꼽힌다. 공연 세 달 전에 예약해야 할 만큼 인기가 많다. 그 밖에 다양한 루아우 쇼를 마우이에서 즐길 수 있다.

짚라인
Zipline

할레아칼라, 카팔루아 등에서 안전하게 짚라인을 체험할 수 있다. 투어 프로그램마다 4코스 혹은 7코스로 선택 가능하다.

마우이 머메이드 Maui Mermaid

마우이에서 인어공주가 되어보는 액티비티. 인어공주 분장을 하고 바다 속을 누릴 수 있는 액티비티로 수영이 가능해야 참여할 수 있다. 마우이 바다를 누리며 인생 사진을 남길 수 있다.

MAUI BEACH
MAP 마우이 해변 지도

모쿨레이아 베이 Mokuleia Bay

디티 플레밍 비치 파크 DT Fleming Beach Park

오넬로아 비치 Oneloa Beach

카팔루아 비치 Kapalua Beach

나필리 비치 Napili Beach

카팔루아 Kapalua
51km | 1hr

카헤킬리 비치 파크 Kahekili Beach Park

블랙 록 Black Rock

카아나팔리 비치 Kaanapali Beach

카아나팔리 Kaanapali
45km | 50min

라하이나 Lahaina
37km | 45min

와일루쿠 Wailuku
6km | 13min

서부

중심부

키헤이 Kihei
19km | 30min

카마울레 비치 파크 1 Kamaole Beach Park 1

카마울레 비치 파크 2 Kamaole Beach Park 2

카마울레 비치 파크 3 Kamaole Beach Park 3

케아와카푸 비치 Keawakapu Beach

울루아 앤드 모카쿠 비치 Ulua And Mokapu Beach

와일레아 비치 Wailea Beach

폴로 비치 Polo Beach

팔라우에 비치 Palauea Beach

포올레날레나 Poolenalena Beach

말루아카 비치 Maluaka Beach

남부

와일레아 Wailea
27km | 30min

OH! MY TIP

비치 컨디션이 궁금하다면 방문 전 사이트를
통해 확인하자.

SITE www.hawaiibeachsafety.com

볼드윈 비치 파크 Baldwin Beach Park

타바레스 비치 Tavares Beach

북부

레드 샌드 비치 Red Sand Beach

업컨트리

로드 투 하나 & 동부

할레아칼라 국립공원

하모아 비치 Hamoa Beach

하나 Hana
104km | 2.5hr

할레아칼라 Haleakala
64km | 2hr

MAUI MAP

마우이 전도

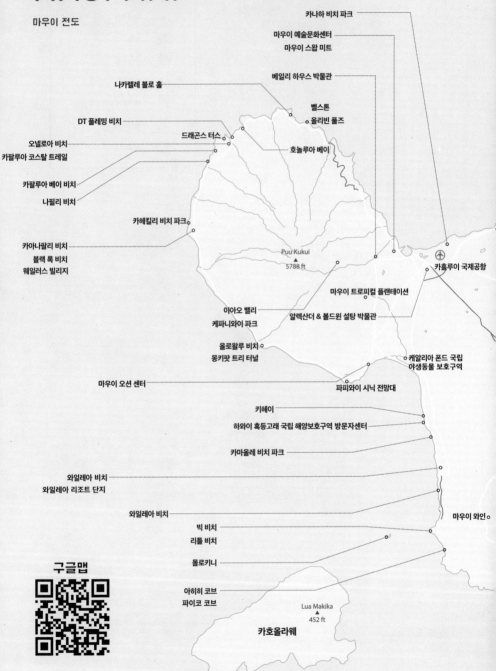

카나하 비치 파크

마우이 예술문화센터
마우이 스왑 미트

베일리 하우스 박물관

나카렐레 블로 홀

벨스톤
올리빈 풀즈

DT 플레밍 비치

오넬로아 비치
카팔루아 코스탈 트레일

드래곤스 터스

호놀루아 베이

카팔루아 베이 비치

나필리 비치

카헤킬리 비치 파크

카아나팔리 비치
블랙 록 비치
웨일러스 빌리지

Puu Kukui
▲
5788 ft

카훌루이 국제공항

마우이 트로피컬 플랜테이션

이아오 밸리
케파니와이 파크

알렉산더 & 볼드윈 설탕 박물관

올로왈루 비치
몽키팟 트리 터널

케알리아 폰드 국립
야생동물 보호구역

마우이 오션 센터

파피와이 시닉 전망대

키헤이

하와이 혹등고래 국립 해양보호구역 방문자센터

카마올레 비치 파크

와일레아 비치
와일레아 리조트 단지

와일레아 비치

마우이 와인

빅 비치
리틀 비치

몰로키니

구글맵

아히히 코브
파이코 코브

Lua Makika
▲
452 ft

카호올라웨

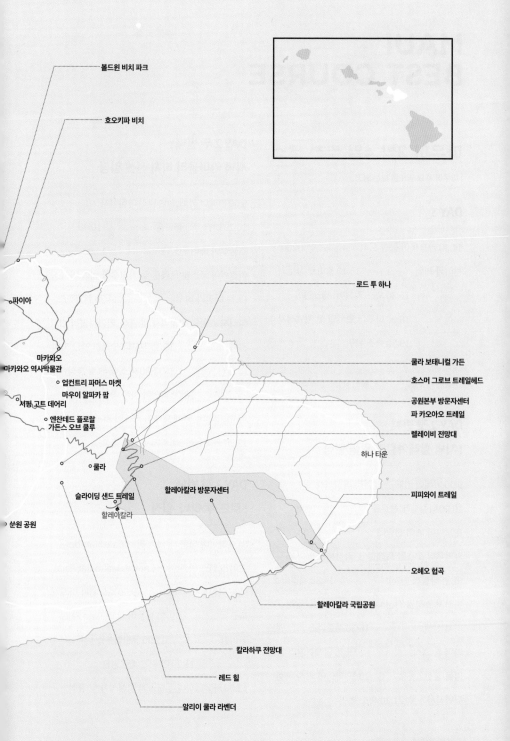

볼드윈 비치 파크

호오키파 비치

로드 투 하나

파이아

마카와오
마카와오 역사박물관
업컨트리 파머스 마켓
마우이 알파카 팜
서핑 고트 데어리
엔찬테드 플로랄
가든스 오브 쿨루

쿨라 보태니컬 가든
호스머 그로브 트레일헤드
공원본부 방문자센터
파 카오아오 트레일
렐레이비 전망대

하나 타운

쿨라

할레아칼라 방문자센터

슬라이딩 샌드 트레일
할레아칼라

피피와이 트레일

순원 공원

오헤오 협곡

할레아칼라 국립공원

칼라하쿠 전망대

레드 힐

알리이 쿨라 라벤더

MAUI
BEST COURSE

추천 코스

마우이 3박 4일 추천 코스

: 마우이 주요 명소를 보는 일정

DAY 1

14:30 카훌루이 공항 도착 ─트램 5분→ 15:00

렌터카 픽업 ─렌터카 10분→ 15:10 월마트 장보기

─렌터카 15분→ 16:30 숙소(키헤이) 체크인

─렌터카 5-10분→ 18:00 마우이 브루잉 코 저녁식사

─렌터카 5-10분→ 19:30 숙소 복귀

*공항-카팔루아 구간은 렌터카로 50분가량 소요된다. 월마트 외에도 지역별로 푸드랜드, 롱스, 타임스 등의 마트가 있다.

DAY 2 첫 번째
: 저녁 할레아칼라 일몰 일정

9:00 키헤이 카페, 808 델리 아침식사 ─렌터카 70분→

10:20 나칼렐레 블로홀 ─렌터카 15분→ 10:40

호놀루아 베이 전망대 ─렌터카 10분→ 11:00

카팔루아 코스탈 트레일 및 카팔루아 베이 비치 (또는 나필리 비치) ─렌터카 20분→ 14:30 웨일러스 빌리지 쇼핑몰 점심식사 및 휴식, 카아나팔리 비치 산책 ─렌터카 15분→ 16:30 레오다스 키친 앤드 파이 숍 휴식 ─렌터카 90분→ 18:30 할레아칼라 정상 일몰 감상 ─렌터카 80분→ 20:30 파이아 피시 마켓 저녁식사 → 21:10 숙소 복귀

DAY 2 두 번째 :
저녁 카마올리 비치 선셋 일정

9:00 키헤이 카페, 808 델리 아침식사 ─렌터카 70분→

10:20 나칼렐레 블로홀 ─렌터카 15분→ 10:40

호놀루아 베이 전망대 ─렌터카 10분→ 11:00

카팔루아 코스탈 트레일 및 카팔루아 베이 비치 (또는 나필리 비치) ─렌터카 20분→ 14:30 웨일러스 빌리지 쇼핑몰 점심식사 및 휴식, 카아나팔리 비치 산책 ─렌터카 15분→ 16:30 레오다스 키친 앤드 파이 숍 휴식 ─렌터카 30분→ 17:30 숙소 도착 및 휴식

─렌터카 10분→ 18:00 파이아 피시 마켓, 블랙 록 피자(키헤이), 카페 오레이 키헤이 저녁식사 →

19:10 카마올레 3비치에서 선셋 감상

DAY 3 첫 번째
: 로드 투 하나 일정

8:00 파이아 타운 내 카페 맘보(Cafe Mambo), 초이스 헬스 바 파이아(Choice Health Bar Paia) 에서 아침식사 ─렌터카 5분→ 9:00 호오키파 비치 파크 ─렌터카 20분→ 9:40 쌍둥이 폭포(Twin Falls) 하이킹 ─렌터카 12분→ 11:00 유칼립투스 나무 ─렌터카 13분→ 11:20 마우이 에덴 정원 ─렌터카 7분→ 12:00 카우마히나 주립공원 점심식사 및 휴식

372 _PART 6. INSIDE MAUI

렌터카 14분
---> 13:00 케아나에 반도 ---렌터카 4분--->

13:20 하프웨이 하나 스탠드 ---렌터카 3분---> 13:40

와일루아 밸리 스테이트 웨이사이드 ---렌터카 2분--->

14:00 와이카니 폭포 상부 ---렌터카 26분--->

14:20 푸우아 카아 폭포 ---렌터카 20분---> 15:00

와이아나파나파 주립공원 ---렌터카 9분---> 15:30

하나 타운, 카이할루루 비치(하나 타운을 둘러본
후 돌아나와도 됨) ---렌터카 15분---> 16:20 와일루아

폭포 ---렌터카 13분---> 16:40 키파홀루 방문자센터,

피피와이 트레일 ---렌터카 10분---> 마나와이누이 협곡

---렌터카 70분---> 20:00 숙소 복귀

*하나 로드 출발 전 파이아 타운에서 주유 및 간식 준비를 반
드시 마쳐야 한다.
*하나 로드는 어떻게 즐기느냐에 따라 소요 시간이 달라진
다. 하나 타운까지 왕복 드라이브만 한다면 한나절, 중간에
트레일 코스를 거쳐 하나 타운까지 완주 후, 키파홀루 방문
자센터를 통해서 마무리할 예정이라면 하루를 투자해야 한
다. 키파홀루 방문자센터 이후 일부 지역은 렌터카 보험 미
적용 구간임을 명심하자.

DAY 3 두 번째 : 할레아칼라 일정

3:30 할레아칼라로 출발 ---렌터카 80분---> 5:40

할레아칼라 도착 및 일출 감상 ---렌터카 40분---> 7:50

쿨라 로지 레스토랑(Kula Lodge Restaurant),
그랜마스 커피 하우스 아침식사 ---렌터카 50분--->

10:00 숙소 복귀 및 휴식 ---렌터카 20분---> 17:00

더 숍스 앳 와일레아 쇼핑 ---렌터카 5분--->

18:00 몽키팟 키친(와일레아), 스파고,
후무후무누쿠누쿠아푸아아에서 저녁식사

---렌터카 20분---> 19:30 숙소 복귀

DAY 4

10:00 숙소 체크아웃 ---렌터카 20분---> 10:30 코모다

스토어 앤드 베이커리 아침식사 ---렌터카 10분--->

12:00 카훌루이 공항 렌터카 반납 ---트램 2분--->

12:30 호놀룰루 행 항공편 체크인 및 탑승 준비

MAUI
WEST

나칼렐레 블로홀

카팔루아 비치

올리빈 풀즈

서부

나필리 비치

카훌루이 국제공항

북부

카아나팔리 비치

라하이나
스트리트

중심부

로드 투 하나
& 동부

남부

업컨트리

할레아칼라
국립공원

ATTRACTION

올로왈루 비치
Olowalu Beach

산호초의 고향이라 불리는 올루왈루에는 독특한
형태의 산호 지대가 형성되어 있다. 더욱이 세계에
서 4번째로 많은 만타 레이가 서식하는 덕분에 터
틀 리프(Turtle Reef)라고도 불린다. 셀프 스노클
링을 즐기기에도 제격이다.

ADD 800 Olowalu Village Rd, Lahaina, HI 96761

파파와이 시닉 전망대
Papawai Scenic Lookout

라하이나 가는 길에 자리한 혹등고래 전망대이다.
사람이 몰리는 혹등고래 관찰 시즌 외에는 근사한
뷰 포인트로 자리한다. 화창한 날에는 할레아칼라
일출과 더불어 빅 아일랜드도 조망 가능하다. 일몰
후 별을 볼 수 있다.

ADD 16 HI-30, Wailuku, HI 96793

카아나팔리 비치 Kaanapali Beach

미국 최고의 해변으로 선정된 바 있는 인기 비치로
모래사장과 산책로가 잘 정비되어 있다. 비치 인근
은 하와이에서 최초로 계획 설계된 리조트 단지로
유수의 호텔과 리조트가 밀집한 마우이 최대 휴양
지로 각광받고 있다. 개발 전에는 마우이 왕족이 모
여 서핑과 카누 등을 즐기던 곳이었다고 한다. 카아
나팔리는 하와이어로 '구르는 절벽'이란 뜻이다.

ADD 50 Nohea Kai Dr, Lahaina, HI 96761

몽키팟 트리 터널
Tunnel of Monkeypod Trees

몽키팟 나무가 도로를 덮어 터널을 만들고 있는 구
간이다. 라하이나를 비롯해 섬의 서쪽으로 향하는
길목에 한번은 지나게 된다.

ADD 69 Kuahulu Pl, Lahaina, HI 96761

웨일러스 빌리지
Whalers Village

카아나팔리 리조트 단지 내 쇼핑몰로 90여 개 이상
의 매장과 레스토랑이 입점해 있다. 카아나팔리 비
치의 아름다운 풍경과 함께 쇼핑을 즐길 수 있다.

ADD 2435 Kaanapali Pkwy, Kaanapali, HI 96761
OPEN 09:00-21:00 SITE whalersvillage.com

블랙 록 Black Rock

일몰 무렵 열리는 절벽 세리모니로 유명한 곳이다.
마우이의 마지막 추장인 카헤킬리(King Kahekili)
의 강인한 용기를 기리기 위해 전통 의상을 입은 남
자가 절벽 위에서 횃불을 바다로 던진 후 다이빙을
한다. 하와이 전설에 따르면 죽은 사람의 영혼이 조
상을 만나기 위해 이 바위로 와서 다이빙을 한다고
한다. 스노클링을 즐기기에도 괜찮은 편이다.

ADD 2605 Kaanapali Pkwy, Lahaina, HI 96761

OH! MY TIP

카아나팔리 비치 & 블랙 록 주차

웨일러스 빌리지 옆 'Beach Acces Parking' 표지판을 잘 살피자. 전용 주차장이 있지만 공간이 여유롭지 않다. 주차
장 내 공간이 없다면 웨일러스 빌리지의 매장 및 마트를 이용한 후 주차권을 받는 것이 효율적이다.

카헤킬리 비치 파크 Kahekili Beach Park

현지인, 여행자 할 것 없이 일광욕, 피크닉, 바다를 즐기기 위해 즐겨 찾는 곳이다. 주차장과 잔디밭이 여유로운 편이다. 아이들과 함께 물놀이와 스노클링을 즐기기 좋다.

ADD 65 Kai Ala Dr, Lahaina, HI 96761

나필리 베이
Napili Bay

작은 초승달 모양의 비치로 파도가 잔잔하고 물이 깨끗해 수영과 스노클링을 하기 좋다. 가족 단위 여행자들에게 인기가 많다. 주차장은 'Free street parking for Napili Bay' 또는 나필리 서프 비치 리조트 입구 앞을 이용하자. 구글 지도 이용 시 'Napili Bay Beach Access'를 검색하면 입구를 쉽게 찾을 수 있다. 나필리는 하와이어로 '함께 있는 장소'를 뜻한다.

ADD 53 Hui Dr, Lahaina, HI 96761

카팔루아 코스탈 트레일
Kapalua Coastal Trail

마우이의 베스트 트레일 코스로, 카팔루아 비치에서 시작해 드래곤스 티스까지 이어진다. 왕복 5km로 접근성이 좋고 코스가 완만한 데다 정비도 잘되어 있어 인기가 있다. 멋진 바다와 고급 콘도 사이를 거닐며 시원한 전망을 즐겨보자. 입구는 모두 5곳이며 구간 내에 무료 주차장도 있으나, 시작점을 카팔루아 비치로 하는 것이 여러 모로 편리하다.

ADD 99 Coconut Grove Ln, Lahaina, HI 96761
SITE kapalua.com/activities/hiking-trails

카팔루아 베이 비치
Kapalua Bay Beach

2018년 미국 최고의 해변으로 선정된 곳으로 모래가 곱고 수심도 얕은 편이라 물놀이와 스노클링을 즐기기 좋다. 특히 비치 왼편이 스노클링 명당으로 꼽힌다. 카팔루아 코스탈 트레일과 함께 방문해보자. 카팔루아는 하와이어로 '바다를 품은 팔'을 뜻한다.

ADD 35 Coconut Grove Ln, Lahaina, HI 96761

드래곤스 티스 트레일
Dragon's Teeth Trail

용의 이빨처럼 뾰족뾰족 튀어나온 용암층을 만날 수 있는 트레일로 길이가 600m밖에 되지 않는다. 이런 독특한 지형은 바다로 흐르던 용암이 파도에 부딪혀 수직 지느러미 같은 형태로 굳어지면서 만들어진 것이라고 한다. 포인트 지점에는 '카팔루아 미로'가 있다. 마우이에서 가장 큰 미로로 2005년 평화 프로젝트를 통해 만들어졌다. 주차장은 트레일 입구에 위치한다.

ADD Dragon's Teeth Access Trail, Lahaina, HI 96761

디티 플레밍 비치 DT Fleming Beach

2003년과 2006년 미국 최고의 해변으로 선정된 곳이다. 작가 마크 트웨인은 이 비치를 두고 환상의 서핑 장소라고 표현한 바 있다. 부기보드를 즐기기에도 좋고, 키 큰 나무들이 만들어준 그늘 아래에서 휴식을 취하기에도 좋다.

ADD 5855 Lower Honoapiilani Rd, Lahaina, HI 96761

호놀루아 베이 Honolua Bay

마우이 서부에서 최고의 스노클링 명소로 꼽히는 곳이다. 스노클링 투어 프로그램도 대부분 이곳에서 운영될 정도로 인기가 대단하다. 단 자갈이나 작은 바위가 많고 해양생물 보호구역인 만큼 아쿠아 슈즈와 워터 레깅스를 착용하도록 하자. 겨울철에는 서핑을 즐기기 좋다. 주차장에서 비치까지는 호놀루아 베이 액세스 트레일 길을 따라 도보 8분가량 소요된다.

ADD 242004032, Lahaina, HI 96761

나칼렐레 블로홀
Nakalele Blowhole

바다와 연결된 구멍으로 파도가 칠 때 물과 공기가 구멍을 통과하면서 물기둥이 분출된다. 주차장에서 길 따라 아래로 10-15분쯤 내려가면 등장한다. 블로홀 가까이 내려가지 않더라도 위쪽 언덕에서 일대를 조망할 수 있다. 블로홀에 가까이 가고자 한다면 안전상 적당한 거리를 유지하는 것이 좋다.

ADD Poelua Bay, Wailuku, HI 96793

벨스톤 Bellstone

거대한 화산암에 불과한 이 바위에 돌을 던지면, 투박한 돌소리가 아닌 신비한 소리가 난다. 별도의 주차장이 없어 갓길에 주차하거나, 올리빈 풀즈 주차 공간을 이용해야 한다.

ADD Wailuku, HI 96793

올리빈 풀즈 Olivine Pools

용암 위에 만들어진 조수 웅덩이이다. 내려가는 길이 미끄럽고 뾰족한 바위가 많아 이동 시 유의해야 한다. 해마다 익사 사고가 일어나는 만큼 파도가 많이 치는 날은 각별히 조심할 것. 차량 도난 사고도 빈번한 곳이니 항상 안전을 유념하자.

ADD Wailuku, HI 96793

OH! MY TIP

서부 드라이브 완주하기?

작은 동그라미로 불리는 마우이 서부 지역은 드라이브 코스로 추천하지 않는다. 올리빈 풀즈 이후 이어지는 340번 도로는 커브가 많고 차선 구분이 없는 데다 차량 두 대가 통행하기 어려울 만큼 폭이 좁아 매우 위험하다. 도로를 통제하는 사람도 없고, 반대 방향에서 오는 전방 차량에 대해 시야를 확보하기도 어렵다. 커브가 많아 후진해야 하는 상황이 발생했을 때에도 운전이 쉽지 않다.

RESTAURANT & CAFE

레오다스 키친 앤드 파이 숍 Leoda's Kitchen and Pie Shop

하루에 파이가 1,000개 이상 팔려 나가는 파이 전문점이다. 샌드위치, 버거, 수프 등으로 끼니도 해결할 수 있어 식사 시간에는 대기가 필수이다. 무엇을 주문하든 파이는 꼭 맛볼 것! 바나나 크림 파이가 시그니처 메뉴이며, 아히 샌드위치도 인기가 많다. 식사 가능한 테이블 좌석과 간단히 먹을 수 있는 스탠딩 바 좌석이 있다.

ADD 820 Olowalu Village Rd, Lahaina, HI 96761 OPEN 10:00-18:00 MENU 클럽 샌드위치 $15, 바나나 크림 파이 $8.75 SITE leodas.com

레일라니스 온 더 비치 Leilani's on the Beach

탁 트인 바다 전망과 함께 근사한 분위기에서 식사를 즐길 수 있는 레스토랑이다. 라이브 음악이 즐거움을 더한다. 해산물 요리와 스테이크 메뉴가 있으며 맥주는 생맥주로 제공된다. 릴리코이 포노 파이도 디저트로 그만이다. 방문을 원한다면 예약하는 것이 좋다. 1층은 비치바로 캐주얼한 분위기이며, 2층은 차분한 분위기다.

ADD 2435 Kaanapali Pkwy, Lahaina, HI 96761 OPEN 11:00-20:30 MENU 트리스탄 로브스터 테일스 $69, 그릴드 필레 미뇽 $54, 릴리코이 포노 파이 $12 SITE leilanis.com

OH! MY HAWAII _ 381

더 플랜테이션 하우스 The Plantation House

음식 맛에 뷰까지 훌륭한 레스토랑으로 PGA 경기가 열리는 플랜테이션 골프장 내 위치한다. 마우이 최고의 레스토랑으로 손꼽히는 곳으로 전 시간대 모두 이용 가능하지만 브런치, 선셋 시간대에 방문하는 것을 추천한다. 예약하는 것이 좋다.

ADD 2000 Plantation Club Dr, Lahaina, HI 96761 OPEN 08:00-20:30 MENU 치킨 샌드위치 $17.95, 쉬림프 스캠피 $24, 마카다미아넛 마히마히 $49 SITE theplantationhouse.com

훌라 그릴 카아나팔리
Hula Grill Kaanapali

카아나팔리 비치를 바라보며 여유로운 시간을 보낼 수 있는 팜 투 테이블 레스토랑으로 어느 시간대든 항상 많은 손님으로 북적인다. 올 데이 다이닝으로 아름다운 전망과 훌륭한 분위기가 여행의 낭만을 더한다. 예약하는 것이 좋다.

ADD 2435 Kaanapali Pkwy, Lahaina, HI 96761 OPEN 11:00-21:30 MENU 피시 샌드위치 $23, 마카다미아 너트 마히마히 $66 SITE hulagrillkaanapali.com

듀크스 비치 하우스 마우이
Duke's Beach House Maui

올 데이 다이닝 레스토랑 듀크스의 마우이 지점이다. 샌드위치, 생선, 스테이크 등 다양한 메뉴를 선보인다. 기념일이라면 디저트가 무료로 제공된다. 저녁에 방문을 원한다면 예약을 추천한다.

ADD 130 Kai Malina Pkwy, Lahaina, HI 96761 OPEN 08:00-21:00 MENU 칼루아 포크 샌드위치 $19, 씨푸드 리소토 $37, 필레 미뇽 $54 SITE dukesmaui.com

피시 마켓 마우이 Fish Market Maui

신선한 생선으로 만든 타코, 버거, 스시롤 등을 선보이는 포장 위주의 해산물 음식점이다. 바하 피시 부리토, 로브스터 샐러드 샌드위치, 칼라마리 스테이크, 오노 피시 버거가 인기 메뉴로 꼽히며 신선한 포케도 있다. 좌석은 많지 않다.

ADD 3600 Lower Honoapiilani Rd, Lahaina, HI 96761 OPEN 11:00-19:00 MENU 바하 피시 부리트 $16.99, 로브스터 샐러드 샌드위치 $18.99, 칼라마리 스테이크 $15.99 SITE fishmarketmaui.com

더 가제보 The Gazebo

푸짐한 양과 저렴한 가격으로 유명한 브런치 레스토랑이다. 인기가 대단해 오픈 전부터 대기 줄이 늘어선다. 칼루아 포크 같은 하와이 전통음식부터 팬케이크, 샌드위치, 볶음밥까지 다양한 메뉴를 맛볼 수 있다. 마카다미아 너트 팬케이크, 빅 카후나 오믈렛, 케이준 치킨 런치 플레이트가 인기 메뉴로 꼽힌다. 줄을 서지 않으려면 전화로 포장 주문을 하는 것이 좋다. 오전 8시부터 포장 주문이 가능하며, 매장 건물 뒤쪽에 별도의 주문 공간이 있다.

ADD 5315 Lower Honoapiilani Rd, Lahaina, HI 96761 OPEN 07:30-14:00 MENU 마카다미아 너트 팬케이크 $15.75

메리맨즈 카팔루아 Merriman's Kapalua

팜 투 테이블 레스토랑으로 탁 트인 바다와 함께 코스 요리를 즐길 수 있다. 정해진 금액 안에서 음식을 선택해서 먹는 프리 픽스(Prix-Fixe) 스타일로 운영된다. 키즈 메뉴(10세 이하)가 별도로 마련돼 있다. 예약하는 것이 좋다(디파짓 있음).

ADD 1 Bay Club Pl, Lahaina, HI 96761 OPEN 16:00-20:00 MENU 마카다미아 너트 마히마히 $69, 프라임 립 아이 스테이크 $89 SITE merrimanshawaii.com/kapalua

MAUI
CENTER &
SOUTH

마우이 중심부 & 남부

서부

이아오 밸리 주립공원
카나하 비치 파크
카훌루이 국제공항

북부

중심부

마우이 오션센터

업컨트리

로드 투 하나
& 동부

키헤이
남부

카마올레 비치

와일레아

할레아칼라
국립공원

몰로키니

빅비치

아히히 코브

ATTRACTION

명소

이아오 밸리 Iao Valley

우뚝 솟은 '이아오 니들'이 시선을 붙잡는 곳으로, 30분 정도면 옆에 자리한 작은 식물원과 함께 둘러볼 수 있다. 1790년 카메하메하 1세의 군대가 마우이 군대를 정복한 케파니와이 전투가 벌어진 곳으로 1972년 주립공원으로 지정되기 전까지는 왕족만 들어올 수 있는 마우이 성지였다. 주차와 입장 모두 반드시 예약해야 한다.

ADD 54 S High St, Wailuku, HI 96793 OPEN 07:00-18:00 FARE 입장료 $5, 주차 대당 자가용/1-7인승/8-25인승/26인승 이상 $10/25/50/90 SITE dlnr.hawaii.gov/dsp/parks/maui/iao-valley-state-monument

케파니와이 파크 Kepaniwai Park

사탕수수 시절 마우이에 온 각국 이민자들의 문화를 기념하기 위해 1952년 만들어진 작은 공원이다. 우리나라를 비롯해 일본, 포르투갈 등 마우이의 다문화적 배경을 살펴볼 수 있다. 이아오 밸리와 함께 방문하기 좋다.

ADD 870 Iao Valley Rd, Wailuku, HI 96793
OPEN 07:00-17:30

베일리 하우스 박물관 Bailey House Museum

와일루쿠 지역 내 최초의 서양식 주택으로 미국 국립사적지로 등록되어 있다. 코아 나무와 용암석으로 지어진 건물은 선교 목적으로 이용되다 여성들에게 가사와 바느질 등의 기술을 가르치는 기숙 학교로 운영되었고 오늘날에는 박물관으로 쓰이고 있다. 100점이 넘는 풍경화 작품, 하와이 전통 도구와 무기, 코아 나무를 조각해 만든 카누 등이 전시되어 있다.

ADD 2375A Main St, Wailuku, HI 96793
OPEN 화-금 10:00-14:00 FARE 19-64세/
65세 이상/5-18세/ 4세 이하 $10/8/4/무료
SITE mauimuseum.org

마우이 예술문화센터
Maui Arts & Cultural Center

예술가들의 전시와 공연이 열리는 종합 문화 공간이다. 갤러리를 비롯해 야외 원형극장, 아카데미 공간, 대극장에서 다양한 문화 행사를 체험할 수 있다. 전시 입장은 무료이다.

ADD 1 Cameron Way, Kahului, HI 96732
OPEN 박스 오피스 화-금 10:00-16:00 FARE 행사별 상이
SITE mauiarts.org

마우이 스왑 미트
Maui Swap Meet

200명의 셀러가 참여하는 마우이에서 가장 큰 야외 마켓으로 1981년부터 시작되었다. 신선한 과일, 채소, 티셔츠, 장신구, 공예품은 물론 기념품을 구입하기에도 좋아 현지인들에게도 인기를 끌고 있다. UH마우이 대학교 주차장에 무료 주차가 가능하다.

ADD 310 W Kaahumanu Ave, Kahului, HI 96732
OPEN 토 07:00-13:00 FARE 성인 $0.75

와일루쿠 타운
Wailuku Town

마우이의 올드 타운으로 선교와 사탕수수 산업의 발상지이다. 마우이 문화와 역사에서 중요한 역할을 한 곳으로 곳곳에서 시대의 기억을 품은 공간들을 발견할 수 있다. 현재 예술 벽화 등의 도심 재생 프로그램을 통해 지역의 에너지를 불어넣는 활동이 이루어지고 있다. 마우이 역사의 정치적 중심지로 현재에도 정부 청사 등이 밀집해 있다.

ADD 1-65 HI-30, Wailuku, HI 96793

카나하 비치 파크
Kanaha Beach Park

카이트보딩과 윈드서핑의 성지로 세계적으로도 유명한 장소이다. 서핑과 피크닉을 위해 찾는 현지인들도 많다. BBQ도 가능하며 설치된 피크닉 테이블도 20여 개가 된다. 카훌루이 공항과 가까워 비행 전후에 들르기 좋다.

ADD Amala Pl, Kahului, HI 96732 OPEN 07:00-20:00

알렉산더 & 볼드윈 설탕 박물관
Alexander & Baldwin Sugar Museum

하와이에서 가장 큰 설탕 공장 겸 박물관이다. 마우이가 사탕수수 재배에는 적합한 환경이었지만, 물이 부족했다. 박물관에서는 동쪽 지역에서 물을 끌어오기 위해 관개 시설을 새롭게 정비한 과정을 살펴볼 수 있는데 이 시스템은 현재 역사 유적으로 지정되어 있다. 사탕수수 분쇄기 축소 모형 등도 전시되어 있어 꽤 흥미롭다.

ADD 3957 Hansen Rd, Puunene, HI 96784 OPEN 월-목 10:00-14:00 FARE 성인/시니어/아동/5세 이하 $10/7/3/무료
SITE sugarmuseum.com

마우이 트로피컬 플랜테이션 Maui Tropical Plantation

커피, 마카다미아, 아보카도, 파파야 등 40가지가 넘는 작물 및 식물을 만날 수 있는 열대 농장이다. 무료로 개방되며 기차 투어, 짚라인 프로그램도 운영한다.

ADD 1670 HI-30, Wailuku, HI 96793
OPEN 화-일 10:00-16:00 FARE 기차 투어 13세 이상/3-12세/2세 이하 $25/12.50/무료, 짚라인 $149 SITE mauitropicalplantation.com

케알리아 폰드 국립 야생동물 보호구역
Kealia Pond National Wildlife Refuge

멸종 위기에 처한 하와이안 물새를 보호하기 위해 조성한 습지로 조류 관찰의 천국으로 불린다. 겨울철에는 30종이 넘는 새들의 안식처가 되어준다. 산책로가 잘 정비되어 있어 돌아보기 좋다.

ADD Maui Veterans Hwy, Kihei, HI 96753
OPEN 월-금 07:30-16:00
SITE fws.gov/refuge/kealia-pond

OH! MY TIP

매주 금요일 열리는 마우이 페스티벌
매주 금요일 오후, 마우이 타운 5곳에서 차례대로 페스티벌이 열린다(첫째 주-와일루쿠, 둘째 주-라하이나, 셋째 주-마카와오, 넷째 주-키헤이, 다섯째 주-라하이나). 흥겨운 라이브 공연과 함께 다양한 업체들이 참여하는 프로그램들을 통해 풍성한 저녁 시간을 보낼 수 있다. 상세 정보는 홈페이지에서 확인해보자.

SITE www.mauicounty.gov/2392/Maui-Friday-Town-Parties

하와이 혹등고래 국립 해양보호구역 방문자센터
Hawaiian Humpback Whale National Marine Sanctuary Visitor Center

혹등고래에 대한 교육, 홍보, 연구 및 지원 등을 통해 2만 여 마리의 혹등고래 보호에 힘쓰는 기관이다. 해당 지역은 미국에서 혹등고래가 짝짓기하고 새끼를 낳아 양육하는 유일한 장소이며, 보호종 중 가장 중요한 개체군의 서식지로 알려져 있다. 영상 및 시청각 자료가 자료가 훌륭해 아이와 함께 방문하기 좋은 곳이다.

ADD 726 S Kihei Rd, Kihei, HI 96753 OPEN 월-금 09:30-14:30 SITE hawaiihumpbackwhale.noaa.gov

카마올레 비치 파크 Kamaole Beach Park

키헤이의 대표 비치로 가족 단위 여행객에게 인기가 좋다. 카마올레 비치는 1(I), 2(II), 3(III) 세 곳이 있다. 널찍한 1, 2비치는 스노클링, 수영, 부기보드를 즐기기 좋고, 자그마한 3비치는 부기보드와 피크닉을 즐기기 좋은 환경이다. 넓은 잔디, 놀이터를 비롯한 편의시설도 잘 갖춰져 있으며 접근성이 좋다. 일몰 뷰 포인트이기도 하다. 1,3 비치는 주차장이 있으나 2비치는 갓길에 주차해야 한다.

ADD 75 Alanui Ke'ali'i, Kihei, HI 96753 SITE mauicounty.gov/facilities/facility/details/kamaolei-202

와일레아 리조트 단지 Wailea Resorts

그림 같은 해변, 3개의 골프 코스, 고급 호텔 및 레스토랑, 완벽한 날씨까지 하와이 여행의 모든 것을 선사하는 곳이다. 포시즌스, 안다즈, 그랜드 와일레아 등 마우이의 최상급 호텔들이 밀집해 있다. 호텔 부속 비치와 산책로는 투숙객이 아니라도 즐길 수 있다.

와일레아 비치 Wailea Beach

와일레아 호텔 지역에서 시작하는 첫 비치로 누구나 이용 가능하다. 작고 아담해서 아이들과 함께 수영과 스노클링을 즐기기 좋다.

ADD 96753 Hawaii, Kihei OPEN 07:00-20:00
SITE mauicounty.gov/Facilities/Facility/
Details/389

리틀 비치 Little Beach

빅 비치 북쪽에 있는 '작은' 비치로 마케나 주립공원에 속해 있다. 빅 비치의 1/10 크기로 모래가 부드럽고 한적해 일광욕을 즐기는 현지인들이 많다. 비공식 누드 비치로 주말에는 히피들이 몰려들기도 한다.

ADD 96753 Hawaii, Kihei OPEN 월-금 05:00-
19:00, 토-일 05:00-16:00

빅 비치 Big Beach

넓고 부드러운 모래사장에서 가벼운 물놀이를 즐기기 좋은 비치이다. 2곳의 유료 주차장과 1곳의 무료 주차장(빅 비치 가장 남쪽 끝 Big Beach third entrance)이 있다. 단 무료 주차장에서 비치로 접근할 경우 바위가 많고 라이프 가드가 없어 물놀이 외 액티비티를 즐기기에는 적합하지 않다.

ADD 6600 Makena Alanui, Kihei, HI 96753
SITE gohawaii.com/islands/maui/regions/
south-maui/makena-beach

OH! MY TIP

마케나 주립공원
빅 비치와 리틀 비치는 '마케나 주립공원'에 속해 있다. 마케나 주립공원에는 모두 세 곳의 주차장(Big Beach Parking Lot, Makena Beach Parking Lot, Big Beach third entrance -Thirds)이 있다. 빅 비치 주차장, 마케나 비치 주차장의 경우 입장료 및 주차비가 발생한다. 빅 비치 3번 입구는 주차료 및 입장료가 없는 대신 빅 비치, 리틀 비치까지 도보로 10분가량 소요된다.

FARE 입장료 성인/3세 이하 $5/무료, 주차 1-7인승/8-25인승/26인승 이상 $25/50/90 SITE littlebeachmaui.com

마케나 코브 Makena Cove

한적하고 평화로운 분위기로 가득한 곳이다. 작은 만이지만 부드러운 모래, 맑은 물, 멋진 전망을 모두 누릴 수 있다. 갓길 주차가 가능하다.

ADD 6468 Makena Alanui, Kihei, HI 96753

파아코 코브 Pa'ako Cove

아주 작고 아담한 비치로 시크릿 코브라고도 불리며 외국인들에게는 웨딩 베뉴 및 웨딩 촬영지로 잘 알려져 있다. 몰로키니를 가까이에서 조망할 수 있으며 일몰 풍경도 근사하다. 단 스노클링, 수영 등의 물놀이는 적합하지 않다. 용암 암벽 사이 좁은 길이 입구다.

ADD Makena Alanui, Kihei, HI 96753

아히히 코브 Ahihi Cove

파도가 잔잔해 안전하게 스노클링을 할 수 있어, 초보 스노클러들에게는 제격인 셀프 스노클링 스폿이다. 만 오른쪽 나무섬 쪽이 스노클링을 즐기기 좋다. 주차는 아히히 키나후 자연보호구역(Ahihi Kinau Natural Area Reserve) 주차장을 이용해야 하며, 도보 5분 정도 이동해야 한다.

ADD 7750 Makena Rd, Kihei, HI 96753

몰로키니 Molokini

초승달 모양의 작은 무인도로 하와이 주립 해양생물 및 조류 보존지구에 속해 있다. 특히 스노클링 명소로 꼽히는데 투어 프로그램을 통해 방문할 수 있다. 출발 항구에 따라 이동에 20-40분가량 소요된다.

ADD Molokini Shoal Marine Life Conservation District, Maui County, HI 96708 SITE molokinicrater.com

RESTAURANT & CAFE

마우이 오리엔탈 마켓 Maui Oriental Market

마우이에서 만날 수 있는 귀한 한인 마트라는 점보다 더 반가운 것은 한식 도시락을 맛볼 수 있다는 점이다. 전직 유명 호텔 셰프였던 주인장이 수-토요일 서너 가지의 한식 도시락을 판매한다. 메뉴는 SNS를 통해 공지한다. 늦은 오후에 가면 매진되었을 확률이 높다.

ADD 944 60 E Wakea Ave, Kahului, HI 96732 OPEN 월-토 09:00-19:00 MENU 불고기/치킨김밥 $9/10, 닭갈비 $14, 순두부찌개 $17 SNS 인스타그램 @mauiorientalmarket

와일루쿠 커피 컴퍼니 Wailuku Coffee Company

와일루쿠 타운 내 위치한 카페로 현지인과 여행객 모두에게 많은 사랑을 받고 있다. 커피와 샌드위치, 베이커리 메뉴를 선보이며 조식과 브런치로 즐기기에 적당하다. 지역 예술가들의 작품을 전시해놓은 내부 인테리어도 인상적이다. 코코넛 버터 커피, 아포카토, 터키 페스토가 추천 메뉴로 꼽힌다. 주차장이 없어 도로 주차나 인근 주차장을 이용해야 한다.

ADD 26 N Market St, Wailuku, HI 96793 OPEN 월-토 07:00-17:00, 일 07:00-14:00 MENU 코코넛 버터 커피 $5.50부터, 아포가토 $4.50, 터키 페스토 샌드위치 $14.50 SITE wailukucoffeeco.com

타사카 구리 구리 숍
Tasaka Guri Guri Shop

100년 넘게 아이스크림만 판매해온 디저트 숍으로, 셔벗과 아이스크림의 중간 형태인 홈메이드 디저트를 선보인다. 맛은 딸기와 파인애플 두 가지로 시즌별 메뉴도 갖추고 있으며, 스쿱 단위로 판매한다. 카운터에 있는 '마우이 포테이토 칩스'와 함께 맛보는 것도 좋다. 현금 결제만 가능하다.

ADD 70 E Kaahumanu Ave # C13, Kahului, HI 96732 OPEN 월-토 10:00-16:00 MENU 2/3/4/5스쿱 $1.8/2.70/3.60/4.45 SNS 인스타그램 @tasakaguriguri

틴 루프 마우이
Tin Roof Maui

신선하고 맛있는 하와이식 집밥을 선보이는 포장 전문 매장으로, 식사 시간이 되면 항상 긴 줄이 늘어선다. 미국 TV 프로그램 <톱 셰프>의 파이널 진출자이자 인기 셰프인 셸던 시메온과 그 아내가 함께 운영한다. 모치코 치킨이 대표 메뉴로 데일리 스페셜 메뉴도 인기다.

ADD 360 Papa Pl Ste 116, Kahului, HI 96732 OPEN 화-토 10:00-20:00 MENU 모치코 치킨 $12, 찹 스테이크 $13 SITE tinroofmaui.com

제스트 쉬림프 트럭 Geste Shrimp Truck

마우이에서 흔히 볼 수 없는, 더욱이 맛과 인기로 1등을 차지한 새우 트럭이다. 쉬림프 플레이트 외 핫도그도 맛볼 수 있다. 카훌루이 공항 인근에 위치해 마우이 도착 전후에 이용하기 좋고, 테이블이 있어 편리하다. 단 음료 메뉴가 없고 현금 결제만 가능하다.

ADD 591 Haleakala Hwy, Kahului, HI 96732 OPEN 10:30-19:30 MENU 쉬림프 플레이트 $18, 점보 핫도그 플레이트 $9 SITE gesteshrimp.com

마우이 커피 로스터스 Maui Coffee Roasters

1982년 문을 연, 마우이에서 가장 오래된 카페 중 하나이다. 하와이 원두는 물론 세계 각국 원두를 사용해 커피 음료를 만들며, 베이커리 및 샌드위치류의 간단한 메뉴도 갖춰져 있다. 대표 메뉴로는 타이 하이 아이스 커피, 마우이 레드 루스트 콜드 브루가 꼽힌다.

ADD 444 Hana Hwy, Kahului, HI 96732 OPEN 월-토 07:00-18:00 MENU 베이글 $5.95부터, 샌드위치 $8.25, 아메리카노 $3.60, 타이 하이 아이스 커피 $5.90~ SITE mauicoffeeroasters.com

슈거 비치 베이크 숍 -키헤이 Sugar Beach Bake Shop – Kihei

달달한 디저트가 가득한 베이커리로 파이, 말라사다 맛집이다. 주문 즉시 튀겨주는 말라사다는 오전 10시 전에 방문해야 맛볼 수 있을 만큼 인기가 대단하다. 우베 말라사다, 할라피뇨 스팸 무스비, 바나나 크림 파이가 추천 메뉴로 꼽힌다.

ADD 61 S Kihei Rd, Kihei, HI 96753 OPEN 화-토 06:00-14:00 MENU 말라사다 $1.25, 우베 말라사다 $2, 바나나 크림 파이 $5, 할라피뇨 스팸 무스비 $3.25 SITE sugarbeachbakeshop.com

다 키친 Da Kitchen

하와이안 가정식을 맛볼 수 있는 인기 맛집이다. 코로나 이전에는 3곳의 매장을 운영했으나 모두 문을 닫았고 키헤이 지역에 다시 오픈했다. 다양한 플레이트 메뉴가 있어 포장해 가기 좋다. 딥 프라이드 무스비, 치킨카츠와 갈비가 인기 메뉴이다.

ADD 1215 S Kihei Rd suite e, Kihei, HI 96753 OPEN 월-토 11:00-20:00 MENU 딥 프라이드 무스비 $6.99, 치킨카츠 $19, 갈비 $45 SITE dakitchenkihei.com

카페 문 Cafe Moon

키헤이에 위치한 한식당으로 한국인 주인장의 손맛이 더해진 깔끔하고 정갈한 한식을 맛볼 수 있다. 김밥, 비빔국수부터 잡채까지 다양한 메뉴가 마련돼 있어 한식이 그리울 때 찾아가기 좋다.

ADD 41 E Lipoa St #8, Kihei, HI 96753
OPEN 월-금 10:30-18:30 MENU 불고기 김밥 $19,
떡볶이 $20, 김치 스팸 볶음밥 $19
SITE cafemoonmaui.square.site

마우이 브루잉 코 Maui Brewing Co.

마우이 크래프트 브루어리의 본점으로 2005년 문을 열었다. 양조장과 레스토랑이 함께 있으며 양조장의 경우 투어도 가능하다. 마우이에서 100% 생산하는 모든 종류의 맥주를 생맥주로 마실 수 있으며 포장도 가능하다. 캐주얼한 분위기라 연령대에 상관없이 방문하기에 부담이 없다.

ADD 605 Lipoa Pkwy, Kihei, HI 96753 OPEN 11:30-21:00 MENU 피시 타코 $26, 피시 앤드 칩스 $25.5
SITE mauibrewingco.com

키헤이 카페 Kihei Caffe

키헤이 지역에서 손꼽히는 인기 카페로, 조식 메뉴를 전문으로 선보인다. 파파야 딜라이트, 아이리시 로코 모코, 칼라마리 샌드위치 등 익숙하면서도 이색적인 메뉴들이 입맛을 당긴다. 양이 엄청나니 메뉴 가짓수를 적당히 조절할 것. 카운터에서 주문 후 자리에 앉아야 하는 시스템으로, 실내외 좌석이 다양하고 포장도 많은 편이지만 사람이 몰리는 8-10시에는 대기를 감안해야 한다. 키헤이 두 곳의 매장과 라하이나 매장을 운영한다. 현금 결제만 가능하다.

ADD 1945 S Kihei Rd, Kihei, HI 96753 OPEN 06:00-14:00 MENU 파파야 딜라이트 $8.95, 아이리시 로코모코 $14, 칼라마리 샌드위치 $15 SITE kiheicaffe.com

키토코 마우이 Kitoko Maui

사우스 마우이 가든에 자리한 독특한 푸드 트럭이다. 전직 포시즌스 마우이의 셰프가 정갈한 생선 요리를 플레이트로 선보이는데 플레이팅이 상당히 뛰어나다. 가든 내에 테이블이 많아 식사 후 산책하기도 좋다. 황새치 도시락(Swordfish Bento), 크리스피 치킨 도시락이 인기가 많다.

ADD 35 Auhana Rd, Kihei, HI 96753 OPEN 월-토 11:00-20:00 MENU 마히마히 벤토/로코모코 $19.75 SNS instagram.com/kitokomaui

키나올레 그릴 푸드 트럭
Kinaole Grill Food Truck

키헤이에 위치한 푸드 트럭으로, 식사용 테이블은
없지만 도보 1분 거리에 카마올레 비치 파크가 있
어 포장해서 이동하기 좋다. 코코넛 쉬림프, 아히
또는 마히마히 플레이트, 치킨카츠가 인기 메뉴로
꼽힌다. 단 음식을 담는 용기가 종이 박스가 아니라
접시이며, 결제는 음식 수령 시에 한다(카드 결제
시 서비스 피 2.75% 추가).

ADD 77 Alanui Ke'ali'i, Kihei, HI 96753 OPEN 12:00-
20:30 MENU 코코넛 쉬림프 플레이트 $18, 아히(마히마
히) 플레이트 $19.50, 치킨카츠 $18 SNS facebook.com/
KinaoleGrillFoodTruck

마우이 브레드 컴퍼니
Maui Bread Company

서른 가지가 넘는 독일 스타일의 빵과 하와이 스타
일의 빵을 모두 만나볼 수 있는 베이커리이다. 독일
빵과 하와이 빵을 담당하는 파티시에를 따로 두어
전문성을 높였다. 인기 메뉴인 하와이안 머핀, 프레
첼 크루아상 외에도 비건, 글루텐 프리 제품까지 갖
춰져 있다. 조식으로 찾기 좋은 곳이다.

ADD 2395 S Kihei Rd #117, Kihei, HI 96753
OPEN 금-화 07:00-13:00 MENU 하와이안 머핀 $5.69,
프레첼 크루아상 $10.78 SITE mauibreadco.com

카페 오레이 키헤이 Cafe O'Lei Kihei

푸짐한 양과 친근한 분위기로 현지인과 여행객에게
많은 사랑을 받고 있는 캐주얼 레스토랑이다. 해산
물 요리를 비롯해 버거, 샌드위치 등 다양한 메뉴를
선보이며 식사 시간대에는 대기가 필요하다. 업컨
트리 버거, 쉬림프 링귀니, 블랙큰 마히마히가 인기
메뉴로 꼽힌다. 아이들이 먹을 만한 메뉴도 많아 가
족 여행객이 찾기에도 제격이다. 스시 바도 운영한
다(화-토 16:00-21:00).

ADD 2439 S Kihei Rd #201a, Kihei, HI 96753 OPEN 월-토 11:00-20:00 MENU 업컨트리 버거 $16.95, 블랙큰 마히마히
$26.95, 쉬림프 링귀니 $22.95 SITE cafeoleirestaurants.com/#/cafe-olei-kihei

808 델리 808 Deli

저렴한 가격에 푸짐하고 신선한 샌드위치를 선보인다. 샐러드, 파니니, 샌드위치, 핫도그는 물론 채식 메뉴도 다양하고 김치 토핑도 갖추고 있다. 포키(Porkie) 파니니, 치킨 페스토 파니니 같은 인기 메뉴는 물론 저렴하게 맛볼 수 있는 데일리 스페셜 메뉴도 노려볼 만하다.

ADD 2439 S Kihei Rd Ste. 107a, Kihei, HI 96753 OPEN 09:00-17:00 MENU 치킨 페스토 파니니 $13, 포키 파니니 $13 SITE 808deli.com

토미 바하마 레스토랑
Tommy Bahama Restaurant

런치와 디너를 모두 즐길 수 있는 레스토랑으로 의류 매장과 나란히 붙어 있다. 수제 피나 콜라다, 코코넛 쉬림프, 파인애플 크렘 브륄레가 인기가 많다. 논 알코올 메뉴도 있어 더욱 좋다.

ADD 3750 Wailea Alanui Dr Suite A-33, Kihei, HI 96753 OPEN 09:30-21:00 MENU 코코넛 쉬림프 $16/21, 파인애플 크렘 브륄레 $13 SITE tommybahama.com/restaurants-and-marlin-bars/locations/wailea

몽키팟 키친 바이 메리맨 Monkeypod Kitchen by Merriman

셰프 메리맨즈의 캐주얼 레스토랑으로, 마우이의 두 매장 가운데 2018년에 먼저 오픈한 지점이다. 밝고 활기찬 분위기에 라이브 음악까지 더해져 편안하게 음식을 즐기기 좋다. 식사 메뉴는 물론 다양한 수제 칵테일을 갖추고 있어 어느 시간대이든 편하게 찾기 좋다. 방문을 원한다면 예약하는 것을 추천한다.

ADD 10 Wailea Gateway Pl B-201, Kihei, HI 96753 OPEN 11:00-22:00 MENU 칵테일 $17, 칼루아 포크 피자 $22, 사이민 $22 SITE monkeypodkitchen.com/dine_wailea

피타 파라다이스 Pita Paradise

마우이의 바다와 땅에서 난 신선한 재료로 만든 음식을 선보이는 그릭 & 이탈리안 레스토랑이다. 어부이기도 한 주인장이 매일 아침 바다에 뛰어들어 신선한 생선을 잡아오는 것에서부터 이곳의 요리가 시작된다. 프레시 피시 케밥, 양고기 지로(Lamb Gyro), 지지키(Ziziki) 브레드가 인기 메뉴로 꼽힌다.

ADD 34 Wailea Ike Dr, Kihei, HI 96753 OPEN 11:00-21:00 MENU 램 기로 $19, 지지키 브레드 $7 SITE pitaparadise-hawaii.com

루스 크리스 스테이크 하우스 Ruth's Chris Steak House

캐주얼한 분위기의 스테이크 하우스로 USDA 최고급 프라임 비프를 사용한다. 프라임 타임에 방문하면 스테이크 세트 메뉴를 저렴하게 맛볼 수 있는데, 음료가 할인되는 해피 타임과 겹치는 시간이 있는 만큼 활용해보아도 좋다.

ADD The Shops at Wailea, 3750 Wailea Alanui Dr, Wailea, HI 96753 OPEN 일-금16:00-21:00, 토 16:00-22:00 MENU 칼라마리 $25, 본-인 필레 $85 SITE ruthschris.com/wailea

후무후무누쿠누쿠아푸아아 Humuhumunukunukuapua'a

폴리네시아 전통 가옥 콘셉트의 레스토랑으로 해산물 요리와 스테이크 메뉴를 두루 맛볼 수 있다. 12세 이하 어린이를 위한 메뉴가 별도로 있으며 5세 이하 어린이는 메인 요리가 무료이다. 채식 및 글루텐 프리 메뉴도 갖춰져 있다.

ADD 3850 Wailea Alanui Dr, Wailea, HI 96753
OPEN 17:00-21:00 MENU 로브스터 코코넛 커리 $96, 아히 코코넛 세비체 $28 SITE grandwailea.com/dine/humuhumunukunukuapuaa

스파고 Spago

멋진 뷰와 맛있는 요리를 함께 즐길 수 있는 레스토랑으로 유명 셰프이자 경영인인 울프강 퍽(Wolfgang Puck)이 운영한다. 하와이 요리와 캘리포니아 요리를 결합한 퓨전 요리를 선보인다. 예약하는 것을 추천하며, 비투숙객은 발렛 주차를 이용하는 편이 좋다.

ADD 3900 Wailea Alanui Dr, Kihei, HI 96753
OPEN 16:00-24:00 MENU 홍콩 스타일 하와이안 스내퍼 $74, 로브스터 $125 SITE fourseasons.com/maui/dining/restaurants/spago

카아나 키친 Kaana Kitchen

팜 투 테이블 요리를 선보이는 레스토랑으로 안다즈 마우이 내에 위치한다. 일몰 풍경이 특히 근사해 기념일 저녁에 방문하기에 제격이다. 예약 필수이며, 인당 노쇼 수수료가 발생한다.

ADD 3550 Wailea Alanui Dr, Kihei, HI 96753
OPEN 화-금 18:00-18:30 MENU 아히 시저 샐러드 $27, 립 아이 $115 SITE hyatt.com/andaz/oggaw-andaz-maui-at-wailea-resort/dining

MAUI
NORTH &
UPCOUNTRY

서부

볼드윈 비치

호오키파 비치 파크

파이아

카훌루이 국제공항

북부

중심부

마카와오

쿨라

업컨트리

로드 투 하나
& 동부

남부

쿨라 보태니컬 가든

할레아칼라
국립공원

ATTRACTION

알리이 쿨라 라벤더 Ali'i Kula Lavender

쿨라 지역 농장 중 놓쳐서는 안 될 곳으로 45종류, 5만 5천여 가지의 라벤더를 감상할 수 있다. 쿨라의 서늘하고 건조한 기후 아래 라벤더 재배가 시작된 이래, 이곳은 오늘날 마우이에서 가장 풍부한 향기를 가진 곳이 되었다. 라벤더를 활용한 오일, 수제 잼, 연고 등의 제품도 다양하게 갖추고 있다. 라벤더가 만개한 시즌이 아니더라도 방문해 힐링을 만끽하기에 제격이다. 투어를 운영 중이지만 셀프 투어로도 돌아볼 수 있다. 사전 예약 시 입장료를 할인해준다.

ADD 1100 Waipoli Rd, Kula, HI 96790 OPEN 금-월 10:00-16:00 FARE 입장료 $3, 투어 $5
SITE aliikulalavender.com

쿨라 보태니컬 가든 Kula Botanical Gardens

마우이 중앙에 위치한 쿨라 지역에는 유독 가든과 농장이 많다. 비옥한 화산토 덕분에 농작물의 품질이 좋아 유명 레스토랑에서도 '쿨라' 지역 식재료를 사용한다는 점을 강조할 정도이다.
이곳은 1968년 문을 연, 마우이 최초의 식물원으로 부부가 60여 년 동안 정성으로 가꿔온 2천여 종의 식물과 함께 조류 사육장, 연못, 폭포 등이 자리해 있다. 11-12월에 여행할 예정이라면 하와이섬에서 가장 큰 크리스마스 트리 재배지인 이곳을 놓치지 말자. 셀프 투어로 충분히 돌아볼 수 있다.

ADD 638 Kekaulike Ave, Kula, HI 96790 OPEN 09:00-16:00 FARE 13세 이상/6-12세/5세 이하 $10/3/무료
SITE kulabotanicalgarden.com

파이아 타운 Paia town

T 모양의 작은 길을 따라 앤티크한 분위기의 매장과 음식점이 줄지어 서 있는 해변 마을이다. 1896년 파이아 사탕수수 공장이 생기면서 농장 마을의 형태를 갖추게 되었으며 1970년대부터는 서퍼들과 히피들이 모여들기 시작했다. 하나 로드 출발에 앞서 주유 및 간식 등을 준비하는 기점이 되는 곳이기도 하다. 30분 정도면 돌아볼 수 있으며 마을 입구에 무료 주차장이 있다.

ADD 134 Hana Hwy, Paia, HI 96779

볼드윈 비치 파크 Baldwin Beach Park

긴 백사장과 물놀이, 피크닉에 적합한 환경인 덕분에 가족 단위 방문객이 많다. 입구부터 비치의 큰 규모가 눈에 들어오는데 그래서인지 사람이 많더라도 붐비는 것처럼 느껴지지 않는다. 아이들이 안전하게 놀 수 있는 베이비 비치가 있지만, 파도가 높은 겨울에는 안전에 유의하는 것이 좋다.

ADD Baldwin Park, Paia, HI 96779
OPEN 07:00-20:00

호오키파 비치 파크 Ho'okipa Beach Park

윈드서핑 세계 대회가 열리는, 윈드서핑의 메카이다. 비치 오른쪽 절벽 아래 모래사장에서는 푸른 거북을 만날 수 있고 비치 위쪽에는 호오키파 전망대가 자리해 있다. 서핑, 윈드서핑을 즐기기에는 적합하지만 물놀이나 수영을 하기에는 적당하지 않은 곳이다. 호오키파는 하와이어로 '환대'라는 뜻이다.

ADD 179 Hana Hwy, Paia, HI 96779 OPEN 05:30-19:00 SITE mauicounty.gov/facilities/Facility/Details/169

마카와오 타운 Makawao Town

1793년 카메하메하 1세가 처음 소를 마우이로 데려온 후 포르투갈 카우보이들이 거주하게 되면서 '미국 최초의 카우보이 마을'로 이름을 떨치게 된 곳이다. 매년 7월 엄청난 인기를 구가하는 파니올로(카우보이) 대회가 바로 이곳에서 열린다. 미국 25대 예술 여행지 중 한 곳으로 갤러리, 부티크 숍, 음식점 등이 옹기종기 모여 있다. 15-20분이면 돌아볼 수 있으며 마을 입구에 무료 주차장이 있다.

ADD 1153 Makawao Ave, Makawao, HI 96768

마우이 파인애플 투어
Maui Pineapple Tour

마우이 '골드' 파인애플을 만날 수 있는 농장이다. 골드 파인애플은 당도가 높고 산미가 적으며 풍부한 과즙으로 인기 있는 품종으로, 이곳은 하와이 전 섬 중 가장 당도가 높은 파인애플을 생산하는 것으로 유명하다. 1시간 30분가량 진행되는 농장 투어에 참여해보자.

ADD 883 Haliimaile Rd, Makawao, HI 96768 OPEN 09:00-16:00 FARE 투어 13세 이상/3-12세 $75/65 SITE mauipineappletour.com

마우이 알파카 팜
Maui Alpaca Farm

하와이에서 알파카를 만날 수 있는 귀한 농장으로 2006년 빅 아일랜드에서 오픈 후 현재는 마우이에서 운영 중이다. 다양한 색을 가진 알파카를 가까이에서 만날 수 있으며 실 잣기 체험, 알파카 트레킹 등 여러 종류의 투어를 운영한다. 이정표가 많지 않으니 주소를 잘 설정하고 이동하자. 예약 필수.

ADD 505 Aulii Dr, Makawao, HI 96768 OPEN 09:30-17:00 FARE 팜 투어 19세 이상/18세 이하 $79/49, 파니 올로 피크닉 $139/99, 알파카 트레킹 19세 이상/12-18세 $199/175 SITE mauialpaca.com

업컨트리 파머스 마켓 Upcountry Farmer's Market

매주 토요일 오전 열리는 파머스 마켓으로 40년이 넘는 역사를 자랑한다. 현지에서 재배된 과일, 채소에서부터 독특한 기념품까지 구입할 수 있으며 푸드 트럭들도 참여하는 만큼 브런치를 즐기기도 좋다. 토요일 할레아칼라에서 일출을 감상한 후 들러 고픈 배를 채워보자.

ADD 55 Kiopaa St, Makawao, HI 96768 OPEN 토 07:00-11:00 SITE upcountryfarmersmarket.com

서핑 고트 데어리 Surfing Goat Dairy

다수의 국제 대회 수상 경력에 빛나는 낙농장으로 24개 이상의 염소 치즈를 생산하고 있다. 하와이의 염소 낙농장 2곳 가운데 하나로, 농장과 치즈 제조 과정을 돌아보는 30분짜리 투어 등 다양한 투어를 운영한다.

ADD 3651 Omaopio Rd, Kula, HI 96790 OPEN 월-금 09:00-17:00 FARE 데일리 투어 $21, 이브닝 투어 성인/아동 $28/25, SITE surfinggoatdairy.com

쑨원 공원 Sun Yat Sen Park

중국 초대 대통령이자 혁명의 선구자로 평가받는 지도자 쑨원을 기념하는 공원이다. 1866년 중국 남부에서 태어난 쑨원은 1871년 하와이로 이주해 호놀룰루에서 학창시절을 보냈다. 마우이 키헤이와 와일레아 지역이 한눈에 들어와 산책 겸 전망을 즐기기에도 그만이다. 입구에 한문으로 '중산공원(中山公園)'이라고 쓰여 있어 찾기 어렵지 않다.

ADD 13434 Kula Hwy, Kula, HI 96790
OPEN 07:00-19:00

마우이 와인 Maui Wine

1974년 문을 연, 하와이에서 가장 오래된 와이너리로 칼라카우아 왕이 아끼던 '로즈 랜치' 자리에 들어서 있다. 열대 과일주가 시그니처로 파인애플, 히비스커스 등 다른 곳에서 접할 수 없는 와인들을 선보인다. 테이스팅 프로그램을 운영하는데, 칼라카우아 왕이 로즈 랜치를 방문할 때마다 머물렀던 공간을 테이스팅 룸으로 사용하고 있다. 파인애플 스노우 화이트 초콜릿은 이곳에서만 구매 가능한 기념품이니 놓치지 말 것. 예약 필수.

ADD 14815 Piilani Hwy, Kula, HI 96790 OPEN 화-일 11:00-17:00 FARE 테이스팅 $12-15, 와인 잔당 $6-20 SITE mauiwine.com

RESTAURANT & CAFE

레스토랑 & 카페

마마스 피시 하우스 Mama's Fish House

1973년 문을 연 오션 뷰 레스토랑으로 전 섬을 대표하는 맛집 중 하나이다. 18개월 전부터 예약을 받을 만큼 인기 레스토랑으로 예약 사이트에서 미국 내 랭킹 2위의 위엄을 자랑한다. 매일 잡은 생선으로 만든 신선한 요리를 맛볼 수 있으며 맛과 분위기 모두 만족도가 아주 높다. 예약 필수.

ADD 799 Poho Pl, Paia, HI 96779
OPEN 11:00-20:30 MENU 마카다미아 너트 크랩 케이크 $30, 마마스 아히 마히마히 앤드 커리 $72, 하와이안 카나파치 로브스터 크랩 인 마카다미아 너트 크러스트 $75 SITE mamasfishhouse.com

파이아 피시 마켓 Paia Fish Market

가성비 만점의 생선 요리 전문점으로 언제나 긴 대기 줄이 늘어설 만큼 인기가 대단하다. 주문 후 번호표를 주는데 이 번호표를 테이블 위에 올려두면 직원이 음식을 서빙해준다. 대기 시간을 줄이고 싶다면 반드시 식사 시간 전에 도착해야 한다. 마우이와 오아후에서 매장을 운영 중이다.

ADD 100 Hana Hwy, Paia, HI 96779 OPEN 11:00-21:00 MENU 피시 소프트 타코 플레이트 $15, 씨푸드 파스타 $25 SITE paiafishmarket.com

마나 푸드 Mana Foods

1983년 문을 연 파이아 지역 대표 마켓이다. 현지 유기농 제품을 저렴하게 판매하고 있으며, 하나 로드 드라이브 시 들러 음료와 간식, 식사 거리를 준비하기 좋다. 지역 공급 업체와 함께 지역 농산물과 제품을 소개하는 매장으로도 알려져 있다.

ADD 49 Baldwin Ave, Paia, HI 96779
OPEN 08:00-20:30 SITE manafoodsmaui.com

할리이마일레 제너럴 스토어 Hali'imaile General Store

클래식하면서도 활기찬 분위기의 레스토랑으로, 오프라 윈프라가 마우이에서 가장 좋아하는 식당으로도 알려져 있다. 할리는 하와이어로 '이불'이라는 뜻이고 마일레는 하와이 토종 나무인데, 매장이 위치한 동네가 한때 달콤한 향이 나는 초목으로 덮여 있었음을 알 수 있다. 1925년 지어진 건물에 들어서 있는데, 정육점, 해산물, 우체국을 거쳐 1987년부터 레스토랑으로 운영 중이다.

ADD 900 Haliimaile Rd, Makawao, HI 96768 OPEN 화-토 11:00-14:30, 17:00-20:30 MENU 크랩 피자 $16, 시즈널 프레시 캐치 $48, 디럭스 치즈 버거 $28 SITE hgsmaui.com

코모다 스토어 앤드 베이커리 Komoda Store and Bakery

매일 아침 현지인들이 긴 줄을 서서 빵을 구입하는 인기 베이커리로 1916년 문을 열었다. 스틱 도너츠와 크림 퍼프가 대표 메뉴로 꼽힌다. 영업 시간이 짧은 데다 매진이 빈번한 만큼 오전에 방문하는 것이 좋다. $10 이상 구매 시 카드 결제가 가능하다. 매장 간판이 없어 다소 불편하다.

ADD 3674 Baldwin Ave, Makawao, HI 96768
OPEN 월-화, 목-토 07:00-13:00
MENU 스틱 도넛 $1.80, 크림 퍼프 $2

비다 바이 십 미 마우이 VIDA by Sip Me Maui

마카와오의 '힙'함을 느껴볼 수 있는 카페로 커피 메뉴와 간단한 베이커리 류를 선보인다. 로사 비다 라테, 스위트 번트 케이크가 추천 메뉴로 꼽힌다. 다양한 분위기의 실내외 좌석이 있으며 코모다 스토어와 마주하고 있어 함께 들르기 좋다.

ADD 3671 Baldwin Ave Unit H-101, Makawao, HI 96768 OPEN 07:00-17:00 MENU 로사 비다 라테 $5.75부터, 스위트 번트 케이크 $7.50 SITE vidabysipmemaui.com

더 마우이 쿠키 레이디 The Maui Cookie Lady

지역 사회에서 재배되는 재료로 만든 10여 가지 맛의 쿠키를 선보이는 전문점이다. 동화책 속 한 장면처럼 호기심이 가득한 매장 인테리어가 인상적이다. 배우 드웨인 존슨이 SNS에서 '세계에서 가장 좋아하는 쿠키'라고 인증하고, 래퍼 겸 배우인 루다 크리스가 오아후에서 헬리콥터를 타고 찾아올 정도의 유명세를 자랑한다. 스콘 만한 쿠키 크기, 사용 재료를 친절하게 안내한 점도 눈에 띈다. 버터 럼 트리플, 화이트 청크 맥 넛, 릴리코이 화이트 초콜릿, 맥 넛 코코넛이 인기가 많다.

ADD 3643 Baldwin Ave, Makawao, HI 96768 OPEN 10:00-16:00 MENU 버터 럼 트리플 $5.75, 화이트 청크 맥 넛 $7.25, 릴리코이 화이트 초콜릿 $7.50 SITE themauicookielady.com

베이크 온 마우이 Baked On Maui

오후 1시까지만 영업하는 브런치 전문점이다. 평화로운 분위기의 매장으로 로컬들에게 인기가 많다. 오믈렛, 샌드위치, 에그 베네딕트 등 아메리칸 스타일의 식사를 즐길 수 있으며 가벼운 베이커리와 커피도 함께 곁들이기 좋다. 매장이 넓지는 않지만 로컬 바이브를 느낄 수 있는 만큼, 로드 투 하나 여행 시 꼭 한 번 들러보자.

ADD 375 W Kuiaha Rd # 37, Haiku, HI 96708 OPEN 6:30-13:00 MENU 치즈 오믈렛 $13, 터키 BLT 샌드위치 $15 SITE bakedonmaui.com

오션 보드카 오가닉 팜 Ocean Vodka Organic Farm

하와이의 인기 보드카 브랜드인 오션의 농장에 자리한 카페로, 멋진 뷰를 감상하며 향기로운 술 한잔과 함께 맛있는 식사를 즐길 수 있다. 보드카, 럼, 진 등의 다양한 알코올 메뉴와 더불어 샐러드, 피자, 칼조네 같은 식사 메뉴, 논알코올 메뉴와 디저트까지 세심하게 갖춰져 있다. 포케 나초와 릴리코이 크러시가 추천 메뉴로 꼽힌다. 세계 유일의 유기농 보드카 제조장을 둘러볼 수 있는 투어도 참여해볼 만하다.

ADD 4051 Omaopio Rd, Kula, HI 96790 OPEN 10:30-19:00 MENU 오션 쿨러 보드카 $13.50, 찹 샐러드 $17.99, 페퍼로니 피자 $16.99 SITE oceanvodka.com

HALEAKALA
NATIONAL
PARK

서부

카훌루이 국제공항

중심부

북부

남부

업컨트리

로드 투 하나
& 동부

렐레이비 전망대

슬라이딩 샌드 트레일

할레아칼라
국립공원

할레아칼라 방문자센터

ATTRACTION

할레아칼라 국립공원 Haleakala National Park

해발 3,055m의 세계 최대 휴화산이다. '태양의 집'이란 이름만큼이나 압도적인 풍광을 자랑하는, 마우이 최고의 관광 명소이다. 전설에 따르면 마우이를 통치한 반신반인이 할레아칼라 정상에 서서 태양이 질 때 밧줄로 매어 하루를 더 길게 만들었다고 한다. 하와이 원주민들은 이곳 정상 너머에서 태양이 떠오른다고 믿었으며 지금도 해가 떠오르면 의식처럼 전통 노래를 부른다.

마우이 섬 전체 면적의 75%를 차지하고 있는 할레아칼라는 1961년에 국립공원, 1980년에 유네스코 세계 생물권 보호구역으로 지정되었다. 황톳빛 용암으로 뒤덮인 정상 분화구 일대는 너무 고요해서 마이크로폰으로 녹음하면 금속이 산화되는 소리만 기록된다고 한다.

ADD Haleakala National Park FARE $15, 주차 오토바이/자가용/1-6인승 세단 및 7-15인승 밴 $25/30/45
SITE nps.gov/hale/index.htm

할레아칼라 국립공원 즐기기

일출 예약

일출을 보기 위해서는 반드시 예약해야 한다. 인원수가 아니라 차량 대수 기준이며, 방문 60일 전부터 예약할 수 있다. 입장 시간은 03:00-07:00이며 입장 시 예약증, 신분증을 보여주어야 한다. '한 번도 경험해보지 못한 가장 숭고한 일출'이라는 대문호 마크 트웨인의 극찬을 경험해보자. 할레아칼라 티켓은 3일간 유효하다. 사전 예약을 하지 못했다면, 방문 일자 이틀 전 현지 시간 오전 7시 예약 사이트에 풀리는 30장의 티켓을 노려보자.

할레아칼라 방문 시간

아침 7시 이후부터는 예약 없이 방문할 수 있다. 일출이 아니더라도 할레아칼라는 마우이 최고의 드라이브 코스로 손꼽히는 곳이다. 영화 <마션>의 모티브가 된 풍경을 놓치지 말자.

할레아칼라 일출 및 일몰 시간

일별 정확한 시간은 날씨 예보 사이트를 참조하자.

SITE www.accuweather.com

할레아칼라 드라이브

할레아칼라 국립공원 매표소에서 결제 후 공원으로 진입한다. 매표소에서 정상부까지는 35km이며 1시간가량 소요된다. 도로 포장 상태는 좋으나 커브가 많고 가드레인과 가로등이 없으니 운전에 유의해야 한다. 특히 일출 시 올라갈 때, 일몰 후 하산할 때는 안전 운전을 각별히 유념할 것! 정상부까지 올라가는 중간에는 트레일과 전망대 등이 자리한다. 할레아칼라 도로 내에는 어떤 상업 시설도 없으므로 주유, 간식, 물은 미리 챙기는 것을 추천한다.

할레아칼라 기온

정상부 기온은 라하이나, 와일레아, 키헤이 등의 지역보다 15-20도 이상 떨어진다. 정상부의 평균 기온은 10-18도이며 여름철에도 영하 1도까지 내려간다. 일출, 일몰 시 방문할 때에는 겉옷을 준비하도록 하고, 적당한 옷이 없다면 호텔의 얇은 이불이라도 챙겨 가자.

할레아칼라 소요 시간

투숙하는 지역에 따라 시간 배분을 잘해야 한다. 대개 호텔에서 할레아칼라 매표소까지 1시간-1시간 30분은 생각해야 한다. 일출 방문을 계획한다면 여유 시간을 넉넉히 갖는 것이 좋다. 내비게이션에 'Haleakala National Park Summit District Entrance Station'를 설정하면 되지만, 이곳에서 정상까지는 40분가량 더 소요된다.

각 지역에서 매표소까지 소요 시간
카훌루이 공항-할레아칼라: 1시간
와일레아, 마케아-할레아칼라: 1시간 15분
라하이나-할레아칼라: 1시간 20분
카아나팔리-할레아칼라: 1시간 30분
카팔루아-할레아칼라: 1시간 40분

호스머 그로브 트레일
Hosmer Grove Trail

공원 입장 후 가장 처음 만나는 트레일 코스로 캠핑장과 함께 자리한다. 해발 2,134m, 0.6km 길이의 평지길 코스로 할레아칼라 정상에 오르기 전 숨고르기에 좋다. 1920년 임업 프로젝트를 통해 조성되었으며 삼나무, 유칼립투스 등 20여 종의 나무와 할레아칼라에서만 볼 수 있는 허니크리퍼 새 등의 다양한 조류들이 평화로운 풍경을 만들어낸다.

ADD Kula, HI 96790

공원본부 방문자센터
Headquarters Visitor Center

공원 초입에 있는 방문자센터이다. 화장실과 자그마한 기념품점이 있으며 자료를 살펴보기 좋다. 고도가 높은 곳인 만큼 체력이 부친다면 이곳에서 쉬다가 올라가는 것이 좋다.

ADD Mile Marker 11, Crater Road, Kula, HI 96790
OPEN 08:30-16:30 SITE nps.gov/hale/planyourvisit/visitorcenters.htm

렐레이비 전망대 Leleiwi Overlook

ADD Haleakalā National Park, HI 96790

1966년 만들어진 전망대로 마우이 북쪽 해안을 조망할 수 있다. 2,694m에 위치해 할레아칼라의 변덕스러운 날씨를 제대로 체험할 수 있는데, 무역풍의 역전 현상으로 구름이 분화구에 갇혀 있어 그야말로 구름이 잔뜩 낀 색다른 색다른 하와이의 모습을 만날 수 있다. 주차장에서 횡단보도를 건너야 전망대가 나온다. 렐레이비는 하와이어로 '뼈 제단'을 뜻한다.

칼라하쿠 전망대 Kalahaku Overlook

절벽 가장 자리에 위치한 전망대이다. 광활한 분화구를 내려보는 단순한 구조이지만 마우이 서부와 쿨라 지역을 조망할 수 있으며 일몰, 별 관측 포인트로도 훌륭하다. 사실 눈앞에 펼쳐진 모습은 고산 사막 풍경이지만 토착 식물, 곤충의 서식지 겸 보금자리인 만큼 보호에 신경쓰는 것이 좋다. 칼라하쿠는 하와이어로 '선언'을 뜻한다.

ADD Kalahaku Overlook Trail, Kula, HI 96790

할레아칼라 정상 방문자센터 Haleakala Visitor Center

해발 2,970m 정상부에 있는 방문자센터로 기념품과 방문 인증서를 셀프로 발급받을 수 있다. 쉽게 만날 수 없는 풍경을 마주할 수 있지만, 정상부 기온이 낮아 추울 수 있으니 여름에도 따뜻한 복장을 갖춰 입어야 한다. 대다수의 방문자들이 정상 방문자센터 주변에서 일출을 감상한다.

ADD Haleakala Hwy, Kula, HI 96790
OPEN 일출-정오

파 카오아오 전망대 Pa Ka'oao Overlook

할레아칼라 정상 방문자센터 앞에 있는 작은 언덕이다. 일출 방문 시 가장 먼저 사람이 몰려드는 곳으로 트레일이라고 하지만 뷰 포인트로 생각하면 좋다. 카오아오는 하와이 추장의 이름으로 그의 군대가 전쟁 중 야간 피난처를 마련하기 위해 이곳에 울타리를 세웠다고 한다.

ADD Kula, HI 96790

슬라이딩 샌드 트레일 Sliding Sands Trail

공식 명칭은 케오네헤에헤에 트레일(Ke-onehe'ehe'e Trail)이다. 화산 속으로 걸어 들어가볼 수 있는 트레일 코스로, 전체 구간은 왕복 16km이지만 트레킹을 목적에 둔 여행객이 아니라면 15분 정도만 체험해도 충분하다. 출발할 때는 내리막, 반대로 올라올 때는 오르막이 된다. 달 표면을 닮은 화산지대를 걸어보는 진귀한 경험을 놓치지 말자.

ADD Kula, HI 96790

레드 힐, 할레아칼라 Red Hill, Haleakala

마우이에서 가장 높은 지점에 자리한 전망대로 마우이를 360도로 조망할 수 있다. 정상에 위치한 천문대는 일몰을 보기 위해 많은 이들이 몰려드는 곳으로, 주차 공간이 여유롭지 않아 일정 인원이 들어오면 진입로를 막는다. 할레아칼라 방문자센터에서 정상까지는 차로 3분 거리이다. 천문대에 설치되어 있는 이노우에 태양망원경은 지름 4.2m로 세계에서 가장 큰 태양 망원경이다.

ADD Summit, Haleakala Hwy

OH! MY TIP

할레아칼라 아히나히나

히나히나(은검초)는 할레아칼라처럼 덥고 건조한 사막에서 자라는 유일한 식물이다. 평균 50년가량 생존하며, 일생에 한 번 꽃을 피우는데 이때 최대 5만 개의 씨앗을 뿌린 후 생을 마감한다. 잎이 얇고 햇빛을 반사하는 은색 잎이 마치 검을 닮았다고 해서 은검초라는 이름이 붙여졌다. 멸종 위기종으로 뿌리를 밟히거나 사람 손이 닿으면 심각한 피해를 입는다. 일정 거리를 유지하고 관찰하자.

RESTAURANT & CAFE

레스토랑 & 카페

그랜마스 커피 하우스 Grandma's Coffee House

1918년 오픈한 브런치 카페이다. 커피를 비롯해 오믈렛, 샌드위치, 로코모코 등을 판매한다. 화장실이 없다는 것이 단점이지만 할레아칼라, 백 로드 투 하나, 쿨라 지역 방문 시 들르기 좋다.

ADD 9232 Kula Hwy, Kula, HI 96790
OPEN 07:00-14:00 MENU 치즈 오믈렛 $7.95, BLT샌드위치 $11.50, 로코모코 $16.95
SITE grandmascoffeehousemaui.com

쿨라 비스트로 Kula Bistro

피자, 파스타, 스테이크, 햄버거 등을 선보인는 올 데이 다이닝으로 포장도 가능하다. 코코넛 쉬림프가 인기 메뉴로 꼽힌다. 할레아칼라, 쿨라 지역 방문 시 들르기 좋다.

ADD 4566 Lower Kula Rd, Kula, HI 96790 OPEN 월-수 11:00-20:00, 목-일 07:30-10:30, 11:00-20:00 MENU 코코넛 쉬림프 $21.95, 비스트로 스페셜 파스타 $29.95
SITE kulabistro.com

쿨라 로지 레스토랑 Kula Lodge Restaurant

할레아칼라 아래 위치한 숙소 겸 레스토랑으로 쿨라 로지와 함께 운영한다. 일출 후 방문해 어니언 수프로 추위에 언 몸을 녹여보자. 멋진 정원과 함께 마우이를 내려다볼 수 있다.

ADD 15200 Haleakala Hwy, Kula, HI 96790 OPEN 수-일 8:00-14:00 MENU 어니언 수프 $14, 로코모코 $20
SITE kulalodge.com

ROAD TO
HANA

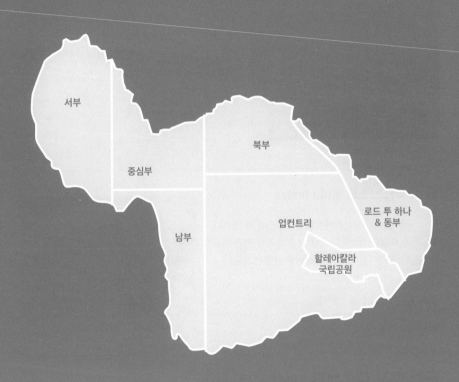

서부

중심부

북부

남부

업컨트리

로드 투 하나
& 동부

할레아칼라
국립공원

ATTRACTION

명소

로드 투 하나 Road to Hana

'천국으로 가는 길'이라는 이름의 다채롭기 그지없는 도로로, 620개의 커브와 59개의 원웨이 브릿지가 자리한다. 2001년 고속도로가 만들어지면서 여행자들이 편하게 방문할 수 있는 곳이 되었으며, 2차선 도로를 달리며 무성한 열대우림과 함께 펼쳐지는 바다를 감상할 수 있다. 드라이브만 해도 좋지만, 중간에 방문할 명소들이 많다. 해당 도로는 빌 클린턴 대통령에 의해 '하나 밀레니엄 레거시 트레일(Hana Millennium Legacy Trail)'로 지정되었다.

백 로드 투 하나로 드라이브하기 위해서는 마나와이누이 협곡(Manawainui Gulch)을 시작점으로 삼으면 된다. 이 경우 그랜마스 커피 하우스, 울루팔라쿠아 랜치 스토어(Ulupalakua Ranch Store)에서 식사나 간식을 준비할 수 있다. 운행에 나서기 전 차량 주유, 물, 음료 및 간식, 트레일에 적합한 신발, 선크림, 모기 및 벌레 기피제, 멀미약을 준비하자.

ADD 5572 Hana Hwy, Haiku, HI 96708 SITE roadtohana.com

SPECIAL 로드 투 하나 마일 마커

하와이 루트(Route) 36번과 360번으로 전체 길이가 103.6km에 달한다. 코스 초반 일부 스폿이 36번 도로 9.5마일 지점에서 시작되며 곧 360번으로 연결된다. 360번 도로 시작점에 기념비가 있다. 파이아 타운을 출발점으로 삼는 것이 편리하나 반대 지점에서 출발하는 것도 가능하다. 반대 코스를 '백 로드 투 하나(back Road to Hana)'라고 한다. 차량 주유, 간식 등을 챙겨 길을 나서보자.

OH! MY TIP

마일 마커 Mile Marker

하나 로드에는 이정표가 없다. 그러므로 목적지를 찾을 때는 마일 마커로 찾는 것이 효과적이다. 또한 일부 장소를 제외하고는 갓길 주차를 해야 한다. 주차 시 차량 통행에 피해를 주지 않도록 주의하고, 차량 내부를 깨끗하게 유지해 도난을 방지하도록 하자.

마일 마커 #9.5 호오키파 비치 파크 & 전망대
Ho'okipa Beach Park & Lookout (36번 도로)

시원한 풍경이 눈앞에 펼쳐지는 하나 로드의 첫 번째 스폿이다. 바다를 즐기는 서퍼를 보는 것만으로도 절로 힐링이 되는 호오키파 비치는 마우이에서 가장 많은 거북을 볼 수 있는 장소로도 꼽힌다. 비치 오른쪽 절벽 아래 모래사장이 바로 바다거북의 쉼터이다. 거북이는 비치에서 볼 수 있다.

마일 마커 #2 쌍둥이 폭포
Twin Falls (360번 도로)

성인 기준 왕복 1시간 30분가량 소요되는 트레일 코스로 하나 로드의 첫 번째 폭포가 자리한다. 가족이 운영하는 와일렐레(Wailele) 농장을 지나가는 코스로, 길 정비는 잘되어 있지만 폭포 인근에서 얕은 물을 건너야 하는 만큼 아쿠아 슈즈와 반바지를 착용하는 것이 좋다. 2개의 폭포가 있으며 입구에 과일 매대가 있다. 주차료는 $10이다.

마일 마커 #4-5 후엘로 전망대
Huelo Lookout (360번 도로)

마우이 동부의 탁 트인 전망을 감상할 수 있는 작은 전망대이다. 입구에 위치한 과일 매대 안쪽으로 계단 몇 개만 오르면 된다.

마일 마커 #6.2 유칼립투스 레인보우 나무
Eucalyptus Rainbow Trees
(360번 도로)

도로 한쪽을 채운 유칼립투스 레인보우 나무를 볼 수 있다. 매년 껍질갈이를 하는 유칼립투스의 특징 덕분에 나무 기둥이 오묘한 색을 띠어 이러한 이름이 붙었다. 단 주차장이 따로 없어 주변 갓길에 주차하고 도보로 이동해 둘러보아야 한다.

마일 마커 #9.5 와이카모이 리지 트레일
Waikamoi Ridge Trail (360번 도로)

와이카모이는 마우이에서 가장 오래된 나무들이 있는 곳으로 보호구역으로 지정되어 있다. 1.4Km 길이의 짧은 코스로 풍부한 열대우림을 만끽할 수 있다. 다만 길이 질퍽거릴 수 있어 유의하는 것이 좋다.

OH! MY TIP

하나 로드에 마켓은 없나요?
길 중간중간 간이 매장이 몇 곳 있긴 하지만 원하는 아이템을 구하기가 어렵다. 음료나 커피 등 간식을 구매할 수 있는 곳은 하나 로드 초입 마일 마커 #14 인근의 조스 컨트리 스토어(Jaws Country Store)와 마일 마커 #17의 하프웨이 하나 스탠드가 전부이다. 잠시 쉬어갈 수 있는 곳으로는 마일 마커 #29에 있는 니하쿠 마켓 플레이스가 있다. 푸드 트럭과 카페, 기념품점이 들어서 있다.

마일 마커 #10 마우이 에덴 정원
Maui Garden of Eden (360번 도로)

100년이 넘은 망고나무, 대나무, 푸우호카모아 폭포 등을 볼 수 있는 정원으로 하와이 티(TI) 식물 컬렉션을 포함한 7백여 가지의 식물이 자리한다. ISA 수목학자인 앨런 브래드버리가 지역 생태계 복원을 위해 1991년 개장했다. 영화 <쥬라기 공원> 오프닝 촬영지로 영화 시작 장면에 등장하는 케오푸카 록(Keopuka Rock)을 만날 수 있다. 유료 입장.

마일 마커 #12 카우마히나 주립공원
Kaumahina State Wayside Park
(360번 도로)

주행 중 처음으로 만나는 대형 휴식 공간이다. 시원한 바람이 부는 해안가 전경을 감상할 수 있다. 화장실과 피크닉 테이블이 있어 휴식을 취하기에도 좋다.

마일 마커 #16 케아나에 반도
Ke'anae Peninsula (360번 도로)

할레아칼라 분화로 형성된 곳으로 과거 타로 재배 마을이었다. 1946년 쓰나미로 마을 전체가 큰 피해를 입었으며, 당시의 사고를 유일하게 벗어난 석조 건물 라나킬라 교회(Lanakila Ihiihi Iehova na Kaua Church)가 아직도 남아 있다.

마일 마커 #17 하프웨이 투 하나 스탠드
Halfway to Hana Stand (360번 도로)

하나 로드의 유일한 간이 마트로 1982년 문을 열었다. 하나 로드의 가운데 지점으로 바나나 빵을 비롯한 음식과 음료를 판매한다. 휴식을 취하기 좋다.

마일 마커 #18 와일루아 밸리 스테이트 웨이사이드
Wailua Valley State Wayside (360번 도로)

와일루아 산과 바다를 조망하기 좋은 장소이자, 하나
로드에서 만나는 가장 장엄한 폭포인 와일루아 폭포
를 조망할 수 있는 장소이다. 와일루아 밸리는 크기는
작지만 하와이 문화가 풍부하게 남아 있는 곳으로 희
귀한 물고기와 식물이 많다. 왕족들의 망토에 사용되
는 섬유도 이곳에서 재배되는 식물인 올로나(Olona)
로 만든 것이라고 한다.

마일 마커 #19 와이카니 폭포 상부
Upper Waikani Falls (360번 도로)

곰 세 마리 폭포라는 별명을 가진 곳. 아빠, 엄마, 아기
폭포로 불리는 길이가 다른 폭포가 세 줄기로 분리되어
떨어진다. 하와이에서 가장 인기 있는 폭포로 선정된
바 있다. 포토 스폿으로도 인기가 대단하다.

마일 마커 #22 푸우아 카아 폭포
Pua'a Ka'a Falls (360번 도로)

화장실과 피크닉 테이블이 폭포와 함께 자리한다. 화
장실 건너편으로 난 오솔길을 따라가면 폭포로 이어
진다.

마일 마커 #24 하나위 폭포
Hanawii Falls (360번 도로)

일 년 내내 물이 떨어지는 폭포이다. 열대우림으로 둘
러싸인 하나위 스트림이 흘러들어가는 여러 폭포 중
하나이다. 시원하게 떨어지는 물줄기가 장관이다.

마일 마커 #31 하나 팜스 로드사이드 스탠드
Hana Farms Roadside Stand (360번 도로)

이색적인 현지 제품을 구매할 수 있는 로컬 장터로 바나나 버터, 릴리코이 잼을 비롯해 공예품, 화장품까지 구입할 수 있다. 하나 지역 주민들이 만든 제품들이 대부분이다.

마일 마커 #31 하나 라바 튜브
Hana Lava Tube (360번 도로)

마우이에서 가장 큰 용암 동굴이자 세계적으로는 18번째로 큰 용암 동굴이다. 960년 전 용암이 분출되어 바다로 흘러가며 형성되었다. 셀프 투어가 가능한 곳으로 입장료가 있다(손전등 포함).

마일 마커 #32 와이아나파나파 주립공원
Wai'anapanapa State Park (360번 도로)

블랙 샌드 비치, 블로홀, 하이킹 및 산책로, 캠핑 사이트를 갖추고 있는 공원으로 마우이 동쪽 해안의 멋진 전망을 자랑한다. 방문 전 예약해야 하며 당일 예약은 불가하다. 하와이어로 와이아나파나파는 '반짝이는 물'을 뜻한다.

마일 마커 #34 하나 타운
Hana Town (360번 도로)

하나 로드의 종착지이다. 하와이 전역에서 개발의 흔적이 가장 덜한 마을로, A.D. 500-800년 폴리네시아 민족에 의해 마을이 형성되기 시작했다. 전형적인 열대우림 지역으로 마우이에서 가장 큰 사원이 있다. 1910년 문을 연 하세가와 제너럴 스토어와 레드 샌드 비치인 카이할루루 비치가 마을 내에 자리한다.

마일 마커 #42 오헤오 협곡, 피피와이 트레일
Ohe'o Gulch, Pipiwai Trail (360번 도로)

오헤오 협곡은 폭포수 7개가 계단 형식으로 떨어져 바다로 흘러드는 곳으로 수영이 금지되어 있다. 폭우 등 위험을 대비해 키파훌루 방문자센터에서 방문 여부를 공지한다. 하와이어로 오헤오는 '특별한 것'을 뜻한다. 피피와이 트레일은 마우이에서 가장 울창한 대나무 숲 길이 펼쳐지는 곳으로 왕복 2시간 정도 소요된다. 트레일 끝에는 와이모쿠 폭포가 있으며, 트레일 초반에는 백 년이 넘는 수령을 자랑하는 마우이 최대 크기의 반얀 트리가 있다. 하와이어로 피피와이는 '뿌리는 물'이라는 뜻이다.

마일 마커 #42 키파훌루 방문자센터, 백 사이드 오브 할레아칼라
Kipahulu Visitor Center, Back Side of Haleakala (360번 도로)

정상에서 동쪽으로 뻗어 있는 키파훌루 계곡과 오헤오 협곡이 국립공원에 포함되면서, 해당 지역은 '할레아칼라의 엉덩이'라고 불리기 시작했다. 키파훌루는 고대 하와이인들의 고향으로 700개가 넘는 유적지가 자리한다. 이 지역의 코아 나무는 고품질로 유명한데 카누 제작자들이 숭배하는 신인 '라카 신'이 이곳 출신이기 때문이라는 설이 있다. 할레아칼라 입장권은 구매 후 3일까지 유효하다. 주차는 키파훌루 방문자센터를 이용하면 된다.

마일 마커 #42 팔라팔라 호오마우 교회
Palapala Ho'omau Congregational Church (360번 도로)

1857년 지어진 교회로 찰스 린드버그(Charles Lind-bergh)의 묘지가 있어 유명해진 곳이다. 미국인 비행사인 찰스는 역사상 최초로 단 한 번의 중간 착륙 없이 뉴욕-파리 대서양 구간 5,800km을 33시간 30분 동안 날아 단독 비행에 성공했다. 이후 마우이로 이주한 그는 키파훌루 지역에서 여생을 보냈다. 오늘날 찰스 린드버그는 장거리 항공 수송의 발판을 마련한 인물로 평가받고 있다.

마일 마커 #45 와일루아 폭포
Wailua Falls (360번 도로)

마우이에서 가장 사진이 많이 찍히는 폭포 중 하나로
고속도로에서 조망할 수 있다. 주차장이 있다.

마일 마커 #51 하모아 비치
Hamoa Beach (360번 도로)

마우이 최고의 해변으로 선정된 바 있는 곳으로, 작가
어니스트 헤밍웨이가 가장 좋아하던 비치이다. 초승달
모양의 해안가로 가족 친화적인 곳이기는 하지만, 수
영 실력이 초보라면 유의하는 게 좋다. 모래놀이, 보디
서핑을 즐기기에도 제격이다.

OH! MY TIP

하나 로드 드라이브 시 주의 사항

① 커브 길과 일방통행 길이 많다. 원웨이 브릿지에 신호등이 설치되지 않은 곳도 있어 주의해야 한다. 신호등이 설치되지 않은 곳은 먼저 브릿지에 진입한 차량이 우선 순위이며, 지나갈 때까지 기다려주는 게 매너이다. 전방 확보가 어려운 곳도 있는 만큼 운전에 세심한 주의가 필요하다.

② 하나 로드의 종착지는 하나 타운이다. 파이아 타운 - 하나 타운 구간만 왕복해도 좋고, 할레아칼라 키파훌루 방문자센터를 지나 백 사이드 오브 할레아칼라를 통과할 수도 있다. 단 백 사이드 오브 할레아칼라 구역 내에는 렌터카 보험 미적용 구간이 있다.

③ 백 사이드 오브 할레아칼라 구역을 지나 완주할 예정이라면, 앞 차량을 따르면서 안전거리를 유지하며 운전하는 것이 좋다. 일부 구간만 비포장도로이고 전체적으로는 잘 포장된 길이다.
해당 구간에는 1859년 세워진 후이알로아 교회(Huialoha Church), 1862년 세워진 성 요셉 천주교회(Saint Joseph Church) 등의 유적지와 칼레파 선셋 뷰 포인트(Kalepa Sunset View Point)가 있다.

④ 하나 로드 내 중간 명소들을 방문할 예정이라면 오전에 일찍 출발하는 것이 좋다. 다른 지역보다 빨리 어두워지고 가로등도 많지 않아 늦은 시간에는 운전이 까다로울 수 있다.

⑤ 주유는 출발 전 파이아 타운에서 하는 것이 좋으나, 꼭 필요하다면 하나 타운 내 하세가와 재너럴 스토어 앞 하나 가스(Hana Gas, 5170 Hana Hwy, Hana, HI 96713)를 이용하자.

카이할루루 비치 Kaihalulu Beach

빨간 모래를 만날 수 있는 비치로 하와이 내에서도 개성이 넘치는 곳이다. 방문 시 '하나 스쿨(Hana school)' 검색 후 해당 건물 앞 도로(우아케아 로드) 갓길에 주차해야 한다. 주차 후 숲길을 지나 10여 분 도보로 이동하면, 한 줄로 나란히 선 암석이 파도를 막아주고 있는 '레드 샌드 비치'가 눈에 들어온다. 철분이 풍부한 용암석 탓에 붉은 빛깔을 띠게 된 이곳은 한때 누드 비치이기도 했다고 한다. 길이 미끄러울 수 있으니 이동 시 유의하자. 비치 내 편의시설이 없고 유모차 이동이 어렵다는 점은 다소 아쉽다.

ADD Uakea Rd, Kaihalulu Bay, Hana, Maui, HI 96713

와이아나파나파 블랙 샌드 비치
Waianapanapa Black Sand Beach

와이아나파나파 주립공원에 자리한 블랙 샌드 비치는 모래, 자갈, 돌멩이 할 것 없이 모두 다 새까만, 이색적인 풍경이 펼쳐지는 곳이다. 파도가 높아 물놀이에는 적합하지 않지만 풍경을 감상할 수 있는 트레일 코스, 바위틈으로 바닷물이 뿜어져 나오는 블로 홀(Blow Hole), 라바 튜브(Lava Tube) 등 볼거리가 많다.

ADD Waianapanapa State Park, Hana, HI 96713 SITE liveinhawaiinow.com/waianapanapa-state-park

피피와이 트레일 Pipiwai Trail

122m 높이의 와이모쿠 폭포(Waimoku Falls)와 1.6km 길이의 대나무숲을 만날 수 있는 트레일 코스로 현지인을 비롯한 미 본토 관광객들에게 큰 사랑을 받고 있다. 이색적인 분위기가 일품이지만 여행 일정이 짧다면 방문하기 어려울 수 있다. 입구에서 10분쯤 들어가면 마카히쿠 전망대(Makahiku Overlook)가 나온다. 잠시 경치를 둘러보며 올라가다보면 눈앞에 펼쳐진 울창한 숲과 탁 트인 하늘에 가슴까지 시원해진다. 이후 작은 철문이 나오는데 입산 통제 시 닫아두는 문이니 당황하지 말자. 이 문을 지나면 반얀트리 한 그루가 방문객들을 반기는데 어디에서도 쉽게 볼 수 없는 모양이라 다들 사진 찍기 바쁘다. 조금 더 올라가 짧은 다리를 건너면 대나무 숲길에 다다른다. 하늘을 향해 시원하게 뻗은 대나무도, 바람결에 흔들리며 부딪치는 댓잎 소리도 일품이다. 대나무가 울창한 곳에는 나무 데크가 있어 통행이 편하다.

ADD Pipiwai Trail, Hana, HI 96713 SITE pipiwaitrail.com

RESTAURANT & CAFE

레스토랑 & 카페

앤티 샌디스 바나나 브레드 Aunty Sandy's Banana Bread

1983년부터 바나나 빵을 굽기 시작해, 이후 40여 년간 하나 로드를 찾는 여행객의 배를 채워준 곳이다. 매일 아침 오븐에서 갓 구워낸 따뜻한 바나나 빵을 맛볼 수 있다. 빵은 가족 레시피에 따라 만들어지며 현지에서 재배된 애플 바나나를 사용한다. 고든 램지가 진행하는 내셔널 지오그래픽 채널에도 소개된 바 있다(마일 마커 (360번 도로) #16).

ADD 210 Keanae Rd, Ke'Anae, HI 96708
OPEN 월-토 08:30-14:30 MENU 바나나 빵 $8 SITE auntysandys.com

훌리훌리 치킨 Huli Huli Chicken

코키 비치(koki's) 인근, 세상에서 가장 멋진 뷰를 가진 음식점이다. 닭과 돼지고기로 만든 여러 메뉴를 선보이며 그중 훌리훌리 치킨이 가장 인기가 많다. 플레이트 형식이라 밥과 샐러드가 포함된다. 천막을 친 매장 주변으로 테이블이 마련돼 있으며 포장해 인근 비치에서 먹어도 좋다. 현금 결제만 가능하다. 고든 램지가 진행하는 내셔널 지오그래픽 채널에도 소개된 바 있다(마일 마커 (360번 도로) #49).

ADD 175 Haneoo Rd, Hana, HI 96713
OPEN 11:00-18:00 MENU 훌리훌리 치킨 $18, 콤보 플레이트 $18 SITE menuguide.com/HI/Hana/Huli-Huli-Chicken

로드 투 하나 제대로 즐기기

MM9.5 **호오키파 비치 파**

MM6 **파이아**

30

36

카훌루이 국제공항

37

30

로드 투 하나 드라이브 시 주의사항

하나 로드에는 볼거리가 많아 아침 일찍부터 일정을 시작하는 것이 좋다. 커브 길이 많고 길이 좁아 어두워지면 운전이 힘들기 때문에 낮 시간대에 드라이브를 즐기고 가급적 어두워지기 전에 도로를 벗어나자. 하나 로드에는 푸드 트럭이나 도로변 과일 상점이 전부이기 때문에 도시락이나 간식거리를 준비하고 현금도 미리 준비해두는 것이 좋다.

특별한 로드 투 하나 즐기기

대부분의 여행자들은 하나 타운과 하모아 비치까지만 드라이브를 즐긴다. 하지만 하나 베이 비치 파크를 지나 조금만 더 들어가면 '할레아칼라의 엉덩이'라 불리는 키파훌루, 오헤오 협곡 등 숨은 명소가 많다. 특별한 일몰을 보고 싶다면 할레아칼라 뒤쪽으로 가보자. 단, 이 구간 중 일부는 사고 시 렌터카 보험이 적용되지 않는다.

OH! MY TIP

렌터카 보험 미적용 구간

하나 로드를 주행하다보면 렌터카 회사들이 보험 미적용 구간으로 설정한 도로가 나온다. 파이아-하나 마을까지 돌아본 후 다시 되돌아오는 코스라면 문제가 없지만, 키파훌루 방문자센터를 지나는 백 로드 투 하나 코스에 진입한다면 보험 미적용 구간을 통과해야 한다. 이 구간은 대부분 차량 한 대만 지나갈 수 있는 1차선 도로이다. 그 중 마일 마커 38-39구간을 특히 주의해야 한다. 또한 칼레파 브릿지(Kalepa Bridge)를 지나면 하나 하이웨이(Hana Hwy 360번 도로)는 피일라니 하이웨이(Piilani Hwy, 31번 도로)로 변경된다.

MM0 로트 투 하나
Route 360
MM2 쌍둥이 폭포
MM10 마우이 에덴 정원
MM12 카후마히나 주립공원
MM16 케아나에 전망대
MM18 와일루아 전망대
MM17 하프웨이 투 하나
MM19 와이카니 폭포 상부
MM31 하나 라바 튜브
MM29 니하쿠 마켓 플레이스
360
MM32 와이아나파나파 주립공원
MM34 하나 타운
377
37
MM51 하모아 비치
할레아칼라 국립공원
오헤오 협곡 & 피피와이 트레일
MM42 와이모쿠 폭포
MM42 키파훌루 방문자센터
31
＊렌터카 보험 미적용 구간

준비품

물, 간식, 하이킹 신발, 카메라, 선크림, 수영복, 모기
기피제, 우비, 외투(밤에는 기온이 떨어짐), 멀미약.

OH! MY TIP

잠깐의 휴식! 니하쿠 마켓 플레이스
마일 마커 #29에 있는 니하쿠 마켓 플레이스(Na-
hiku Market Place)에는 2-3군데의 음식점과 커피,
기념품점이 있다. 테이블이 있어 식사를 즐길 수도
있는 만큼 잠시 쉬어가기 좋다.

ADD 800 Hana Hwy, Hana, HI 96713 | TEL
808-248-8848

카우아이 여행하기

카우아이 드론 영상

카우아이의 7가지 매력

01
하와이섬 중 가장 먼저 탄생한 섬

02
시간의 흐름을 장엄하게 뽐내는 섬

03
세계 3대 다우 지역

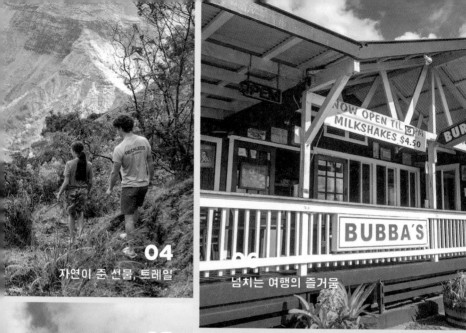

04
자연이 준 선물, 트레일

넘치는 여행의 즐거움

05
태곳적 자연의 모습이 그대로

07
영화 촬영지의 천국

FROM OAHU
TO KAUAI

인천에서 오아후(호놀룰루 국제공항)에 도착한 후 바로 카우아이로 이동할 경우, 하와이안 항공 또는 사우스웨스트항공 주내선을 이용하면 편리하다. 도착 공항은 리후에 공항이며, 소요 시간은 약 40분이다.

리후에 공항 Lihue Airport

카우아이에서 이용할 수 있는 유일한 공항인 리후에 공항은 카우아이 남동쪽 해안부에 위치한다. 호놀룰루-리후에 노선의 주요 항공사는 하와이안 항공과 사우스웨스트 항공이다.

KAUAI
TRANSPORTATION

렌터카 Rent a Car

카우아이에서도 렌터카는 필수이다! 공항에서 수하물을 찾은 후 렌터카 사무실로 이동한다. 공항 내 입점한 회사의 경우 도보로 2-3분이면 충분하다. 공항 밖에 자리한 렌터카 사무실까지는 셔틀을 이용해야하며 3-5분가량 소요된다. 카우아이 도로는 섬 가장자리를 따라 하나로 연결되는 단순한 구조라 운전이 어렵지 않다. 공유 차량 서비스인 투로(Turo)의 경우 공항에서 셔틀을 제공한다.

버스 Bus

카우아이 버스(Kauai Bus)는 카우아이 주에서 운영하는 교통수단으로 케카하-하날레이 구간을 운행한다. 단 캐리어와 배낭을 갖고 탑승할 수 없고 일부 시내 구간으로만 연결되기 때문에 여행자에게는 추천하지 않는다. 버스 요금은 성인 기준 $2이며 원데이 패스는 $5이다(6세 미만 무료).

택시 & 우버 Taxi & Uber

공항이나 호텔 앞에 대기 중인 택시가 아니면 호출해야 한다. 무료 호출 전화가 설치되어 있다.

카우아이에서 즐기는 액티비티

카약 Kayak

카우아이의 카약은 하와이 섬 내에서 유일하게 강에서 즐길 수 있다. 와일루아 강에서 진행하는 것이 대표적이다. 홀레이아와 하날레이에서도 가능하다.

카약 하날레이 Kayak Hanalei
ADD 5-5070A Kuhio Hwy, Hanalei, HI 96714 **TEL** 808-826-1881 **SITE** kayakhanalei.com

헬기 투어 Helicopter Tour

카우아이의 자연을 한눈에 담을 수 있는 유일한 프로그램이다. 카우아이는 도보로 볼 수 없는 곳이 섬의 절반이나 될 정도로 많다. 신체의 한계를 뛰어넘어 숨어 있는 자연까지 모두 만날 수 있는 헬기 투어를 통해 거대한 열대우림의 신비로움을 만끽해보자.

나팔리 코스트 크루즈
Napali Coast Cruise

나팔리 코스트 프로그램은 오전, 오후에 따라 달라진다. 오전은 대부분 스노클링이 포함되어 있으며, 오후는 선셋 크루즈를 목적으로 한다. 바다에서 나팔리 코스트를 조망할 수 있는 최적의 프로그램이다.

튜빙 Tubing

하와이 섬 중에 오직 단 한 곳, 카우아이에서만 즐길 수 있는 액티비티다. 튜빙은 튜브에 편안하게 몸을 기대고 대자연의 아름다운 경치를 즐길 수 있는 프로그램이다. 카우아이의 역사를 제대로 즐길 수 있는 코스로 흥미진진한 야생의 즐거움을 온몸으로 느낄 수 있다.

카우아이 백컨트리 어드벤처 Kauai Backcountry Adventures
ADD 3-4131 Kuhio Highway Lihue, HI 96766 808-245-2506 SITE kauaibackcountry.com/tubing

짚라인 Zip line

열대우림을 가장 가까이에서 만나볼 수 있는 프로그램으로 숲, 계곡, 바다와 함께 어우러져 짜릿함을 만끽할 수 있다. 포이푸와 프린스빌에서 진행된다.

승마 Private Horseback Tour

말을 타고 카우아이 북부의 자연을 자세히 감상해보자. 투어 전 교육을 받은 후 하날레이 산맥과 해안을 둘러볼 수 있다. 승마 경험이 없더라도 어렵지 않게 즐길 수 있다.

ADD 2888 Kamookoa Rd, Kilauea, Kauai, HI 96754-5110 SITE princevilleranch.com

KAUAI
BEACH MAP

카우아이 해변 지도

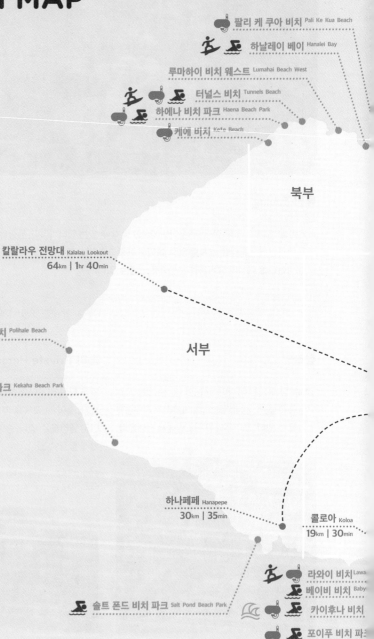

팔리 케 쿠아 비치 Pali Ke Kua Beach

하날레이 베이 Hanalei Bay

루마하이 비치 웨스트 Lumahai Beach West

터널스 비치 Tunnels Beach

하에나 비치 파크 Haena Beach Park

케에 비치 Ke'e Beach

북부

칼랄라우 전망대 Kalalau Lookout
64km | **1**hr **40**min

서부

풀리할레 비치 Polihale Beach

케카하 비치 파크 Kekaha Beach Park

하나페페 Hanapepe
30km | **35**min

콜로아 Koloa
19km | **30**min

라와이 비치 Lawa

베이비 비치 Baby

카이후나 비치

솔트 폰드 비치 파크 Salt Pond Beach Park

포이푸 비치 파크

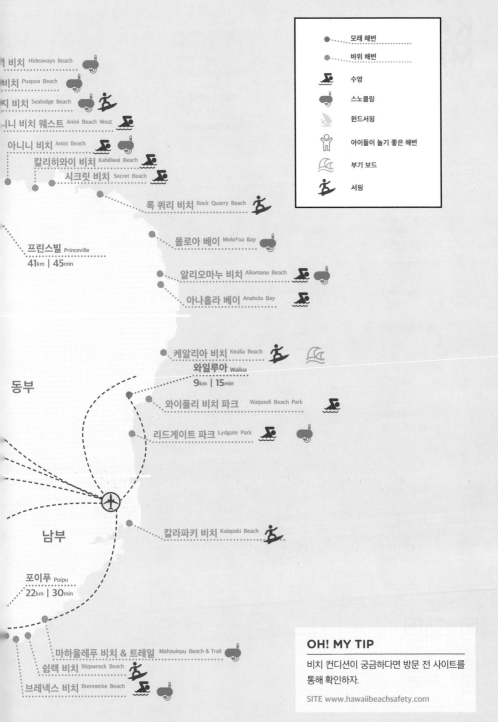

모래 해변
바위 해변
수영
스노클링
윈드서핑
아이들이 놀기 좋은 해변
부기 보드
서핑

이 비치 Hideaways Beach
비치 Puapoa Beach
지 비치 Sealodge Beach
니 비치 웨스트 Anini Beach West
아니니 비치 Anini Beach
칼리히와이 비치 Kahiliwai Beach
시크릿 비치 Secret Beach
록 쿼리 비치 Rock Quarry Beach
몰로아 베이 Molo‘oa Bay

프린스빌 Princeville
41km | 45min

알리오마누 비치 Aliomanu Beach
아나홀라 베이 Anahola Bay

케알리아 비치 Kealia Beach
와일루아 Wailua
9km | 15min

동부

와이풀리 비치 파크 Waipouli Beach Park
리드게이트 파크 Lydgate Park

남부

칼라파키 비치 Kalapaki Beach

포이푸 Poipu
22km | 30min

마하울레푸 비치 & 트레일 Mahaulepu Beach & Trail
쉽렉 비치 Shipwreck Beach
브레넥스 비치 Brennecke Beach

OH! MY TIP

비치 컨디션이 궁금하다면 방문 전 사이트를
통해 확인하자.

SITE www.hawaiibeachsafety.com

KAUAI
MAP 카우아이 전도

하에나 비치
터널스 비치
하에나 주립공원
리마훌리 가든

칼랄라우 트레일
케에 비치

하나카피아이 비치

푸우 오 킬라 전망대

칼랄라우 전망대

코케에 주립공원

나팔리 코스트 주립야생공원
호노푸 비치
칼랄라우 밸리 & 비치

코케에 자연사박물관

푸우 히나히나 전망대

폴리할레 주립공원

글래스 비치

하나페페 타운
하나페페 스윙 브릿지

케카하 비치 파크

캡틴 쿡 동상

하나파키파이 폭포

나팔리 코스트

와이메아 캐니언 주립공원
와이메아 캐니언 전망대

레드 더트 폭포

솔트 폰드 비치 파크

구글맵

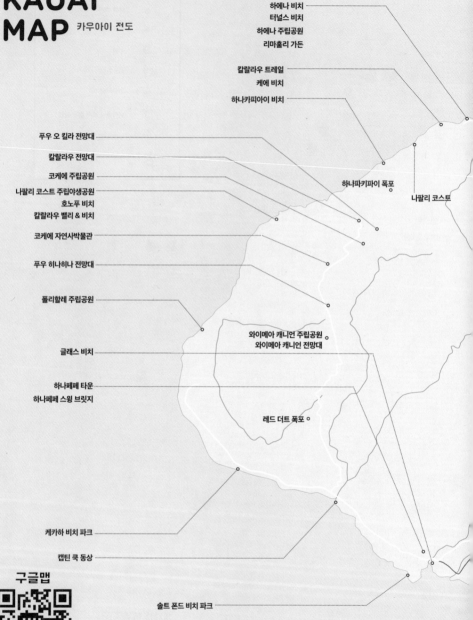

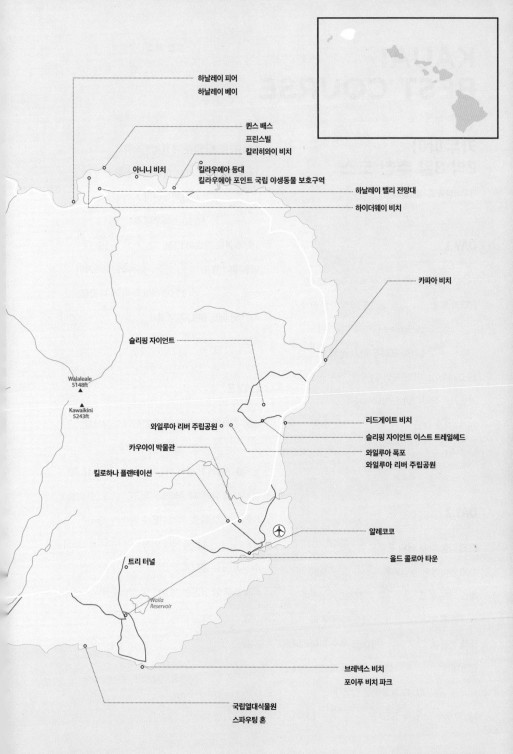

하날레이 피어
하날레이 베이

퀸스 배스
프린스빌
칼리히와이 비치

킬라우에아 등대
킬라우에아 포인트 국립 야생동물 보호구역

아니니 비치

하날레이 밸리 전망대
하이더웨이 비치

카파아 비치

슬리핑 자이언트

Walaleale
5148ft

Kawaikini
5243ft

리드게이트 비치
슬리핑 자이언트 이스트 트레일헤드

와일루아 리버 주립공원

와일루아 폭포
와일루아 리버 주립공원

카우아이 박물관

킬로하나 플랜테이션

알레코코

올드 콜로아 타운

트리 터널

Waila
Reservoir

브레넥스 비치
포이푸 비치 파크

국립열대식물원
스파우팅 혼

KAUAI
BEST COURSE

카우아이
2박 3일 추천 코스

카우아이를 즐기는 일정

DAY 1

14:30 레후아 공항 도착 　셔틀 5분　 15:00

렌터카 픽업 　렌터카 4분　 15:10 월마트 장보기

　렌터카 25분　 16:30 숙소(포이푸) 체크인

　도보 이동　 17:30 포이푸 비치 산책 　렌터카 5분　

19:00 부바스 버거(포이푸), 이팅 하우스 1849,

케오키스 파라다이스 저녁식사 　렌터카 5분　

20:30 숙소 복귀

*공항-카파 구간은 렌터카로 20분가량 소요된다. 월마트 외
에도 세이프웨이 등의 마트가 있다.

DAY 2

7:30 리틀 피시 커피 포이푸 아침식사 　렌터카 45분　

9:00 와이메아 주립공원 　렌터카 4분　 9:30

레드 더트 폭포 　렌터카 15분　 10:10 와이케아

캐니언 전망대 　렌터카 7분　 10:40 푸우 카

펠레 전망대 　렌터카 3분　 10:55 푸우 히나히나

전망대 　렌터카 6분　 11:20 코케에 자연사 박물관

　렌터카 10분　 11:40 칼랄라우 전망대 　렌터카 5분　

12:00 푸우 오 킬라 전망대 　렌터카 45분　 13:00

더 쉬림프 스테이션에서 점심식사 　렌터카 12분　

14:00 하나페페 타운, 하나페페 스윙 브릿지

　렌터카 8분　 14:30 카우아이 커피 컴퍼니

　렌터카 22분　 15:10 스파우팅 혼 　렌터카 9분　

15:30 올드 콜로아 타운 　렌터카 25분　 16:00

와일루아 폭포 　렌터카 20분　 16:40 오파에카아

폭포 　렌터카 6분　 17:00 라바 라바 비치 클럽,

치킨 인 배럴 BBQ 저녁식사 　렌터카 30분　 18:00

숙소 복귀

DAY 3

8:00 칼라헤오 카페 & 커피 컴퍼니 아침식사

　렌터카 60분　 9:30 킬라우에아 등대 　렌터카 15분　

10:00 하날레이 밸리 전망대 　렌터카 9분　 10:20

하날레이 피어, 하날레이 비치 　렌터카 27분　 11:30

하에나 비치 파크, 마니니홀로 드라이 케이브

　셔틀 2분　 11:50 케에 비치 　렌터카 70분　 15:00

리후에 공항 렌터카 반납 　셔틀 5분　 15:20

호놀룰루 행 항공편 체크인 및 탑승 준비

카우아이
3박 4일 추천 코스

오아후 일정 중 카우아이 여행

DAY 1

12:00 레후아 공항 도착 ──셔틀 5분──> 렌터카

픽업 ──렌터카 10분──> 12:30 킬로하나 플랜테이션

──렌터카 7분──> 13:00 카우아이 박물관 ──렌터카 12분──>

14:15 와일루아 폭포 ──렌터카 20분──> 15:15

오파에카아 폭포 ──렌터카 30분──> 16:30 킬라우에아

등대 ──렌터카 25분──> 17:30 하날레이 밸리 전망

──렌터카 10분──> 18:30 하날레이 타운 저녁식사

──> 20:00 숙소(프린스빌) 체크인

*오아후에서 아침 일찍 카우아이로 출발하는 일정이다. 오아
후와는 다른 카우아이의 자연을 즐겨보자.

DAY 2

7:30 숙소 ──렌터카 30분──> 8:00 칼랄라우 트레일

(6.4km 코스) ──트레일 4시간──> 12:30 케에 비치

──렌터카 30분──> 숙소 복귀

*칼랄라우 트레일은 화장실과 편의시설이 없으니 생수, 먹을
거리를 미리 준비하자.

DAY 3

5:30 숙소 ──렌터카 100분──> 7:30 와이메아 캐니

언 ──렌터카 20분──> 8:15 푸우 오 킬라 전망대

──렌터카 50분──> 10:30 하나페페 타운, 하나페

페 스윙 브릿지 ──렌터카 5분──> 11:30 글래스 비

치 ──렌터카 20분──> 12:30 올드 콜로나 타운 점심

식사 ──렌터카 7분──> 15:00 숙소(포이푸) 체크인

──렌터카 10분──> 16:00 포이푸 비치 파크 ──렌터카 10분──>

19:00 숙소 복귀

DAY 4

9:00 숙소 ──렌터카 25분──> 10:00 헬기 투어

──렌터카 5분──> 11:30 레후아 공항 렌터카 반납

──> 12:00 호놀룰루 행 항공편 탑승 준비

*카우아이를 제대로 즐기고 싶다면 헬기 투어를 이용해 나팔
리 코스트를 감상해 보자.

KAUAI
WEST

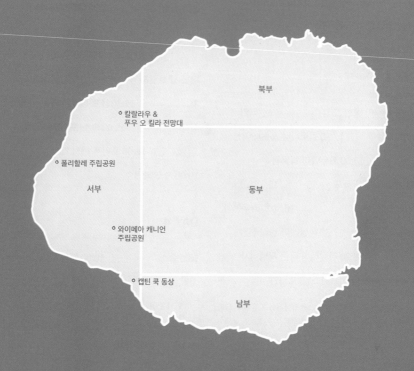

북부

칼랄라우 &
푸우 오 킬라 전망대

폴리할레 주립공원

서부

동부

와이메아 캐니언
주립공원

캡틴 쿡 동상

남부

ATTRACTION 명소

글래스 비치 Glass Beach

유리병과 유리 쓰레기가 오랜 시간을 거쳐 잘 다듬어진 자갈과 모래가 되었다. 가까이에서 보지 않으면 유리인 줄 모를 정도이다. 단 물놀이를 할 수 있는 환경은 아니다. 주소 지점에 주차 후 흙길을 따라 2분 정도 이동하면 된다.

ADD171 Aka Ula St HI 96705

하나페페 타운 Hanapepe Town

바나나, 사탕수수 등 농작물이 잘 자라는 비옥한 지역이자 소금 개발 지역이기도 했던 하나페페는 제1차 세계대전까지만 해도 카우아이에서 가장 번성한 마을이었지만, 지금은 가장 작은 마을로 자리한다. 디즈니 영화 <릴로&스티치> 등 수많은 영화에 배경으로 등장했으며, 아트 갤러리가 모여 있어 오늘날에는 예술인 마을로도 불린다. 매주 금요일 저녁 5시부터 '하나페페 아트 나이트'가 열린다.

ADD 4481 Kona Rd, Hanapepe, HI 96716

하나페페 스윙잉 브릿지
Hanapepe Swinging Bridge

1900년대 초 주민들이 강을 건널 목적으로 만든 다리이다. 코아 나무를 이용해 한 사람이 통행할 수 있는 폭으로 만들었는데, 건널 때마다 흔들거리는 덕분에 모든 연령대가 재미있어 한다. 1992년 허리케인 손상으로 보수한 모습 그대로 지금까지 이어져오고 있다.

ADD 3857 Iona Rd, Hanapepe, HI 96716
SITE kauai.com/hanapepe-swinging-bridge

토크 스토리 북스토어
Talk Story Bookstore

미국 최서단 서점으로 빈티지 도서에서부터 만화책, 하와이 역사책, 레코드 음반 등 2만 5천여 권의 책과 아이템들을 갖추고 있다. 하나페페 1등 쇼핑 장소로 하와이에서 흔하지 않은 독립 서점 중 한 곳이기도 하다. 2004년 오픈 이래 19개의 비즈니스 상을 수상한 바 있다.

ADD 3785 Hanapepe Rd, Hanapepe, HI 96716
OPEN 토-목 10:00-17:00, 금 10:00-20:00
SITE talkstorybookstore.com

솔트 폰드 비치 파크 Salt Pond Beach Park

천연 습지로 소금이 자연적으로 형성되는 솔트 폰드에는 인공 염전이 있다. 요리와 약용에 사용되는 소금을 전통 방식에 따라 생산하며 해당 구역은 허가 없이 출입할 수 없다. 해당 염전 인근에 자리한 솔트 폰트 비치는 누구나 언제든 이용할 수 있는 가족 친화적 비치이다. 비치 앞쪽에서 암초가 파도를 한번 막아주는 구조라 안전하며 물이 맑다. 산호초도 많아 스노클링을 즐기기에도 좋다.

ADD Salt Pond Rd, Eleele, HI 96705

킹 카우무알리이 동상 King Kaumuali'i Statue at Pa'ula'ula

와이메아 강의 줄기가 바다로 이어지는 끝자락에는 카우아이 주민들이 자발적으로 기금을 모아 제작한 카우아이의 마지막 왕 카우무알리이의 동상이 자리한다. 하와이에 남아 있는 유일한 러시아 요새도 볼 수 있는데, 카메하메하 1세의 위협을 두려워하던 카우무알리이가 러시아 군대의 원조를 받아 19세기 초에 건설한 것이다.

ADD X82P+XM, Waimea, HI 96796

캡틴 제임스 쿡 동상 Captain James Cook Statue

와이메아 베이 인근에는 제임스 쿡 선장의 동상이 세워져 있다. 와이메아 베이는 그가 1778년 하와이에 와 처음으로 발을 내딛은 곳으로, 이후 2주간 카우아이에서 머무른 후 다른 섬으로 이동한 것으로 전해진다. 해당 동상은 그의 고향인 영국 휘트비에 있는 오리지널 동상의 복제품이다.

ADD Kaumualii Hwy, Waimea, HI 96796

케카하 비치 파크 Kekaha Beach Park

카우아이에서 가장 긴 해변으로 넓은 모래사장을 자랑한다. '금지된 섬'이라 불리는 니하우 섬을 조망할 수 있는 곳이다. 일몰을 즐기기엔 좋으나 물놀이 등의 활동은 적합하지 않다.

ADD HI-50, Kekaha, HI 96752 OPEN 06:00-22:00

폴리할레 주립공원
Polihale State Park

접근성 때문에 여행객은 드물지만 현지인들은 캠핑, 낚시 등을 위해 즐겨 찾는 곳이다. 고대 하와이인들은 이곳을 영적인 장소로 믿었다고 하는데, 이곳의 바위에서 뛰어내리면 내세로 간다고 여겼기 때문이다. 모래 언덕이 형성되어 있는 모래사장도 눈에 띈다. 오프로드 길로 입구에서 30분가량 이동해야 비치가 나온다.

ADD Lower Saki Mana Rd, Waimea, HI 96796
OPEN 05:30-19:45 SITE dlnr.hawaii.gov/dsp/parks/
kauai/polihale-state-park

와이메아 캐니언 주립공원
Waimea Canyon State Park

오랜 침식작용으로 용암층이 솟아나 기이한 협곡을 형성한 곳이다. 길이 22km, 폭 1.6km, 깊이 1,097m로 태평양의 그랜드 캐니언이라 불릴 만큼 태평양에서 가장 큰 협곡이자 독특한 지질학적 역사를 자랑한다. '붉은 물'이라는 이름처럼 바위가 빨간 빛을 띠는데 깎여나간 현무암이 빨갛게 풍화되었기 때문이다. 와이메아 캐니언 도로는 비교적 운전하기 좋고 도로를 따라 중간중간 전망대가 자리해 쉬어가기에도 편리하다.

ADD Waimea, HI 96796 FARE 입장료 $5, 주차 대당 자가용/1-7인승/8-25인승/26인승 이상 $10/25/50/90
SITE dlnr.hawaii.gov/dsp/parks/kauai/waimea-canyon-state-park

레드 더트 폭포 Red Dirt Waterfall

붉은 협곡들 사이로 자연스럽게 물줄기가 떨어지는 작은 폭포이다. 찾아가는 길은 쉽지만 물이 얕은 편으로 섬에 내리는 비의 양에 따라 폭포의 수량이 달라지니 참고하자. 주위 적갈색 토양이 마치 화성에 온 듯한 느낌을 준다. 폭포 맞은편에는 협곡을 살필 수 있는 전망대(Stream and Canyon Lookout) 가 있다.

ADD State Hwy 550, Waimea, HI 96796

와이메아 캐니언 전망대 Waimea Canyon Lookout

와이메아 캐니언 주립공원 내 드라이브 코스에서 가장 먼저 만나는 전망대이다. 가장 뛰어난 와이메아 협곡 전망을 파노라마로 즐길 수 있다. 전망대는 2층 구조로 안전바가 설치되어 있다.

ADD Waimea, HI 96796

OH! MY TIP

전망대 주차비 정산!
와이메아 캐니언 주립공원, 코케에 주립공원 내 전망대를 방문하려면 반드시 주차를 하고 주차 비용도 지불해야 한다. 기계를 이용한 카드 결제만 가능하다. 첫 번째 전망대인 와이메아 캐니언 전망대에서 한 번만 주차비를 정산하면 이후 전망대에서 모두 이용할 수 있다. 영수증은 차량 내 대시보드 위에 올려두면 된다.

푸우 카 펠레 전망대 Pu'u Ka Pele Lookout

와이포오(Waipo'o) 폭포를 가장 가깝게 볼 수 있는 작은 전망대이다. 폭포까지 거리가 있지만, 사진을 담기에는 문제가 없다. 특별한 이정표는 없지만 알아보기에 그리 어렵지 않다. 전망대 맞은편은 푸우 카 펠레 피크닉 그라운드(Puu Ka Pele Picnic Grounds)로 피크닉 테이블과 화장실이 있다.

ADD Waimea, HI 96796

푸우 히나히나 전망대
Pu'u Hinahina Lookout

와이메아 강이 협곡을 흐르는 모습을 자세하게 관찰할 수 있는 포인트이다. 와이메아 캐니언 트레일이 시작되는 곳이라 사람보다는 주차된 차량이 많다.

ADD Waimea, HI 96796

코케에 주립공원
Koke'e State Park

해발 980-1,280m에 자리한 국립공원으로 토종 초목, 숲새 등을 관찰하기 좋은 7개의 트레일 코스가 조성되어 있다. 와이메아 주립공원과 나란히 붙어 있으며 두 공원이 함께 하나의 큰 공원을 형성한다.

ADD Hanapepe, HI 96716 FARE 입장료 $5, 주차 대당 자가용/1-7인승/8-25인승/26인승 이상 $10/25/50/90 SITE dlnr.hawaii.gov/dsp/parks/kauai/kokee-state-park

코케에 자연사박물관 Koke'e Natural History Museum

코케에 주립공원의 생태계에 대해 소개하고 있는 곳으로 기념품점과 함께 운영된다. 입장료는 무료이지만, 인당 $3의 기부가 권장된다. 트레일에 대한 정보도 얻을 수 있다.

ADD 3600 Kokee Rd, Kekaha, HI 96752 OPEN 월-금 11:00-15:00, 토-일 10:30-16:00 SITE kokee.org

칼랄라우 전망대 Kalalau Lookout

코케에 주립공원 끝에 자리한 전망대로 나팔리 코스트의 높은 절벽과 카우아이의 북서쪽 해안을 따라 펼쳐지는 바다를 조망할 수 있는 포인트이다. <쥐라기 공원>, <킹콩> 등 수많은 영화의 배경지로도 잘 알려져 있다. 칼랄라우 밸리는 폭이 4km로 섬에서 가장 큰 계곡이며 1919년까지 하와이 원주민들이 거주했다는 기록이 남아 있다.

ADD Kokee Rd, Kapa'a, HI 96746

푸우 오 킬라 전망대 Pu'u O Kila Lookout

550번 도로의 종점이자 피헤아 트레일(Pihea Trail)의 출발점으로 해발 1,266m에 위치한다. 칼랄라우 밸리와 함께 세상에서 가장 높은 늪이자 지구상에서 두 번째로 습한 곳인 알라카이 스왐프(Alakai Swamp)를 내려다볼 수 있다. 나팔리 해안의 깎아놓은 듯한 절벽도 가장 가까이에서 볼 수 있는데 구름이 계속 드나들어 시시각각 달라지는 모습이 꽤나 흥미롭다. 칼랄라우 전망대에서 이곳까지 이동하는 중간에 도로 폭이 좁아지는 구간이 있다. 운전에 유의하자.

ADD Pihea Trail, Kapa'a, HI 96746

OH! MY TIP

전망대 갈 때 외투 챙기세요!
칼랄라우 전망대, 푸우 오 킬라 전망대에서는 시원한 바람이 계곡과 절벽을 타고 올라 열대 날씨를 식혀준다. 시간에 따라 쌀쌀하다 느낄 수 있으니 카디건을 챙겨 가는 것이 좋다. 구름이 적고 해가 완전히 모습을 드러내는 오전 8시부터 11시까지가 방문하기 좋은 시간대이다.

RESTAURANT & CAFE

미드나잇 베어 브레즈 Midnight Bear Breads

페이스트리와 크루아상 맛집으로, 아침 일찍 와이메아 캐니언을 방문할 때 간단하게 끼니를 해결하기 좋다. 하나페페 마을의 유일한 카페이기도 하다.

ADD 3830 Hanapepe Rd, Hanapepe, HI 96716 OPEN 수, 금-토 08:00-15:00, 목 09:00-15:00 MENU 버터 크루아상 $4, 터키 샌드위치 $12.50 SITE midnightbearbreads.com

재패니즈 그랜마스 카페 Japanese Grandma's Cafe

와이메아 캐니언과 하나페페 마을에서 찾아보기 힘든, 깨끗하고 정갈한 일식당으로 스시롤, 도시락 위주의 메뉴를 선보인다. 유럽이나 미국 사람들에게는 인기가 있을 수 있겠으나 우리에게는 다소 아쉬움이 남는 곳이다.

ADD 3871 Hanapepe Rd, Hanapepe, HI 96716 OPEN 수-월 11:30-14:30, 17:00-21:00 MENU 그랜마스 후토마키 $15, 회 세트 $46 SITE japanesegrandma.com

조조스 셰이브 아이스 JoJo's Shave Ice

카우아이를 대표하는 셰이브 아이스 매장이다. 34가지에 달하는 시럽부터 토핑까지 전부 홈메이드를 자랑한다. 마카다미아 아이스크림, 홈메이드 코코넛 푸딩을 얹은 사우스 쇼어(South Shore) 혹은 트로피컬 브리즈(Tropical Breeze)를 추천한다. 카우아이에서는 와이메아 본점과 하날레이, 카파에서 매장을 운영 중이며, 수익의 절반은 지역 내 소외 계층 청소년을 위해 기부된다.

<u>ADD</u> 9734 Kaumualii Hwy, Waimea, HI 96796 <u>OPEN</u> 11:00-18:00 <u>MENU</u> 레인보우 $6.75, 트로피컬 브리즈 $7.28, 사우스 쇼어 $7.28 <u>SITE</u> jojosshaveice.com

랭글러스 스테이크 하우스 Wrangler's Steakhouse

1984년 문을 연 스테이크 하우스로 모든 메뉴에는 로컬에서 생산된 식재료를 사용한다. 대표 메뉴인 시즐링 스테이크 외에도 햄버거, 새우 요리 등을 맛볼 수 있다. 점심에는 칼루아 피그 등 하와이언 메뉴도 판매한다. 와이메아에서 흔하지 않은 레스토랑이라 놓치기 아쉽다.

<u>ADD</u> 9852 Kaumualii Hwy, Waimea, HI 96796 <u>OPEN</u> 화-토 17:00-21:00 <u>MENU</u> 시즐링 스테이크 $39, 클래식 버거 $14 <u>SITE</u> wranglerssaddleroom.com

더 쉬림프 스테이션 The Shrimp Station

카우아이 대표 새우 요리 전문점이다. 모든 메뉴에는 카우아이 새우를 사용하는데 다른 섬과 비교해 새우 크기가 크다. 코코넛 쉬림프, 스위트 칠리 갈릭 쉬림프가 인기 메뉴로 꼽힌다. 주문 시 이름을 물어보고, 음식이 준비되면 이름을 불러준다. 개수대도 마련돼 있다.

<u>ADD</u> 9652 Kaumualii Hwy, Waimea, HI 96796 <u>OPEN</u> 목-화 11:00-17:00 <u>MENU</u> 코코넛 쉬림프 $16.95, 스위트 칠리 갈릭 쉬림프 $19.95 <u>SITE</u> theshrimpstation.net

KAUAI
SOUTH

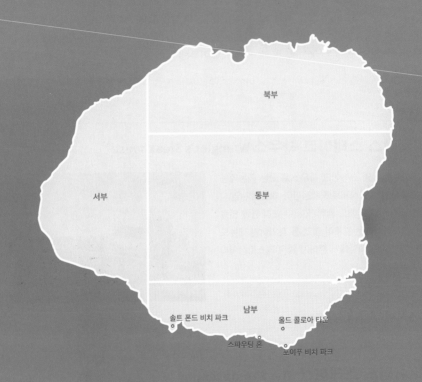

북부

서부

동부

남부

솔트 폰드 비치 파크

올드 콜로아 타운

스파우팅 혼

포이푸 비치 파크

ATTRACTION 명소

국립 열대 식물원 – 맥브라이드 & 앨러튼 가든
National Tropical Botanical Garden - McBryde & Allerton Gardens

미국에 있는 국립 열대 식물원 5곳 중 3 곳이 카우아이에 있다. 30만 평 규모의 맥브라이드 가든과 12만 평 규모의 앨러튼 가든도 그중 한 곳이다. 앨러튼 가든은 <내셔널 지오그래픽 트래블러>에서 '죽기 전에 가야 할 장소 50곳'으로 선정했을 만큼 아름다운 조경 예술을 자랑하며, <캐리비안의 해적> 등 수많은 영화의 단골 촬영 장소이기도 하다. 가든의 트레이드 마크는 1946년에 심은 모턴베

이 피그 나무로, 영화 <쥬라기 공원>에도 등장한 바 있다. 뿌리 단면의 높이가 1m가 넘을 정도로 웅장한 모습이 시선을 압도한다. 맥브라이드 가든은 셀프 투어가 가능하며, 앨러튼 가든은 가이드 투어를 이용해야 한다.

<u>ADD</u> 4425 Lawai Rd, Koloa, HI 96756 <u>OPEN</u> 화-토 09:00-16:30 <u>FARE</u> 앨러튼 가든 가이드 투어 13세 이상/2-12세 $65/32.50 선셋 투어 13세 이상/6-12세/2-5세 $105/60/30 <u>SITE</u> ntbg.org/gardens

하나페페 밸리 전망대 Hanapepe Valley Lookout

사탕수수 산업의 주요 중심지였던 하나페페 밸리를 조망할 수 있는 곳이다. 밸리에는 <쥬라기 공원> 오프닝에 등장했던 마나와이오푸나 폭포(Manawaiopuna Falls)가 자리하는데, 전망대에서는 조망하기가 어려워 아쉽다. 전망대에 방문할 계획이라면 구름으로 뒤덮일 수 있는 오후보다는 오전이 낫다.

<u>ADD</u> Kaumualii Hwy, Kalaheo, HI 96741

카우아이 커피 컴퍼니 Kaua'i Coffee Company

하와이에서 가장 큰 커피 농장을 소유한 브랜드로, 과거 사탕수수 밭 자리에 400만 그루가 넘는 커피나무를 심어 오늘날 미국에서 재배되는 커피의 절반 이상을 생산하고 있다. 원두와 각종 기념품을 판매하는 방문자센터와 커피 박물관, 다양한 유로 투어 프로그램을 운영하는데, 농장 일대는 셀프 투어로도 돌아볼 수 있다. 9-11월에 방문하면 직원들이 커피 체리를 따는 모습을 볼 수 있다.

ADD 870 Halewili Rd, Kalaheo, HI 96741 OPEN 월-금 09:00-17:00, 토-일 10;00-16:00 FARE 커피 온 더 브레인 투어 $25(일-금), 팜 투어 성인/8-18세 $45/40 SITE kauaicoffee.com

스파우팅 혼
Spouting Horn

용암 곳곳에 생겨난 여러 형태의 구멍으로 파도가 밀어닥쳐 바닷물이 분수처럼 솟아오르는 모습을 볼 수 있는 곳이다. 스파우팅 혼에는 다음과 같은 전설이 있다. 바다에 오는 사람을 잡아먹는 도마뱀이 어느 날 '리코'라는 사람을 공격했다. 리코는 도마뱀 입에 창을 던지고 용암 구멍에 숨게 되는데, 구멍으로 따라 들어간 도마뱀은 나오지 못하고 리코는 도망쳐 나왔다는 이야기이다. 그래서 물이 구멍으로 솟구칠 때마다 도마뱀이 고통에 신음하는 소리가 들리는 것이라고 한다.

ADD Lawai Rd, Koloa, HI 96756

올드 콜로아 타운
Old Koloa Town

1835년, 하와이 섬 최초의 사탕수수 농장이 문을 연 곳이다. 고풍스러운 옛 농장 건물을 개조하고 복원해 만든 타운에는 개성 만점 매장과 레스토랑이 들어서 있다. 타운 내 작은 공원에는 이민자를 위한 기념비(Old Sugar Mill Memorial)가 있으며, 여기에서 초기 하와이 한국인 이민자들의 흔적도 찾아볼 수 있다.

ADD Koloa Rd, Koloa, HI 96756 OPEN 09:00-21:00 SITE oldkoloa.com

포이푸 비치 Poipu Beach

수심이 얕고 해변 앞 암석이 파도를 막아줘 가족 여
행자들에게 더할 나위 없이 좋은 물놀이 장소이다.
스노클링은 물론 휴식과 피크닉 모두 즐길 수 있는
데다, 썰물 때면 바다가 갈라져 산책도 할 수 있다.
2023년 미국에서 '가장 아름다운 비치 10'에 선정
되었으며 하와이 몽크씰이 자주 출몰하는 곳으로
도 알려져 있다.

ADD 2179 Hoone Rd, Koloa, HI 96756

트리 터널 Tree Tunnel

1911년에 심은 500그루의 유칼립투스 나무가 터
널을 이루고 있는 곳이다. 포이푸 지역 이동 시 이
용하게 되는 520번 고속도로에 자리한다. 펠레 여
신이 인간으로 변해 차를 멈춰 세운다는 전설이 있
다.

ADD 520 Maluhia Rd, Koloa, HI 96756 미국

메네후네 피시폰드 전망대 Menehune Fishpond Overlook

무려 천 년 전 만들어진, 카우아이에서 가장
큰 양어장이자 가장 중요한 양어장으로 미국
국립사적지에 등록되어 있다. 전설에 따르면
하와이인들이 도착하기 전부터 하와이에 살
고 있던 '메네후네'들이 하룻밤 사이에 이 양
어장을 만들었다고 한다. 석공 장인으로 알려
진 메네후네들이 순식간에 가장자리 암벽을
쌓아올린 것. 높이만 274m에 달하는데 오늘
날에도 처음 세워졌을 때와 거의 같은 상태를
유지하고 있다고 전해진다.

ADD 2394-2458 Hulemalu Rd. Lihue, HI 96766

RESTAURANT & CAFE

이팅 하우스 1849 바이 로이 야마구치
Eating House 1849 by Roy Yamaguchi

음식 맛, 서비스, 분위기까지 모두 좋은 평가를 받는 레스토랑으로 스테이크부터 해산물 요리, 디저트까지 다양한 메뉴를 선보인다 시그니처인 초콜릿 수플레도 꼭 맛볼 것.

ADD 2829 Ala Kalanikaumaka St A-201, Koloa, HI 96756 OPEN 17:00-21:00 MENU 포케 $23, 립 아이 스테이크 $59, 초콜릿 수플레 $15 SITE royyamaguchi.com/eating-house-koloa

---

메리맨즈 카우아이 Merriman's Kauai

메리맨즈 레스토랑의 카우아이 지점이다. 눈앞에 펼쳐진 산과 바다 전망을 한껏 즐기며 멋들어진 저녁 식사를 경험해볼 수 있다. 특히 일몰 풍경이 아름답기로 손꼽힌다. 예약 필수.

ADD 2829 Ala Kalanikaumaka St, Koloa, HI 96756 OPEN 16:30-21:00 MENU 크랩 케이크 $28, 메리멘즈 듀오 플레이트 $64 SITE merrimanshawaii.com/poipu

462 _PART 7. INSIDE KAUAI

라퍼츠 하와이 Lappert's Hawaii

1983년 하나페페에서 오픈한, 하와이에서 가장 큰 아이스크림 브랜드이다. 하와이 내에서만 맛볼 수 있는 '메이드 인 카우아이 아이스크림'을 선보인다. 카우아이 파이 아이스크림, 우베 하우피아 아이스크림 등 8가지의 시그니처 메뉴가 있다. 하와이의 맛을 담은 디저트인 만큼 놓치지 말자.

ADD 2829 Ala Kalanikaumaka St, Koloa, HI 96756
OPEN 일-월, 수-목 08:0-20:00, 금-토 08:00-21:00 MENU 아이스크림 1/2스쿱 $5.79/8.79, 와플 콘/볼 $1.49
SITE lappertshawaii.com

비치 하우스 레스토랑 Beach House Restaurant

오션 프런트 레스토랑으로 분위기 맛집이다. 환태평양 요리를 중심으로 해산물 요리와 스테이크 메뉴 등을 선보이는데, 메인 메뉴의 경우 선택의 폭이 넓지 않은 편이다. 제철 재료를 활용하는 만큼 메뉴가 자주 변경된다. 디너에 방문 예정이라면 예약하는 것이 좋다.

ADD 5022 Lawai Rd, Koloa, HI 96756 OPEN 15:30-21:00 MENU 피시 & 로브스터 파스타 $57, 아히 스테이크 $49 SITE the-beach-house.com

브릭 오븐 피자 Brick Oven Pizza

1977년 문을 연 피체리아로 오아후에서도 매장을 운영 중이다. 피자뿐만 아니라 샌드위치 등 끼니를 해결할 수 있는 다양한 메뉴를 갖추고 있다. 도우 종류를 선택할 수 있어 좋다.

ADD 2-2555 Kaumualii Hwy, Kalaheo, HI 96741
OPEN 수-월 11:00-21:00 MENU 로스트 비프 샌드위치 $18.25, 마르게리타 피자 스몰/미디엄/라지 $21.45/29.95/38.45 SITE brickovenpizzahawaii.com

케오키스 파라다이스 Keoki's Paradise

누구나 편하게 이용할 수 있는 캐주얼 레스토랑으로 밝고 경쾌한 분위기가 특히 인상적이다. 다양한 브런치 및 디너 메뉴 가운데 해산물 리소토와 홀라 파이가 추천 메뉴로 꼽힌다. 분위기 맛집이라 예약 없이 방문하면 대기가 길 수 있다.

ADD 2360 Kiahuna Plantation Dr, Koloa, HI 96756 OPEN 월-금 11:00-21:00, 토-일 09:00-21:00 MENU 해산물 리소토 $35, 오리지널 홀라 파이 $14 SITE keokisparadise.com

카우아이 쿠키 베이커리 & 키친 Kauai Kookie Bakery & Kitchen

1965년 오픈한 카우아이 유일의 쿠키 브랜드이다. 진저 브레드, 구아바, 피넛 버터 등 다양한 맛의 쿠키를 여러 사이즈로 선보인다. 버거, 샌드위치, 플레이트 런치 등 허기를 달래줄 식사 메뉴도 함께 맛볼 수 있다.

ADD 2-2436 Kaumualii Hwy, Kalaheo, HI 96741 OPEN 월-금 06:00-20:00, 토-일 06:30-20:00 MENU 클래식 아몬드 쿠키 $5, 마카다미아 티 쿠키 $8 SITE kauaikookie.com

리틀 피시 커피 포이푸 Little Fish Coffee Poipu

베이글, 스콘 등의 베이커리 메뉴와 아사이볼, 커피 등을 맛볼 수 있는 카페이다. 건강을 생각한 스무디 종류도 다양하다. 오전 일찍 와이메아 주립공원에 갈 예정이라면 잠시 들러 간단하게 요기하기에 좋다.

ADD 2294 Poipu Rd, Koloa, HI 96756 OPEN 07:30-13:00 MENU 베이글 2.25부터, 그린 머신 스무디 $8.75, 아사이 볼 $11부터 SITE littlefishcoffee.com

푸카 도그 Puka Dog

하와이안 스타일의 핫도그를 판매하는 곳으로, 미국의 한 여행 채널에서 선정한 '미국 최고의 핫도그 매장 10위' 리스트에 이름을 올렸다. '구멍(푸카)'이라는 상호처럼 빵 사이에 구멍을 내고 그릴에 구운 소시지를 넣은 후 망고, 파인애플, 파파야, 바나나 등 열대 과일을 활용한 소스를 덮어낸다. 망고와 파인애플을 섞는 것이 인기가 많다고. 레몬에이드도 유명하니 핫도그와 함께 먹어보자. 주문 방법은 소시지(폴리시(Polish)/채소) - 갈릭 레몬 소스(마일드/스파이시/핫/라바) - 렐리시(Relish) – 머스터드/케첩 순으로 고르면 된다.

ADD 2100 Hoone Rd, Poipu, HI 96756 OPEN 10:00-19:30 MENU 폴리시 소시지 $10, 베지(Veggie) 도그 $11
SITE pukadog.com

칼라헤오 카페 & 커피 컴퍼니
Kalaheo Cafe & Coffee Company

조식, 브런치, 디너까지 다양한 메뉴와 캐주얼한 분위기로 많은 사랑을 받고 있는 음식점이다. 현지인, 여행객 모두가 좋아하는 곳으로 샌드위치와 커피 메뉴가 두루 맛이 좋은 편이다.

ADD 2-2560 Kaumualii Hwy, Kalaheo, HI 96741 OPEN 수-일 07:00-14:00, 17:00-20:00 MENU 스크램블드 에그 샌드위치 $7.50, 카우아이 비프 버거 $18 SITE kalaheo.com

SHOPPING

더 숍스 앳 쿠쿠이울라 The Shops at Kukui'ula

카우아이 서쪽에 위치한 쇼핑몰로 여러 맛집과 매장이 들어서 있다. 수요일 마켓, 금요일 라이브 공연 등 다양한 이벤트도 열린다.

ADD 2829 Ala Kalanikaumaka St, Koloa, HI 96756 OPEN 09:00-21:00 SITE theshopsatkukuiula.com

쿠쿠이 그로브 센터 Kukui Grove Center

리후에 지역에 있는 쇼핑몰이다. 메이시 백화점과 타깃, 타임즈 슈퍼마켓이 입점해 있다. 주변에 코스트코가 있어 장기간 체류 시 이용하기 좋다.

ADD 3-2600 Kaumualii Hwy Suite 1710, Lihue, HI 96766 OPEN 월-토 09:30-19:00, 일 10:00-18:00 SITE kukuigrovecenter.com

할리우드 영화 속 카우아이

영화 속 카우아이 명소

와이메아 캐니언, 하나페페 타운, 앨러튼 가든, 리드 게이드 비치 파크, 나팔리 코스트 등 유명 할리우드 영화의 배경으로 수없이 출연한 덕분에, 많은 여행자들이 카우아이에서 촬영지 무비 투어 프로그램을 선택한다. 여행 전에 영화를 통해 눈에 익힌 다음 각각의 스폿을 방문해보면 남다른 깊이의 감동을 느낄 수 있을 것이다.

무비 투어는 주요 촬영지를 돌아보며 사진을 남기는 기본 프로그램부터 호핑 투어 또는 헬기 투어 형태로 섬 일대를 함께 돌아보는 프로그램까지 선택지가 다양한 만큼, 하와이에서 색다른 추억을 남겨볼 수 있는 좋은 기회가 될 것이다.

카우아이를 배경으로 한 영화들

<쥬라기 공원: 잃어버린 세계> 외 해당 시리즈, <킹콩>, <디센던트>, <캐리비안의해적:낯선조류>, <아바타>, <인디아나 존스>, <퍼펙트 겟어웨이>, <식스 데이 세븐 나잇>, <릴로 & 스티치> 등

KAUAI
EAST

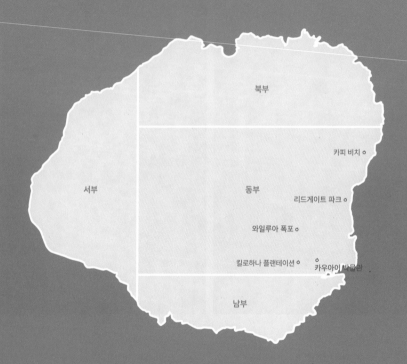

북부

서부

동부

카피 비치 ∘

리드게이트 파크 ∘

와일루아 폭포 ∘

킬로하나 플랜테이션 ∘   ∘ 카우아이 박물관

남부

ATTRACTION

명소

카우아이 박물관 Kauai Museum

1924년 문을 연 도서관 건물이 오늘날 카우아이의 역사를 소개하는 박물관으로 탈바꿈했다. 카우아이 섬의 흥미로운 역사에 대한 전시물은 물론 카우아이 원주민과 이민자들의 예술품과 유물도 함께 관람할 수 있다. 한국의 사진 신부 이야기(하와이 이민 1세대 한국인 남성이 신부 사진만 보고 혼인한 것)부터 카우아이에서 촬영한 모든 영화 정보까지 접할 수 있어 흥미롭다.

ADD 4428 Rice St, Lihue, HI 96766 OPEN 월-금 09:00-16:00, 토 09:00-14:00 FARE 18-64세- 65세 이상/8-17세/7세 이하 $15/12/10/무료 SITE kauaimuseum.org

킬로하나 플랜테이션 Kilohana Plantation

1896년 카우아이에 온 최초의 선교사 가족이 개발한 농장이다. 부지에는 1936년 지어진 카우아이 최초의 저택이 자리한다. 영국인 건축가가 설계했으며 오늘날 아트 갤러리와 상점, 레스토랑이 들어서 있다. 무료 셀프 투어 또는 사탕수수 운반에 사용된 철로를 활용해 농장 일대를 돌아보는 투어 프로그램을 통해 일대를 돌아볼 수 있다.

ADD 3-2087 Kaumualii Hwy, Lihue, HI 96766 OPEN 11:00-14:30, 17:30-20:30 FARE 기차 투어 성인/시니어/3-12세 $21.50/18.50/16, 기차 투어(점심식사, 과수원 포함) 성인/3-12세 $92/69.50 SITE kilohanakauai.com

리드게이트 비치
Lydgate Beach

잔잔한 바다, 다양한 물고기, 피크닉 공간, 놀이터까지 가족 단위 여행객에게 인기 만점인 곳. 카말라니 놀이터는 비치 조성 당시 어린이들에게 안전한 공간을 제공하기 위해 암초로 주변을 막아 만든 천연 수영장이다. 비치 이름은 1800년대 후반 선교사로 온 헨리 리드게이트 목사의 이름에서 가져온 것이다.

ADD Leho Dr, Lihue, HI 96766

와일루아 리버 주립공원
Wailua River State Park

고대 하와이 사람들이 신성시했던 장소이자 과거 섬 권력의 중심지로 여러 사원과 왕족 유적지가 있다. 유료 투어를 통해 과거 왕족의 결혼식장이었던 고사리 동굴을 살펴볼 수 있다. 와일루아 강은 하와이에서 유일하게 배가 다닐 수 있는 강으로, 바다로 이어지는 부근에서 카약이나 스탠드업 패들보딩을 즐길 수 있다.

ADD Kapaʻa, HI 96746 OPEN 월-금 07:00-21:00, 토-일 07:00-19:00 SITE dlnr.hawaii.gov/dsp/parks/kauai/wailua-river-state-park

카파 비치 Kapaa Beach

일출 명소로 유명한 비치로 산책이나 자전거를 즐기기 좋다. 단 수영이나 물놀이는 적합하지 않다.

ADD 4-1604 Kuhio Hwy, Kapaʻa, HI 96746

와일루아 폭포
Wailua Falls

바위 지형에 따라 물이 한 지점에서 두 개의 물줄기로 흘러내리는 폭포이다. 높이는 25m로 과거 남자 원주민들이 용감함을 보여주기 위해 다이빙한 장소로도 알려져 있다. 미국 TV 드라마 <판타지 아일랜드>의 오프닝을 비롯해 여러 영화의 배경으로 등장한 바 있다.

ADD Maalo Rd Hwy 583. Lihue, HI 96766

오파에카아 폭포
Opaekaʻa Falls

높이 46m의 폭포로 하와이에서 가장 접근하기 쉬운 폭포다. 폭포수가 떨어지는 풍광을 조망할 수 있는 전망대가 자리하며, 그 맞은편에서는 유유히 흘러가는 와일루아 강의 멋들어진 풍경을 확인할 수 있다. 전망대에 주차할 수 있어 편리하다.

ADD Kuamoo Rd, Kapaʻa, HI 96746

슬리핑 자이언트 이스트 트레일헤드
Sleeping Giant East Trailhead

카우아이에서 인기 있는 트레일 코스 중 하나로 길이는 왕복 5.5km이다. 인근 카파 지역에서 보면 산 모양이 잠자는 거인과 닮았다고 해서 이와 같은 이름이 붙여졌다. 전설에 따르면 한 거인이 마을 사람들에게 속아 물고기에 숨겨진 바위를 먹었고, 식곤증으로 잠든 후 깨어나지 않았다고 한다. 카우아이 동쪽 뷰를 담을 수 있는 포인트이기도 하다.

ADD Haleilio Rd, Kapaʻa, HI 96746
SITE kauai.com/nounou-east

RESTAURANT & CAFE

레스토랑 & 카페

하무라 사이민 Hamura Saimin

1952년 오픈 이래 로컬들의 끊임없는 사랑을 받고 있는 곳으로 자타공인 카우아이 최고의 국수를 맛볼 수 있다. 매일 면과 육수를 직접 만드는데, 특히 가문의 비법으로 만들어지는 육수 맛은 타의 추종을 불허한다. 현금 결제만 가능하다.

ADD 2956 Kress St, Lihue, HI 96766
OPEN 10:00-21:30 MENU 레귤러 사이민 스몰/미디엄/라지 $8.25/9.0/9.50, 우동 $10, 스페셜 사이민 $12.50

후킬라우 라나이 Hukilau Lanai

특별한 날에 방문하기 좋은 레스토랑으로 디너만 운영한다. 해산물 요리를 비롯한 모든 메뉴에 로컬 재료를 활용한다. 캐주얼한 분위기 속 흘러나오는 라이브 음악이 더없이 즐겁다.

ADD 520 Aleka Loop, Kapaʻa, HI 96746 OPEN 화-토 17:00-21:00 MENU 로브스터 커리 비스크 $12, 버섯 미트로프 $27 SITE hukilaukauai.com

플랜테이션 하우스 바이 게이로즈 The Plantation House of Gaylord's

카우아이에 남아 있는 유일한 사탕수수 농장에 자리한 저택을 개조해 레스토랑으로 운영하는 곳이다. 카우아이의 아름다운 정원을 배경으로 현지 제철 재료를 활용한 음식을 제공한다. 1944년 만들어진 레시피로 만든 콜로아 럼 마이 타이는 꼭 맛볼 것.

ADD 3-2087 Kaumualii Hwy, Lihue, HI 96766 OPEN 월-토 11:00-20:00 MENU 플랜테이션 파스타 $39, 버건디 치킨 $35, 콜로아 럼 마이 타이 $14 SITE kilohanakauai.com/the-plantation-house-by-gaylords

라바 라바 비치 클럽 Lava Lava Beach Club

조식부터 디너까지 다양하게 즐길 수 있는 오션 프런트 레스토랑으로 라이브 공연이 흥을 더한다. 일몰 시간에 방문하면 뷰까지 덤으로 즐길 수 있다. 다양한 메뉴를 저렴하게 맛보고 싶다면 해피 아워를 이용해보자.

ADD 420 Papaloa Rd, Kapaʻa, HI 96746
OPEN 07:00-11:00, 12:00-21:00 MENU 하와이안 피자 $18, 뉴욕 스테이크 $44 SITE lavalavabeachclub.com/kauai

치킨 인 배럴 BBQ Chicken in a Barrel BBQ

치킨 플레이트 전문점으로 바비큐 플레이트, 포크 플레이트 등 다양한 메뉴를 선보인다. 부담 없이 즐길 수 있는 한 끼 메뉴로 제격인 데다 매장에서 식사가 가능해 더욱 편리하다. 카우아이에서 5곳, 캘리포니아에서 2곳의 매장을 운영한다.

ADD 4-1586 Kuhio Hwy, Kapaʻa, HI 96746 OPEN 월-토 11:00-19:30, 일 11:00-19:00 MENU 치킨 플레이트 $15.40, 베이비 백 립 플레이트 $19.48 SITE chickeninabarrel.com

포노 마켓 Pono Market

플레이트 메뉴 중심의 포장 전문 매장으로 1968년 문을 열었다. 라우라우, 칼루아 등 하와이 전통 요리에서부터 카레, 갈비까지 메뉴가 다양하다. 음식이 깔끔하고 정갈하다. 포장해서 비치 혹은 숙소에서 먹기 좋다.

ADD 4-1300 Kuhio Hwy, Kapaʻa, HI 96746
OPEN 월-금 06:00-14:00 MENU 플레이트 $10부터, 프라이드 치킨 볼 $7 SITE ponomarket-kauai.com

더 무스비 트럭
The Musubi Truck

평범한 무스비는 이제 그만! 오리지널 스팸 무스비를 고급스럽게 해석한 메뉴를 선보이는 푸드 트럭이다. 치킨카츠, 두부 등 다양한 재료를 활용한 무스비 요리를 맛볼 수 있다.

ADD 4548 Kukui St, Kapaʻa, HI 96746 OPEN 월-금 07:00-16:00, 토-일 10:00-17:00 MENU 두부 무스비 $13, 치킨카츠 무스비 $14 SITE themusubishop.com

올림픽 카페
Olympic Café

오믈렛, 팬케이크, 스크램블 등 다양한 메뉴와 함께 활기찬 하루를 시작할 수 있는 음식점이다. 음식 양이 많기로 소문난 곳으로 카파 지역 방문 시 편하게 찾기 좋다.

ADD 1354 Kuhio Hwy, Kapaʻa, HI 96746 OPEN 07:00-15:00 MENU 오믈렛 $18, 치즈버거 $17

JO2 내추럴 퀴진
JO2 Natural Cuisine

프랑스 요리와 일본 요리를 결합한 퓨전 요리를 선보이는 레스토랑이다. 해산물과 제철 재료를 바탕으로 메뉴를 구성하기 때문에 메뉴가 수시로 바뀐다. 디너만 운영한다. 예약 필수.

ADD 4-971 Kuhio Hwy, Kapaʻa, HI 96746 OPEN 화-토 17:00-21:00 MENU 오리고기 콩피 $15, 양고기 쿵파오 $34 SITE jotwo.com

자바 카이 Java Kai

브런치 카페로 커피, 스무디, 샌드위치, 베이커리 등의 메뉴를 판매한다. 브런치는 오후 2시까지 제공하며 이후에는 머핀 등의 간단한 베이커리 메뉴, 커피, 스무디만 주문 가능하다.

ADD 4-1384 Kuhio Hwy, Kapaʻa, HI 96746 OPEN 월-토 06:00-18:00, 일 06:00-17:00 MENU 프렌치 토스트 $16, 트로피컬 와플 $16 SITE javakai.com

와일루아 셰이브 아이스 Wailua Shave Ice

과일 시럽이 아닌 과일 주스를 사용하는 셰이브 아이스 맛집이다. 인위적인 단맛이 아닌 천연의 단맛과 향긋함이 고운 얼음 결정체와 조화를 이룬다. 카우아이와 포틀랜드에서 매장을 운영한다.

ADD 4-831 Kuhio Hwy, Kapaʻa, HI 96746
OPEN 11:00-20:30 MENU 셰이브 아이스 $7.75, 아사이볼 $11 SITE wailuashaveice.com

부바스 버거 카파
Bubbas Burgers Kapaa

카우아이를 대표하는 버거 브랜드이다. 1936년부터 지금까지 90여 년의 역사만큼이나 훌륭한 맛을 자랑하는 패티는 카우아이 산 소고기로 만든 것이다. 패티 부바 버거와 테리야키 버거가 대표 메뉴로 꼽힌다. 메뉴판에는 없지만 카우아이 버거도 추천할 만하다. 어니언링도 맛이 좋다.

ADD 4-1421 Kuhio Hwy, Kapaʻa, HI 96746
OPEN 10:30-20:00 MENU 부바 버거 $6부터, 테리야키 버거 $6.50부터, 카우아이 버거 $7, 어니언링 $6, 글루텐 프리 번 $3 SITE bubbaburger.com

컨트리 키친
Kountry Kitchen

전형적인 아메리칸 스타일의 레스토랑으로 1975년부터 카우아이의 아침과 브런치를 책임지고 있다. 마카다미아 너트 팬케이크가 대표 메뉴로 꼽힌다. 현금 결제 시 2% 할인되며, 주차는 매장 건너 공터를 이용해야 한다.

ADD 4-1489 Kuhio Hwy, Kapaʻa, HI 96746 OPEN 목-월 07:00-13:00 MENU 마카다미아 너트 팬케이크 $16, 코코넛 프렌치 토스트 $16 SITE kountrystylekitchen.com

KAUAI
NORTH

카우아이 북부

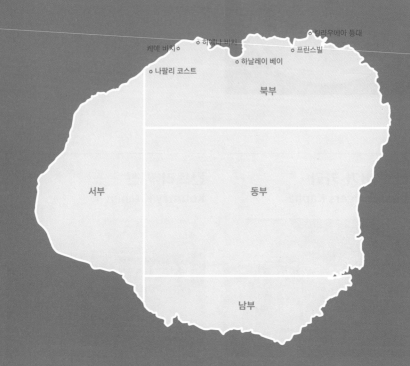

킬라우에아 등대

하에나 비치
케에 비치
프린스빌
하날레이 베이
나팔리 코스트

북부

서부 동부

남부

ATTRACTION

명소

킬라우에아 등대
Kilauea Lighthouse

1913년 지어진 16m 높이의 등대이다. 1970년대 까지 수동으로 불빛을 밝혔으나 이후 자동 신호로 바뀌었다. 태평양을 향해 불을 밝히던 하얀 등대는 오늘날 카우아이 대표 포토 스폿으로 또 다른 주목 을 받고 있다.

ADD 3580 Kilauea Rd, Kilauea, HI 96754 OPEN 수-토 10:00-16:00 FARE 16세 이상/15세 이하 $10/무료 SITE kauairefuges.org/plan-your-visit

아니니 비치
Anini Beach

가장 길고 넓은 암초 지대를 자랑하는 곳으로 스노 클링, 피크닉, 패들보딩 등 다양한 액티비티를 즐길 수 있다. 조용하게 휴식을 취하기에 좋은 캠핑 사이 트도 자리해 있다. 카우아이 노스쇼어 비치 중 안전 한 해변으로 꼽히는 덕분에 세계 유명 인사들의 별 장이 들어서 있다.

ADD 3727 Anini Rd, Kilauea, HI 96754

킬라우에아 포인트 국립 야생동물 보호구역
Kilauea Point National Wildlife Refuge

헤아릴 수 없이 수많은 바닷새가 눈앞을 날아다 니는 곳으로 야생의 거친 매력을 한껏 느껴볼 수 있다. 킬라우에아 등대와 함께 살펴보기 좋다.

ADD Kilauea, HI 96754 OPEN 수-토 10:00-16:00 FARE $10 SITE fws.gov/refuge/kilauea-point

프린스빌 Princeville

카우아이에서 가장 호화로운 숙박 시설이 자리한 지역이다. 과거 커피 농장에서 사탕수수 농장, 목장으로 개조되었다 이후 개발을 통해 고급 호텔과 리조트 단지, 골프장이 들어서면서 오늘에 이른다. 프린스빌이라는 이름은 1860년 카메하메하 4세와 엠마 여왕의 아들인 앨버트 카메하메하 왕자가 방문한 것을 기념해 붙여진 것이다.

ADD Princeville, HI 96722

하날레이 밸리 전망대 Hanalei Valley Lookout

하날레이 밸리와 타로 밭을 조망할 수 있는 전망대로 야생동물 보호구역 내에 자리한다. 타로 밭의 원형이 가장 잘 남아 있는 덕분에 카우아이의 대표 풍경 중 하나로 꼽힌다. 이곳에서는 하날레이 밸리의 비옥한 토양을 빌려 700년경부터 타로를 심기 시작한 것으로 알려져 있다.

ADD Kuhio Hwy, Princeville, HI 96722

퀸스 배스 Queen's Bath

용암 바위로 둘러싸인 천연 물 웅덩이이다. 과거 왕족들에게만 출입이 허락되었던 곳으로 맑은 날 투명하게 비치는 푸른 물빛이 신비로운 분위기를 자아낸다. 단주차 공간이 여유롭지 않기 때문에 방문을 원한다면 여름철 이른 시간에 이동하는 것이 좋다. 또한 비가 내린 후에는 길이 미끄러울 수 있어 주의가 필요하다. 파도가 높은 겨울철에는 안전을 위해 입구가 폐쇄된다.

ADD Kapiolani Loop, Princeville, HI 96722

하이더웨이 비치 Hideaway Beach

노스쇼어의 보석으로 불리는 시크릿 비치이다. 한적하게 휴식을 취하거나 수영과 스노클링을 즐기기 좋다. 안전 바와 로프가 설치된 길을 따라 약간의 이동이 필요한데, 비치로 향할 때는 내리막, 반대로 돌아올 때는 오르막길이 된다. 주차 공간이 협소한 편이며 주차장에서 비치까지는 도보 7분 정도 소요된다.

ADD 5526 Ka Haku Rd, Princeville, HI 96722

하날레이 피어
Hanalei Pier

사탕수수와 기타 상품을 배에 싣고 내리는 작업이 분주하게 이뤄지던 곳으로 1892년 당시에는 목재로 지어졌다가 2013년 복원을 거쳐 지금의 모습을 갖췄다. 아이들의 다이빙 명소이자 선셋 포인트로 현지인들에게도 인기가 많아 주말에는 번잡하다.

ADD Hanalei, HI 96714

하날레이 비치
Hanalei Beach

무라카미 하루키의 단편 소설 <하날레이 베이>와 영화 <디센던트>의 무대가 되는 곳이다. 산이 초승달 모양의 해변을 둘러싼 가운데 4km에 이르는 모래사장과 바다가 그림처럼 펼쳐진다. 파도가 높은 겨울철을 제외하고 언제든 물놀이와 카약 등의 액티비티를 즐길 수 있다. 먼바다에 띄워진 투어 보트들이 한 폭의 그림 같은 풍경을 선사한다. 산책만으로도 힐링되는 곳.

ADD Hanalei, HI 96714

터널스 비치
Tunnels Beach

영화 <남태평양>의 무대가 된 곳으로 마쿠아 (Makua) 비치라고도 불린다. 야자수와 아이언 우드가 초승달 모양으로 해변을 감싸고 있다. 한적한 분위기와는 대조적으로 스노클링, 다이빙, 서핑의 명소로 알려져 있다. 특히 비치 중앙 부분이 스노클링 명당으로 꼽힌다. 주차 공간이 여유롭지 않아 주택가 골목의 'beach Parking' 이정표가 있는 곳을 이용해야 한다.

ADD 5-7710 Kuhio Hwy, Hanalei, HI 96714

하에나 비치
Ha'ena Beach

마카나 산을 배경에 두고 수영, 스노클링은 물론 캠핑까지 즐기기 좋은 곳이다. 바다와 산의 조화가 아름답다. 일출 스폿으로도 손꼽히지만 파도가 높은 겨울철에는 다소 위험할 수 있다.

ADD HI-560, Kapa'a, HI 96746

마니니홀로 드라이 케이브 Maniniholo Dry Cave

하에나 비치 앞에 있는 동굴로 너른 개방감과 높은 천장 덕분에 탐험 욕구를 불러일으킨다. 전설에 따르면 이 동굴은 와이메아 캐니언으로 연결되는 터널이었으며, 메네후네들이 폴리네시아인들과 분쟁 중 와이메아 캐니언에서 이곳을 통해 북쪽 해안으로 도망쳤다고 한다. 이후 그들은 터널을 붕괴시켜 폴리네시아인들을 안에 가뒀다고 전해진다.

ADD 5-7878 Kuhio Hwy, Kilauea, HI 96754

리마훌리 가든 Limahuli Garden

1997년 미국 최고의 식물원으로 선정된 바 있는 거대 정원이자 자연문화 보호구역이다. 하와이 사람들이 십시일반 사 모으고 직접 조성한 산속 공간에 자리잡고 있으며, 하와이 토종 식물종의 자생 모습은 물론 하와이 원주민들의 삶의 터전도 확인할 수 있다. 셀프 투어가 가능하다. 리마훌리는 하와이 어로 '땅을 일군 손(turned hand)'이라는 뜻이다.

ADD 5-8291 Kuhio Hwy, Hanalei, HI 96714 OPEN 화-토 08:30-14:15 FARE 입장료 $30, 가이드 투어 $60 SITE ntbg. org/gardens/limahuli

하에나 주립공원 Ha'ena state park

케에 비치와 칼랄라우 트레일을 품고 있는 주립공원이다. 카우아이 도로의 끝 지점이자 칼랄라우 트레일의 시작점으로, 공원 입구에는 복원된 타로 밭이 잘 조성되어 있다. 공원 입장을 원한다면 반드시 사전 예약을 해야 한다.

'주차+입장'을 예약하지 못했다면, 하에나 주립공원 셔틀(Waipa Park and Ride - Haena State Park Shuttle)을 이용해야 한다. 셔틀 정거장은 지정되어 있으며, 무료 주차장을 운영한다. 해당 정거장에 차를 주차하고 셔틀로 이동하자. 배차 간격은 20분이다.

ADD 6CC9+8R Wainiha, Hawaii, Kapa'a, HI 96746 OPEN 06:30-17:30 FARE 입장료 $5, 주차 $10 SITE dlnr.hawaii. gov/dsp/parks/kauai/haena-state-park

OH! MY TIP

하에나 주립공원 입장 예약

칼랄라우 트레일과 케에 비치를 이용하기 위해서는 사전 예약이 필요하다. 렌터카를 이용한다면 '주차+입장', 셔틀을 이용한다면 '셔틀+입장', 도보로 움직이는 경우라면 '입장' 예약을 해야 한다. 예약은 방문 30일 전부터 하루 전까지 가능하다. 주차+입장 예약은 특히 하늘의 별따기인 만큼, 원하는 날짜가 있다면 반드시 예약 가능 시작일을 기억해두고 마우스 클릭에 매진하자.

SITE gohaena.com

케에 비치 Ke'e Beach

카우아이 노스쇼어 비치 중 최고로 손꼽히는 곳으로 노스쇼어에서 차량으로 갈 수 있는 마지막 비치이다. 여름철에는 특히 맑은 물을 자랑한다. 스노클링 스폿으로 칼랄라우 트레일 초입에 자리한다.

ADD HI 96746

칼랄라우 트레일 Kalalau Trail

나팔리 코스트의 절경을 땅에서 접할 수 있는 유일한 방법, 세계 10대 트레일 코스, 세상에서 가장 아름답고도 아찔한 트레일 코스로 일컬어지는 칼랄라우 트레일은 모두 다섯 개의 계곡을 거쳐 종착점인 칼랄라우 비치까지 편도 18km, 왕복 35.2km의 장대한 길이를 자랑한다. 완주에는 1박 2일이 소요되며, 트레일 내 숙박은 사전 예약을 통한 캠핑으로만 가능하다. 맛보기만 경험해보고 싶다면 하나카피아이 비치까지 다녀오는 왕복 6.4km 코스와 하나카피아이 폭포까지 다녀오는 왕복 8km 코스를 선택하자. 산길인 데다 비가 잦아 길이 미끄러울 수 있으니 주의하자. 또한 날씨에 따라 진입이 통제되는 날도 있으니 방문 전 사이트에서 개장 여부를 확인하자.

ADD Kuhio Hwy, Hanalei, HI 96714 SITE kalalautrail.com

하나카피아이 비치 Hanakapi'Ai Beach

칼랄라우 트레일의 첫 관문으로 칼랄라우 트레일 시작점에서 약 3km 거리에 있다. 트레일에 나선 이들이 처음으로 휴식을 취하며 간식을 챙겨 먹는 곳이다. 물놀이를 즐기기는 적합하지 않다. 비치 안쪽으로 해식 동굴이 있다.

ADD Kapa'a, HI 96746

하나카피아이 폭포
Hanakapi'Ai Falls

칼랄라우 트레일에서 처음으로 등장하는 폭포로 높이는 91m이다. 하나카피아이 비치에서 약 3km 거리에 위치한다. 일일 하이킹으로 하나카피아이 폭포까지 오는 이들이 많다.

ADD HI 96746

칼랄라우 밸리 & 비치
Kalalau Valley & Beach

나팔리 코스트에서 가장 큰 계곡으로 '지구상에서 가장 위대한 자연의 경이'라는 평가를 받는 곳이다. 칼랄라우 트레일의 종착지로 1919년까지는 하와이 원주민들의 삶의 터전이기도 했다. 비치는 하와이에서 가장 아름답고 평화로운 곳으로 꼽힌다.

ADD HI 96746

호노푸 비치 Honopu Beach

사람이 지나다닐 수 있는 높이의 아치형 암벽(Honopu Arch)으로 칼랄라우 비치와 구분되어 자리한다. 비치 뒤 밸리에는 메네후네의 거주지가 있다고 전해진다. <킹콩>, <식스 데이 세븐 나잇> 등의 할리우드 영화에 단골로 등장할 만큼 신비로운 분위기가 가득하다.

ADD Kapa'a, HI 96746

나팔리 코스트 주립야생공원
NāPali Coast State Wilderness Park

카우아이 최고의 절경이라는 수식어에 그 누구도 이견을 내지 않는 단 하나의 장소를 꼽자면 나팔리 코스트일 것이다. 계곡과 비치가 뾰족뾰족 솟아오른 산봉우리와 함께 환상적이면서도 극적인 비경을 자아낸다. 해안선 길이가 약 27km 달하는 나팔리 코스트를 누리는 방법은 헬기, 트레일, 세일링 투어이다. 나팔리 코스트에는 5개의 폭포와 비치가 자리한다.

ADD HI 96746 SITE dlnr.hawaii.gov/dsp/parks/
kauai/napali-coast-state-wilderness-park

나팔리 코스트 제대로 즐기기

트레일

나팔리 코스트를 가장 가까이서 즐길 수 있는 방법이다. 코스 내에는 그 어떤 편의시설도 없다. 1박 2일의 일정 중 숙박은 캠핑으로만 가능하기 때문에, 이를 위해 사전 허가가 필요하다. 캠핑은 90일 전부터 예약할 수 있다.

SITE 캠핑 예약 camping.ehawaii.gov/camping/welcome.html

헬기

나팔리 코스트를 비롯한 섬 전체를 둘러볼 수 있는 가장 좋은 방법이다. 도보, 렌터카로는 가볼 수 없는 해안 구석구석을 누릴 수 있다.

세일링 투어

배를 타고 바다에서 나팔리 코스트를 조망하고, 일부 비치 인근에서 스노클링을 할 수 있는 프로그램이다. 대개 오전의 스노클링 투어와 오후 선셋 세일링 투어로 나뉜다. 선셋 세일링 투어는 4-5시간 정도 소요된다. 출발 지점은 주로 포트 앨런이나 하날레이 베이이다. 겨울철에는 높은 파도로 오후 세일링 취소가 잦다.

RESTAURANT & CAFE

홀레이 그레일 도넛 Holey Grail Donuts

밀가루 대신 타로 반죽으로 만든 도넛을 판매하는 푸드 트럭으로 2018년에 오픈했다. 도넛을 주문하면 즉석에서 바로 성형해 코코넛 오일에 튀겨낸다. 카우아이 타로, 오아후 마노아 초콜릿 등 사용하는 재료는 모두 하와이 산이다. 도넛 종류가 다양하지는 않으나 맛은 아주 훌륭하며 드래프트 커피도 함께 곁들이기 좋다. 카파에도 푸드 트럭 형태로 지점을 운영한다. 메뉴가 시즌별로 바뀌니 참고하자.

ADD 5-5100 Kuhio Hwy, Hanalei, HI 96714 OPEN 일-금 07:00-13:00, 토 07:00-16:00 MENU 릭 마르티네스 도넛/트러플 허니 $4.50, 드래프트 커피 $6, 카카오 라테 $8 SITE holeygraildonuts.com

---

칼립소 아일랜드 바 & 그릴 Kalypso Island Bar & Grill

펍 분위기의 레스토랑으로 캐주얼하게 식사를 즐기기 좋다. 샌드위치, 로코모코, 피시 앤드 칩스 등 다양한 메뉴가 있다. 식사와 서비스 모두 만족도가 높은 곳.

ADD 5-5156 Kuhio Hwy, Hanalei, HI 96714 OPEN 월-금 11:00-20:30, 토 10:00-20:30, 일 09:00-20:30 MENU 브렉퍼스트 샌드위치 $17, 로코모코 $17 SITE kalypsokauai.com

하날레이 브레드 컴퍼니 Hanalei Bread Co.

하날레이에서 아침식사를 해결하기 좋은 팜 투 테이블 베이커리로 매일 아침 많은 손님이 몰려든다. 유기농 재료로 만든 베이커리 메뉴, 샌드위치, 부리토 등을 맛볼 수 있다. 오너 셰프인 짐 모팻은 1996년 <푸드 앤드 와인> 매거진 선정 '미국의 떠오르는 요리사 10인'에 뽑히기도 했다.

ADD 5-5161 Kuhio Hwy #4, Hanalei, HI 96714
OPEN 07:00-12:30 MENU 브렉퍼스트 부리토 $15,
클럽 샌드위치 $15 SITE hanaleibreadco.com

칭 영 빌리지 쇼핑 센터 Ching Young Village Shopping Center

하날레이 지역의 쇼핑몰로 먹거리, 쇼핑, 액티비티, 마트 등 40여 개의 매장이 모여 있다. '칭 영'은 중국 출신 이민자로 그의 가족이 식료품점을 운영하면서 마을을 지켜왔다는 의미에서 센터의 이름에 오르게 되었다. 현재에도 그의 후손이 하날레이에 거주하면서 관리를 맡고 있다.

ADD 5-5190 Kuhio Hwy, Hanalei, HI 96714 OPEN 07:00-20:30 SITE chingyoungvillage.com

OH! MY TIP

카우아이 여행 시즌
하와이 내 섬 중 카우아이는 비가 잦은 곳이라 여름에 여행하는 이들이 많다. 겨울철 여행은 한계가 따른다. 높은 파도도 문제가 될 수 있지만, 폭우 때문에 산사태나 강이 범람하면 통제되는 곳이 발생하기 때문이다. 포이푸, 카파 지역은 여행하기 어렵지 않지만, 노스쇼어 쪽은 힘들 수 있다.

하와이 여행 준비하기

PLAN A TRIP

D-45 가이드북 구입 및 여행 정보 수집

여행 정보 수집

여행 전 가이드북은 물론 자유 여행 카페와 블로그, 관련 사이트와 어플리케이션 등 다양한
채널을 통해 여행 정보를 최대한 수집하자. 여행지에 대해 알아갈수록 현지를 파악하고 일
정을 결정하는 데 큰 도움이 된다. 이후 일정과 준비물 리스트, 명소, 음식, 쇼핑 등 주제별 관
심사를 대략적으로 정리해보자. 리스트를 작성해두면 여행 전 빠뜨린 것은 없는지, 여행 중
예산을 넘는 충동구매는 없는지 등을 쉽게 확인할 수 있다.

네이버 카페 하와이 여행 디자인

하와이 여행을 더욱 든든하게 하고 싶다면 하와이 여행 카페인 '하와이 여행 디자인(하여
디)'을 이용해보자. 호텔, 렌터카 및 액티비티, 이웃섬 투어 예약을 비롯해 현지에서 진행
하는 무료 하이킹 및 스냅 촬영 등의 혜택을 누릴 수 있다. 또한 카페에서 매달 진행하는
'하와이 여행 설명회'가 있으니 참고해보자.

SITE hawaiitravel.kr

D-40 항공권 발권

인천국제공항에서 출발하는 하와이 행 항공편은 하루 2-4편으로 대한항공, 아시아나항공, 하와이안 항공, 에어프레미아에서 운행 서비스를 제공한다. 왕복 항공권 가격은 비수기 최저가 기준 100만 원대부터 휴가철 국적기 기준 200만 원대까지 나뉜다. 주로 호놀룰루 국제공항으로 입국하며, 이웃섬으로 이동할 경우 호놀룰루 공항에서 환승한다. 이웃섬 방문 시 인천-호놀룰루, 호놀룰루-이웃섬 구간을 분리해서 발권하는 것보다 동시 구매 후 발권하는 것이 효과적이다. 하와이안 항공의 경우 홈페이지에서 다구간 설정 후 항공권 구입이 가능하다.

항공권 정보 수집

① 가격 비교 사이트에서 항공사별 항공권 가격 및 조건을 확인한다. 인터파크 투어나 스카이스캐너, 카약닷컴 등을 활용하면 손쉽게 조건에 맞는 항공권을 비교 검색할 수 있다. ② 각 항공사 사이트로 이동, 프로모션이나 특가 항공권을 찾아본다. 항공사 홈페이지나 어플리케이션을 통해 구입하는 티켓이 가장 저렴한 경우가 많다. ③ 최종 결정 전 특가 또는 땡처리 항공권의 가격을 확인해 혹시나 놓친 티켓은 없는지 점검한다.

항공권 발권 전 확인하기

①최종 가격을 따져본다. 항공사에서 '특가'로 소개한 가격이라도 유류할증료와 공항세 등이 더해지면 예상보다 가격이 훨씬 높아질 수 있다. ②세부 조건을 확인한다. 할인에는 언제

나 조건이 붙는다. 항공권의 유효기간은 물론 환불 및 변경 가능 여부, 마일리지 적립 여부를 반드시 확인하자. 규정을 제대로 숙지하지 않아 발생하는 피해는 고스란히 자신의 몫이다. ③예약과 발권은 다르다. 필요한 정보를 기재하고 예약을 마친 후 결제까지 마무리해야 비로소 발권된다. 예약 시에는 원하는 좌석이 남아 있었더라도 발권을 미루면 선결제자에게 좌석 선택의 기회를 빼앗길 수 있으니 주의하자.

D-30 여권 발급 및 갱신하기/ESTA 신청하기

해외여행을 계획하고 있다면 여권부터 확인하자. 여권은 국내외에서 신분을 증명하는 중요한 서류로, 발급받으려면 사전 준비물과 일정 시간이 필요하다. 대한민국 국적자는 전국 여권 사무 대행기관 및 재외공관에서 여권을 발급받을 수 있다. 기존에 전자여권을 한 번이라도 발급받았다면 정부24 홈페이지에서 온라인 여권 재발급 신청도 가능하다. 다만 만 18세 미만, 생애 최초 전자여권 신청자 등은 신청 불가능하다.

외교부 여권 안내 **SITE** passport.go.kr 정부24 www.gov.kr

하와이를 비롯한 미국 여행을 위해서는 반드시 사전에 ESTA 신청 및 승인 허가가 필요하다. ESTA는 비자가 아닌 사전 입국 허가 제도이며, 승인을 받으면 최대 90일까지 미국령에 체류할 수 있다. 승인 허가에 소요되는 시간은 최소 2-3시간, 최대 2-3일이므로 출발 3주 전부터 여행 72시간 전 사이에 신청을 마쳐놓는 것이 좋다. ESTA는 승인 후 2년까지 유효하며, 해당 기간 중 여권 기간이 만료되면 재발급 받아야 한다. 승인 후 주소 변경은 가능하지만 주민번호와 영문 이름은 수정이 불가하므로, 해당 내용이 잘못되었을 경우에는 재신청해야 한다. 신청은 공식 사이트에서 진행하며 한국어를 제공한다. 인당 발급비는 $21이다(2024년 기준). 발급비가 $21 이상 결제된다면 공식 사이트가 아닌 신청 대행 사이트이니 참고하자. 신청 시 크게 개인/그룹으로 구분되는데 가족이라면 그룹으로 신청해도 좋다.

미국 비자 면제 프로그램 ESTA **SITE** esta.cbp.dhs.gov

여권 신청 구비 서류

공통 구비 서류는 ①여권발급신청서 ②여권용 사진 1매(6개월 내에 촬영한 사진) ③신분증 ④병역관계 서류(18-37세 이하 남성)가 필요하다. 미성년자의 경우 ⑤법정대리인 동의서 ⑥법정대리인 인감증명서(본인서명확인서, 전자본인서명서) ⑦기본 증명서 및 가족관계증명서가 필요하다. 국적 상실자로 의심되는 경우 국적 확인 서류가 필요하다. 가족관계 기록사항에 관한 증명서와 병역관계 서류는 행정정보 공동이용망을 통해 확인 가능한 경우 생략 가능하다.

여권 발급 제대로 알기

Q. 타인이 대신 여권 신청할 수 있나요?

성인의 경우 여권 발급 신청은 여권법 제9조에 의거 반드시 본인이 직접 해야 한다. 직접 신청할 수 없을 정도의 신체적·정신적 질병, 장애나 사고 등으로 인해 대리인에 의한 신청이 필요한 경우(전문의 진단서 또는 소견서 구비), 18세 미만 미성년자인 경우에는 대리인을 통한 신청이 가능하다.

Q. 얼굴은 이마부터 턱, 키 전체가 다 나와야 하나요?

여권 사진의 얼굴은 이마부터 턱까지 얼굴 전체가 나타나는 것이 원칙이며, 머리카락이 눈 또는 얼굴의 윤곽을 가려서는 안된다. 헤어스타일로 인해 머리카락이 눈썹을 가리더라도 머리카락 사이로 양쪽 눈썹의 윤곽 및 형태를 명확히 확인할 수 있어야 한다. 머리카락으로 귀를 가려도 무방하지만, 얼굴 윤곽은 보여야 한다. 머리카락이 볼, 광대 부위 등을 가린 사진은 사용할 수 없다.

Q. 두 눈썹이 꼭 보여야 하나요?

안경테로 눈을 가린 경우는 불가능하지만 눈썹을 가린 사진은 무방하다. 머리카락이 눈썹을 가리는 경우, 머리카락 사이로 양쪽 눈썹의 윤곽 및 형태를 명확히 확인할 수 있어야 한다. 한쪽 눈썹은 완벽히 보이고, 다른 눈썹이 반 정도 보이는 경우, 머리카락이 양쪽 눈썹의 일부를 가리는 경우는 가능하다.

Q. 뿔테 안경, 컬러 렌즈 착용도 되나요?

뿔테 안경은 착용해도 되지만 안경테가 눈동자를 가리거나 안경테로 인한 그림자가 눈을 가린 사진은 사용할 수 없다. 또한 안경테(프레임)가 지나치게 두꺼운 안경은 출입국 시 위변장으로 오인 받을 수 있다. 여권 사진 규정상 컬러 렌즈와 서클 렌즈는 착용하면 안 된다.

Q. 영아(24개월 이하) 및 유아의 여권 사진 규격은 어떻게 되나요?

유아의 사진 규격은 성인의 사진 규격과 동일하다. 유아 단독으로 촬영해야 하며 의자, 장난감, 보호자 등이 노출되지 않아야 한다. 단 영아(24월 이하)의 경우 입을 다물고 찍기 힘든 경우가 많으므로 입을 벌려 치아가 조금 보이는 경우도 가능하다. 신생아의 경우 똑바로 앉히기가 어려우므로 무늬가 없는 흰 이불 위에 눕혀서 찍은 사진도 가능하다.

Q. 여권 발급과 분실 시 어떻게 해야 하나요?

여권 발급은 주민등록지와 상관없이 전국의 여권 사무 대행기관에서 접수가 가능하다. 분실 시에는 즉시 가까운 여권 발급 기관에 신고해야 한다. 해외여행 중 여권을 분실했을 경우는 가까운 대사관 또는 총영사관에 여권 분실 신고를 하고 여행증명서와 단수여권을 발급받아야 한다.

주 호놀룰루 대한민국 총영사관
TEL 808-595-6109/6274 긴급 808-265-9349
OPEN 8:30-16:00(주말, 대한민국 4대 국경일, 미 연방 공휴일 휴무, 영사 민원실 오후 접수는 15:30까지 입장 완료)
*긴급 사건사고 전화는 긴급한 사항일 때만 연락. 여권, 비자 등 영사 업무에 대한 일반 민원 문의는 808-595-6109를 이용.

유효기간 확인

여권 분실 시에는 여권을 분실했거나 유효기간이 6개월 미만인 경우에도 반드시 여권을 재발급 받아야 한다. 여권 신청 서류에 여권분실신고서가 추가된다. 항공권을 구입할 때부터 여권의 유효기간은 매우 중요하다. 여권 만료일 불충분 승객(유효기간 6개월 미만)에 대한 강력한 경고 조치로 구입한 항공권을 제시하더라도 출입국이 불가할 수 있다.

차세대 전자여권

국제민간항공기구(ICAO)의 권고에 따라 여권 내에 전자칩과 안테나를 추가하고, 내장된 전자칩에 개인정보 및 바이오 인식 정보(얼굴사진)를 저장한 여권이다. 전자여권에는 여권번호, 성명, 생년월일 등 개인정보가 개인정보면, 기계판독 영역 및 전자칩에 총 3중으로 저장되어 여권의 위·변조가 어려우며 특히 전자칩 판독을 통해 개인정보면 기계판독 영역 조작 여부를 손쉽게 식별 가능하다. 차세대 전자여권의 경우 복수여권은 58면 또는 26면, 단수여권은 14면으로 사증면수가 확대되어 기존 사증란 추가 제도는 폐지되었다.

D-20 일정 세우기

자료를 충분히 수집했다면 구체적인 일정을 짜는 것이 수월하게 느껴진다. 일정을 완벽하게 짜야 한다는 압박에서 벗어나 여행에 나침반 역할을 해줄 큰 틀을 짠다는 생각으로 계획을 세워보자. 일단 여행 일수에 맞춰 일별로 표를 짜고, 빈칸을 오전과 오후로 나눠 식사 시간과 메인 일정을 설정한다. 가고 싶은 곳과 맛집의 위치를 확인하고, 위치상 가까운 곳을 묶어 사이사이에 배치하면 일정이 정리된다. 일정 윤곽을 세웠다면 미리 예약해야 하는 액티비티는 먼저 예약하는 것이 좋다. 고민하다 예약을 미뤄두면 원하는 날짜, 원하는 투어에 참여하기 힘들 수도 있다.

D-10 면세점 쇼핑

면세점은 해외로 출국을 앞둔 내·외국인이 이용할 수 있는 곳으로 다양한 상품을 면세가에 판매한다. 일반적으로 출국 한 달 전부터 구매할 수 있지만 출국하는 공항에 따라 구매 마감 시간이 다르니 구매 전 확인해야 한다. 구매 시에는 출국 일시와 출국 공항, 항공편명 등 정확한 출국 정보와 여권을 소지하고 있어야 한다. 면세점은 공항과 기내, 시내, 인터넷에서 이용할 수 있다. 면세점마다 독점 브랜드나 상품 구성을 갖추고 있고, 인터넷 면세점은 오프라인보다 가격 경쟁력이 뛰어나다. 단 면세 범위는 여행자 휴대품으로 각 물품의 과세 가격 합계 기준 미화 $800 이하이다. 한도액을 초과했음에도 신고 없이 물품을 반입한 경우 납부 세액의 40%에 해당하는 가산세가 부과되며, 2회 이상 적발 시 60%의 가산세를 내야 한다.

D-7 환전·신용카드·여행자보험

하와이에서는 신용카드의 사용 빈도가 높다. 호텔이나 공항, 쇼핑몰 등에서는 신용카드(선불식 충전 방식의 카드 포함) 사용이 가능하다. 다만 선불식 충전 방식의 카드는 렌터카와 호텔 디파짓 카드로는 사용할 수 없고, 일부 매장은 카드 이용 시 2-3% 수수료(서비스 피)를 이용자에게 부과하는 경우가 있다. 현금은 팁이나 'Only Cash' 매장 이용을 위해 약간은 준비하는 것이 좋다.

여행 전 환전하지 못했다면 서울역 환전센터와 온라인 또는 모바일 뱅킹을 적극적으로 활용하자. 서울역 환전센터는 연중무휴(7:00-22:00)로 운영한다. 양쪽 모두 환율과 수수료를 우대받을 수 있다.

해외 이용 가능 신용카드

신용 및 체크카드는 해외 사용 여부부터 확인하자. 국내 전용 카드를 제외한 비자(VISA), 마스터(Master), 아멕스(Amex), JCB 및 유니온페이(Unionpay)로 발급된 모든 카드는 해외에서 이용할 수 있으나 간혹 해외 사용이 불가능한 경우가 있으니 여행 전 은행이나 카드사에 문의하는 것이 좋다. 또한 카드와 여권에 표기된 영문 이름이 같은지 확인해야 한다. 특히 체크카드는 보안상 해외 사용 시 신분증을 요구하는 일이 많은데, 이때 이름이 다르면 결제를 거절당할 수 있다. 해외에서 이용한 금액은 카드사 거래 접수일의 전신환 매도율을 적용, 원화로 환산한 금액에 브랜드 이용 및 해외 서비스 수수료를 더해 결제일에 맞춰 청구된다. 현금과 달리 카드로 결제한 금액은 카드 사용 전후에 할부 전환을 신청할 수 있다는 점도 알아두자.

여행자보험 가입

여행자보험은 여행을 목적으로 주거지를 출발해 여행을 마치고 주거지에 도착할 때까지 발생한 위험을 보장한다. 비용이 많이 들지 않고(보장 항목 및 한도의 범위가 넓을수록 보험료가 올라가지만, 유효 일수가 한정적임) 환전 시 무료로 가입해주는 경우도 있으니 만일을 대비해 가입하길 권한다. 여행 중 상해를 입거나 도난 사고를 당한 경우 치료비나 물품 수리비 등을 보험으로 보상받기 위해서는 반드시 실제 발생한 치료비와 도난 물품에 대한 증빙 서류가 필요하다. 도난 사고 발생 시 경찰서나 지구대에서 사고를 접수하고 도난 물품 목록을 작성해야 한다. 언어 등 기타 문제로 접수를 못했다면 보험금을 청구할 수 없다.

D-5 짐 싸기

여권과 항공권, 여행 경비, 운전면허증, 의류, 신발, 선글라스, 모자, 세면도구, 비상약품, 전자기기, 어댑터, 물놀이 용품, 가이드북 등을 준비한다. 자신의 여행 스타일과 특성에 맞는 물품을 추가하거나 제외하자. 하와이 평균 기온은 24도이지만 실내 공간은 에어컨 바람 때문에 춥다고 느낄 수 있어 카디건 같은 겉옷을 준비하는 것이 좋다. 수하물 규정도 미리 확인하자. 일반적으로 기내 반입 수하물 1개에 위탁 수하물 1-2개가 허용되는데, 항공사마다 무게나 크기에 관한 규정이 조금씩 다르다. 돌아올 때 짐이 늘어날 것을 대비해 출발할 때는 가볍게 준비하는 것이 좋다. 캐리어가 2개까지 필요하지 않다면 캐리어 1개에 접이식 가방을 준비해가는 방법도 있다. 기내 반입 수하물의 경우 가방 하나의 규격은 세 변의 합이 115cm 이내이며 노트북, 서류 가방, 핸드백 중 1개는 추가 휴대가 가능하다.

OH! MY TIP

만약의 경우를 대비하자
만약을 대비해 여권과 신용카드, 숙소 예약 바우처 등 사본을 준비하고, 여권용 증명사진 2장도 준비해가자. 도난 사고를 당하거나 부주의로 분실한 여권을 재발급 받는 등 여행 중 생길 수 있는 긴급 상황에 대처하기 위함이다.

D-3 포켓 와이파이 VS 로밍 VS 유심

포켓 와이파이(Pocket WiFi)

데이터 송신 및 와이파이 출력 장치를 대여해 가지고 다니면서 와이파이를 이용하는 서비스로 1대로 3-4명까지 사용할 수 있다. 로밍보다 빠르지만 업체에 따라 데이터 제한이 있고, 단말기 수령 및 반납 절차가 발생한다. 또한 항상 가지고 다녀야 해 불편할 수도 있다. 인터넷 웹서핑과 내비게이션 사용, 아이들의 영상 시청이 필요한 여행객에게는 필수다.

로밍(Roaming)

우리나라에서 사용하던 휴대전화를 현지의 통신 서비스망을 통해 이용할 수 있도록 해주는 서비스다. 출국 시 통신사를 통해 신청하면 되고 번호를 변경할 필요가 없어 편리하다. 이용하는 통신사의 로밍 프로그램을 확인해보자. 가장 간편하다는 장점이 있다.

유심(USIM)·이심(eSIM)

현지에서 판매하는 유심을 소유한 단말기에 끼워 현지 통신 서비스망을 이용하는 방법으로 장기 여행자에게 유리하다. 현지 구입은 물론 국내에서 사전에 구입할 수 있다. 기종에 따라 유심 호환 여부 확인이 필요하며, 기존에 쓰던 번호를 사용하지 못해 문자 수신 확인을 위해서는 기존 심 카드로 다시 교체해야 한다.

이심(eSIM)은 별도의 배송 과정이 없고 QR코드 스캔만으로 사용할 수 있다. 국내 유심과 별도로 유심 하나가 추가 등록된다고 생각하면 된다. 단 사용하는 휴대폰이 이심 사용이 가능한 기기인지 확인해야 한다(아이폰 XR, XS / 갤럭시 S23 이후 기종).

D-Day 출국

비행기 출발 최소 2시간 전에 공항에 도착, 각 항공사 체크인 카운터에서 수속한다. 짐을 부치기 전 기내 반입 금지 물품을 다시 한번 확인, 위탁 수하물로 옮기는 것도 잊지 말자. 셀프 체크인이나 자동 수하물 위탁을 이용하면 대기 시간을 줄일 수 있다. 출국장 내는 면세 구역으로 미리 주문한 면세품을 인도받거나 다양한 면세품을 쇼핑할 수 있다.

제1·2여객터미널

인천공항에 갈 때는 이용하는 항공사가 취항하는 터미널을 반드시 제대로 확인해야 한다. 이동 거리가 꽤 멀기 때문에 난감한 상황을 맞을 수 있다. 만일 잘못된 터미널로 갔다면 제1터미널과 제2터미널을 오가는 순환버스를 이용하자. 제1터미널 3층 중앙 8번 출구, 제2터미널 3층 중앙 4번과 5번 출구 사이에서 탑승 가능하다. 배차 간격은 5분이며, 제1터미널에서 제2터미널은 15분, 제2터미널에서 제1터미널은 18분 소요된다.

하여디와 함께 하는 하와이 여행

여행자의 아지트!
하여디 오프라인 라운지

와이키키 중심에 위치에 위치한 하여디 오프라인 라운지에 방문해 보자. 와이키키는 비치에서 도보 3분, 주요 호텔과 쇼핑몰에서 도보 5분 거리에 있다. 핑크색 로얄 하와이안 호텔과 쉐라톤 와이키키 호텔은 물론 와이키키 비치가 한눈에 보여 인생 사진을 찍을 수 있다. <오! 마이 하와이> VIP 카드 소지 시 하와이안호스트 마카다미아 초콜릿 바를 받을 수 있다.

ADD 2270 Kalakaua Ave. #1109, Honolulu, HI(Waikiki Business Plaza) OPEN 8:30-17:30 (12월25일, 1월 1일 휴무) PARKING 건물 내 30분 $3(건물 옆 Seaside ave에 정차 후 일행이 대여 방문 가능)

하여디 오프라인 라운지 X
<오! 마이 하와이> 혜택

① 독자 및 회원 선물 증정: 등급별 선물 증정 (돼지코, 컵라면, 초콜릿, 선스프레이 등)

② 대여 서비스: 카시트, 부스터, 유모차, 파라솔, 양산, 휠체어, 부기 보드, 휴대폰 거치대 무료 대여

③ 짐 보관 서비스: 이웃섬 여행 시, 체크인/아웃 전후 무료 짐 보관 가능

④ 해외 배송지 제공: 하와이 여행 전 아마존이나 기타 미국 온라인 쇼핑몰에서 구입 후 수령 가능

⑤ 튜브 공기 주입: 튜브나 물놀이 용품 공기 주입 무료

⑥ 휴식 라운지: 와이키키 전망 감상, 비치와 함께 인증샷, 정수 및 음료(커피, 차 등) 서비스, 막대 사탕, 와이파이, 휴대폰 충전 서비스

⑦ 에어랩 대여: 돼지코 없이 현지에서 사용 가능한 에어랩 할인 대여

매달 첫째주 일요일
**무료 선셋하이킹
별보기 투어**

매달 둘째/넷째주 수요일
**무료 마노아폭포
탄탈루스 투어**

매달 첫째/셋째주 수요일
**무료 하와이
백만불 야경 투어**

매달 셋째주 일요일
**무료 선셋실루엣
인증샷 투어**

매달 첫째/셋째주 토요일
**무료 하와이 오아후
섬일주 그룹 투어**

매달 둘째/넷째주 토요일
**무료 빅아일랜드
섬일주 그룹 투어**

어메이징! 하여디의 무료 투어

알뜰한 여행을 보내고 싶다면 하여디가 제공하는 무료 투어를 이용해 보자. 하여디 회원이라면 양질의 유료 투어 프로그램을 무료로 즐길 수 있다. 신청 및 투어별 내용은 하여디 카페나 큐알코드를 통해 확인하자.

하여디 무료 투어 *매월 진행

1. 선셋 하이킹+별보기 투어 (첫째 일요일)
2. 선셋 실루엣 인증샷 투어 (셋째 일요일)
3. 하와이 백만불 야경 투어 (첫째/셋째 수요일)
4. 마노아 폭포 하이킹/탄탈루스 투어 (둘째/넷째 수요일)
5. 오아후 일주 그룹 투어 (첫째/셋째 토요일)
6. 빅아일랜드 일주 그룹 투어(둘째/넷째 토요일)

하와이 여행 렌터카 이용하기

하와이 여행을 한다면 렌터카 이용은 필수다. 오아후의 경우 대중교통으로 여행할 수도 있지만, 일정이 짧은 여행객이라면 전 일정 대중교통 투어는 추천하지 않는다. 오아후 내 원활한 여행을 위해서라도 최소 2-3일은 렌터카가 필요하다. 특히 이웃섬은 렌터카 없이 이동하기 힘들다.

모든 섬에 다양한 브랜드의 렌터카 회사가 상주하며 각 공항에도 렌터카 회사가 입점해 있어 원하는 브랜드를 이용할 수 있다. 오아후 호놀룰루 국제공항, 마우이 카훌루이 국제공항에서는 '렌터카 통합센터'를 운영 중이다. 빅 아일랜드 코나 국제공항, 힐로 국제공항, 카우아이 리후에 공항에서도 손쉽게 렌터카를 이용할 수 있다. 공항 이외의 지점들은 대부분 오후 3-4시에 영업을 마감하므로 반납 시간을 잘 확인해야 한다. 영업 시간 외 무인 반납이 가능한 곳도 있지만, 선택의 폭이 넓지는 않다.

렌터카 브랜드

대표적인 렌터카 브랜드로는 알라모(Alamo), 에이비스(Avis), 버젯(Budget), 달러(Dollar), 엔터프라이즈(Enterprise), 허츠(Hertz), 내셔널(National), 식스트(Sixt), 쓰리프티(Thrifty) 등이 있다. 위 업체 모두 한국 사무소를 운영한다. 렌터카 회사별로 제공하는 서비스는 조금씩 다를 수 있지만, 보험 등 기본적인 사항은 비슷한 범주 내에서 제공한다. 또한 렌터카를 이용할 때는 소규모 회사보다는 메이저 브랜드를 이용하는 것이 좋다.

엔터프라이즈 홀딩스: 미국 최대 렌터카 브랜드이다. 산하 브랜드로 알라모, 엔터프라이즈, 내셔널이 있다.

에이비스 버젯 그룹: 미국에서 두번째로 큰 렌터카 회사이다. 뉴저지에 본사가 있다.

더 허츠 코퍼레이션: 세계 최대의 렌터카 회사이다. 그룹 내 브랜드로 허츠, 달러, 쓰리프티 등이 있다.

식스트: 유럽 내 가장 오래된 렌터카 회사이다. 에이비스, 허츠, 유로카와 함께 글로벌 4대 렌터카 업체로 꼽힌다. 2022년 마우이를 시작으로 하와이에 진출해 영업소를 확장하고 있다. 차량이 신차 위주이며, 보험을 원하는 대로 구성할 수 있다.

렌터카 예약 시 필수 정보

① 운전자 영문명: 여권과 신용카드상의 영문명이 일치해야 한다. 만 25세 미만 운전자는 생년월일 확인이 필요하다.

② 픽업 날짜 및 시간, 장소, 도착 항공편: 공항 지점 이용 시 항공편을 기재하면 항공기 연착 시에도 예약이 취소되지 않는다. 공항 이외 지점에서 아침 일찍 픽업할 예정이라면, 사무실 오픈 전 미리 도착해 있는 것이 좋다.

③ 반납 날짜 및 시간, 장소: 정확한 정보를 제공해야 한다. 임차 요금은 임차 시각으로부터 24시간(1일) 단위로 적용된다. 반납 시간을 30분 초과하면 1일 요금이 추가로 결제된다.

④ 차량 등급 및 추가 옵션: 일반 차량은 등급별로 예약되며, 특정 브랜드나 모델 지정은 불가하다. 아동용 카시트, 내비게이션 등 추가 옵션이 필요하다면 함께 선택하면 된다.

⑤ 렌터카 회원번호: 브랜드별로 멤버십 프로그램을 운영한다. 멤버십 프로그램에 가입한 이력이 있다면 회원번호도 함께 기재하자.

렌터카 예약하기

각 브랜드 홈페이지, 렌터카 비교 사이트를 활용할 수 있다. 비교 사이트를 이용할 경우 보험이 포함되지 않는 경우가 있으니 참고하자. 국내 렌터카 예약 대행사인 '차차트립'과 함께하면 동일 조건 중 가장 좋은 조건 및 요금의 브랜드로 안내받을 수 있어 편리하다(자차, 대인/대물보험, 세금 포함). 렌터카는 최소 한 달 전에는 예약하는 것이 좋다. 이용 며칠 전이나 당일 예약은 원하는 차량을 받을 수 없거나 예약이 힘들 수 있다.

차차트립
SITE chacha-trip.com SNS 카카오톡 채널 '차차트립'

렌터카 픽업하기

예약한 렌터카 사무소 카운터에 도착해서 ①예약 바우처 ②국내운전면허증 ③국제운전면허증 ④여권 ⑤임차인 명의 신용카드를 제시하자. ⑥현장에서 직원이 추가 옵션을 권유할 수도 있다. 대표적인 것이 연료 옵션(FPO), 차량 업그레이드 항목이다. 임차 계약서를 받으면 기재된 항목 및 요금을 반드시 재확인한 후 서명하자. ⑦카운터에서 안내받은 차량 주차구역(또는 번호)으로 가서 렌터카를 확인하면 된다. 차량 인도 시에는 차량 상태와 주유량을 확인하는 것이 좋다.

*하와이에서는 영문 면허증을 사용할 수 없다. 반드시 국제운전면허증을 준비하자.

렌터카 임차 용어

차량 손실 면책 프로그램(자차보험 LDW: Loss Damage Waiver): 차량 파손 및 도난에 대한 책임 면제

대인/대물 추가 책임보험(LIS: Liability Insurance Supplement): 제3자로부터의 손해배상 청구가 기본 포함된다. 대인/대물 보상 한도는 주에 따라 다르다. 업체마다 상이하지만 보통 $100만 이상이다.

임차인 상해 및 휴대품 분실보험(PAI/PEC: Personal Accident Insurance/Personal Effects Coverage): 임차인 및 동승자의 상해 및 수하물 분실에 대한 보상이 적용된다. 임차인 상해보험은 최대 한도액(허츠 기준) 임차인 및 동승자 사망

$175,000, 의료비 최대 $10,000이다. 최근에는 여행자보험으로도 보장이 가능해 예전만큼 선호하지 않는다.

추가 운전자(AAO: Additional Authorized Operator): 추가 운전자 1인의 등록 비용

연료 옵션(Fuel Purchase Option)

① Self Refueling: 픽업 시 동일한 양으로 연료를 직접 채워 반납한다.

② FPO(Fuel Purchase Option): 연료 선구입 옵션이다. 픽업 시 채워져 있는 연료 1탱크에 대한 비용을 미리 지불하고 연료 잔량에 관계없이 반납하는 것. 하와이에서 FPO를 가입한 후 가득 채워 반납할 경우 주유 영수증을 차량 반납 시 담당 직원에게 제시하면 FPO 요금에 대한 공제가 가능하다.

③ FSC(Fuel Surcharge): FPO를 신청하지 않고 픽업 시보다 적은 연료로 반납하는 경우 청구되는 비용이다.

기타 용어

- Airport Concession Fee: 공항, 기차역, 선착장 등에 위치한 영업소에서 차량을 픽업하는 경우 발생하는 비용이며, 지역별로 요금이 상이하다.

- Estimated Rental Charge: 예약 시점 또는 임차 계약서 상에 표시되는 예상 임차 비용이다. 예약된 내용 외 추가 항목이 현장에서 가입된 경우 예상 임차 비용에 반영된다.

- Frequent Traveller Mileage: 차량을 임차하면 브랜드사와 연계된 제휴 항공사 및 호텔의 마일리지를 적립할 수 있다. 임차인 본인 명의로만 가능하며 렌터카 이용 6개월 내 신청해야 한다. 현장 결제 시에만 적용된다.

- Pre authorization Amount/Deposit Amount: 차량 픽업 시 예치되는 보증금이다. 임차인 본인 명의의 신용카드만 사용 가능하다. 승인된 보증금은 실제 청구되지 않고 차량 반납 후 약 3-4주 후 자동 환급된다.

- Rental Agreement: 차량 픽업 시 영업소에서 실제 계약 내용을 출력해주는 임차 계약서이다. 계약서 내용에 따라 임차 요금이 청구된다. 사인 전 꼼꼼하게 내역을 확인하자(특히 업그레이드, 연료 선구매 옵션). 반드시 내용 확인 후 이상한 점이 없을 때에만 사인해야 한다.
- RA(Rental Agreement) Number: 임차 계약 번호이다. 차량 픽업 시 영업소에서 발급되며 임차 계약서 상단에 기재된다. 임차에 대해 문의가 있을 경우 해당 번호가 필요하다.
- Unlimited Mileage: 일부 렌터카 브랜드에서는 하루에 주행할 수 있는 거리를 제한하고 이를 초과하면 추가 요금을 부과한다.
- Upgrade Fee: 예약된 차량보다 상위 등급의 차량을 임차한 경우 발생하는 비용이다.
- Return Change Fee: 차량 픽업 후 반납 장소, 날짜 및 시간 변경 시 청구되는 비용이다.
- One way Return charge: 차량 픽업과 반납 장소가 다를 경우 부과되는 비용이다. 브랜드별로 금액이 상이하다.
- After Hour Return Fee: 영업시간 외 차량 반납으로 인한 추가 비용이다. 무인 반납 시에는 임차 계약서 봉투(반납 일시, 연료 잔량, 주행거리 기재)와 차량 열쇠를 반납함에 넣는다.
- Cleaning Fee: 모든 차량은 금연으로 흡연 냄새가 나거나 차량 내부에 흡연 흔적이 있는 경우, 일반 세차로 어려운 오염이 있는 경우에 추가 세차 비용을 청구한다.
* 여행이 마무리되더라도 렌터카 임차 계약서 및 주유 영수증은 버리지 말고 일정 기간 보관하는 것이 좋다.

OH! MY TIP

브랜드별 사고 시 연락처
알라모 **TEL** 1-800-803-4444
에이비스 **TEL** 1-800-354-2847
허츠 **TEL** 1-800-654-5060
달러 **TEL** 1-866-434-2226 한국어 통역 요청 가능
(코리안 스피커/코리안 트랜슬레이터)

렌터카 회원 프로그램 이용하기

에이비스 Preferred, 버젯 Fastbreak, 달러 ex-press, 엔터프라이즈 Plus, 허츠 Gold/Five Star/President's Circle, 내셔널 Emerald Club 등 렌터카 브랜드별로 회원 프로그램을 운영한다. 각 브랜드 홈페이지에서 회원 가입으로 간단하게 이용할 수 있다. 전용 창구를 운영하는 지점의 경우 좀더 빠르고 쉽게 차량을 수령할 수 있다. 또한 추가 운전자(법적 배우자) 무료 등록, 차량 업그레이드 등의 혜택도 있다.

허츠의 골드 멤버의 경우 두 번째 픽업부터는 '캐노피 서비스'가 지원돼 더욱 편리하다. 전용 창구 앞에 설치된 '골드 전광판'을 활용해 자신의 이름과 차량 픽업 존을 찾아서 해당 구역으로 이동하면 끝이다. 차량 출차 지점에서 직원이 신분증 및 서류를 확인한다.

렌터카 반납하기

반납하기로 한 시간과 장소에 맞춰 이동하면 된다. 렌터카 예약 시 연료 옵션을 'Self Refueling'을 선택했다면, 픽업 시 있던 양과 동일하게 주유 후 반납해야 한다. 공항 내 반납이라면 'Rental car Return' 이정표에 따라 이동하면 된다.

반납 코너에 도착하면, 직원 안내에 따라 차를 주차하면 된다. 직원이 차량 상태를 확인하는 동안 기다리면 된다. 이상이 없다면 이동하면 되고, 이상이 있을 경우 안내에 따르면 된다. 반납 시간을 30분 이상 초과하면 하루를 더 임차한 것으로 간주된다. 공항 이외 지점에서는 영업 시간 외 무인 반납할 경우 임차 계약서 봉투와 차량 열쇠를 함께 반납함에 넣으면 된다. 단 영업소에 따라 영업 시간 외 무인 반납 여부가 달라지니 사전에 확인하자.

렌터카 주유하기

렌터카 이용 시 꼭 한번은 하게 되는 만큼, 아래 방법을 따라 차근차근 진행해보자. 하와이의 모든 주유소에는 편의점과 마트가 항상 같이 있다. 주유비를 지불할 때는 디파짓이 발생할 수 있는 카드보다는 현금 사용을 추천한다.

주유하기 순서

주유소 진입-빈 주유기 앞 정차 후 시동 끄기-주유기 번호 확인(모든 주유 기기에 기기 번호가 부착되어 있음)-편의점 또는 마트 입장-캐셔에게 '주유기 번호+레귤러(연료 등급)+원하는 금액을 말하고 결제(현금, 카드)-주유기로 돌아와 차량 주유기에 호스를 넣고 레귤러 버튼 누르기. 만일 풀로 채웠으나 원하는 금액만큼 들어가지 않고 남았을 경우 다시 직원에게 가면 환불해준다.

OH! MY TIP

코스트코 회원권을 소지한 경우에는 코스트코 주유소를 이용해볼 수 있다. 한국 카드는 바로 사용할 수 없으니 주유기 앞에 정차 후 직원에게 카드를 보여주자. '인터내셔널 회원'임을 밝히면 직원이 주유할 수 있도록 카드 인식을 도와준다.

하와이 운전 법규 및 유의사항

① 와이키키에는 일방통행(ONE WAY) 길이 많다. 반드시 네비게이션 안내에 따라 움직이자.

② 스톱(STOP) 사인이 있으면 반드시 3초간 정차, 좌우 확인 후 출발한다. 미이행 적발 시 벌금이 부과된다($97).

③ 하와이는 킬로미터(km)가 아닌 마일(mile)을 사용한다. 구글 지도 이용 시에는 '설정'에서 변경 가능하다. 1마일은 약 1.6km이다.

④ 노란색 주의! 노란색 소화전 앞은 주차 금지 구역이다. 또한 노란색 스쿨버스가 정차하면 반드시 차량을 멈추고 스쿨버스가 이동할 때 함께 출발해야 한다. 스쿨버스가 맞은편에 정차한 경우라도 마찬가지의 규정을 따라야 한다. 스쿨존 지역에서는 정해진 속도에 따라 저속 주행하자! 미국은 아동법이 엄격해 스쿨존 내 법규 위반 시 더 높은 벌금과 처벌이 이뤄진다.

⑤ 횡단보도 유무와 관계없이 보행자가 우선이다. 언제 어디서나 사람이 먼저! 운전 우선 순위는 '사람-자전거-차량'이다.

⑥ 비보호 좌회전이 많다. 신호에 따라야 할 경우 안내 표지(ON LEFT ARROW ONLY)가 설치되어 있다. 특별한 표지가 없는 곳에서는 직진 신호일 때 반대편 차량이 오지 않는 것을 확인한 후 안전하게 움직이자.

⑦ 우회전 시 일단 정지.

⑧ 과속은 절대 금지! 정해진 속도대로 주행하자. 들뜬 마음에 과속하다가 적발되면 벌금이 부과된다. 벌금은 초과된 km만큼 달라진다. 30km 이상 위반할 시 차량 압류, 법원 출석 등이 이루어질 수 있다.

⑨ 주행 중 휴대폰 작동 역시 금물이다. 적발되면 벌금($347)이 부과된다. 이외에도 안전벨트 미착용($102), 유아 및 아동 카시트 미착용(최대 $500) 등의 벌금이 있는 만큼 현지 교통 법규를 준수하자(섬별 벌금 상이).

⑩ 안전 운전!

차차트립이 알려주는
렌터카 이용하기

Q. 국내·국제면허증 꼭 필요한가요?

모두 필요합니다. 원칙상 두 가지 면허증 모두 확인하도록 되어 있어 렌터카 주행 시 반드시 소지하고 있어야 하는 서류입니다. 또한 만일 경찰을 만나게 되면 경찰이 확인하는 기본 서류이기도 합니다. 여권과 함께 국내, 국제면허증은 꼭 소지하세요.

Q. 하와이, 운전하기 어려운가요? 초보 운전자도 가능할까요?

우리나라처럼 운전하기 편리합니다. 국내 운전 환경과 큰 차이점이 없습니다. '스톱(STOP)' 사인 앞에서 3초간 정차' 등 기본적인 운전 법칙만 알고 있다면 어려움 없이 운전할 수 있습니다. 와이키키의 경우 일방통행이 많지만 이웃섬은 길이 단순해 운전하기 수월하다고 느낄 수 있습니다.

Q. 일행 중 아이가 있어요. 카시트 반드시 착용해야 하나요?

하와이는 아동에 대한 법이 어떤 법보다도 엄격합니다. 유아·아동은 반드시 카시트를 착용하도록 법에 명시되어 있습니다. 2022년 6월 개정된 법에 따르면 '키'와 '나이'가 가장 중요합니다. 10세 미만 어린이는 어린이 보호 장치를 반드시 착용해야 합니다.
2세 미만: 안전벨트가 있는 후방 장착형 카시트
2~4세: 하네스가 있는 후방 또는 전방 카시트
4~9세: 어린이 승객 보호장치 또는 부스터 시트
7~9세이며 키가 144. 78cm(4ft 9inch) 이상인 경우: 어린이 승객 보호장치 탑승은 면제, 안전벨트 착용 필수
나이보다 우선시되는 것은 키입니다. 만약 10세 이상이라도 키가 145cm 이하라면 카시트 또는 부스터를 착용해야 합니다. 10세 이하지만 키가 145cm

이상이라면 어린이 승객 보호장치를 착용하지 않아도 됩니다. 하와이 교통부는 안전을 위해 어린이의 뒷좌석 탑승을 권장합니다. 또한 안전벨트 규정은 모든 탑승객에게 적용됩니다. 안전벨트 미착용 시 벌금이 부과됩니다.

Q. 교통법규 위반 시 어떡하죠?

속도위반, 신호위반, 주정차위반 등의 경우 현장에서 경찰이 범칙금 고지서를 부과합니다. 범칙금은 기관 방문(district court), 인터넷, 전화로 납부할 수 있습니다. 인터넷이나 전화 납부 시 고지서에 부여된 번호(Citation No.)를 알고 있어야 납부 가능합니다. 인터넷 납부 시에는 최소 3주 후에 처리 여부를 확인할 수 있습니다.

인터넷 납부 **SITE** www.courts.state.hi.us **TEL** 1-800-679-5949

Q. 교통사고 또는 차량 도난 시 어떻게 해야 하나요?

'911' 경찰에 신고합니다. 경찰이 도착하면 사건 설명 후 '폴리스 리포트(Police Report)'를 꼭 받아놓아야 합니다.

교통사고가 일어났다면 24시간 운영되는 영사 콜센터를 통해 관할 경찰서 연락처, 신고 방법을 확인하는 것이 좋습니다. 이 경우 통역을 선임해 도움을 받을 수 있습니다. 차량 도난의 경우에는 현장에서 반드시 폴리스 리포트를 받은 후 렌터카 사무실을 방문합니다. 임차 계약서와 폴리스 리포트를 보여주면 다른 차량으로 교체해줍니다.

차량 도난 방지의 첫 걸음은 차량 내부를 깨끗하게 하는 것입니다. 잠시 내리더라도 소지품은 꼭 챙겨야 합니다. 차량 문과 창문도 잘 잠가야 한다는 점 절대, 잊지 마세요.

영사 콜센터 **TEL** 800-2100-0404(무료)

OH! MY TIP

도난으로 여권도 잃어버렸어요!
여권 분실 시 ① 경찰서에 방문해 여권 도난 신고 후 확인서를 받는다. ②하와이 총영사관에 방문해 여행 확인증을 받으면 문제없이 귀국할 수 있다. 사진 촬영이 필요한 경우 월마트를 이용하자. 만일에 대비해 여권 사진 1장을 미리 준비해오는 것이 좋다.

주 호놀룰루 총영사관 **TEL** 808-595-6109
OPEN 월-금 8:30-12:00, 13:00-16:00

Q. 차량 업그레이드, 연료 옵션이 필요한가요?

업그레이드는 대부분 유상입니다. 현장에서 차량 브랜드나 구체적인 차종을 묻는다면 유상 업그레이드 때문이므로, 필요 없다면 신청하지 않습니다. 현장에서 연료 옵션, 특히 연료 선구입 옵션(FPO)을 제안하는 경우가 많습니다. 픽업 시 채워져 있는 연료 1탱크에 대한 비용을 미리 지불하고 반납 시 연료 잔량과 관계없이 반납하는 것입니다. 셀프 주

유보다 비용이 더 비싼 편이라 추천하지 않습니다.

Q. 렌터카 선불, 후불 결제는 어떻게 해야 하나요?

선불 결제는 예약 시점에 미리 비용을 결제하는 것이고, 후불 결제는 예약 후 현장에서 비용을 지불하는 것입니다. 렌터카 회사 공식 홈페이지에서 예약하면 후불 결제로 예약 가능합니다. 예약 시점에서 비용이 발생하지 않기 때문에 픽업 전까지 자유롭게 취소가 가능한 장점이 있습니다. 더욱이 할인 코드가 있거나 특가 프로모션을 이용한다면 후불 결제가 조금 더 저렴할 수 있습니다.

'차차트립'을 통해 예약하면 베이직 플랜(자차, 세금), 스탠다드 플랜(자차, 대인/대물, 세금), 프리미엄 플랜(자차, 대인/대물, 추가 운전자 1인, 연료 1탱크, 세금) 등 다양한 요금제를 이용할 수 있습니다. 요금제에 포함되지 않은 비용은 모두 현장 결제이며, 이용 시 선불, 후불 중 더 저렴한 결제 방법으로 안내받을 수 있습니다.

Q. 렌터카 보험, 들어야 할까요?

필수적으로 가입해야 하는 것은 ①자차(LDW, CDW) ②대인/대물(SLI, 3rd Party Liability)입니다. 자차는 차량가액 전액을 커버하는 것(주요 렌터카 업체에서 예약하면 보통 본인 면책금이 발생하지 않는 완전 자차임), 대인/대물은 11-12억 사이로 커버하는 것이 일반적입니다.

③자손(PAI/PEC)은 신체 상해와 휴대폰 소지에 관한 보험입니다. 가입 비용이 저렴한 만큼 커버되는 금액도 낮습니다. 여행자보험을 가입하면 자손이 포함되므로 굳이 추가로 선택하지 않아도 됩니다. 단 보험 패키지 등에 포함되어 있다면 제외하지 말고 이용하는 것이 좋습니다. ④긴급 출동(Roadside Assistance Service)은 배터리 방전, 타이어 펑크, 견인, 차 안에 키 넣고 잠그는 등의 상황에 이용할 수 있습니다. 단 출동 속도가 우리나라만큼 빠르지 않습니다. 와이키키 시내를 제외하면 한두 시간은 기본이니 마음을 내려놓고 기다리는 게 좋습니다. 긴급 출동 서비스 가입률은 50-60% 정도입니다.

Q. 타이어 펑크가 났어요!

타이어 교체는 기본 긴급 출동 서비스 대상이 아닙니다. 직접 스페어 타이어를 장착하고 렌터카 영업소로 이동해 차량 교체를 받으면 됩니다. 스페어 타이어 교체를 위해 긴급 출동 서비스를 이용하면 서비스 요금이 부과됩니다. 스페어 타이어가 없는 경우에는 긴급 출동 서비스로 전화하면 됩니다.

Q. 반납 전 주유를 해야 하나요?

픽업 시 수령한 연료량 그대로 재충전 후 반납해야 합니다. 만약 연료 선지불 옵션을 포함했다면 사용한 그대로 재충전 없이 편하게 반납해도 됩니다. 사용한 연료를 충전하지 않고 반납할 경우 서비스 비용이 포함되어 높은 요금이 청구됩니다. 반납 전 중요한 영수증은 만약의 경우를 대비하여 일정 기간 보관하는 것이 좋습니다. 영수증에는 주유소 위치, 일시 등이 표기되어 있어야 합니다.

Q. 사고 시 어떻게 대처 해야 하나요?

① 경미한 사고 또는 혼자 벽이나 기둥을 박는 사고도 무조건 경찰에 신고하여 사고 경위서를 받아야 합니다. 렌터카 업체에 사고를 접수할 때 반드시 필요한 서류입니다. 경찰이 도착할 때까지 사고 가해자, 피해자 또는 목격자(필요한 경우)가 현장에서 대기하는 것이 좋습니다. 신원 확보 및 현장 사진 촬영을 해두는 것이 필요합니다.
② 부상자가 있을 경우 즉시 구급차(앰뷸런스)를 요청해야 합니다. 렌터카 계약 시 선택한 보험을 적용받기 위해서는 사고가 발생한 현지 병원에서 진찰을 받고 반드시 진단서를 발급받아야 합니다.
③ 렌터카 업체에 사고 신고를 해야 합니다. 만약 경미한 사고로 운전이 가능하다면 픽업했던 영업소에 직접 방문하여 사고 접수 및 신고, 차량 교체를

할 수 있습니다. 운전이 불가하여 당장 도움이 필요할 경우 사고 현장에서 긴급 출동 서비스로 연락하여 도움을 받을 수 있습니다. 긴급 출동 서비스 전화번호는 렌터카 픽업 시 수령한 계약서에서 확인할 수 있습니다.

Q. 차량에 개인 물품을 남겨둔 채 반납 했어요. 어떻게 찾아야 하나요?

차량에 소지품을 두고 반납한 경우에는 바로 영업소로 전화 또는 직접 방문해 확인하는 것이 좋습니다. 주요 렌터카 업체들은 분실물 센터를 운영하고 있으며, 사이트에서 관련 정보를 확인할 수 있습니다. 단 분실물 정보는 접수 즉시 올라가는 것이 아닌 데다 하루이틀 시간차가 있을 수 있으므로, 사이트에서 분실물을 확인할 수 없다면 별도로 분실물 신고를 해야 합니다. 접수가 완료되면 '신고 접수번호(Reference Number)'가 생성되며 잘 메모해두는 것이 좋습니다. 분실물을 찾게 되면 이메일을 받을 수 있으며 이후 우편으로 받을지, 직접 찾을지, 기부할지를 선택하면 됩니다.

와이키키 시내 주요 렌터카 영업소

와이키키 시내 영업소	렌트카 브랜드	주소	영업 시간
쉐라톤 와이키키 호텔	AVIS, BUDGET	2255 Kalakaua Avenue	8:00 AM - 4:00 PM
인터내셔널 마켓 플레이스	AVIS, BUDGET	2330 Kalakaua Avenue	8:00 AM - 3:30 PM
애스톤 와이키키 비치 호텔	AVIS, BUDGET	2570 Kalakaua Avenue	8:00 AM - 12:00 PM
하얏트 리젠시 와이키키	Hertz, Dollar, Thrifty	2424 Kalakaua Avenue	8:00 AM - 3:30 PM
알로힐라니 호텔	SIXT	2490 Kalakaua Avenue	7:30 AM - 2:30 PM

하와이 렌터카 차차트립

차차트립 해외렌터카 예약하기

글로벌 렌터카 브랜드들의 요금을 비교하여 가장 저렴하게 예약해보세요!
(PC 화면으로 보시기를 권장 드립니다)

모바일 이용 시 아래 링크로 접속해주세요 👇
· https://cutt.ly/jwhwh8Zc

현재 위치가 한국이 아니라면 카카오톡 상담원을 통해 예약해주세요 👇
(예약 방식 거주지 - 한국 동구)

도움이 필요하시면 **카카오톡**으로 문의 부탁드립니다. (최저가 확인)
화면 오른쪽 아래 카카오톡 버튼을 클릭하시면 바로 연결됩니다.

차차트립

복잡하게 느껴지는 하와이 렌터카 차차트립과 함께 라면 어렵지 않다. '하와이 렌터카 1위' 차차트립에서 렌터카를 이용해보자. 차차트립은 국내 및 국외 여행업체 등록, 서울보증보험 가입 업체로 믿을 수 있다. 카카오톡 공식 채널을 통해 상담 받을 수 있다.

SITE www.chacha-trip.com

차차트립의 장점

① 고민 끝! 렌터카 전문가의 친절한 상담
② 쉽다! 간편한 예약 시스템
③ 가성비 최고! 만족스러운 요금

이용 가능 렌터카 브랜드

글로벌 렌터카 브랜드인 알라모(Alamo), 에이비스(Avis), 버젯(Budget), 달러(Dollar), 엔터프라이즈(Enterprise), 내셔널(National), 식스트(Sixt), 쓰리프티(Thrifty), 허츠(Hertz)의 렌터카를 이용할 수 있다.

결제하기

바로 결제 : 예약자(운전자) 신용카드로 해외 결제가 가능하며, 바로 결제 후 예약이 확정된다. 취소 수수료는 10%다.
현장 결제 : 예약 후 현장에서 결제 가능하다. 변경 및 취소 수수료가 면제되어 부담없다. 바로 결제보다 현장 결제가 저렴한 경우 현장 결제로 안내받을 수 있다.

유의사항

① 변동 요 : 고정 요금이 아니기 때문에 예약 시점에 따라 모든 업체의 요금이 달라진다. 예약 시점에서 가장 좋은 조건과 요금을 안내받을 수 있다.
② 기본 포함 사항: 자차, 대인대물, 세금이 기본 포함되어 있다. 상해보험 추가를 원할 경우 별도로 신청할 수 있다. 상해보험은 여행자보험으로도 가능해 렌터카 사고 시 보장 가능 여부를 미리 확인해볼 수 있다.
③ 추가 옵션: 기본 포함 사항 외 추가 옵션을 함께 결제 가능한 업체가 있고, 추가 옵션만 현장에서 결제 가능한 업체가 있어 예약 시 안내받을 수 있다.
④ 면허증 소지 필수: 하와이 렌터카 이용 시 국내 면허증과 국제면허증을 모두 소지해야 한다. 현장에서 타국 면허증을 제시할 경우 이용이 불가능하거나 추가 요금을 내야 할 수 있다. 해외 면허증 소지자인 경우 카카오톡 공식 채널 상담원을 통해 별도 문의해야 한다.
⑤ 보증금 승인: 바로 결제 및 현장 결제 상관 없이 픽업 시 보증금이 승인된다. 보증금은 이상 없이 반납할 경우 환원 처리된다. 환원 처리 기간은 카드와 은행사별로 상이하다.

SPECIAL

여행은 코코발렛과 함께

공항 주차 대행의 선두 주자 코코발렛

인천국제공항에서 차량을 가지고 공항을 이용하는 여행자를 대상으로 하는 발렛 서비스 전문 업체다. 빠른 서비스, 전용 주차장에서의 안전한 차량 관리, 간편한 정산으로 여행자들 사이에서 인기다.

차량 접수 시 모바일로 접수증이 전송되며 연결 링크를 통해 차량 접수 사진과 함께 발렛 보험 여부를 확인할 수 있다. 공항에서 주차장까지의 영상 확보를 위해 블랙박스를 차단하지 않는다. 주차 완료 후 주차기간 내 CCTV 풀 영상 역시 확인 가능하다. 사전 예약금 없이 후불 현장 결제(카드 결제 부가세 별도)이며, 출국 전날 또는 당일 취소 시 주차비 전액이 청구된다.

TEL 1544-2682(4:00~23:00, 상담 ~21:00) **SITE** cocovalet.com 카카오 채널 코코발렛

이용 요금

요금	일반(실외 주차)
주차 대행료(전 차종 동일)	15,000원
일일 이용료(6일차부터 50% 할인)	10,000원
기본 사용료(5일 미만)	50,000원

예약 및 출입국일 진행 순서

STEP 01(예약하기): 코코발렛 홈페이지 또는 모바일 예약 페이지에서 가능하다. 예약 완료 후 카카오톡으로 알림톡이 전송된다.

STEP 02(공항 도착): 출국일 공항 도착 20분 전에 전화 후 사전 안내 받은 접수 장소로 이동한다. 네비게이션 검색 시 '인천공항 제1터미널 단기주차장 지하2층 주차장' 또는 '인천공항 제2터미널 단기주차장 지상 2층 주차장'을 검색하면 된다.

STEP 03(차량 접수): 직원과 함께 차량 내 물품을 확인한다. 차량 외부 사진 촬영 및 보험 등록 후 차량을 이동한다.

*제1여객터미널 단기주차장 지하2층 H26구역, 제2여객터미널 단기주차장 지상2층 145구역

STEP 04(입국 출차): 입국 시 수하물을 찾은 후 전화하면 20분 이내로 출차 가능하다. 차량 접수 장소와 동일하다.

STEP 05(결제하기): 차량 확인 후 요금을 정산한다. 차량은 24시간 출고 가능하다.

PART 9. STAY HAWAII

하와이 숙소

하와이 숙소 PDF

8시간 먼저 만나는 하와이,
하와이 여행은 하와이안항공과 함께!

95년 이상의 역사를 지닌 하와이안항공은 하와이에서 가장 규모가 크고 오래된 항공사로, 하와이를 중심으로 편리한 네트워크를 제공합니다. 현재 인천-호놀룰루 논스톱 직항을 비롯하여 호놀룰루를 경유해 하와이 이웃섬 뿐 아니라 북미 주요 도시, 타히티, 쿡아일랜드, 사모아 등 남태평양으로 서비스를 제공하고 있습니다.

하와이안항공 운항 스케줄

노선	항공편명	운항요일	출발시간	도착시간
인천-호놀룰루	HA460	월,수,금,토,일	21:25	11:10
호놀룰루-인천	HA459	화,목,금,토,일	14:15	19:25(+1)

*스케줄은 사전 공지 없이 변경될 수 있습니다.

왜 하와이는 하와이안항공일까요?

❶ 편리한 이웃섬 여행
하와이안항공은 오아후, 마우이, 카우아이, 빅아일랜드 등 하와이 각 섬을 연결하는 항공기 약 150편을 매일 운항하여 이웃섬 여행에 제격입니다. 인천-호놀룰루 국제선에 항공 요금 최소 10만원 추가로 이웃섬 항공권까지 구매하실 수 있습니다.

❷ 다양한 좌석 옵션
• 프리미엄 캐빈: 180도로 펼쳐지는 침대형 라이플랫(Lie-Flat) 좌석으로 하와이 자연을 본뜬 디자인의 넓고 편안한 공간 제공
• 엑스트라컴포트: 일반석 대비 더 넓은 다리 공간과 별도의 컴포트 키트 제공
• 일반석: 커플 및 가족 여행객에 최적화된 2-4-2 배치

❸ 고객을 위한 서비스
• 인천-호놀룰루 연계하여 주내선/북미 노선 이용 시 수하물 2개 무료 제공(최대 $85 혜택)
• A330 전 기종 스타링크 기내 초고속 인터넷 도입으로 별도의 절차 없이 콘텐츠 스트리밍이나 SNS 업로드 등 기내 와이파이 무료 이용!
• 인천-호놀룰루 노선에 한국어가 가능한 승무원이 탑승하여 언제나 마음 편한 여행

하와이안항공
네트워크 소개

하와이안항공
인스타그램 둘러보기

VIP CARD

오! 마이 하와이 × 하여디 제휴 업체

VIP 카드 사용하기 ──────────────

하와이 자유 여행자들의 편안하고 즐거운 여행을 위해 하여디와 <오! 마이 하와이>가 자체적으로 제작하여 발급하는 카드입니다. 현장 제시 후 하여디 오프라인 라운지 및 제휴 업체에서 혜택을 받을 수 있습니다. 제휴업체는 현지 사정으로 변경될 수 있으니 방문 전 사용 가능 여부는 '하여디' 카페에서 확인하세요.

하여디 카페 hawaiitravel.kr

⊘ 본 카드는 반드시 뒷면 서명 후 사용 가능합니다.
⊘ 본 카드는 서명자 이외에는 사용할 수 없으며, 타인에게 양도 및 대여할 수 없습니다.
⊘ 본 카드는 하여디 제휴업체 이용 시 제시하면 할인 및 기타 혜택을 받을 수 있습니다.
⊘ 제휴업체 할인 및 혜택 내용은 언제든 변경될 수 있습니다.
⊘ 본 카드의 유효기간은 2025년 10월 30일까지입니다.

알로하와이
Alohawaii

현지 여행사

쿠알로아랜치, 스타 디너크루즈, 헬리콥터,
PCC, 샌드바, 빅아일랜드 섬일주 투어 등

미국 액티비티 공홈 가격 대비

$5~20 할인 최저가

SITE alohawaiitour.com
INSTA @alohawaii_korea

차차트립
Chacha trip

렌터카

하와이 공항(호놀룰루, 마우이, 빅아일랜드,
카우아이) 및 와이키키 영업소

허츠 렌터카

10% 할인

SITE.chacha-trip.com
INSTA @chacha.trip

와이키키 스튜디오
Waikiki Studio 스냅

하와이 커플/가족 스냅, 아이폰 스냅,
웨딩 스냅

50% 예약금
할인

가족 12만원 → 6만원, 커플 10만원 → 5만원

SITE waikikistudiohawaii.com
INSTA @waikikistudiohawaii

하와이 별자리 투어
투어

하와이 별빛 감상, 천체 망원경 달 관찰,
인생샷 촬영

1인당
$15 할인
$70 → $55

INSTA @uju_hawaii

오션스타
액티비티
Oceanstar

No.1 한인 업체 오션스타 배를 타고 즐기는
거북이 스노클링, 선셋 거북이 스노클링

카페 최저가
직접 예약 가능

나루투어
액티비티
Narutour

스카이다이빙, 스쿠버다이빙, 골프, 고시티,
아쿠아벤쳐, 오아후 섬일주 투어 등

미국 액티비티 공홈 가격 대비
$5~20 할인 최저가

엉클심
투어
Uncle Shim

한국인 가이드와 즐기는 백만불 야경 투어,
마노아 폭포 투어

타 플랫폼 대비
$10~20 할인 최저가

CM 트래블
투어/셔틀
CM Travel

한인 업체가 운영하는 공항셔틀, 와이켈레
아울렛 셔틀, 하나우마베이 투어

타 플랫폼 대비
$4~20 할인 최저가

선셋비치하우스
Sunset Beach House

오하우 서부 한인 게스트하우스

타 플랫폼 대비
$5~20 할인 최저가

노스쇼어 파라다이스
North Shore Paradise

오아후 노스쇼어 한인 게스트하우스

타 플랫폼 대비
$5~20 할인 최저가

코나 앤 이모
Kona anne

빅아일랜드 한인 게스트하우스

타 플랫폼 대비
$5~20 할인 최저가

제휴 식당 혜택

큐알을 통해 하여디 제휴 식당
페이지에서 자세한 내용과 쿠폰을
받을 수 있습니다.

자갈치

하와이에서 제대로된 한식이 먹고 싶다면

ADD 1334 Young St, Honolulu, HI 96814
TEL 808-593-8830 INSTA

알로하 쉬림프

로컬이 인정한 새우트럭 찐 맛집!

ADD 53-534 Kamehameha Hwy,
Hauula, HI 96717 TEL 808-387-7394

할라트리 카페

오아후 최초 오션뷰에서 즐기는 코나 커피

ADD 51-666 Kamehameha Hwy,
Kaaawa, HI 96730 TEL 808-462-0701

로라 이모네

할레이바 K-BBQ 맛집!

ADD 66-521 Kamehameha Hwy,
Haleiwa, HI 96712 TEL 808-694-0974

알로하 멜트

로컬이 즐겨찾는 진한 치즈 멜트 맛집!

ADD 355 Royal Hawaiian Ave,
Honolulu, HI 96815 TEL 808-600-8887

쉬림프 더 밤

하와이의 명물 훌리훌리 치킨 맛집

ADD 354-124 Kamehameha Hwy. (Hauula
seven eleven 옆)

오! 마이 하와이